高价值专利培育指导丛书

专利技术交底要义
高端稀土功能材料分册

国家知识产权局专利局专利审查协作四川中心　组织编写

主　编　赵向阳

副主编　周　航

知识产权出版社
全国百佳图书出版单位
—北京—

图书在版编目（CIP）数据

专利技术交底要义. 高端稀土功能材料分册/国家知识产权局专利局专利审查协作四川中心组织编写；赵向阳主编. —北京：知识产权出版社，2022.10

ISBN 978－7－5130－8385－0

Ⅰ. ①专… Ⅱ. ①国… ②赵… Ⅲ. ①专利技术②稀土金属—功能材料—专利技术 Ⅳ. ①G306.0②TB34

中国版本图书馆 CIP 数据核字（2022）第 174651 号

内容提要

本书聚焦高端稀土功能材料领域，从技术发展态势和保护需求、申请文件撰写特点、如何选择专利代理机构、如何写好技术交底书、案例实操等多个方面逐层深入，向创新主体普及富有领域特色的专利基础知识和专利技术交底要点，增强创新主体的知识产权保护意识和能力。

责任编辑：程足芬	**责任校对：**王　岩
封面设计：北京乾达文化艺术有限公司	**责任印制：**刘译文

专利技术交底要义

高端稀土功能材料分册

国家知识产权局专利局专利审查协作四川中心　组织编写

赵向阳　主编

出版发行：知识产权出版社有限责任公司		**网　址：**http://www.ipph.cn	
社　址：北京市海淀区气象路 50 号院		**邮　编：**100081	
责编电话：010－82000860 转 8390		**责编邮箱：**chengzufen@qq.com	
发行电话：010－82000860 转 8101/8102		**发行传真：**010－82000893/82005070/82000270	
印　刷：天津嘉恒印务有限公司		**经　销：**新华书店、各大网上书店及相关专业书店	
开　本：720mm×1000mm　1/16		**印　张：**24.25	
版　次：2022 年 10 月第 1 版		**印　次：**2022 年 10 第 1 次印刷	
字　数：443 千字		**定　价：**118.00 元	
ISBN 978－7－5130－8385－0			

丛书编委会

主　任：杨　帆

副主任：李秀琴　赵向阳

本书编写组

主　编：赵向阳

副主编：周　航

撰写人：索大鹏　周　航　蔡　雷　刘锦霞　李　佳

　　　　权桂英　谢仁峰　张晓丽　王　波

统　稿：周　航

作者简介

索大鹏，男，副研究员，现任国家知识产权局专利局专利审查协作广东中心材料部主任，曾任广东中心化学部、医药部副主任，局级教师，局高层次人才，广东省知识产权评议专家，曾参加广东省课题两项，负责局级课题一项，参与多项广东省科技厅课题评审以及专利奖评审，出版专著两部。

蔡雷，男，副研究员，现任国家知识产权局专利局专利审查协作四川中心电学部副主任。多年从事发明专利实质审查、复审和无效案件审查工作。江苏省、西藏自治区知识产权专家库专家，四川省高级人民法院知识产权审判技术专家库专家，曾参与多项课题研究和书籍编写工作。

刘锦霞，女，高级知识产权师，现任国家知识产权局专利局专利审查协作四川中心材料部环境工程室副主任。局骨干人才、四川中心骨干人才，贵州省、四川省成都市高新区知识产权智库专家，四川省知识产权培训师资，多年从事专利审查工作，参与多项课题研究和四川中心对外服务项目。

李佳，女，助理研究员，现任国家知识产权局专利局专利审查协作四川中心材料部热能工程室副主任。国家知识产权局第六批骨干人才，审协四川中心第二批骨干人才。从事过发明专利实质审查工作，参与多项四川中心对外服务项目，为创新主体提供 FTO、专利分析、专利布局等服务。

权桂英，女，助理研究员，现任国家知识产权局专利局专利审查协作四川中心材料部催化剂室副主任。国家知识产权局骨干人才培养对象，审协四川中心第二批骨干人才，四川省高院技术调查官，发表文章多篇，参与多项对外服务项目。

谢仁峰，男，高级知识产权师，国家知识产权局专利局专利审查协作四川中心材料部催化剂室审查员，审协四川中心第二批骨干人才，博士服务团成员，参与多项查新、无效、高价值专利评估等对外服务工作，发表论文多篇。

张晓丽，女，知识产权师，拥有律师和专利代理师职业资格，四川省知识产权培训师资、高校创新创业知识产权导师，成都市高新区法院知识产权审判技术专家，国家知识产权局专利局专利审查协作四川中心骨干人才。曾参与三十余项专利导航预警项目和《专利知识 100 问》撰写工作。

王波，男，助理研究员，现任海尔商用空调专利负责人。曾任职国家知识产权局专利局专利审查协作四川中心。国家知识产权局第六批骨干人才、审协四川中心骨干人才，湖南省、贵州省、四川省高新区知识产权专家，具有专利代理师资格。从事过产品研发、专利审查等工作，目前主要负责企业专利管理工作。

序

技术创新成果的转化运用、良好营商环境的营造、国际交往的顺利开展、消费者合法权益的保护，无不需要知识产权制度保驾护航。越来越多的人认识到，知识产权保护已成为创新驱动发展的"刚需"，国际贸易的"标配"。习近平总书记高度重视知识产权保护工作，他深刻指出：创新是引领发展的第一动力，保护知识产权就是保护创新。知识产权保护工作关系国家安全，只有严格保护知识产权，才能有效保护我国自主研发的关键核心技术、防范化解重大风险。

从创新源头提升专利申请质量无疑应为打通知识产权保护全链条的发轫之始。许多前沿技术领域的创新成果涉及庞大的背景理论体系知识和复杂的技术原理，如果创新主体在申请专利时，不能与专利代理师进行默契的沟通配合，提供必要的、足够的专利技术交底信息，极有可能导致最终形成的专利文件并不能对创新成果提供有效的保护。目前，市面上的相关书籍多面向专利代理师，注重普及通用性的专利申请实务，而对细分领域缺乏针对性的深入指导。对专注于某一细分领域的创新主体而言，更希望了解申请专利过程中容易疏忽的一些领域特色问题，避免"踩雷"。

为此，国家知识产权局专利局专利审查协作四川中心组织相关人员编撰本系列丛书。丛书选择了一些在专利申请时具有特点的前沿技术领域，从专利发展态势和保护需求、申请文件撰写特点、如何选择专利代理机构、如何写好技术交底书等多个方面由表及里，逐层深入，娓娓道来，向创新主体普及富有领域特色的专利基础知识和专利申请要点，增强创新主体的知识产权保护意识和能力。丛书内容丰富，数据详实且更新及时，引用了大量实际案例，语言朴素生动，科普性强。

参与本书编撰的作者团队比较年轻，但具备丰富的专利审查经验，部分人员还有复审无效、法院和专利代理从业经历，不少人参与过专利导航和对外服务工作，了解领域技术发展态势，也对专利申请质量有来自一线的感知。

这套丛书是国家知识产权局专利局专利审查协作四川中心人员基于自身经

验积淀，为国家保护核心技术和解决"卡脖子"技术问题，从知识产权保护层面发挥专业所长、服务社会的有益尝试。希望本书能在一定程度上满足相关领域创新主体和专利代理从业者对专利技术指导的需求，成为联系大家的"缘分之桥"。是以欣然为序。

二零二一年四月

前　言

稀土的发现始于 18 世纪末，受技术发展的限制，直到 20 世纪五六十年代全球的稀土工业才逐渐建立和发展起来。短短几十年的时间，如今稀土材料已是材料领域的重要组成部分，被广泛应用于国防、冶金、机械、石油化工、玻璃、陶瓷、农轻纺等行业，各类高端稀土功能材料也得到巨大的发展。随着全球化的不断深入，新材料行业规模不断扩大，以高端稀土功能材料为代表的高端新材料更是成为全球竞争的焦点之一。

高端制造业的快速发展，新型技术和工艺的进步，都为高端稀土功能材料在未来的发展带来了巨大机遇。作为战略性新兴产业的重要组成，高端稀土功能材料在新能源汽车、新型显示与照明、工业机器人、电子信息、航空航天、国防军工、节能环保及高端装备制造领域都发挥着基础支撑作用。

"十四五"规划指出，"坚持创新在我国现代化建设全局中的核心地位，把科技自立自强作为国家发展的战略支撑"，"打好关键核心技术攻坚战，提高创新链整体效能"，"瞄准人工智能、量子信息、集成电路、生命健康、脑科学、生物育种、空天科技、深地深海等前沿领域，实施一批具有前瞻性、战略性的国家重大科技项目"，"强化企业创新主体地位，促进各类创新要素向企业集聚。推进产学研深度融合，支持企业牵头组建创新联合体，承担国家重大科技项目。发挥企业家在技术创新中的重要作用"，给高端稀土功能材料的未来发展和创新指明了方向。可以预测，随着经济的发展和产业需求的升级，高端稀土功能材料领域将持续充满创新活力。

与此同时，创新成果需要获得知识产权，才能最大化地发挥市场价值。知识产权已经成为激励创新的基本保障和国内外市场竞争必须遵循的基本规则，也是国家创新实力的综合体现和评价营商环境的重要指标。目前我国高端稀土功能材料主要制造企业的知识产权保护意识和力度与国外垄断巨头相比较还很薄弱，国外高端稀土功能材料行业的技术储备已达到一定高度，国内企业与他们打交道时大多处于不对等地位，国内企业发展的技术空间相对较小，随着中国越来越多的大型企业开拓海外市场，高端稀土功能材料领域的知识产权纠纷问题日益突出。在全球化背景下，知识产权作为非关税壁垒的主要形式之一，不仅是企业在国际上竞争的一个制高点，更在企业开拓、保护市场的过程中发挥着重要作用。而拥有强大的专利技术储备对于企业提高国际竞争力具有重要意义，一个企业知识产权的数量和质量成为企业生存和发展的关键因素。

将技术创新转化为以专利权为代表的知识产权，不仅需要了解行业发展状况和技术创新本身，也需要了解专利相关法律知识，高端稀土功能材料领域的创新主体集中于大型企业和科研院校机构，不少创新主体都会聘请专业的专利代理机构来帮助自己完成专利申请。然而，许多技术人员由于不了解专利基本知识、不能够认识到沟通配合在专利申请中的重要性、不清楚技术交底要点等各种原因，往往不能提供必要的、足够的专利技术交底信息，导致最终形成的专利文件并不能对创新技术提供良好的保护。

目前市面上的相关书籍基本都是面向代理行业从业人员或者企业知识产权工程师，提供专利撰写和审查意见答复方面的指导，对技术人员，特别是细分领域的技术人员进行针对性专利交底指导的书籍却寥寥无几。本书旨在弥补这一空白，面向稀土功能材料领域的从业人员和企业普及具有领域特色的专利基础知识和专利技术交底要点，增强创新主体的知识产权保护意识和能力。

本书由国家知识产权局专利局下属的专利审查协作四川中心组织编写，全书共分七章。第一章主要基于专利和非专利统计信息，梳理当前热点高端稀土功能材料的基本情况和发展历程。第二章通俗化地阐述创新与专利的区别，普及适于技术人员理解的专利基本知识。第三、四章则进一步深入高端稀土功能材料领域，以实际案例作引，分析该领域的专利化特点和难点。接下来第五章阐释了专利转化过程中聘请好的专利代理机构和专利代理师的价值，说明申请人与专利代理师充分沟通的重要性。第六章从通用要件和领域特色要件两方面详细指导申请人如何向专利代理师进行技术交底。最后，第七章以两个大案例的形式给出本领域技术交底实务示范。

本书的编写，力求体现高端稀土功能材料领域的专利特点和交底要点，不求面面俱到，但求新颖而实用，在语言叙述上力求通俗易懂而避免过多的理论推导，以适应广大学生、工程技术人员和求知者的需求。第一章由索大鹏撰写，第二章由蔡雷撰写，第三章由刘锦霞、张晓丽撰写，第四章由李佳、王波撰写，第五章由周航撰写，第六章由谢仁峰撰写，第七章由权桂英、张晓丽撰写，全书由周航统稿。

本书可作为稀土功能材料领域广大工程科技人员的普及性参考书，对专利代理师的工作也有一定指导意义。在本书编写过程中参阅了大量申请文件、科普书籍、研究论文和网页资料，谨对相关资料的作者表示衷心感谢。

　　由于高端稀土功能材料内容广泛，技术成果多样化，涉及面广、信息量大，同时由于编者水平有限，难免存在疏漏和不当之处，敬请广大读者批评斧正。

目　录

第一章　稀土材料领域热点发展白描 ……………………………… 1

　第一节　稀土永磁材料 …………………………………………… 2

　　一、稀土永磁材料发展概述 …………………………………… 2

　　二、文献数据中稀土永磁材料画像 …………………………… 4

　　三、稀土永磁材料的旗手 ……………………………………… 13

　第二节　稀土储氢材料 …………………………………………… 16

　　一、稀土储氢材料发展概述 …………………………………… 18

　　二、文献数据中稀土储氢材料画像 …………………………… 19

　　三、理论研发与专利保护重点 ………………………………… 26

　　四、稀土储氢材料的旗手 ……………………………………… 28

　第三节　稀土发光材料 …………………………………………… 32

　　一、稀土发光材料发展概述 …………………………………… 32

　　二、中国专利数据中的稀土发光材料画像 …………………… 33

　　三、稀土发光材料的旗手 ……………………………………… 38

　第四节　稀土催化材料 …………………………………………… 41

　　一、稀土催化材料发展概述 …………………………………… 41

　　二、专利数据中的尾气净化稀土催化材料画像 ……………… 43

　　三、尾气净化稀土催化材料的旗手 …………………………… 48

第二章　从技术创新到专利保护 ………………………………… 51

　第一节　保护知识产权就是保护创新 …………………………… 52

　　一、技术创新需要保驾护航 …………………………………… 52

　　二、保护知识产权就是保护创新 ……………………………… 55

　　三、新形势下的创新引领发展 ………………………………… 58

　第二节　专利制度——为"创新之树"搭建"庇护之所" ……… 60

　　一、从技术秘密到专利保护 …………………………………… 60

　　二、专利制度初探 ……………………………………………… 64

第三节　创新主体应知的专利申请二三事 …………………………… 68

　　一、专利类型 ……………………………………………………… 68

　　二、专利申请基本流程 …………………………………………… 77

　　三、授予专利权的条件 …………………………………………… 81

第三章　高端稀土功能材料的专利特点 ……………………………… 90

第一节　专利热点案件解析 …………………………………………… 90

　　一、烧结钕铁硼专利之役 ………………………………………… 91

　　二、安徽大地熊的"超长"专利许可 …………………………… 98

第二节　高端稀土功能材料领域技术创新和专利申请撰写特点 …… 100

　　一、高端稀土功能材料领域的技术创新特点 …………………… 101

　　二、高端稀土功能材料领域专利申请撰写特点 ………………… 105

第三节　高端稀土功能材料领域的"专利江湖" …………………… 125

　　一、高端稀土功能材料领域专利整体申请特点分析 …………… 125

　　二、高端稀土功能材料领域的重点申请分析 …………………… 129

第四节　高端稀土功能材料领域的王者们 ………………………… 155

　　一、稀土永磁材料篇 ……………………………………………… 155

　　二、稀土储氢材料篇 ……………………………………………… 165

　　三、稀土发光材料篇 ……………………………………………… 166

　　四、其他应用领域篇 ……………………………………………… 169

第四章　高端稀土功能材料领域的专利化难点 …………………… 175

第一节　从热点案件"管窥"专利化难点 ………………………… 175

　　一、案情经过 ……………………………………………………… 176

　　二、过招三次显神通，无创造性被无效 ………………………… 178

　　三、文字理解起争议，两审判决定输赢 ………………………… 180

　　四、案件启示 ……………………………………………………… 184

第二节　容易"绕开"的保护范围 ………………………………… 185

　　一、权利要求书由来及基本概念 ………………………………… 185

　　二、权利要求的类型 ……………………………………………… 187

　　三、为创新之树建造足够大的"庇护之所" …………………… 190

第三节　容易"雷同"的技术方案 ………………………………… 195

　　一、新颖性 ………………………………………………………… 195

　　二、创造性 ………………………………………………………… 204

第四节　容易披露不到位的说明书 ………………………………… 213

一、说明书的作用和组成 …………………………………… 214

二、充分公开的立法初衷和具体要求 ……………………… 216

三、高端稀土功能材料领域的说明书易漏写的点 ………… 217

四、说明书对权利要求的支持 ……………………………… 218

第五章　创新保护的专业工种——专利代理 225

第一节　"自己写"还是"请人写"? 225

一、中国专利代理制度发展概况 …………………………… 226

二、专利代理机构的业务范围 ……………………………… 229

三、专利代理的价值 ………………………………………… 234

第二节　请什么样的人写 238

一、"自己写"与"请人写"在专利申请阶段的差异 ……… 238

二、专利代理机构的选择 …………………………………… 244

三、专利代理师的基本素养 ………………………………… 252

四、高端稀土材料领域专利代理的专业化要求 …………… 256

第三节　比写好"技术交底书"更重要的事 259

一、巧妇难为无米之炊——技术细节沟通 ………………… 259

二、需求决定生产——权利预期保护范围的沟通 ………… 262

三、更上一层楼——企业专利申请策略沟通 ……………… 265

第六章　技术交底——"植树人"与"建筑师"之间的默契 270

第一节　技术交底书概述 271

一、技术交底的目的和意义 ………………………………… 273

二、技术交底书与专利申请文件的对应关系 ……………… 274

三、技术交底书填写的总体要求 …………………………… 275

第二节　技术交底书各部分填写要求 276

一、发明名称和技术领域 …………………………………… 276

二、背景技术和存在的问题 ………………………………… 277

三、本发明技术方案 ………………………………………… 282

四、具体实施方式 …………………………………………… 287

五、关键改进点和有益效果 ………………………………… 291

六、附图和其他相关信息 …………………………………… 293

第三节　技术交底时的常见问题 295

一、过于简单 ………………………………………………… 295

二、夸夸其谈 ………………………………………………… 296

三、关键点失焦 ……………………………………… 297

四、重要技术信息错误 …………………………… 298

五、缺乏试验证明 ………………………………… 299

六、原理性分析不足 ……………………………… 300

七、隐瞒关键信息 ………………………………… 302

第四节　稀土功能材料领域技术交底书的特殊注意事项 …… 303

一、发明名称 ……………………………………… 303

二、背景技术和存在的问题 ……………………… 304

三、技术方案和具体实施方式 …………………… 306

四、关键改进点和有益效果 ……………………… 313

五、实验数据证明 ………………………………… 315

第七章　技术交底书撰写实操 …………………………… 323

第一节　案例一：一种含稀土高硅 Y 型沸石及其制备方法 … 323

一、首次提供的技术交底书 ……………………… 323

二、首次提供的技术交底书分析 ………………… 324

三、第二次提供的技术交底书 …………………… 328

四、第二次提供的技术交底书分析 ……………… 334

五、完善后的技术交底书 ………………………… 338

六、小结 …………………………………………… 351

第二节　案例二：R－T－B 系烧结磁体 ………………… 352

一、首次提供的技术交底书 ……………………… 352

二、首次提交的技术交底书分析 ………………… 356

三、首次提供的技术交底书的完善方向 ………… 359

四、完善后的技术交底书 ………………………… 361

五、小结 …………………………………………… 370

附件　技术交底书模板 …………………………………… 372

第一章　稀土材料领域热点发展白描

　　稀土是世界各国公认的战略资源，是许多光、电、磁等功能材料中关键且不可替代的组成部分，被喻为"工业维生素""万能之土"，因而也成为世界各国在尖端科技领域和国防军工产业发展中的竞争焦点。近几十年来，特别是在"十一五"至"十三五"期间，稀土材料在各个领域应用发展迅速。

　　稀土是元素周期表第Ⅲ族副族元素含钪、钇和镧系元素在内共 17 种化学元素的总称，属于不可再生资源，一般以氧化物形式存在。稀土其实并不稀有，但将其变成有用的材料，程序复杂、工艺烦琐且成本高昂。由于其具有优良的光、电、磁、催化等理化特性，能与其他材料组成性能各异、品种繁多的新型材料，如在用于制造坦克、飞机、导弹的钢材、铝合金、镁合金或钛合金中加入稀土，可以大幅提高产品的工业性能，在特定陶瓷中添加稀土材料，可使其获得优异的电光性能和形状记忆功能，故而稀土材料越来越成为改造传统产业、发展新型材料和国防科技工业中不可或缺的关键元素。根据稀土元素的原子电子层结构、物理化学性质，它们在矿物中的共生情况以及不同离子半径可产生不同性质等特征，17 种稀土元素通常可分为轻稀土和重稀土两类，轻稀土包括：镧（La）、铈（Ce）、镨（Pr）、钕（Nd）、钷（Pm）、钐（Sm）、铕（Eu）；重稀土包括：钆（Gd）、铽（Tb）、镝（Dy）、钬（Ho）、铒（Er）、铥（Tm）、镱（Yb）、镥（Lu）以及钪（Sc）和钇（Y），总体而言，重稀土更具应用价值，价格也更为高昂。

　　我国拥有丰富的稀土矿产资源，成矿条件优越，探明的储量居世界之首，这为我国稀土工业的发展奠定了坚实的基础。从稀土矿山开采的稀土原矿通过冶炼、分离得到单一稀土金属、混合稀土金属、稀土氧化物，再进一步精密加工成为多种下游材料，广泛应用于国防、冶金、机械、石油化工、玻璃、陶瓷、农轻纺等行业。随着世界科技革命和产业变革的不断深化，以及我国"一带一路""中国制造 2025""互联网＋"等的深入实施，稀土材料将持续为新能源、新材料等战略性新兴产业注入新发展动能。

　　本章主要介绍稀土材料中的研究热点——稀土永磁材料、稀土储氢材料、稀土发光材料、稀土催化材料的基本情况和发展历程，使读者对这些材料的技术创新和专利申请态势有大致的认识，为接下来的章节做铺垫。本章并不着力于探讨深层次的技术内容或者行业竞争态势，只是利用专利和非专利数据为这些领域的整体创新发展情况绘制一幅简单的"白描图"。

如果想深入了解这些热点稀土材料领域的研发热点、创新特点、专利申请特点和企业竞争态势，可以参见本书第三章。

第一节　稀土永磁材料

磁性是物质的基本属性之一，约在三千年前就已经为人所认知。磁性材料可分为硬磁材料和软磁材料，其中，硬磁材料也叫永磁材料，是指材料在外部磁场中磁化到饱和，而在去掉外磁场后，仍然能够保持高剩磁并提供稳定磁场的磁性材料。常用的永磁材料分为铝镍钴系永磁合金、铁铬钴系永磁合金、永磁铁氧体、稀土永磁材料和复合永磁材料。稀土永磁材料由于具有高磁能积、高剩磁、高矫顽力等优异的综合性能，而成为近年来永磁材料领域的主要研发热点。

稀土永磁材料是稀土的第一大应用材料，也是全球高科技发展战略的热点材料之一。它是发展新能源汽车、磁悬浮列车、风力和潮汐发电等的重要基础，是发展太空探索、微波通信、船用动力等高科技的核心，是发展节能环保家电、信息电子设备等的关键，也在军事工业如陆、海、空、天（航空航天）、电（电子干扰）等战略战术武器中有重要应用。

一、稀土永磁材料发展概述

20 世纪 50 年代后，随着稀土金属工业化生产的不断进步，在永磁材料领域诞生了一个新的成员，它就是"稀土永磁材料"。经过几十年的发展，先后形成了真正商品化的、具有使用价值的三代稀土永磁材料：以 $SmCo_5$ 为代表的第一代稀土永磁材料，以 Sm_2Co_{17} 为代表的第二代稀土永磁材料，以 $Nd_2Fe_{14}B$ 为代表的第三代稀土永磁材料。

1967 年，美国 Dayton 大学的施特尔纳特（K. J. Strnat）采用粉末粘结法制作出第一块 YCo_5 永磁体，后来用同样的方法制备出第一代稀土永磁体（$SmCo_5$），从而揭开了稀土永磁材料的神秘面纱。这种材料具有极高的磁晶各向异性常数，为应用打开了一扇全新的大门，因此迅速引起了研发人员的兴趣。

第一代稀土永磁材料是以稀土原子与钴原子比例为 1：5 的化合物为基相的稀土永磁合金，简称 RCo_5，以 $SmCo_5$ 为代表，主要包括 $SmCo_5$、（Sm，Pr）Co_5、（Mm，Sm）Co_5（Mm 为混合稀土金属）等。RCo_5 化合物具有极高的单轴各向异性，磁晶各向异性常数和各向异性场都非常大。理论最大磁能积可达 248.6kJ/m^3，实验室水平最大磁能积可达 227.7kJ/m^3，商业化最大磁能积也可达 127～191kJ/m^3。第一代稀土永磁材料在 20 世纪 70 年代中期开始商业化生产。

20 世纪 70 年代后期，第二代稀土永磁材料开发成功。它是以稀土原子与钴原子比例为 2：17 的化合物为基相的稀土永磁合金，简称 R_2Co_{17}，以 Sm_2Co_{17} 为代表。由于稀土元素在自然界含量有限且价格较高，因此在不影响磁性能的前提下，通过适当降低稀土元素的含量有利于该材料的长期供应和更加广泛的应用，并且可降低成本。同时，进一步提高过渡金属元素的含量，也有利于进一步提高磁性能，该第二代材料就是在这一思路下发展起来的。实际上，R_2Co_{17} 可视为在 RCo_5 中有 1/3 的稀土原子沿 c 轴有序地被一对钴原子取代而形成，这类材料具有良好的磁性能和温度特性，是目前在军用电子器件及尖端技术中大量应用的一类永磁材料。另外，用铒（Er）、镝（Dy）、钆（Gd）、钬（Ho）等重稀土元素部分取代钐（Sm），根据取代量不同，还可以制备出温度系数较低或正温度系数的 R_2Co_{17} 永磁材料，满足一些有特殊要求的永磁装置和仪器的需要。

第一、二代永磁材料研制成功后很快实现工业化生产，且产量迅速增长。不过，这两代材料中均含有稀缺的钴，资源的匮乏极大地限制了稀土永磁材料的工业化规模。1983 年，日本住友特殊金属（Sumitomo Special Metals Co.，SSMC）的佐川真人（M. Sagawa）等人宣布，研制出高性能的钕铁硼（Nd－Fe－B）稀土永磁材料（简称钕磁铁）；与此同时，美国通用汽车公司下属的麦格昆磁（Magnequench，MQ）公司也宣布，开发出了最具磁性的钕铁硼永磁材料，使得永磁材料的磁能积获得了巨大的飞跃。以钕铁硼为代表的第三代永磁材料是当今世界上磁性最强的材料，有"磁王"的美誉。由于它不需要金属钴，原料来源比较丰富，且价廉物美，问世以来很快得到了广泛使用，稀土永磁产业自此发展得更加迅猛。另一方面，第三代永磁材料也在世界范围内激发了科研工作者对于新型多元铁基稀土合金探索的热情。钕铁硼永磁材料是以金属间化合物 $Nd_2Fe_{14}B$ 为基础的永磁材料，主要成分为稀土元素钕（Nd）、铁（Fe）

和硼（B）；为了获得不同性能，稀土元素钕（Nd）可以部分替换为其他稀土金属如镝（Dy）、镨（Pr）等，铁（Fe）也可部分替换为其他金属如钴（Co）、铝（Al）等。硼（B）的含量较少，但在形成四方晶体结构的金属连接中起着重要作用，使得化合物具有高饱和磁化强度、高的单轴各向异性和高的居里温度。目前商业水平最大磁能积为 $200 \sim 380 kJ/m^3$，实验室最大磁能积已达 $432 kJ/m^3$。

根据制备方法或用途不同，钕铁硼材料主要分为烧结型和粘结型两大类。烧结钕铁硼永磁材料采用的是粉末冶金工艺，熔炼后的合金制成粉末并在磁场中压制成压坯，压坯在惰性气体或真空中烧结达到致密化，为了提高磁体的矫顽力，通常需要进行时效热处理。粘结钕铁硼磁体是由快淬钕铁硼磁粉和粘结剂混合通过"压制成型"或"注射成型"制成的磁体。近年来，由于稀土价格，特别是铽（Tb）和镝（Dy）重稀土价格的大幅波动，热压钕铁硼材料也受到了人们的重视。

除了上述三代稀土永磁材料外，目前实验室正在研发一种 R–Fe–N 永磁材料。这类材料的磁能积和 Nd–Fe–B 较接近，如代表性材料 $Sm_2Fe_{17}N_8$ 的理论磁能积略低于 $Nd_2Fe_{14}B$，居里温度更高。遗憾的是，Sm–Fe–N 系列化合物在 600℃以上会发生不可逆分解，故只能用粘结法制备，限制了其更广泛的用途，而且，Sm 元素稀缺，价格高昂，目前为止 Sm–Fe–N 系永磁材料还没真正商品化。

近几年，我国稀土永磁材料的研究和开发取得一些突破，烧结钕铁硼磁体发展最快，应用最广；粘结钕铁硼、钐钴磁体的应用范围也在不断扩大，并且已掌握各向异性钐铁氮磁粉的关键核心技术，对纳米复合稀土永磁材料的研究也已达到国际先进水平。目前，已建立起较完整的稀土永磁材料制备与应用工业体系，成为全球最大的稀土永磁材料生产基地，产量超过全球的 85%，突破了发达国家长期的技术封锁和市场垄断，实现了从稀土资源大国到稀土永磁产品生产大国的跨越。但总体而言，我国在稀土永磁材料的高端应用方面与日本、美国相比仍有一定差距。

二、文献数据中稀土永磁材料画像

本次检索采用的检索平台是 incoPat 专利信息平台，专利数据库涵盖中文和外文数据库，检索时间范围截至 2021 年 10 月，检索方法是关键词和分类号相结合，其中关键词主要是稀土永磁、钕铁硼、钐钴、rare earth permanent magnet、NdFeB、$Nd_2Fe_{14}B$、RCo_5、R_2Co_{17}、$SmCo_5$、Sm_2Co_{17}、samarium cobalt 等，通过整理检索结果，获得扩展分类号和关键词，再根据扩展检索要素，进一步检索获得专利数据。对专利数据进行合并去重，然后再进行数据清洗、降噪。经去重、分析统计，全球已公开的涉及稀土永磁材料，包括制备以及应用的专利申请量共计 14000 余项。

根据专利数据信息，我们为稀土永磁材料制作了专利画像，图 1-1 展示了 1965—2021 年稀土永磁材料的专利申请量的发展趋势，由此可以从宏观层面把握其在各时期的专利申请热度变化。一般发明专利在申请后 3~18 个月公开，实用新型专利和外观设计专利在申请后 6 个月左右公开，因此 2020—2021 年申请的部分专利并未进行统计。图 1-2 示出了中日美稀土永磁材料的专利申请量的发展趋势。

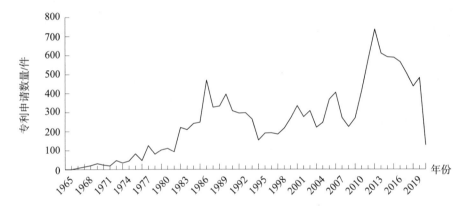

图 1-1 1965—2021 年稀土永磁材料的专利申请量的发展趋势

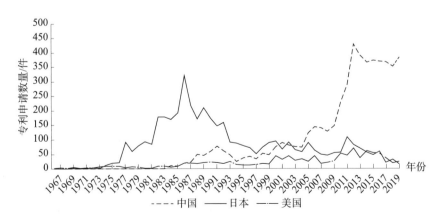

图 1-2 中日美稀土永磁材料的专利申请量的发展趋势

从图1-1和图1-2可以得出如下信息：①全球第一件稀土永磁材料专利出现在1967年，这和20世纪60年代发布得到第一代稀土永磁材料时间相吻合。②全球范围内的稀土永磁专利申请大致经历了三个时期：第一个时期是1967—1987年，第一代至第三代稀土永磁材料都是在此期间研制成功，专利申请量呈增长趋势，以日本为主要引领，美国在该时期尚处于技术萌芽状态，中国《专利法》于1985年才开始实施，故这之前的专利量处于空白状态；第二个时期是1987—1995年，专利申请量呈下降趋势，其间日本经历经济泡沫破裂，产业萧条，故申请量也有下降，同时期中国专利申请量略有增长，1992年达到阶段高峰；第三个时期是1995年至今，全球专利整体又进入快速增长期，并在2013年达到736件之多。这次增长主要是由中国引领，2013年中国申请量接近400件，而且从2005年起中国申请量就开始超过日本，并一直保持至今，表明中国的稀土永磁材料由萌芽期进入突破期。相比之下，日本自2005年后申请量一直维持在较低水平，美国也维持在60件上下，呈平稳趋势。

图1-3为CNKI中稀土永磁文献发表数量趋势，将其与图1-2中的中国专利申请趋势进行比较，可以对我国稀土永磁材料的整体发展趋势有更多了解。在1985年《专利法》实施以前，国内已经对该材料进行了一定研究。2000年后，科技文献的发表量有明显的提升，在2005年达到峰值，但专利数量在2005年以前增长并不明显，相对比较平缓，由此推断此时研究更偏理论探讨。2006年后，科技文献发表量有下降趋势，而专利文献却出现快速增长，年申请量跃居全球第一，表明进入了应用转移期。

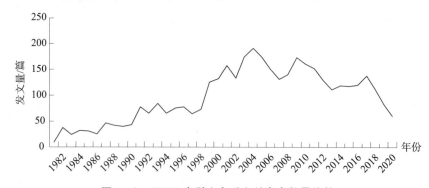

图1-3　CNKI中稀土永磁文献发表数量趋势

图1-4示出了全球最早的稀土永磁材料发明专利文献。该专利的申请日为1967年6月7日，公开号为US3546030A，申请人为美国飞利浦电子有限公

司，申请人对该专利非常重视，先后在不同国家共提交了 13 个同族专利申请。该申请主要涉及一种 M_5R 的永磁体，其中 M 是 Co 或 Co 与一种或多种选自 Fe、Cu、Ni 的组合，R 是 La、Th 或 Th 与一种或多种稀土金属，或至少三种稀土金属的组合，该合金具有六方晶体的结构，颗粒尺寸小于 $100\,\mu m$。该合金通过熔化所述组分 M 和 R，冷却并在 $900 \sim 1100\,^{\circ}\mathrm{C}$ 的非氧化气氛中退火，通过淬火等方式冷却至室温，后续可选烘干步骤。

United States Patent Office

3,546,030
Patented Dec. 8, 1970

1

3,546,030
PERMANENT MAGNETS BUILT UP OF M₅R
Kurt Heinz Jurgen Buschow and Wilhelmus Antonius Johannes Josephus Velge, Emmasingel, Eindhoven, Netherlands, assignors, by mesne assignments, to U.S. Philips Corporation, New York, N.Y., a corporation of Delaware
No Drawing. Filed June 7, 1967, Ser. No. 644,101
Claims priority, application Netherlands, June 16, 1966,
6608335
Int. Cl. H01f 1/08; C22c 19/00, 31/02
U.S. Cl. 148—31.57　　　　　　　　5 Claims

ABSTRACT OF THE DISCLOSURE

A permanent magnet constituted of particles having a component essential to the magnetic properties the compound M₅R where M is cobal and may include the addition to cobalt, iron, nickel and copper, and R is lanthanum, or thorium, or at least three rare earth metals or thorium in combination with one or more rare earth metals.

This invention relates to permanent magnets constituted of fine particles having in themselves permanent magnetic properties. The component of these particles which is essential to these properties is M₅R, where M is either Co or a combination of Co with one or more of the elements Fe, Cu, Ni and where R is either La, Th, or a combination of Th with one or more of the elements of the rare earths, or a combination of at least three elements of the rare earths.

2

netic moments of which are directed in parallel with those of the Co-ions or which do not contribute to the magnetic moment.

When the two conditions are combined there appears to exist for R, in addition to the known elements and combinations of elements, a large number of substitution possibilities. Experiments have shown that of these manifold suitable substitutions for R, only the following elements and combinations of elements with Co can form a compound Co₅R which can be used with good result (sufficiently high H₍ and (BH)ₘₐₓ) as a raw material for the manufacture of permanent magnets: La, Th, or a combination of Th with one or more of the elements of the rare earths, or combinations of at least three rare earths.

It is possible in these compounds to choose for M, instead of the above-mentioned Co, a combination of Co with one or more of the elements Fe, Ni, Cu. The compounds in which M is such a combination generally have a lower sensitivity to deformation of the coercive force and the saturation magnetization.

The extent to which Fe, or Ni, Co or a combination can be substituted for M while retaining favorable magnetic properties depends upon R and the substituents which have been chosen. Thus it has been found, for example, that if R is La and M is a combination of Co and Fe, no more than 5 at. precent of Fe may be present, whereas the maximum content of Fe may be 60 at. percent if R is Th. If the Fe-content exceeds the specified percentages, the examples given no longer have the hexagonal structure required, resulting in an abrupt decline in magnetic properties. However, in other examples, the magnetic properties may decline gradually, starting from a

图 1 - 4　全球最早的稀土永磁材料专利文献

最早向中国专利局提交的稀土永磁材料发明专利文献有两件，申请日均为中国《专利法》实施的第一天，即 1985 年 4 月 1 日。一件是由稀土永磁材料的龙头企业日本住友特殊金属株式会社提交，申请号为 85101455.0，公开号为 CN85101455A，该申请要求 1985 年 2 月 27 日在欧洲专利局提交的专利申请的优先权，发明人包括第三代永磁材料的发明人佐川真人等重量级人物，如图 1 - 5 所示。

⑩中华人民共和国专利局

⑫发明专利申请公开说明书

⑪ＣＮ 85 1 01455 Ａ

⑤Ｉnt.Cl4.
H 01 F 41/02
H 01F 7 / 02

⑬公开日　1986年 1月 10日

㉑申请号　85 1 01455
㉒申请日　85.4.1
㉚优先权　㉜85.2.27　㉝欧洲专利局（ＥＰ）　㉛85 1 02200
⑦申请人　住有特殊金属株式会社　　　地址　日本大阪府大阪市东区北浜 5－22
⑦发明人　佐川真人　山本日登志　藤村节夫　松浦裕
㉔专利代理机构　中国国际贸易促进委员会专利代理部
　　　代理人　顾柏棣　李濂英

⑭发明名称　生产永久磁体的方法及其产品
⑰摘要

生产永磁体的方法及其产品，包括对一种合金粉末进行成形处理，再进行烧结，之后进行热处理。产品的能量积可达到35MGOe、40MGOe 或更高。

图1－5　最早的稀土永磁材料中国专利文献（一）

该专利文献公开了一种生产永久磁体的方法及其产品，主要包括对一种合金粉末进行成形处理，再进行烧结，之后进行热处理；产品的能量积可达到35MGOe、40MGOe 或更高。

该专利申请的权利要求共有 78 项，其中权利要求 1 如下：

一种生产永磁材料的方法，其特征在于包括下列步骤：对某种合金粉末加压成形，其平均颗粒大小为 $0.3 \sim 80 \mu m$，其成分按所含原子的百分比为，$8\% \sim 30\%$ 的 R（假定 R 至少是包括 Y 在内的稀土元素之一），$2\% \sim 28\%$ 的 B，余量是 Fe 和不可避免的杂质。把成形后的物体放在 $900 \sim 1200℃$ 条件下进行烧结。对经过烧结的物体在 $750 \sim 1000℃$ 的条件下进行第一阶段热处理。把经过热处理的物体以 $3 \sim 2000℃/min$ 的冷却速率冷却到不高于 $680℃$ 的温度。经上述冷却后，再在 $480 \sim 700℃$ 的条件下进行第二阶段热处理。

该专利申请说明书背景技术部分记载：

之前第一、第二代永磁材料由于原材料钴供应不稳定、价格昂贵等，稀土矿中钐（Sm）的含量也不丰富，无法满足大规模生产的要求。本发明的目的之一是提出一种在室温和较高温度下有良好磁体、新颖而实用的生产永磁体的方法，它能制成任何理想的形状的实用的体积，其磁化曲线为高度矩形的回线，这种方法能有效地利用资源较多的轻稀土元素，采用稀土资源中没有重大用向的元素比如 Sm。经本发明者充分研究达到了上述目的，而且已发现，经过烧结以后，在某一成分范围内，Fe－B－R 合金的磁性，用专用名词表示为矫顽力以及退磁曲线的矩形回线，通过制成（压实）一种有特殊颗粒大小的粉末得到极大改进，对于成形后的物体进行烧结，随后进行热处理或在一些特殊条件下进行所谓老化处理。但是，再详细的研究发现，在上述热处理时，采用更特殊的条件，进行两阶级热处理，其矫顽力、退磁曲线的矩形回线可获进一步改进，因此，磁性的改变减少了。

可见，该发明涉及烧结钕铁硼的生产工艺，具体为两阶级的热处理来进一步改进矫顽力、退磁曲线的矩形回线等性能。该专利申请于 1991 年 12 月 11 日在中国获得授权，2000 年 11 月 22 日专利权有效期届满。日本住友特殊金属株式会社在日本专利局还拥有常规的未改进热处理的烧结工艺专利申请，只不过到中国《专利法》正式施行时已经过了优先权期限，因此无法获得保护。

另一件为北京钢铁学院提交的专利申请，申请号为 85100860.0，公开号为 CN85100860A，该申请的发明人包括肖耀福等中国稀土永磁材料行业的重量级人物，如图 1 - 6 所示。

〔19〕中华人民共和国专利局

〔12〕**发明专利申请公开说明书**

〔11〕 **CN 85 1 00860 A**

〔51〕Int.Cl.⁴
C22C 33/02
H01F 1/08

CN 85 1 00860 A

〔43〕公开日 1986年7月9日

〔21〕申请号 85 1 00860
〔22〕申请日 85．4．1
〔71〕申请人 北京钢铁学院
地址 北京市学院路29号
〔72〕发明人 肖耀福 孙光飞 周寿增 刘世强
张茂才

〔74〕专利代理机构 冶金专利事务所
代理人 陈肖梅

〔54〕发明名称 还原—扩散制造铁—稀土—硼系永
磁材料的方法

图 1－6 最早的稀土永磁材料中国专利文献（二）

该专利申请涉及一种还原－扩散制造铁－稀土－硼系永磁材料的方法，以 Ca（或 CaH_2）直接还原稀土氧化物，被还原出来的稀土金属再与 Fe 和 B（或 Fe－B）以及部分 Fe 的替代物 M 的粉末相互扩散，直接成为以四方相结构为主体的铁－稀土－硼（Fe－R－B）系合金材料。反应产物再经水或去负离子水清洗，去除 CaO 便得到所需的 $R_xFe_yB_z$ 粉末，再经一系列粉末冶金工艺即可制成各种实用永磁体。

该专利申请于 1991 年 12 月 11 日获得授权。从这个专利申请可以看出，当时我国已经开始对稀土永磁材料进行科研攻关，并实现了一定程度的自主制造。在我国专利制度刚刚起步之时，科研机构就进行了专利申请，具有在当时难能可贵的知识产权保护意识，也说明该项目很受重视。

图 1－7 是全球稀土永磁材料的专利申请人排名，日本企业占绝对优势。

日立金属株式会社（以下简称日立金属）居榜首，日本住友特殊金属株式会社（以下简称日本住友）、TDK 株式会社、信越化学工业株式会社（以下简称信越化学）分别排名在第二至第四位。2013 年，日立金属并购日本住友，掌握了稀土永磁材料，尤其是钕铁硼行业的重要专利。我国申请人北京中科三环高技术股份有限公司（以下简称中科三环）、钢铁研究总院分别位列第八、九名，在该领域有一定的技术积累和创新成果。

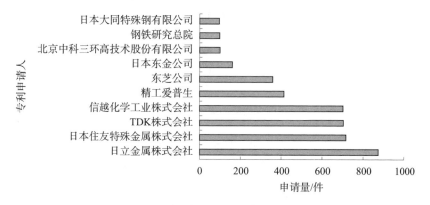

图 1-7　稀土永磁材料全球申请人排名

随着产业加快转型升级，中国对高性能稀土永磁材料的需求必然越来越大，高性能稀土永磁材料有可能成为限制我国产业升级发展的"卡脖子"问题，我国对该材料的研发需有更大突破。

图 1-8 为在中国专利局申请的稀土永磁材料的专利申请人情况。企业占绝对优势，排在榜首的是 TDK 株式会社，其在中国的布局量遥遥领先。第二名是中国稀土永磁行业的龙头老大中科三环，作为上市公司，中科三环目前在国内钕铁硼稀土永磁材料领域的市场占有率高达 25%，在全球钕铁硼稀土永磁材料领域的市场占有率也达 15%，是全球最大的钕铁硼永磁体制造商之一。第三位到第五位分别为钢铁研究总院、北京市西城区新开通用试验厂、沈阳中北通磁科技股份有限公司，这些机构或企业都具有相当雄厚的技术实力。

中科三环、沈阳中北通磁科技股份有限公司、有研稀土新材料股份有限公司等企业都是稀土永磁行业研发和生产建设的龙头企业，钢铁研究总院、北京科技大学、中国科学院宁波材料技术与工程研究所都是国内一流的稀土永磁领域重点高校和研究院。理论与实践的结合，实现了优势互补，理论突破带动产业升级，技术高效转化进一步推动科研进步，这也成功实现了我国以企业为主体、产学研结合的技术创新体系建设思路。

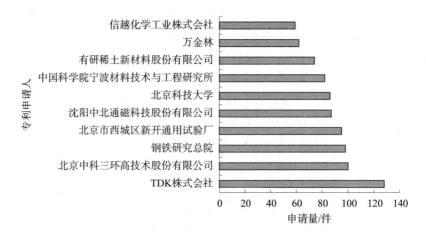

图1-8　中国专利局的稀土永磁材料申请人排名

图1-9示出了全球稀土永磁材料专利申请的主要研究方向分布。可以看出，在稀土永磁材料领域，研究主要方向是力求降低成本和复杂性，提高生产效率、矫顽力、稳定性、便利性、可靠性、均匀性和安全性，以及调整体积。

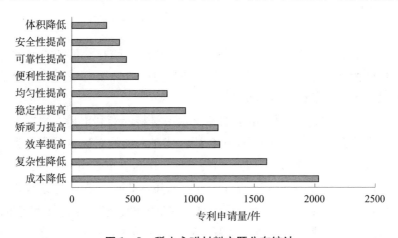

图1-9　稀土永磁材料主题分布统计

首先，由于供需关系紧张，稀土原料的价格较高，因此降低成本一直是人们努力的方向。第一代和第二代稀土永磁材料正是由于其中稀土金属钐和过渡金属钴的较高价格而催生了第三代稀土永磁材料；但是第三代稀土永磁材料仍然不能满足供需关系。目前的做法是通过添加轻稀土或氟、碳等来降低成本，人们也在继续寻找第四代新型稀土永磁材料。

其次，稀土永磁材料在各领域都得到了广泛应用，但其整体制备工艺的复杂性和低效成为其大规模工业化的掣肘，因此研究开发连续熔炼新工艺、新设备，简化工艺流程，降低工艺复杂度和提高生产效率也成为研究重点之一。

此外，稀土永磁材料的核心性能——磁性能，包括矫顽力、稳定性、可靠性等，也是人们研究的重点。而为了适应不同领域的应用需求，特别是在一些小型或微型装置中应用，永磁材料体积的调整也日渐被关注。

三、稀土永磁材料的旗手

经过几十年的发展，稀土永磁材料在很多领域得到了非常广泛的应用，成为世界各国高新技术发展战略竞争热点材料之一。在过去的几十年，许许多多科研工作者前赴后继付出了无数心血和汗水，涌现出许多旗手集体和旗手人物；同时，通过分析与之相关的科研院所和企业，也可以为我们勾勒出这个领域的市场主体和研发主体。

日立金属是稀土永磁材料领域的全球领先者。2003 年 6 月，日本住友同日立金属达成协议，双方在永磁材料及其应用产品方面进行合作。为使双方合作更有成效，日立金属收购了日本住友 32.9% 的股份。从此，日立金属成为稀土永磁材料制造业的老大。日立金属专利申请量增长稳定，有持续性，专利布局面广，且掌握多项核心专利。其核心技术团队是以发明人佐川真人为核心的团队，申请专利达 152 件，主要研究的重点在于烧结钕铁硼的工艺或成分改进等方面。

接下来看中国的情况。在前面专利分析数据的基础上，进一步在 CNKI 中以“稀土永磁”为主题进行检索，得到图 1 - 10 所示的稀土永磁相关文献发表机构排名和图 1 - 11 所示的稀土永磁文献作者排名。

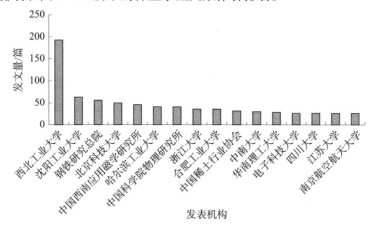

图 1 - 10　CNKI 稀土永磁相关文献发表机构排名

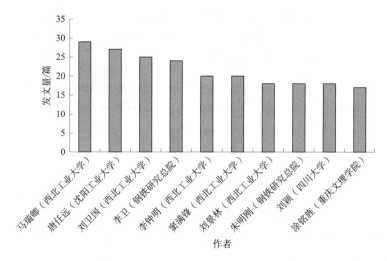

图 1-11　CNKI 稀土永磁文献作者排名

从国内 CNKI 文献发表机构排名可以看到，西北工业大学的文献发表数量遥遥领先；作者排名中，来自西北工业大学的马瑞卿、刘卫国、李钟明等人在榜单中排名靠前，来自沈阳工业大学的唐任远排名第二。对西北工业大学和沈阳工业大学的相关文献进一步分析，其研究均主要集中在稀土永磁电机，属于稀土永磁材料的一种下游应用。对于稀土永磁材料本身研究较多的是钢铁研究总院，以李卫院士居多。

对中国专利数据进行处理，获得图 1-12 所示的稀土永磁材料专利发明人排名。

排名靠前的发明人中，孙宝玉和陈晓东来自沈阳中北真空技术有限公司，主要研究方向是永磁材料的制备设备，如制备钕铁硼稀土永磁母合金的生产设备、钕铁硼稀土永磁真空烧结炉、真空熔炼速凝炉等，对材料性能的改进以及新材料研发相对较少。排名第二的石行来自北京市西城区新开通用试验厂，该厂现已注销，其申请主要集中在 2000 年之前，无法代表目前的研究方向。

来自钢铁研究总院的李卫院士虽然申请量排名第三，但其专利技术含量高，既有稀土永磁新材料的性能改进，又有新材料研发，李卫院士的团队长期从事高性能稀土永磁新材料、产业化关键技术研发和创新，取得了丰硕的研究成果，是该材料研发的旗手之一。李卫院士所在的单位北京钢铁研究总院是中国最早开展稀土永磁研究的单位，自 20 世纪 70 年代以来一直致力于 1:5 型和 2:17 型稀土钴永磁合金的研究；80 年代后又开发了各类钕铁硼永磁产品，并建立了稀土永磁生产厂，可生产和销售各类稀土永磁产品。

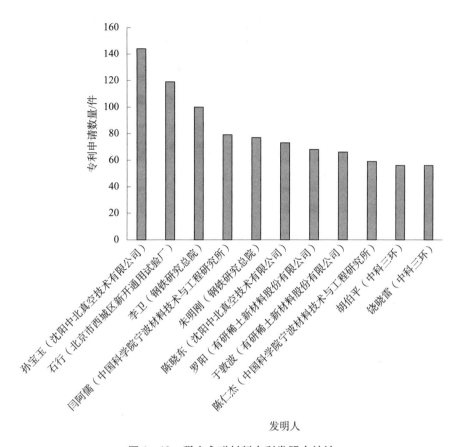

图 1-12　稀土永磁材料专利发明人统计

另外，值得一提的是来自国内龙头企业中科三环的胡伯平和饶晓雷，其研究方向包括对稀土材料性能的改进，如含钆的钕铁硼稀土永磁材料及其制造方法等。中科三环是隶属于中科院的高新技术企业，成立于 1985 年 8 月，最初由科学家王震西带领团队科研攻关。日本和美国对第三代稀土永磁材料的技术细节严格保密，凭着中国人不服输的精神，王震西组织中国科学院物理所和电子所的科研人员不懈努力，终于在 1984 年研制出中国自己的钕铁硼磁体材料。中科三环以烧结钕铁硼磁体、粘结钕铁硼磁体、软磁铁氧体和电动自行车为主要产品，已大量进入高端应用领域，如计算机硬盘驱动器、光盘驱动器、汽车电机和核磁共振成像仪等，是中国稀土永磁材料产业的代表企业，也是全球最大的钕铁硼永磁体制造商之一。

图 1-13 揭示了排名前十一的发明人在专利分类角度的技术构成，从中可以大致看出其重点研究方向。在专利分类体系中，不同分类号表示不同的技术领域

和相同技术的不同细分领域。与稀土永磁材料相关的申请主要分类号含义如下：

H01F：磁体；电感；变压器；磁性材料的选择。

B22F：金属粉末的加工；由金属粉末制造制品；金属粉末的制造，金属粉末的专用装置或设备。

C22C：合金。

B22D：金属铸造；用相同工艺或设备的其他物质的铸造。

C23C：对金属材料的镀覆；用金属材料对材料的镀覆；表面扩散法，化学转化或置换法的金属材料表面处理；真空蒸发法、溅射法、离子注入法或化学气相沉积法的一般镀覆。

H02K：电机。

C21D：改变黑色金属的物理结构；黑色或有色金属或合金热处理用的一般设备；使金属具有韧性，例如通过脱碳或回火。

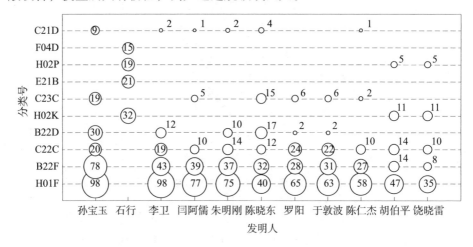

图 1-13　重要发明人的技术构成

结合分类号的技术含义可以对发明人的主要研发领域进行分析。比如李卫院士在 H01F 领域的专利申请量最多，B22F、B22D 领域次之，其中 C22C 为合金领域通用分类号。由以上分类号可见，李卫院士的主要研究方向在永磁材料的选择和制备工艺上。

第二节　稀土储氢材料

随着工业的发展和人们物质生活水平的提高，人类对能源的需求日益增加。过去使用的能源主要来自煤炭、石油、天然气等化石燃料，环境负担重且储量有限，因而人们一直在寻找可再生的绿色能源来替代传统化石燃料。氢能由于储量丰富、来源广泛、能量密度高，成为最受关注的绿色能源之一。中国、美国、日本和德国都高度重视氢能的开发利用，提出 21 世纪中叶要进入"氢能经济"时代。

然而，氢能利用需要解决三个关键环节：氢的制取、储运和应用。其中氢能的储运是关键中的关键。氢在通常条件下以气态存在，且易燃、易爆、易扩散，实际应用中必须优先考虑氢储存和运输的安全性，其次要求高效和无泄漏，这是实现氢能利用的最大挑战[1]。常见储氢材料包括储氢合金材料、无机物及有机物储氢材料、纳米储氢材料、碳质储氢材料、配位氢化物储氢材料等。储氢合金材料具有安全可靠、储氢能耗低、储氢密度大等优点，是目前最常用的储氢材料。

储氢合金是一种金属间化合物，能够在一定温度和压力下可逆地大量吸收、储存和释放氢气。储氢合金由两部分组成，一部分为吸氢元素或与氢有很强亲和力的元素（A），它控制着储氢量的多少，是组成储氢合金的关键元素，主要是ⅠA～ⅤB族金属，如钛（Ti）、锆（Zr）、钙（Ca）、镁（Mg）、钒（V）、铌（Nb）、稀土元素（Re）；另一部分则为吸氢量小或根本不吸氢的元素（B），它控制着吸/放氢的可逆性，主要起调节生成热与分解压力的作用，如铁（Fe）、钴（Co）、镍（Ni）、铬（Cr）、铜（Cu）、铝（Al）等。目前世界上已经研制出多种储氢合金，按储氢合金金属组成元素的数目划分，可分为二元系、三元系和多元系；按储氢合金材料的主要金属元素区分，可分为稀土系、镁系、钛系、钒基固溶体、锆系等[2]。储氢合金种类众多，但以稀土储氢合金研究时间最长、技术最成熟、应用最广、产业化最早。稀土储氢合金材料也称稀土贮氢材料，按照晶型进一步主要分为 AB_5 型、AB_3 型、A_2B_7 型、A_5B_{19} 型等，其中 A 代表具有吸氢性能的元素，B 则代表不吸氢的元素。

前文提到，稀土永磁材料的迅速发展刺激了国内市场对重稀土的需求，而另一方面，高丰度的铈、镧、镨等轻稀土则相对开发不足，这些轻稀土是性能优异的储氢材料，因此大力发展稀土储氢材料既是发展绿色低碳能源产业的重要途径，同时也解决了轻重稀土资源开采应用的不平衡问题。

---

[1] 许炜，陶占良，陈军. 储氢研究进展 [J]. 化学进展，2006，18（2/3）：200－210.

[2] 龚金明，刘道平，谢应明. 储氢材料的研究概况与发展方向 [J]. 天然气化工，2010（5）：71－78.

一、稀土储氢材料发展概述

20 世纪 60 年代，荷兰的飞利浦（Philips）实验室在进行磁性材料研究时，不经意发现 $SmCo_5$ 稀土金属间化合物可吸收氢原子，之后又发现 $LaNi_5$ 等稀土金属间化合物在室温下可吸放氢。

20 世纪 70 年代，美国 COMSAT 实验室研制出以 $LaNi_5$ 为负极材料的 Ni/MH 电池。但由于 $LaNi_5$ 合金吸氢后晶胞体积膨胀变大，极易导致合金粉化，加速合金在碱性电解液中的氧化和腐蚀，致使合金电极的放电容量在循环过程中迅速衰退，循环寿命降低，无法满足 Ni/MH 电池的实用化要求。此后，人们以多种金属替代镍（Ni）来改进氢化物稳定性和增加电化学容量，但仍因电极容量在碱性电解液中衰退过快而无法满足实用化要求。

直到 20 世纪 80 年代，荷兰飞利浦实验室的威廉姆斯（Willems）采用了一种多元合金化方法，以钴（Co）元素部分替代合金 B 侧的镍（Ni），使得 $LaNi_5$ 系合金在充放电循环稳定性上获得突破。自此，以储氢材料为负极材料的 Ni/MH 电池逐步趋于实用化。

20 世纪 90 年代，镍氢电池从实验室研究进入商业化实用阶段，以 $LaNi_5$ 系储氢合金为主要负极材料。从实验室走向产业化，需要满足以下几个要求：一是合金的储氢量和释放氢气量要大，这是合金作为储氢材料的基本要求；二是不需要高温和高压即能吸收和释放氢气，最好能在接近 1 atm 和常温下快速吸收和释放氢气，这是显著简化燃氢发动机设计和操作，适应多种用途的必然需要；三是在一个吸气 - 解吸周期内具有最低的滞后效应，而且吸 - 解氢气的性能不因反复储藏和释放循环而恶化，该性能对氢气致冷器或氢压缩机是至关重要的；四是价格低廉，便于商品化[1]。以 $LaNi_5$ 系储氢合金为主的材料较好地满足了这些要求。但为了进一步降低合金成本，提高 AB_5 型储氢合金的综合电化学性能，以及满足不同用途的要求，对储氢合金的技术要求越来越高。二元合金如 $LaNi_5$ 在吸氢量、吸 - 解速度、吸氢温度压力条件和滞后性等方面已不能满足日益增多的使用要求，人们逐渐将目光转向了多元合金。通过采用廉价的混合稀土 Ml（富镧混合稀土）和 Mm（富铈混合稀土）代替 $LaNi_5$ 合金中成本较高的纯 La，同时对合金 B 侧进行多元合金化，相继开发了多种 AB_5 型混合稀土系储氢合金，其中比较典型的有 $Mm(NiCoMnAl)_5$ 和 $Ml(NiCoMnAl)_5$，

---

❶ 刘先曙. 储氢合金的发展趋势 [J]. 材料导报，1991（5）：23 - 32.

其最大放电容量可达 280~320mAh/g，并具有较好的循环稳定性和综合电化学性能。

另外，LaNi$_5$ 系储氢合金的开发已接近理论容量，受限于 CaCu$_5$ 晶格结构，其能量密度偏低，难以满足日益增长的镍氢电池的需求，因此，研究人员也在进一步研究储氢容量更大的其他晶型，如 AB$_3$ 型。AB$_3$ 型具有活化快速、放电比容量高、循环性能好、储氢量大且吸放氢平台适宜的优点，相关专利也大量涌现。经过十多年的技术发展，AB$_3$ 技术已经逐渐进入成熟稳定区，后续又陆续出现 A$_2$B$_7$、A$_5$B$_{19}$ 型技术，如 La-Mg-Ni 系 A$_2$B$_7$ 与 A$_5$B$_{19}$ 型相结构储氢合金。进入 21 世纪后，人们的注意力从合金研究逐渐向镍氢电池的整体突进转移❶。

我国在 20 世纪 70 年代开始探索将 LaNi$_5$ 作为电极材料的可能性。在以美、日为代表的几个发达国家实现了 Ni/MH 电池产业化后，我国在相对较短的时间里就有了商品化的 Ni/MH 电池，是继美、日之后进入产业化开发最早的发展中国家。在国家"863 计划"的支持和推动下，我国镍氢电池的研究和产业发展非常迅速，一大批储氢材料和镍氢电池的科研院校和生产企业发展迅速。得益于稀土资源优势，中国储氢合金产量超过全球总产量的 70%，是稀土储氢材料的真正生产大国，全球 95% 的稀土储氢合金由中国和日本供应。

目前，稀土储氢材料已经在很多领域实现了重要应用，稀土储氢材料产业链涵盖了从上游原料到下游应用的全过程，包括用混合稀土金属（主要是轻稀土金属，如镧和铈）生产稀土储氢合金（粉），使用合金制成镍氢动力电池（镍氢电池、氢燃料电池），以及应用镍氢动力电池的终端产品，如电动自行车、电动汽车等，形成了一条完整的产业链。储氢合金材料最大的应用领域是镍氢电池，其中作为负极材料的小型镍氢电池已有大规模生产和应用，但在大型动力镍氢电池的研制和应用上，中国与日本还存在一定差距，主要表现在一致性和可靠性较差、功率特性较低、适用温度范围较窄等方面。镍氢电池目前主要应用于混合动力汽车 HEV 中，随着新能源汽车迅速发展，镍氢电池需求也将越来越大。

二、文献数据中稀土储氢材料画像

依靠 incoPat 专利信息平台进行检索，涵盖中文和外文专利数据库，时间范围截至 2021 年 10 月，关键词和分类号相结合。关键词主要是稀土储氢、

---

❶　田晓. 金属储氢电极材料研究［M］. 北京：北京邮电大学出版社，2018.

rare earth hydrogen storage、storag + hydrogen、镧镍五、lanthanum nickel、$LaNi_5$、AB_5、AB_3、A_2B_7、A_5B_{19}等。通过整理检索结果、获得扩展分类号和关键词，再根据扩展检索要素，进一步检索获得专利数据。对专利数据进行合并去重，然后再进行数据清洗、降噪。

专利数据显示，从 1969 年出现稀土储氢专利开始至 2021 年 10 月，全球共申请了约 2000 件专利，其中中国、日本、美国三局受理的数量最多，分别约为650 件、900 件、150 件，总计受理量达 1700 件，占全部申请的 85% 左右。

图 1 - 14 示出稀土储氢材料专利申请量的发展趋势，可分为四个阶段，分别是 1982 年以前的萌芽期、1982—1997 年的快速增长期、1998—2015 年的稳定期、2016 年至今的成熟期。

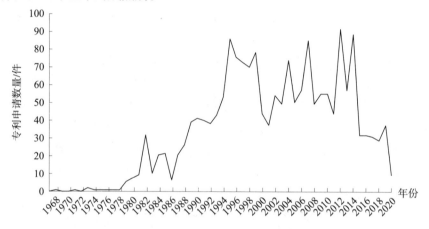

图 1 - 14　稀土储氢材料的专利申请量的发展趋势

图 1 - 15 示出中国、日本、美国稀土储氢材料的专利申请量的发展趋势。

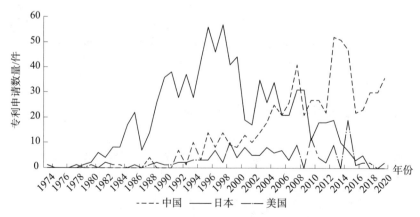

图 1 - 15　中国、日本、美国稀土储氢材料的专利申请量的发展趋势

　　分析图 1 - 14 和图 1 - 15 反映的信息可知，1982 年以前，全球每年专利申请量都在 10 件以内，数量较少。这是因为自 20 世纪 60 年代研发出具有储氢功能的 $LaNi_5$ 材料后，虽然陆续出现了一些专利申请，但该材料循环寿命偏低，无法满足电池的实用化需求，技术相对比较薄弱，加之此时人们对开发清洁能源的愿望还没有那么迫切，稀土储氢材料的发展并未受到重视，仅在日本和美国有零星专利申请出现，整体上都处于技术萌芽阶段。

　　1982—1997 年，全球专利申请量呈明显增长趋势，由每年 20～30 件上升到超过 90 件。增长主要来自日本专利申请，说明日本开始认识并利用稀土储氢材料，专利布局早于其他国家。事实也的确如此，日本很早就开始重视清洁能源，研发投入和专利保护意识都较为领先。采用稀土储氢合金作为负极材料的镍氢电池此时已在日本开始商业化生产，使用清洁氢能源的动力汽车的成功应用使得该领域的专利申请进入快速增长阶段。

　　进一步对这一时期的日本专利进行分析可知，其技术逐渐向多元合金发展，这是因为人们逐渐发现二元合金的储氢性能不能满足商业化使用要求。新技术包括对 A 侧采用混合稀土，并限定 La 的含量，B 侧由 Ni 发展到 Mn、Cu、Co 等元素，使得 AB_5 型技术逐渐发展成熟。例如，JP 昭 62 - 139257A 是松下电器工业有限公司在 1985 年 12 月 12 日向日本专利局递交的发明专利，其中提供了一种蓄电池，使用特定吸氢合金作为蓄电池的电极具有良好的高速率放电性、优异的循环寿命和高可靠性。蓄电池电极使用吸氢合金 $LnNi_xMn_yCu_z$（Ln 为单独的镧或含有镧的稀土金属的混合物，$4.5 \leqslant x+y+z \leqslant 5.5$，$x>3.5$，$0.2 \leqslant y \leqslant 1.3$，$0.2 \leqslant z \leqslant 1.3$）。通过向含有原子比为 3.5 或更大的镍的具有 $CaCu_5$ 型晶体结构的 Ln - Ni - Mn 合金中添加 Cu，提高了充放电时合金中氢原子的扩散速度，因此能够得到具有高速率放电性且循环寿命提高的电极，其还能使由锰的溶解和反复充放电循环引起的细粉的形成延迟。此外，同一时期还出现了 AB_3 型合金专利，它解决了由于 AB_5 型储氢合金的比容量提高空间不大且 $CaCu_5$ 结构受限的问题，以满足日益发展的镍氢电池性能的高要求。例如东芝公司于 1997 年 8 月 29 日申请的日本专利 JP10 - 321223A 提供了一种具有大放电容量的储氢电极，其包含主要由 AB_3 型晶体结构（例如，$PuNi_3$ 型、$CeNi_3$ 型）组成，并由 $R(Ni_{1-x}M_x)_z$ 表示的储氢合金，其中，R 是从稀土元素中选择的至少一种元素，包括 Y，M 是从 Al、Ga、Zn、Sn、Cu、Si、Ag、In、Ti、Zr、Hf、V、Nb、Ta、Cr、Fe、Mn、Mo 和 W 中选择的至少一种元素，x 和 z 分别满足 $0.01 \leqslant x \leqslant 0.2$ 和 $2.5 \leqslant z < 3.25$。

　　1997—2015 年，全球的专利申请量相对稳定，在 70 件上下浮动，但日本专利申请量有逐步下降的趋势，而中国专利申请量明显增长。此时期稀土储氢领域的竞争格局基本形成，日本技术较为成熟，中国呈后发追赶之势，这与当时国家鼓励新能源研发应用的政策有很大关系。

2015 年至今，全球申请量有所下降，主要是因为日本申请量明显减少，其国内企业进入技术成熟期，突破较少，但中国此时申请量仍然维持了之前增长的高位水平。

图 1-16 为 CNKI 稀土储氢文献发表数量趋势，将其与图 1-15 中的中国申请趋势相比较，我们可以对稀土储氢材料整体研究发展趋势有更全面的了解。与专利申请量整体趋势相同，科技文献的发表量也呈持续上升趋势，并在 2013 年达到峰值，随后有所下降，但仍维持在每年 60~80 篇的水平。总的来讲，经过近四十年的发展，我国稀土储氢材料的相关技术接近成熟稳定期，后续若想进一步有所突破，则需要开发性能大幅提升、成本明显降低，甚至更新一代的储氢材料。

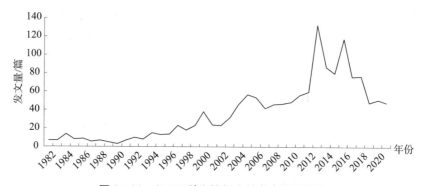

图 1-16　CNKI 稀土储氢文献发表数量趋势

图 1-17 是荷兰飞利浦公司提出的全球第一篇稀土储氢材料专利 NL162611B，申请日为 1969 年 1 月 24 日，主要涉及在一定温度下通过将粉末状金属材料与氢气在压力下接触来储存氢气的方法，该金属材料可以以氢化物形式结合氢气。该申请共有 6 个权利要求，其中权利要求 1 如下：

储存氢气的方法，通过在压力下将粉末状金属材料与氢气接触，并在一定温度下储存氢气的操作，使得该材料可以以氢化物形式结合氢气，其特征是粉末状材料由 A 和 B 组成，其中 A：B 的比率在 1：3 到 2：17 之间变化，其中 A 代表一种或多种稀土元素，且其可能与钍（Th）和/或锆（Zr）和/或铪（Hf）结合，B 代表镍（Ni）和/或钴（Co）。

Octrooiraad

[10] c **Octrooi** [11] **162611**

Nederland   [19] **NL**

[54] Werkwijze voor het opslaan van waterstof, alsmede drukvat voor het uitvoeren van deze werkwijze.

[51] Int. Cl.³: C01B6/24, C22C19/00.

[73] Octrooihouder(s): N.V. Philips' Gloeilampenfabrieken te Eindhoven.

[74] Gem.: Ir. R.A. Bijl c.s. te Eindhoven.

[72] Uitvinders: Hugo Antoon Christiaan Maria Bruning, Ir. Frans Frederik Westendorp en Dr.Ir. Hinne Zijlstra, allen te Geldrop en Dr. Johannes Hendrikus Nicolaas van Vucht te Eindhoven.

[21] Aanvrage Nr. 6901276.

[22] Ingediend 24 januari 1969.

[32] − −

[33] − −

[31] − −

[23] − −

[61] − −

[62] − −

[43] Ter inzage gelegd 28 juli 1970.

[44] Openbaargemaakt 15 januari 1980.

[45] Uitgegeven 16 juni 1980.

Dagtekening 17 mei 1980.

图 1 – 17　全球第一篇稀土储氢材料专利

图 1 – 18 是向中国专利局提交的第一件稀土储氢材料的发明专利申请，申请日为 1985 年 7 月 23 日，申请人为上海跃龙化工厂，公开号为 CN85106015A。

〔19〕中华人民共和国专利局

〔51〕Int.Cl.⁴

C22C 29/00
C22C 28/00
C01F 17/00

〔12〕**发明专利申请公开说明书**

〔11〕 **CN 85 1 06015 A**

CN 85 1 06015 A

〔43〕公开日 1987年1月21日

〔21〕申请号 85 1 06015
〔22〕申请日 85．7．23
〔71〕申请人 上海跃龙化工厂
　　　地址 上海市7825信箱（宝山县罗泾公社）
〔72〕发明人 袁茂林

〔54〕发明名称　镧铈混合稀土
〔57〕摘要

一种稀土金属化合物。现有的产品为含镧铈镨钕为主的混合稀土，既浪费了镨钕资源，又不能充分地发挥镧铈的应用效果。本发明为镧铈混合稀土，其 La_2O_3＋CeO_2 量占总稀土的 95% 以上，La_2O_3/CeO_2 比例为1∶4～10∶1，可用于发火合金，钢铁、铝铜锌等金属或合金冶炼的添加剂，贮氢材料，研磨材料，玻璃熔澄清脱色，催化裂的制造和农业微肥，提高了镧铈镨钕四个稀土元素的经济效益。

图1-18　最早的稀土储氢材料中国专利文献

该专利申请公开了一种稀土金属化合物，针对现有主要含镧铈镨钕的混合稀土既浪费镨钕资源又不能充分发挥镧铈的应用效果的缺点进行改进。该发明为镧铈混合稀土，La_2O_3＋CeO_2 含量占总稀土的 95% 以上，La_2O_3/CeO_2 比例为 1∶4～10∶1，可用于发火合金，钢铁、铝铜锌等金属或合金冶炼的添加剂，储氢材料，研磨材料，玻璃熔澄清脱色，催化剂的制造和农业微肥，能提高镧、铈、镨、钕四种稀土元素的经济效益。

权利要求1保护一种稀土金属化合物，它是由镧、铈、镨、钕组成的混合稀土，镧铈的总含量（以氧化物计）>95%，La_2O_3/CeO_2 比例为 1∶4～10∶1。权利要求5进一步限定含 La_2O_3 80%～90%，CeO_2 10%～20%的金属用于制造储氢材料。

该申请的最后状态是撤回，由于案件较早，具体撤回原因不清。但该案件表明，当时国内对稀土储氢材料已经有了一定研究，在中国《专利法》刚刚实施后即有了稀土储氢材料的相关专利申请。

图1-19示出了稀土储氢材料的全球申请人排名。专利申请量排前十名的专利申请人中，七个席位被日本企业占据，剩下三个分别是中国申请人包头稀土研究院、北京有色金属研究总院和内蒙古科技大学。其中，日本三洋电气有限公司（以下简称三洋电气）占据榜首并遥遥领先，东芝公司、松下电器工业有限公司、尤萨电池有限公司分别排在第二至第四位。显然中国与日本在稀土储氢研究应用方面存在明显差距。日本企业实力雄厚，技术具有产业化和全球化特点，特别是位列前三甲的日本公司很早就进行了专利布局并大规模生产镍氢电池，而中国的研究主要由科研院所主导，还没有形成真正有竞争实力的企业，而科研院所主导的研究成果通常以理论研究阶段的发现为特点，距离工业化应用还有很长的路要走。

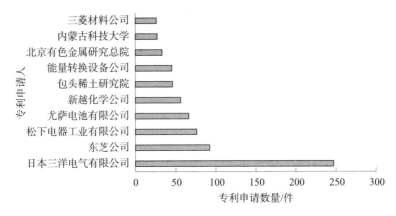

图1-19　稀土储氢材料全球申请人排名

中国在稀土储氢材料领域的研发起步较晚，应用实践经验不够丰富，但中国的研究机构和研究人员众多，研究涉及面较广泛，涵盖材料组成元素、可能加入材料的元素以及各元素的作用和含量等。这种广撒网式的研究使得稀土储氢材料的开发迅速铺开，也挖掘了多种类的新材料体系。与国外研发方式比较，中国对稀土储氢材料的研究主要短板是科研机构和企业之间的合作研究不足，企业研发实力相对薄弱，这使得中国稀土储氢材料的应用技术滞后。而日本许多研发工作都是研究机构和企业合作完成，企业自身也拥有较强的研发团队，日本在混合动力汽车用 MH-Ni 动力电池、低自放电电池负极稀土储氢材料方面均领先于中国。此外，中国在稀土储氢材料基础研究的深度及指导应用方面与国外也有一定差距。

图1-20为向中国专利局申请的稀土储氢材料的专利申请人排名。排在榜首的是包头稀土研究院，它是中国最大的综合性稀土研发机构，在稀土材料包括储氢材料方面具有非常强的研发能力。日本三洋电气有限公司位列第二，该公司非常重视在华专利布局，企业对储氢合金的研究已比较成熟，进入了工业化应用阶段。排名第三、四、六、八的都是国内科研院所，分别是北京有色金属研究总院、内蒙古科技大学、浙江大学和中国科学院金属研究所，由此也表明科研机构目前仍是我国稀土储氢材料的创新主力。排在第五的是瑞科稀土冶金及功能材料国家工程研究中心有限公司，这是一家以包钢稀土研究院为主，多方投资参股的股份公司。排在第七的是天津包钢稀土研究院有限责任公司，它是包头稀土研究院在天津设立的独资子公司。值得一提的是，作为国内新能源汽车的先行者，比亚迪股份有限公司也申请了十多件稀土储氢材料的专利，数量还不足以上榜，比亚迪公司在知识产权保护方面与其在行业内的声望地位似乎有些差距。总体而言，我国研发主体为科研院校，企业参与明显较少，产学研结合不够紧密，这对技术转化及产业发展较为不利。

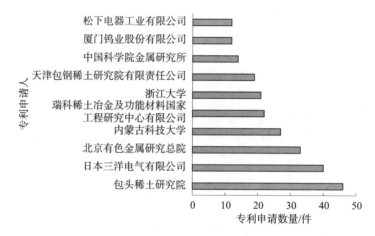

图1-20 向中国专利局申请的稀土储氢材料申请人排名

三、理论研发与专利保护重点

图1-21示出了全球稀土储氢材料专利申请的主要研究方向。从图中可以看出，在稀土储氢材料领域，研究主要方向是提高稳定性、降低复杂性和成本、提高寿命、容量、速度、均匀性、能力、效率以及安全性几大方面。

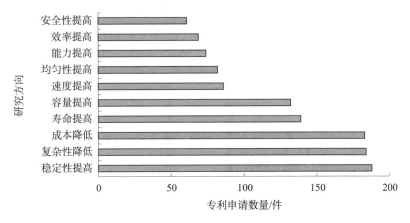

图1-21　全球稀土储氢材料主题分布统计

　　稀土储氢材料的稳定性研究主要涉及循环稳定性，因为循环稳定性差将会导致合金电极的高自放电，进而影响电池使用性能。通过 A、B 侧元素替代、表面改性以及内部结构调整等方式来提高循环稳定性一直是储氢材料领域的研究热点。如最初发现 $LaNi_5$ 材料具备吸放氢性能时，就是由于其循环性差而无法进行实用化，直至1984年荷兰 Philips 实验室通过对 A、B 侧元素进行适当替代，使合金吸氢后的晶胞体积膨胀率下降到14.3%，减轻了合金的粉化和腐蚀倾向，才使得以 $LaNi_5$ 合金为电极材料的电池终于进入实用化阶段。近年来，在研究提高储氢容量、改善充放电或吸放氢的效率等方向时，往往存在循环稳定性能无法同时兼顾的问题，如储氢容量提高但循环稳定性下降，因此如何兼顾循环稳定性与其他性能仍然是今后市场关注的热点。

　　基于电池市场的激烈竞争，降低成本和工艺复杂性也一直是重要研究方向。近年来，尤其是"双碳"背景之下，新能源汽车、风电、变频空调等下游对稀土需求暴增，打破了之前旧的供需格局关系，稀土价格出现明显上涨，进而导致混合稀土在镍氢电池成本中所占比例升高，因此，如何优化材料组成、减少组分中价格高昂组分，或通过改进制备工艺降低复杂性，是人们主要的发力点。

　　储氢容量是稀土实际应用价值的体现，其当然也是稀土储氢领域关注的焦点。最先发现的 AB_5 型储氢合金经历了大量研究，相关技术足够成熟，其容量几乎已经接近理论值。因而未来研究多半需要另辟蹊径，关注其他更大理论容量的储氢材料的研发和应用，譬如 Re - Mg - Ni 系稀土储氢合金就能更大限度地提升储氢容量。$LaNi_5$ 型和 Re - Mg - Ni 系稀土储氢合金也是目前产业化应用的主要类型，但其实二者储氢量与实际应用需求相比仍然较低。还有一些新结构、新组分的材料，但技术都不够成熟，如储氢量与循环性兼顾问题。也许下一次创新研发的高潮就是储氢容量进一步提升的新型材料的出现。

图 1 – 21 中所说的速度主要是指吸氢和放氢速度。由于吸放氢的速度直观地影响产品性能，因此人们也一直致力于提高材料的吸放氢速度，包括降低释氢温度。通过表面处理、包括冶炼工艺等在内的热处理对材料内部结构进行优化，改善内部组织结构，是目前常用的手段。

四、稀土储氢材料的旗手

自 20 世纪 60 年代被发现以来，稀土储氢材料就作为清洁能源氢能的载体引起了人们的广泛关注，人们普遍认为这是一种极具发展潜力的功能材料和能源材料，也是 21 世纪绿色能源领域的战略材料。过去几十年，国内外众多研发人员投入了该材料的研究，从图 1 – 19 所示的全球申请人排名可见，日本三洋电气有限公司（后被松下电器收购）是该领域的代表性旗手，而包头稀土研究院是我国研发实力最强的机构。

日本三洋电气有限公司在稀土储氢材料领域已耕耘几十年，其专利申请量达 240 件以上。图 1 – 22 所示为该公司专利申请趋势。

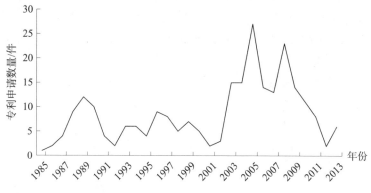

图 1 – 22 日本三洋电气有限公司专利申请趋势

三洋电气的稀土储氢材料专利申请量增长较为稳定且有持续性。从 1985 年开始，三洋电气就陆续提出专利申请，但前期申请量较少，2002 年开始申请量明显上升，原因是当时燃料电池行业发展，推动三洋电气在储氢合金材料领域开展了大量研发工作；2008 年后，申请量逐年下降，并在 2013 年之后没有进一步的专利申请，推测是由于稀土储氢材料在清洁氢能源混合动力汽车上的应用已处于较为成熟的阶段，少有技术突破，而且 2008 年三洋电气被松下电器收购，收购后研发方向可能作出调整，或者不再以三洋电气作为申请人进行申请。三洋电气的这次收购，使得松下电器在电池领域少了一个强有力的竞争对手，结合松下电器原来就一直保持的全球前三的领先地位，促使松下电器在稀土储氢材料领域成为日本乃至世界的"老大"。

接下来看中国的情况。在前面专利分析数据统计的基础上，进一步在CNKI中以"稀土储氢"为主题进行检索，得到图1-23所示的稀土储氢相关文献发表机构排名和图1-24所示的稀土储氢文献作者排名。

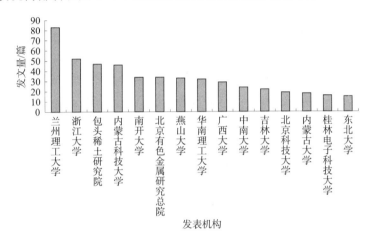

图1-23　CNKI稀土储氢相关文献发表机构排名

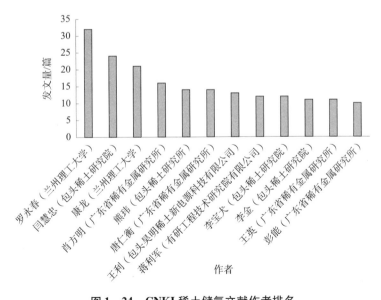

图1-24　CNKI稀土储氢文献作者排名

从国内 CNKI 文献排名可以看到，兰州理工大学的文献发表数量排名第一，浙江大学、包头稀土研究院紧随其后；作者排名中，来自兰州理工大学的罗永春及研究团队、包头稀土研究院的闫慧忠及研究团队、广东省稀有金属研究所的肖方明、唐仁衡在榜单中排名靠前。对兰州理工大学的相关文献进一步分析，其研究主要涉及稀土储氢材料的改进，如 La–Mg–Ni 系 A_2B_7 型储氢合金表面包覆 NAFION 及其电化学性能研究、镁含量对稀土–镁–镍系 A_2B_7 型储氢合金电极自放电性能的影响等，包括了元素替代、制备工艺调整、表面包覆等研究。但兰州理工大学的专利申请量较少，仅在 2003 年、2006 年分别申请过专利，但最后申请均撤回，具体原因无法知晓，可能国内不同的研究主体对专利的重视程度有所不同，或对技术成果所采取的策略不同。

结合专利申请量、CNKI 文献发表数量、CNKI 文献作者排名等可知，包头稀土研究院在目前国内的稀土领域研究投入暂时领先且专利布局广泛。包头稀土研究院已有 40 余年研发储氢材料的基础，自主开发了 $LaNi_5$ 型储氢合金电极材料并在国内实现了产业化，并在 AB_5、AB_3、A_2B_7、A_5B_{19} 等主要的稀土储氢材料上均进行了广泛的研发，部分研究成果还达到了国际先进水平。图 1–25 示出了包头稀土研究院的专利申请趋势。

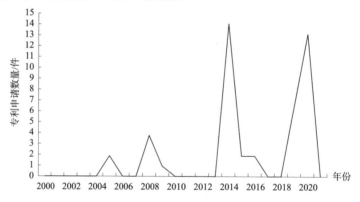

图 1–25　包头稀土研究院专利申请趋势

包头稀土研究院在 2014 年和 2020 年申请数量较多，2005 年和 2008 年先后在高性能的非晶态稀土–镁–镍系储氢电极材料、Re–Fe–B 系储氢合金材料进行了多方面研发工作并申请专利。2014 年，其自主研发了一系列的稀土–钇–镍系储氢合金材料且均获得了授权，涉及 AB_3、A_2B_7、A_5B_{19} 等晶型。该储氢合金具备更好的储氢量，充放电或吸放氢循环稳定性好等性能，正在进行产业化应用，体现了包头稀土研究院在稀土–钇–镍系储氢合金材料方面的技术实力。2020 年前后，其研究集中于含钐、钇的稀土储氢合金材料，以进一步提高其电化学活化性能和最大放电容量，并提高其使用寿命。

图 1-26 示出了排名前十的发明人在专利分类角度的技术构成。通过不同分类号可以反映出不同的技术领域或不同的具体细分方向的研究。与稀土储氢材料相关的申请主要分类号含义如下：

H01M：用于直接转变化学能为电能的方法或装置，例如电池组。

C22C：合金。

C01B：非金属元素；其化合物。

B22F：金属粉末的加工；由金属粉末制造制品；金属粉末的制造，金属粉末的专用装置或设备。

C22F：改变有色金属或有色合金的物理结构。

B01J：化学或物理方法，例如，催化作用或胶体化学；其有关设备。

B22D：金属铸造；用相同工艺或设备的其他物质的铸造。

C01F：金属铍、镁、铝、钙、锶、钡、镭、钍的化合物，或稀土金属的化合物。

F17C：盛装或贮存压缩的、液化的或固化的气体容器；固定容量的贮气罐；将压缩的、液化的或固化的气体灌入容器内，或从容器内排出。

H01F：磁体；电感；变压器；磁性材料的选择。

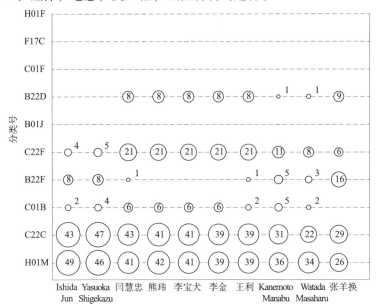

图 1-26　重要发明人的技术构成

结合分类号的技术含义对发明人的主要研发领域进行分析可知，重要发明人的研究主要集中在 H01M 和 C22C，主要涉及电池和合金，这与稀土储氢材料产品本身以及其实际应用持续深入的研究相吻合。此外，包头稀土研究院的闫慧忠教授团队除了上述两大方向外，还在 C22F 领域作了较多研究，其更多涉及改变有色金属或有色合金的物理结构，包括对制备储氢合金的制备工艺，改善其结构并最终改善其性能。

第三节　稀土发光材料

稀土发光材料是指使用了稀土元素使其具备发光性能的材料，它是信息显示和节能照明等领域不可或缺的关键材料。在发光材料的基质成分、激活剂、敏化剂或其他掺杂剂中，经常使用稀土元素，这是因为稀土元素原子具有特殊的 4f 电子结构和丰富的电子能级，在发光材料领域发挥着无可替代的作用，成为研究和应用的主要方向。

近年来，信息显示和节能照明领域都在发生着革命性的变化，另外近红外光在面部识别、虹膜识别、激光雷达、健康检测、安防监控、生物识别等领域的应用也得到快速发展，稀土发光材料的应用越来越广泛，同时也对材料性能提出了更新更高的要求。目前我国稀土发光材料产业进入了一个关键转折时期，有些大宗产品逐渐被淘汰，如灯用稀土三基色荧光粉、彩电荧光粉，但有些材料如白光 LED 用荧光粉、稀土光转换材料等得到了蓬勃发展。

一、稀土发光材料发展概述

20 世纪 60 年代，人们首次发现掺钐氟化物 CaF_2：Sm^{2+} 可以输出激光脉冲，于是稀土发光材料问世。1964 年，稀土分离技术得到突破，开发出高效红色荧光粉 YVO_4：Eu^{3+} 和 Y_2O_3：Eu^{3+}。同年，美国研发出用 YVO_4：Eu^{3+} 作红色荧光材料的新型彩色电视机，1968 年又发明了另一种高效 Y_2O_2S：Eu^{3+} 红色荧光粉。尽管这些稀土发光材料价格昂贵，但它们因优异的性能很快被应用于 CRT 彩色电视中，使彩电发生了质的变化。

同一时期，科学家们还进行了三价稀土离子的 4f - 4f 能级跃迁、4f 和 5d 能态及电荷转移态的基础研究工作，完成了三价稀土离子位于 $5000 cm^{-1}$ 以下的 4f 电子组态能级的能量位置的基础研究工作，所有三价稀土离子的发光和激光均来自这些能级。因此，可以说20世纪60年代是稀土发光材料基础研究和应用发展的划时代转折点。

有了20世纪60年代的研究基础和工业基础，步入70年代，无论是基础研究还是新材料研制及其开发应用都进入了繁荣时期。例如，由 Koedam M 等人通过对人眼色觉的研究，从理论上推出：如果将蓝、绿、红（波长分别为440nm、545nm、610nm）三种窄波长范围发射的荧光粉按一定比例混合，可制成高效率、高显色性荧光灯。

1974年，荷兰飞利浦公司的 Jversgetn JM 等先后合成了稀土绿粉（Ce，Tb）$MgAl_{11}O_9$、蓝粉（Ba，Mg，Eu）$_3Al_6O_{27}$ 和红粉 YO_3：Eu^{3+}，并将它们按一定比例混合，制成了三基色粉，首次研制成了稀土三基色荧光灯并投放市场。

1993年，日本日亚化学公司率先在蓝色氮化镓（GaN）LED 技术上取得突破，于1996年将发射黄光的 YAG：Ce 作为荧光粉，涂在发射蓝光的 GaN 二极管上，成功制备出白光 LED，开启了白光 LED 应用照明时代。这种白光 LED 后来在绿色照明和高端显示领域得到成功应用。目前发展较为成熟的 LED 荧光材料体系有铝酸盐、硅铝酸盐、氮（氧）化物、氟化物等。

二、中国专利数据中的稀土发光材料画像

与前面一样，检索采用的检索平台是 incoPat 专利信息平台，数据库涵盖中文和外文数据库，检索时间范围截至2021年10月。分析国际专利分类表可以看出，发光材料的分类号比较集中，主要分布在 C09K11/＋。而为了更准确、全面反映稀土发光材料的专利申请趋势，我们将检索限定在 C09K11/＋分类号作为第一分类号的范围内，但排除以下分类号及其下位组：C09K11/01，发光材料的回收；C09K11/02，以特殊材料作为黏合剂，用于粒子涂层或作悬浮介质；C09K11/04，含有天然或人造放射性元素或未经指明的放射性元素；C09K11/06，含有机发光材料；C09K11/07，具有化学相互作用的组分，如反应性的化学发光组合物。通过整理检索结果，进一步扩展关键词，再进一步检索获得专利数据。对专利数据进行合并去重，然后再进行数据清洗、降噪。

如图1-27所示，早在20世纪60年代就出现了稀土发光材料的相关专利申请，但70年代之前数量都相对较少，属于技术萌芽期，整体发展缓慢。1974年，三基色粉成功研制，稀土三基色荧光灯进入市场，稀土发光行业发展看到了一丝曙光，但专利申请数量仍然不多。直到90年代初，近二十年的发展时间终于使年申请量首次突破200件/年。进入21世纪后，全球专利申请

量呈明显增长趋势，由约 200 件/年逐渐发展到 2013 年的约 1200 件/年。20 世纪末，白光 LED 的优异性能被广泛认知，这极大地促进了稀土发光材料和半导体技术的发展，加之显示用稀土发光材料如显示用氮（氧）化物荧光粉、显示用氟化物红色荧光粉的发展，尤其是高清平板显示技术的发展需求，也推动了该领域的发展研究进入活跃期。

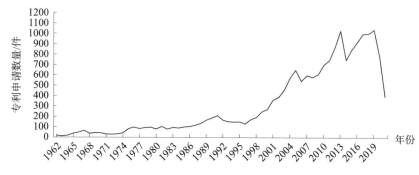

图 1-27　全球稀土发光材料的专利申请量的发展趋势

根据专利统计数据，截至 2021 年 10 月，全球申请约 22900 件。其中，中、日、美三局受理的数量之和占全球的 92%，分别约为 9300 件、7900 件、4000 件。图 1-28 示出了中、日、美稀土发光材料的专利申请量发展趋势。

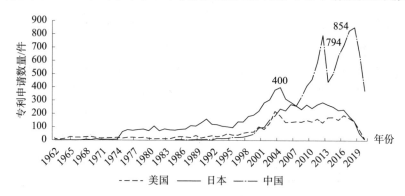

------ 美国　——— 日本　—·— 中国

图 1-28　中、日、美稀土发光材料的专利申请量的发展趋势

1974 年之前，专利申请数量很少，基本都在美国，属于技术萌芽期。从 1974 年至 20 世纪 90 年代初，进入缓慢增长期，在该阶段日本开始引领申请量的增长，反映出日本在该领域技术研究的敏感性和很强的创新保护意识；中、日、美的申请量在 1994 年后均出现了稳步增长，如美、日两局分别在 2004 年、2005 年受理的申请量达到高峰的 220 件/年、400 件/年，这得益于

1993 年日本日亚化学公司成功突破了高亮度蓝光 GaN 二极管的制备技术并将其推向产业化生产，此后，白光 LED 作为一种新型的全固态照明光源，深受人们的重视，被称为 21 世纪的绿色照明光源，众多国家对白光 LED 发展制定了国家级的发展计划，其研发和产业化成为照明领域和发光材料的主流和热门；之后日局专利申请量则呈逐步下降趋势，可能与相关技术趋于成熟有关，而中国的申请量在 1985 年《专利法》实施后稳步增长，并于 2008 年超过日本跃居全球首位，开始引领全球申请量发展趋势，并在 2013 年和 2019 年分别达到两个高峰，这与当时国家鼓励节能照明工程的政策、国内申请人的技术进步、逐步增强的知识产权保护意识等有很大关系。

图 1 - 29 和图 1 - 30 展示了 1985 年 4 月 1 日，中国《专利法》实施当天向中国专利局提交的两件稀土发光材料发明专利文献，一件来自稀土发光材料的领军企业菲利浦光灯制造公司（现飞利浦公司），另一件来自武汉大学。飞利浦公司的申请（CN85102041A）中公开了一种图像显示阴极射线管，如 DGD 管，备有一个荧光屏，荧光屏中含有被 Tb 和 Eu 激活的发光硼酸铟，其相应的分子式是 $In_{1-p-q}Tb_pEu_qBO_3$，式中 $50.10^{-6} \leqslant p \leqslant 0.010$ 和 $50.10^{-6} \leqslant q \leqslant 0.010$。该专利申请后来被视为撤回，没有获得授权，具体原因未知。

〔19〕中华人民共和国专利局　　　　　　〔51〕Int.Cl.⁴
　　　　　　　　　　　　　　　　　　　　　H01J 31/12
　　　　〔12〕发明专利申请公开说明书　　H01J 29/18
　　　　　　　　　　　　　　　　　　　　　C09K 11/63
　　　〔11〕CN 85 1 02041 A　　　　　　　C09K 11/77

CN 85 1 02041 A

〔43〕公开日　1986年10月29日

〔21〕申请号　85 1 02041　　　　　　　〔74〕专利代理机构　中国专利代理有限公司
〔22〕申请日　85.4.1　　　　　　　　　　　　代理人　杨 凯
〔71〕申请人　菲利浦光灯制造公司
　　　地址　荷兰艾恩德霍芬
〔72〕发明人　西格斯

〔54〕发明名称　阴极射线管
〔57〕摘要
　　图象显示阴极射线管如DGD管备有一个荧光屏，荧光屏中含有被Tb和Eu激活的发光硼酸铟，具相应的分子式是In₁－p－qTbpEuqBO₃式中
　　$50.10^{-6} < p \leqslant 0.010$ 和
　　$50.10^{-6} < q \leqslant 0.010$

图 1 - 29　飞利浦公司申请的稀土发光材料发明专利文献

〔19〕中华人民共和国专利局

〔12〕**发明专利申请公开说明书**

〔11〕 **CN 85 1 00242 A**

〔51〕Int.Cl.⁴
C09K 11／80

CN 85 1 00242 A

〔43〕公开日 1986年10月15日

〔21〕申请号 85 1 00242
〔22〕申请日 85．4．1
〔71〕申请人 武汉大学
　　地址 湖北省武汉市武昌珞珈山
〔72〕发明人 何喜庆　蒋昌武　吴琳珂　陈　纯
　　　　　 孙聚堂

〔74〕专利代理机构 武汉大学专利事物所
　　　代理人 余鼎章

〔54〕发明名称 碳还原法合成灯用稀土蓝、绿两种
　　　　　　　荧光粉

〔57〕摘要

　发明描述了碳还原法合成灯用稀土蓝、绿两种荧光粉的方法，将常用的三次灼烧改为一次灼烧，并用设计的灼烧装置装填试料，来实现一步合成和还原；并避免了 Ce^{+3} 和 Tb^{+3} 的再氧化。生产蓝、绿荧光粉的方法简便，安全，生产效率高，产量增加10倍；蓝色荧光粉的发光强度是 N_2-H_2 还原法产品的发光强度的110-120%，生产成本低。

图1-30　武汉大学申请的稀土发光材料发明专利文献

　　武汉大学同时提交了两件申请，申请号分别为 CN85100258A 和 CN85100242A，后者最终获得了授权，其涉及一种碳还原法合成灯用稀土蓝、绿两种荧光粉，属于一种灯用稀土三基色荧光粉，其方法为将常用的三次灼烧改为一次灼烧，并用设计的灼烧装置装填试料，来实现一步合成和还原；并避免了 Ce^{3+} 和 Tb^{3+} 的再氧化。生产蓝、绿荧光粉的方法简便、安全、生产效率高，产量可增加十倍；蓝色荧光粉的发光强度是 N_2-H_2 还原法产品的发光强度的110% ~ 120%，生产成本低。

从这个在中国《专利法》实施第一天申请的专利案例可见，我国对稀土发光材料的研究已有一定积累，而且难能可贵的是科研机构具有知识产权保护意识，乘着专利制度的东风对技术成果进行保护。

图1-31统计了全球稀土发光材料领域专利申请人排名前十位的数据。从图中可以看出，日本企业占据了一半席位，技术实力非常雄厚。排在首位的中国企业海洋王照明科技股份有限公司成立于1995年，主要从事特殊环境照明设备的研发、生产和销售服务，如冶金、采矿、石油、化工、铁路、电力、场馆、航空、船舶、军事、港口、消防等国计民生领域和重大基础设施建设，还在"神六"、"神七"、歼-10飞机、潜艇等国防尖端项目上使用，是专业照明领域首家海军装备承制单位。该企业技术实力和知识产权保护意识很强，总专利申请量达上万件，其中稀土发光材料相关专利近七百件。其余荷兰的飞利浦公司、美国的通用电气公司、韩国的三星股份有限公司、德国的默克专利有限公司都是知名的跨国企业，规模大、专利申请数量多，掌握相当大一部分核心技术，在稀土发光材料领域的地位举足轻重。

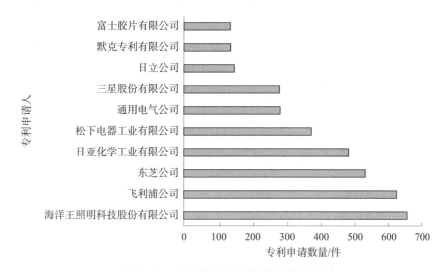

图1-31 稀土发光材料全球申请人排名

再来看中国的情况。如图1-32所示，在中国专利局申请的稀土发光材料前十五位专利申请人中，有三家中国企业上榜，分别是排在第一、第三、第十五位的海洋王照明科技股份有限公司、TCL集团股份有限公司和有研稀土新材料股份有限公司。海洋王照明科技股份有限公司在专利申请量上遥遥领先，反映出中国企业对技术创新的重视和日益增强的知识产权保护意识。排在第二的是皇家飞利浦电子股份有限公司，日本的松下电器工业有限公司和韩国的三星股份有限公司排名也比较靠前，这些公司非常重视在华专利布局战略，公司规模大、研发能力强、技术含量相对较高，具有核心竞争力的专利数量高于国内申请人，可以说具有较高的技术壁垒。其他创新主体均为中国的大专院校和科研院所，总共八位，占据一半以上席位。由此可以看出，我国在稀土发光材料领域的研究主要以科研院校机构为主，企业参与相对较少，产学研结合有待加强，技术转化及产业发展有较大提升空间。

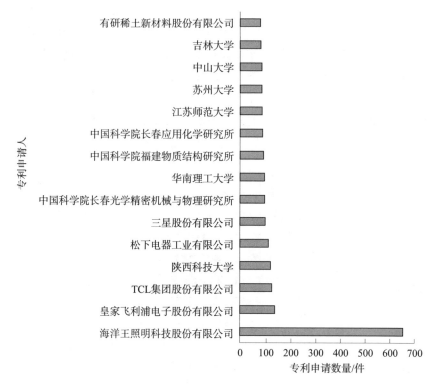

图 1-32　中国专利局的稀土发光材料申请人排名

三、稀土发光材料的旗手

结合前面的统计数据可知，荷兰的皇家飞利浦电子股份有限公司（简称飞利浦公司）和日本的日亚化学公司（简称日亚化学）均是稀土发光材料领域的全球领跑者，而海洋王照明科技股份有限公司（简称海洋王照明）是国内当仁不让的旗手。

自从 1974 年飞利浦公司的 Jversgetn JM 等率先在三基色粉方面取得突破，并将稀土三基色荧光灯投放市场，飞利浦公司就一直保持着稀土发光材料领域的领先地位。飞利浦公司成立于 1891 年，是世界上最大的电子公司之一，在照明、电视等小家电、显示器、消费性电子、通信、信息、半导体、工业电子和医疗系统等领域世界领先。飞利浦公司对稀土发光材料在照明、显示两大领域均有深入研发和具有核心竞争力的成果，主要研究方向包括荧光粉材料、低压汞灯、具有补偿转换元件的发光元件及辐射源和发光材料的照明系统等方面。该公司非常关注中国市场，在《专利法》实施首日便提交了专利申请，且很多专利为高质量核心专利，给中国稀土发光领域的创新主体设立了很多专利壁垒。作为全球领先的显示器制造商，飞利浦公司在中国设立了显示器制造基地苏州飞利浦消费电子有限公司显示器厂，是飞利浦显示器在全球的六大生产基地之一。

另外，日本在稀土发光材料领域的技术实力也非常雄厚，日亚化学公司是其代表性企业。日亚化学公司是全球著名的电子企业之一，致力于制造与销售以荧光粉，主要是无机荧光粉为中心的精密化学品。它于 1993 年研制发明了震惊世界的高效氮化镓（GaN）基蓝光 LED，突破了蓝光 LED 的技术瓶颈，并实现了 LED 商品化，大幅度扩大了 LED 的应用领域，极大地促进了 LED 的发展。由此白光 LED 被广泛认知，被认为是继白炽灯、荧光灯、高强度气体放电灯之后的第四代照明光源。此外，日亚化学的产品应用范围十分广泛，在显示屏、照明、交通信号灯、工业等领域都可见其身影，形成了系列化及多元化的产品阵列。日亚化学拥有大量白光 LED 原始技术的核心专利权，是 LED 材料相关原始技术的专利拥有者，并在光电半导体芯片、特定峰值波长范围的发光体、使用树脂与荧光体混合物的发光装置、氧氮化物荧光体和光放大器等方面都有深入的研究且成果显著。凭借着专利优势，其在 LED 行业不断发展壮大，在全球高端 LED 显示屏及 LED 背光领域具有明显技术优势，占据较大市场份额。

海洋王照明成立于 1995 年，经过多年的发展，公司的专利申请量在 2007—2009 年快速增长，在 2010 年后维持高产出状态。这些趋势与国家政策和国内行情密不可分。海洋王照明在结构、材料和方法上都有广泛的布局，包括稀土金属掺杂的硅酸盐发光材料光源装置、发光薄膜以及叠层结构技术等。整体来说，海洋王照明的研发重点集中，与其他核心研发企业在研发方向上的重叠比较少。

结合之前专利分析数据统计可知，我国在稀土发光材料领域的研究仍主要以科研院校机构为主。在 CNKI 中以"荧光灯、高压汞灯、低压汞灯、长余辉、白光二极管、显示器、PDP、荧光粉、稀土、发光"等相关关键词进行检索，得到图 1 - 33 所示的稀土发光相关文献发表机构排名。

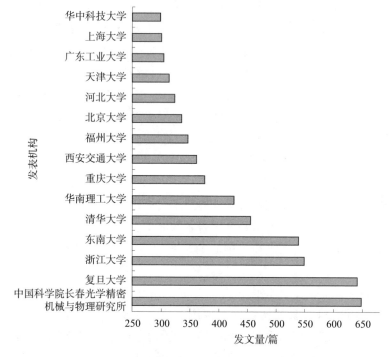

图 1 - 33　CNKI 稀土发光相关文献发表机构排名

中国科学院长春光学精密机械与物理研究所（简称长春光机与物理研究所）的文献发表数量排名第一，结合图 1 - 32，长春光机与物理研究所在专利申请量上也排名靠前，表明该机构在基础研究、实际应用等方面均处于领先地位。该研究所是由原中国科学院长春光学精密机械研究所和原中国科学院长春物理所整合而成，在稀土发光、宽带 Ⅱ - Ⅵ 族半导体发光、有机和无机薄膜电致发光等研究领域独具特色，达到国内或国际先进水平。

总体来说，在稀土发光材料领域，中国虽然专利数量位居全球前列，但专利质量与日本、美国、德国等发达国家相比仍有明显差距，专利布局也与这些国家有较大的差别，核心研发企业专利布局略显分散、不成体系。科研院校是我国目前研发的主力军，积累了很多的技术理论，但在产学研有效融合方面有进一步提升的空间，因此如何推动研究成果的产业化运用和知识产权保护运营将是下一步努力的方向。

第四节　稀土催化材料

稀土元素具有特殊的 4f 电子层结构，正常状态下大多数稀土元素的 5d 轨道为空，空轨道可用作催化作用的电子转移站，外层 4f 电子结构作为络合物的中心原子，具有从 6 ~ 12 的各种配位数，在化学反应过程中可以起"后备化学键"或"剩余原子价"的作用。因此，稀土元素及其氧化物具有较高的催化活性，不仅其本身具有催化活性，还可以作为添加剂或助催化剂来提高催化剂的催化性能，在种类繁多的催化剂中，稀土催化材料由于其独特的性能而备受青睐。

根据不同应用领域，稀土催化材料分为机动车尾气净化催化剂、催化裂化催化剂、轻质烷烃转化催化剂、天然气燃烧催化剂、挥发性有机物净化催化剂、固体氧化物燃料电池催化剂等。2020 年 9 月，国家主席习近平在第 75 届联合国大会上宣布，中国力争 2030 年前二氧化碳排放达到峰值，努力争取 2060 年前实现碳中和目标。2021 年 10 月，中共中央、国务院印发《关于完整准确全面贯彻新发展理念做好碳达峰碳中和工作的意见》，系统谋划、总体部署了碳达峰碳中和这项重大工作。稀土催化材料在推进新能源利用和环境治理技术进步方面具有重大的科学社会意义，其广泛运用在石油化工、汽车尾气净化、工厂废气净化、高分子材料合成、固体氧化物燃料电池、催化燃烧等领域，在"双碳"目标达成过程中，稀土催化材料将扮演着越来越重要的角色。

一、稀土催化材料发展概述

稀土材料最早在催化领域得到实际应用可以追溯到 1885 年，韦尔斯巴克（Welsbach）首先把含 99% 的 ThO_2 和 1% 的 CeO_2 的硝酸溶液浸渍在石棉上制成催化剂，用在气灯罩制造工业中[1]。

20 世纪 60 年代开始，人们对稀土元素，主要是稀土氧化物的催化性质进行了大量研究，国内外报道了一些规律性的研究成果，包括：在稀土元素的电子结构中，4f 电子层位于内层，受 5s 及 5p 电子层的屏蔽，而决定物质化学性

---

[1] 王亚军，冯长根，王丽琼，等. 稀土在汽车排气催化净化中的应用［J］. 工业催化，2000，8（5）：3 - 8.

质的外层电子的排布又都相同，因此，和 d 型过渡元素的催化作用相比没有明显的独特性，且活性无法达到 d 型过渡元素的效果；在大多数反应中，各稀土元素之间的催化活性变化不大，尤其是重稀土元素之间，几乎没有活性变化，这和 d 型过渡元素完全不同；稀土元素的催化活性基本上可以分为两类，一类和 4f 轨道中电子数（1～14）相对应呈单调变化，另一类和 4f 轨道中电子的排布（1～7，7～14）相对应呈周期变化，等等。但是，此时期大多数含稀土的工业催化剂只含较少量的稀土，一般只用作助催化剂或混合催化剂的次要成分。

20 世纪 60 年代，稀土催化材料在石油化工催化领域逐渐崭露头角。1960 年，美国 Mobil 公司发明了稀土改性 Y 分子筛（Re－Y）用以代替无定型硅铝酸盐催化剂，使裂化催化剂的活性增加了近六个数量级，汽油产量和质量大幅度上升。因此，以分子筛催化剂代替无定型硅铝催化剂被认为是工业催化领域的一次革命，其极大地推动了稀土催化材料在石油化工催化领域的发展和广泛应用。

20 世纪 70 年代开始，用于汽车排气净化的稀土催化材料被人们发现并进行了广泛研究。在该时期，国外学者主要发表了钙钛矿型稀土催化剂用于汽车排气净化的研究，指出钙钛矿型稀土催化剂比 Pt 催化剂具有更高的活性、高温稳定性、化学稳定性和更长的寿命，同时也是还原 NO_x 的有效催化剂。1970 年，Meadowcroft 在 Nature 杂志上发表了一篇论文，指出：$LaCoO_3$ 和 $PrCoO_3$ 等钙钛矿型氧化物中含有微量的 Ni 或 Sr，可以用于氧的电化学高效还原。1972 年，Voorhoeve 在 Science 杂志发表将含稀土的钙钛矿催化剂直接用于汽车排气的论文，文中介绍了 $LaCoO_3$、$PrCoO_3$、$La_{1-x}Pb_xMnO_3$、$Pr_{1-x}Pb_xMnO_3$ 和 $Nd_{1-x}Pb_xMnO_3$ 对 CO 氧化的试验情况，并证明这些钙钛矿型催化剂的氧化活性很高，是一种有希望用于控制汽车排气的催化剂。该论文引起了各国对具有钙钛矿型 ABO_3 结构的复合氧化物催化剂的兴趣，极大地推动了尾气净化稀土催化材料的广泛研究和快速发展。

近年来，在国家政策的支持下，我国稀土催化材料及应用进步明显。我国自 20 世纪 70 年代中期开始生产和使用稀土分子筛裂化催化剂，当时提出利用稀土元素对吸附剂电子性质进行调控，提高脱硫催化剂的脱硫活性和吸附选择性，更好地保证低温燃油的生产效能。自 20 世纪 80 年代至今，为了更好地治理机动车污染，尾气净化用稀土催化材料技术成为研究重点，人们提出设计活性组分为"稀土－非贵金属－贵金属"的机动车尾气净化催化剂，通过发挥稀土和贵金属之间的协同效应，提高贵金属的分散性和稳定性；此外还突破稀土氧化物仅作为助催化剂的限制，开发出以 CeO_2 等为主催化成分的具有系列优异性能的复合催化剂。

二、专利数据中的尾气净化稀土催化材料画像

稀土催化材料在催化领域有着非常广泛的应用，这里我们选取需求量最广泛、创新研究非常活跃的机动车尾气净化催化剂进行分析。随着汽车保有量的持续增长，尤其我国机动车产量和保有量在近年来呈高速增长态势，机动车尾气已成为大气的首要污染源。目前，对机动车尾气净化的方法主要包括机内净化和机外净化两大类，机内净化是通过改进汽车内燃机结构、燃烧状况、燃料类型等改进燃烧过程，减少和抑制污染物；而机外净化，是指机动车产生的尾气在排入大气之前，利用催化材料将其转化为无害气体，而稀土催化材料则是尾气催化材料中最为核心的关键组成。可以说，在"双碳"目标推进过程中，尾气净化稀土催化材料将扮演着至关重要的角色。

本次检索采用的检索平台是 incoPat 专利信息平台，数据库涵盖中文和外文数据库，检索时间截至 2021 年 10 月。分析国际专利分类表可以看出，机动车尾气净化的分类号比较集中，主要分布在 B01D53/94（通过催化方法将发动机废气进行化学或生物净化）、B01D53/86（通过催化方法来净化废气）、B01J35/04（小孔结构、筛、栅、蜂窝状物的固体催化剂）；关键词主要选取稀土、铈、cerium、镧、lanthanum、钕、neodymium、镨、praseodymium、rare earth 等。对专利数据进行合并去重，然后再进行数据清洗、降噪，得到尾气净化稀土催化材料的专利画像。

如图 1-34 所示，在 1970 年之前，稀土元素作为尾气净化催化材料的专利申请非常少，属于技术萌芽阶段。1970—1987 年，年申请数量逐渐增长，但增长幅度较慢，直至 1986 年才超过 100 件。该阶段研究主体的研究兴趣在上升，但还不广泛，属于技术缓慢增长期。1987 年后进入快速增长期，每年全球专利申请量增长趋势明显，由 100 件逐渐发展到超过 600 件，并且整体上保持比较稳定的增长态势。由于专利公开有滞后性，2020—2021 年申请的部分专利并未进行统计，故图中 2020 年、2021 年的申请量不准确。尾气净化催化材料的专利发展趋势表明，随着全球对低碳环保、节能减排形成趋于普遍、统一的认识，以及各国政府对尾气排放制定了更加严格的要求，作为尾气处理核心产品的稀土催化剂的研发日趋火热。

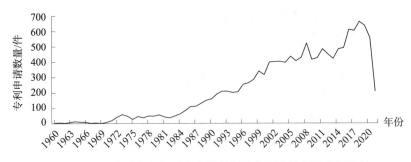

图 1-34　全球尾气净化稀土催化材料的专利申请量的发展趋势

图 1-35 示出了尾气净化稀土催化材料在中国、日本和美国的专利申请量发展趋势。从三国专利申请量看，在 1970 年之前的技术萌芽期，每年的零星申请主要在美国，申请人主要是美国和欧洲的企业，是稀土催化材料领域的先行者；在 1970—1987 年的缓慢增长期，日本成为增长主力，1987 年日本申请量达到 120 件，而同期美国申请量保持平缓态势。1985 年中国建立专利制度，我国相关专利的申请量呈现先缓后急速发力的态势，2009 年我国年申请量超越日本，引领后续阶段的申请量增长。而日本在 2008 年达到申请量高峰后开始逐年下降，美国申请量在达到一定高度后也基本保持平稳，这反映出不同国家的研发时间和专利布局策略差异。

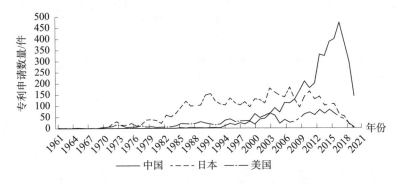

图 1-35　中、日、美尾气净化稀土催化材料的专利申请量的发展趋势

图 1-36 是美国乙基公司在 1961 年提出的尾气净化处理催化材料专利 US3226340A，申请日为 1961 年 3 月 30 日，其主要涉及一种催化剂组合物，其可以用于处理发动机产生的尾气中的碳氢化合物、一氧化碳。权利要求具体限定：该组合物主要包含过渡活性氧化铝，其表面上沉积有大于约 0.5% 的元素周期表的第一过渡族和镧系元素组成的组中的初始薄层，和作为最外层的约 0.5% ~25% 重量的氧化物形式的铜。结合说明书内容可知，催化剂主要是由

氧化铝、氧化硅以及氧化铜组成的，此外还可以含有 Ag、Co、V 或镧系元素，可见当时催化材料中稀土元素并非必需组分，主要催化效果由其他组分如 CuO 等提供。这件专利在不同国家拥有同族专利申请，可见是申请人非常重视的一项技术成果。

United States Patent Office

3,226,340
Patented Dec. 28, 1965

1

3,226,340
CATALYST COMPOSITIONS COMPRISING ALUMINA WITH AN INNER LAMINA OF METAL OXIDE AND AN OUTERMOST LAMINA OF COPPER OXIDE
Ruth E. Stephens, Detroit, Daniel A. Hirschler, Jr., Birmingham, and Frances W. Lamb, Detroit, Mich., assignors to Ethyl Corporation, New York, N.Y., a corporation of Virginia
No Drawing. Filed Mar. 30, 1961, Ser. No. 99,381
6 Claims. (Cl. 252—465)

This invention relates to novel catalysts and a method for their preparation. The invention also relates to a novel method for the oxidation of hydrocarbons and carbon monoxide which are present in the exhaust gas of internal combustion engines.

In our earlier filed copending application, Serial No. 26,699, filed May 4, 1960, now abandoned, we have described and claimed compositions especially effective as catalysts for the oxidation of hydrocarbons and carbon monoxide found in the exhaust gas of internal combustion engines. These compositions comprise mixtures of copper oxide, certain transitional aluminas and, optionally, a metal or metal oxide. Such catalysts have high oxidation efficiencies and are extremely resistant to the poisoning effects of exhaust gas constituents, especially the decomposition products of sulfur compounds and tetraethyllead. The properties of copper catalysts in this regard are su-

2

sisting of The First Transition Series of the Periodic Table and the Lanthanide Series of Elements, followed by an outermost lamina of copper in an oxide form. The finished catalyst contains a major portion of transitional alumina, from 0.5 to 20 percent of said metal and from about 0.5 to 25 percent of copper, all in oxide forms. The metals of the First Transition Series of the Periodic Table include scandium, titanium, vanadium, chromium, manganese, iron, cobalt, and nickel; see page 870 of "Inorganic Chemistry" by Therald Moeller, John Wiley and Sons, Inc., New York, New York (1952). The elements included in the Lanthanide Series are yttrium, lanthanum, cerium, praseodymium, neodymium, promethium, samarium, europium, gadolinium, terbium, dysprosium, holmium, erbium, thulium, ytterbium, and lutetium; see Moeller supra, pages 891–893. These elements are also commonly known as rare earth metals.

The carrier materials of our invention are transitional aluminas having a surface area of at least 75 m.²/g. and a silica content of from 0.01 to about 5 percent. These carrier materials are more fully described below.

The term initial lamina is used throughout to denote one or more layers of a metal oxide or of a layer of oxides of different metals deposited between the alumina carrier and the outermost lamina of copper oxide. The initial lamina may comprise one layer of one metal oxide or successive layers of the same metal oxide, or successive layers of oxides of different metals, or one layer of a mixture of

图 1-36 全球最早的含稀土的尾气净化催化材料的专利文献

图 1-37 所示为向中国专利局提交的最早的尾气净化处理催化材料专利文献 CN85102282A，申请日是中国《专利法》实施的第一天，申请人是中国科学技术大学。该专利文献涉及内燃机尾气净化催化剂及制备方法。权利要求 1 保护内容如下：

一种由活性组分与担体组分构成的净化催化剂，该活性组分为贱金属氧化物，其担体组分为拟薄水铝干胶（$Al_2O_3 \cdot 3H_2O$），造孔剂，蒸馏水，稀土或混合稀土氧化物，聚乙烯醇，氧化镁加氧化硅（$MgO + SiO_2$），其特征是，所说的贱金属氧化物为氧化铜加五氧化二钒，即 $CuO + V_2O_5$，其成分配比为 $CuO : V_2O_5 = 1 : (0.35 \sim 0.45)$。

权利要求3进一步限定了稀土或混合稀土氧化物为二氧化铈（CeO_2）或氧化镧（La_2O_3）或混合稀土氧化物。该专利于1988年5月18日获得授权。从这个专利可以看出，我国科研人员对稀土催化材料的研究还是比较早的，且在当时的情况下有难能可贵的知识产权保护意识。

〔19〕中华人民共和国专利局

〔12〕**发明专利申请公开说明书**

〔51〕Int.Cl⁴
B01J 23/72
B01J 32/00
B01J 37/02
B01D 53/36

CN 85 1 02282 A

〔11〕 **CN 85 1 02282 A**

〔43〕公开日　1986年9月17日

〔21〕申请号　85 1 02282
〔22〕申请日　85．4．1
〔71〕申请人　中国科学技术大学
　　地址　安徽省合肥市金寨路24号
〔72〕发明人　林培琰　王　明　单绍纯　俞寿明
　　　　　　王其武　黄敏明　戎晶芳　杨恒祥

〔74〕专利代理机构　合肥专利事务所
　　代理人　童建安

〔54〕发明名称　一种内燃机尾气净化催化剂及制备方法

〔57〕摘要

一种内燃机尾气净化催化剂及制备方法，属于环保技术领域。该催化剂全部以贱金属和稀土为原料，以氧化铜与五氧化二钒为活性组分，其活性组分及担体组分按一定配比、工艺制成产品。克服了贵金属原料不足的矛盾，其净化性能，在含二氧化硫50ppm以下环境中使用，对一氧化碳和碳氢化物仍具有较高净化效果。在净化活性、热稳定性、强度及抗硫中毒方面，都接近贵金属催化剂性能，达到实用指标。其优点在于，原料丰富，成本低廉，工艺简单，宜于推广。

图1-37　向中国专利局提交的最早的尾气净化稀土催化材料发明专利文献

分析国内外主要申请人的研究成果可知，目前在机动车尾气控制领域，尾气净化研究以机外净化为主。因为在实际过程中，即使有更为清洁的车用能源出现，但现阶段还存在各种各样制约大面积推广应用的缺点，汽柴油仍然是目前最为普遍经济的车用燃料。汽柴油燃烧过程中必然伴随废气产生，因此废气净化处理是汽车达到环保要求的重要环节。从专利技术看，尾气净化稀土材料的研究主要集中在催化剂活性组分和原料、工艺的改进，包括步骤、参数的优化和调整等。

图 1-38 示出了尾气净化稀土催化材料的主要申请人排名，基本为全球两大汽车生产国日本和德国企业占据。其中日本独占七席，德国巴斯夫、Umicore AG & Co. KG 两家企业上榜，另外一席为英国企业庄信万丰。在日本，丰田公司的申请量远超其他申请人，表现出在该领域的雄厚实力以及对专利保护的重视。

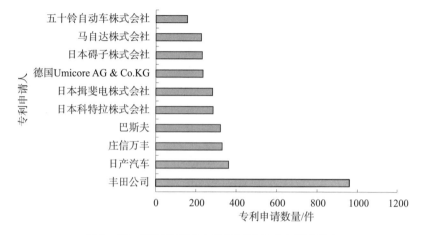

图 1-38　尾气净化稀土催化材料全球申请人排名

从主营业务来看，绝大部分企业为机动车企业，如丰田、日产、科特拉、马自达、五十铃等，显然尾气净化是现代汽车孜孜以求的目标，也是行业热点。另一类主要申请企业为传统化工企业，如全球性专用化学品公司庄信万丰和化工巨头巴斯夫等。

在全球主要竞争者中，没有中国研发主体的身影，表明我国在这个领域缺乏在全球市场上具有竞争力的企业或机构，整体研发实力相对薄弱，在对环境保护日益重视的今天，我们任重道远。

图 1-39 统计了在中国专利局申请的尾气净化稀土催化材料的前十位专利申请人。排在首位的是该领域的全球领军企业日本的丰田公司，充分说明该公司强大的技术实力以及对中国市场的重视。排在第三、第四位的是我国在该领域的领跑企业——无锡威孚环保催化剂有限公司和中国石油化工股份有限公司，两家企业在该领域的研究具备一定实力，但从专利质量和布局来看，离行业巨头还有相当大的差距。此外，我国在该领域的创新主体有许多都是大专院校和科研院所。总体而言，中国企业在该领域的参与度较低，大部分企业更加注重生产销售以获取直接的经济效益，在研发投入上相对不足，而科研院所和

大专院校则存在科研成果实际转化的困难。

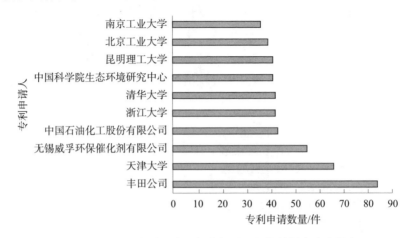

图1-39　中国专利局的尾气净化稀土催化材料申请人排名

三、尾气净化稀土催化材料的旗手

从前面分析可以看出，日本丰田公司是尾气净化稀土催化材料领域当仁不让的旗手。丰田公司是世界大型汽车公司，在机动车尾气净化催化剂、发动机排气净化装置等方面都具有非常活跃的创新成果，其尾气净化稀土催化材料在全球的专利申请量远远领先于排名第二的日产公司。

图1-40为丰田公司1974—2020年的专利申请趋势。从该图可以看出，丰田公司在尾气净化稀土催化材料领域的专利申请量有很强的持续性，从1974年到2008年，年申请量都呈稳定增长趋势，2008年达到147件的峰值，之后有所下降。日本政府在20世纪70年代颁布了严厉限制汽车尾气对环境污染的法律《大气污染防治法》，在该政策导向下，丰田公司在尾气排放研究上进行了巨大投入，早在1971年就成立催化开发小组，先后进行五千多种催化实验，不断改进尾气排放控制成果，并在1974年成功达到号称"世界上最严格的汽车尾气排放标准"中规定的限排标准。基于研发成果，丰田公司积极展开专利布局，率先形成了一定的专利保护网，近年来该公司稀土催化材料申请量有所下降，可能与前期研究比较深入、相关技术趋于成熟有关。

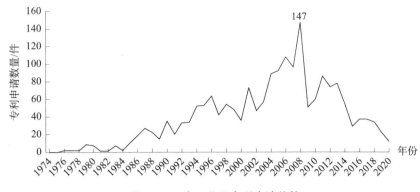

图 1-40　丰田公司专利申请趋势

再将目光转向国内，无锡威孚环保催化剂有限公司是目前我国机动车尾气净化催化剂技术的领跑者，为国内多家汽车厂家生产催化剂，市场占有量大。该公司专业从事环保催化剂的研发、生产、销售，并提供相关技术及服务。公司拥有自有的专利技术，采用稀土加少量贵金属为活性组分的三元催化、湍流漩涡控制及金属载体涂覆等技术成功开发的汽车排气催化剂等高新技术产品，能有效地将机动车尾气排放中有害气体 CO、HC、NO_x 转化为无害的 CO_2、H_2O 和 N_2，已在国内大量车型上广泛使用，涉及汽油车、柴油车、摩托车、LPG(CNG)、非道路机械和工业催化等领域。

天津大学在国内主要申请人排行榜上靠前，其在该领域的研发实力和技术研究也可圈可点。天津大学拥有我国内燃动力工程领域唯一的国家重点实验室——内燃机燃烧学国家重点实验室，其于 1989 年建成，通过四十余年建设，该实验室围绕燃料燃烧、内燃机有害排放物的生产、对大气环境的影响及后处理技术等问题，开展了大量的基础理论、新技术创新等研究，获得了丰硕的研究成果。

图 1-41 为天津大学、无锡威孚环保催化剂有限公司专利申请趋势。整体而言，两个创新主体在该领域开始较为广泛的研究均在 2005 年前后。其中天津大学在 2018 年达到申请量高峰，无锡威孚在 2020 年达到申请量高峰，由于部分 2020 年申请的案件还未公布，实际申请量可能更大。

对比国内外旗手可知，整体而言，我国企业或科研院所在尾气净化稀土催化材料领域开展广泛研究的时间相对较晚，而且申请量和全球巨头相比差距较大，申请主体较多、较为分散，缺乏具有强大竞争力的企业，国内企业要在该领域真正占有一席之地，还有很长的路要走。

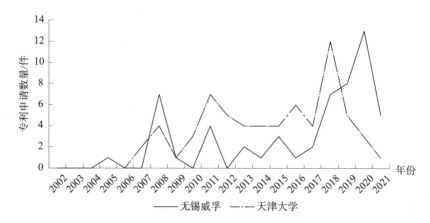

图 1-41　天津大学、无锡威孚环保催化剂有限公司专利申请趋势

　　本章以专利、非专利文献数据为核心，介绍了稀土永磁材料、稀土储氢材料、稀土发光材料、稀土催化材料的基本情况、发展历程，以及旗手集体或人物。可以预见，在低碳经济席卷全球的趋势下，以这些材料为代表的稀土材料将会迎来更大的发展机遇，而通过知识产权来保护创新，必将使其最大化地发挥市场价值。

第二章　从技术创新到专利保护

近代科学为什么没有产生于曾经有过辉煌科技成就的中国？对于这一人类科技史上著名的"李约瑟难题"❶，诺贝尔经济学奖得主道格拉斯·诺斯（Douglass North）的解答是：知识产权保护制度的出现和发展，使得发明成果大量涌现，从而启动了工业革命并创造了现代经济增长的奇迹。诺斯的观点或许有其局限性，但却很好地诠释了知识产权保护促进技术创新的内在逻辑关系，彰显了知识产权保护制度的重要性。

知识产权是人类在社会实践中创造的智力劳动成果的专有权利，是社会财富的重要来源。越来越多的创新主体已经认识到做好知识产权保护工作的重要性，但落实到具体工作上，还多有茫然之处。例如，虽然知道技术研发成果要申请专利，但对专利价值却往往停留在证书层面，与实际应用脱节，对怎样申请也缺乏足够的经验。特别是处于研发一线的技术人员，在研发的逻辑思维和工作方式惯性下，存在重课题申报、轻申请交底，重成果推广、轻权利布局的问题，一些很好的创新成果并没有形成高价值的专利，甚至因为申请文件撰写不专业、技术交底不到位，或者与专利代理师沟通不充分等原因而错失权利。

对于创新主体而言，在将技术创新转化为高价值专利的这一过程中，除了专利代理机构提供的专业服务外，还需要对专利的审查授权环节有基本的了解。只有在具备基本专利知识的基础上，创新主体才能够深度参与到专利申请确权过程中，通过与专利代理师的通力合作，与专利审批机构的积极沟通，获得与创新贡献相匹配的权利范围，布局才能够有效保护并持续推动创新的权利体系。

---

❶ 李约瑟. 中国科学技术史［M］. 北京：科学出版社，1990.

第一节　保护知识产权就是保护创新

一、技术创新需要保驾护航

在新冠肺炎疫情肆虐全球的时期，"解药"成了世界关注的焦点。中国科学院武汉病毒研究所（以下简称武汉病毒所）联合军事医学科学院毒物药物研究所，发现了多种已知药物在细胞实验中对 2019 - nCoV 有较好抑制作用。其中美国吉利德公司的在研新药瑞德西韦（Remdesivir）作为此次发现的潜在有效药物之一，被寄予了人民的希望。该药物是吉利德公司针对埃博拉病毒感染而设计研发的，在获知上述消息后，吉利德公司火速开启了与中国合作进行临床研究，并表示会利用部分库存满足"同情用药"需求。随后，武汉病毒所发布消息称，其已就瑞德西韦抗 2019 - nCoV 感染的用途申请专利，还将通过 PCT 途径进入全球主要国家。

对于武汉病毒所的上述行为，舆论上质疑声不绝于耳，主要是针对申请专利行为进行道德谴责。武汉病毒所通过细胞实验发现瑞德西韦化合物可以用于以前没有认识的 2019 - nCoV 感染，而且是新发现的多个已知药物中最具潜力的药物之一，是此次疫情中的重大发现，给控制疫情带来了曙光，意义重大，这样的研究成果当然可以申请制药用途发明专利。与此同时，疫情发展迅速，一旦发现有效治疗手段应当尽快公开并应用于治病救人，以满足公共健康需求。这里的矛盾是，如果先公开上述研究成果，则专利申请将因不具备新颖性而无法获得专利权。武汉病毒所选择了尽早申请专利，并在保证专利申请新颖性的前提下将研究成果尽快公之于众。持平而论，对研发主体而言这是最佳的做法。事实上，在武汉病毒所申请瑞德西韦新用途发明专利后不到一个月时间，即有多篇关于瑞德西韦治疗 2019 - nCoV 的文献发表，可以看出，全世界的研究人员在科学研究领域尤其是热点领域的竞争是非常激烈的，武汉病毒所作为最先发现瑞德西韦新治疗用途的发明者，如稍晚一步，很可能就会丧失获得专利授权的机会。

这里引申出来的问题是，创新主体为何如此看重获得专利保护？进而，在加快建设创新型国家的历史背景下，我们对待技术创新应当采取什么样的态度？如何有效保护创新成果？

在科技高度发展、技术日新月异的今天，技术创新通常都是一种相当复杂的系统性活动，创新的不确定性和风险决定了创新主体需要投入大量的人力和物力进行研发，加之现代信息传播速度极快，若不注重创新的保护，大量的前期投入将得不到应有的回报，后续的研发也自然难以为继。

在一项技术成果的创造过程中，往往面临决策风险和过程风险。

1. 决策风险

确定研发方向是创新主体开始新项目研究的第一步。通常，以企业和科研院所为代表的创新主体会在总结内部已有技术的基础之上，结合外部已经存在的专利技术，探索新的研发方向，而作出研发定位的决策往往成为关乎项目成败，甚至创新主体发展的关键之举。

不同创新方式的选择会带来不同程度的风险。一方面，原始创新起点高，成功后企业将拥有自主知识产权，避免对他人的技术形成依赖，有利于赢得市场竞争优势；另一方面，原始创新难度大，对技术研发规划、整体创新能力、技术人员综合素质、资金投入以及创新文化等都有较高要求，任何环节的不足都将诱发风险。集成创新则是在现有技术基础上的集成和改进，通过站在他人技术之上，降低研发成本，节省研发时间。但这种方式容易落入他人权利范围，受人制约，因而存在不确定性。

确定研发方向需要收集大量的专利情报、技术发展信息、行业内专利诉讼和侵权信息、行业动态、主要竞争对手的企业动态等资讯，还要对自身技术有全面客观的认识，结合发展阶段和特点，分析预判研发突破口和适合的方向。这一过程中的各个环节都存在风险点，如专利信息情报收集和检索工作不够充分从而导致结果失真，对自身技术发展技术定位不准确、研发目标不够科学等，均有可能对技术创新结果产生影响。

2. 过程风险

研发过程中可能存在的风险包括：重复研发、侵权研发、研发失败、研发成果提前公开、研发能力限制、技术外泄、组织与管理效能低导致研发周期变长等，风险管控面临的不仅是技术问题，更涉及综合管理能力问题。

创新主体的自主研发能力如何，是决定研发成功与否的决定性因素。研发能力体现了创新主体综合能力的强弱，不仅包括研发人员的技术水平，还包括经费的投入、软硬件配置、管理水平等，这些都会影响研发的顺利进行，是研发阶段需要考量的重点因素。此外，一些外部不可控因素，例如竞争对手动态、市场环境、国家政策等，也可能对研发进程产生影响。

虽然近年来我国企业和科研院所的科技人员引进力度较大，尤其是大中型企业中科学家和工程师的数量及其占科技活动人员的比例大幅度提升，但整体而言，我国企业研发人员占比还是相对较低。很多企业和科研机构还缺乏有效的人才参与机制和完善的人才管理体系，尤其是缺乏以产权激励为主的长期激励机制，导致创新人才流失率较高，吸引人才困难，最终影响自主创新的成功和创新效果的实现。

此外，侵权风险管控也是研发管理当中必须考虑的因素。如果没有做好充分的准备，一旦辛苦做出的技术成果陷入侵权纠纷，后果可能是灾难性的。因此，在研发过程中需要实时监控现有专利技术，弄清楚研发成果是否可能存在侵权风险，风险的级别如何，是否有规避方式，需要提前做出怎样的防备，以便将可能引发的侵权和诉讼风险降到最低，降低可能带来的损失。

可见，一项技术成果从决策到研发成功，已经面临诸多风险，更不要提在成果保护和运用阶段还会面临的重重风险挑战。可以说，技术创新这颗种子从萌芽到成长为参天大树，是一条充满风险、历经坎坷的成长之路。创新主体需要考虑为"创新之树"量身打造一栋合适的"庇护之所"，为它的成长保驾护航。好的"庇护之所"能够为"创新之树"遮风挡雨，使它不受破坏和偷窃，结出丰硕的果实——产生经济效益，提升市场竞争力。而对于创新主体而言，运用专利制度为"创新之树"搭建一所合适的"庇护之所"是避免创新风险的最值得投入的手段。

专利制度构建了一种创新激励的契约机制，通过依法保护创新者的合法权益，充分激发人们的创新热情。《专利法》第 1 条开宗明义规定了其立法目的就是"为了保护专利权人的合法权益，鼓励发明创造，推动发明创造的应用，提高创新能力，促进科学技术进步和经济社会发展"。在这种激励机制下，人们愿意投入资金和精力到技术创新工作中，并且将其相应的新产品和新服务尽可能快地推向市场，争取更多独占市场的时间。否则，被他人抢先申请专利就会功亏一篑，已经付出的精力和资金就会打水漂，如果推出新产品和新技术的速度不够快，还会压缩其垄断市场的时间。因此，专利制度一头连着创新，另一头连着市场。如果企业辛苦培育的创新成果得不到有效保护，必然会导致很多企业经营中的仿冒和侵权行为，从而会恶化市场竞争环境。加强专利保护，其意义除了维护权利人自身权益外，更在于让创新者在更加公平、开放、透明的商业环境和市场秩序中参与竞争。只有在专利制度的激励下，创新主体才能不断推出新技术和新产品，社会大众才能及时享受到科技给生活和工作带来的诸多便利。

专利制度正是通过这样的方式为技术创新保驾护航，从而促进技术进步。

美国经济学家曼斯菲尔德曾研究统计，若没有相应的专利保护，60%的药品将无法研发出来，即便研发出来，也有65%无法投入应用；相似地，有38%的化学发明无法研发出来，30%无法投入应用。德国也曾做过类似统计，结论是，没有专利保护，21%的发明将"夭折"❶。

在清楚了专利制度的基本内涵之后，我们不难理解瑞德西韦专利申请事件实际上是一件再正常不过的专利申请行为，反映出国内创新主体的创新意识和知识产权保护意识都在逐渐增强。

二、保护知识产权就是保护创新

2020年11月30日，党的十九届五中全会召开后的中央政治局第一次集体学习，主题就是加强我国知识产权保护工作。习近平总书记在主持学习时发表重要讲话，用"五个关系"深刻阐明加强知识产权保护的重大意义，用"两个转变"科学界定我国知识产权保护所处的历史方位，从加强顶层设计、提高法治化水平、强化全链条保护、深化体制机制改革、统筹推进国际合作和竞争、维护知识产权领域国家安全六个方面对全面加强知识产权保护工作作出重要部署。总书记的重要讲话，系统阐述了事关知识产权保护工作的一系列方向性、原则性、根本性问题，具有很强的思想性、针对性、指导性，为全面加强知识产权保护工作提供了根本遵循。

习近平总书记在主持学习时尤其强调："创新是引领发展的第一动力，保护知识产权就是保护创新。"

1. 知识产权的高质量创造是创新发展的基本内涵

对于知识产权，《民法典》以列举的方式这样予以规定："知识产权是权利人依法就下列客体享有的专有的权利：（一）作品；（二）发明、实用新型、外观设计；（三）商标；（四）地理标志；（五）商业秘密；（六）集成电路布图设计；（七）植物新品种；（八）法律规定的其他客体。"

不难发现，知识产权所包含的内容，都是人类智力劳动成果的结晶，是创新发展的源头活水。

当前，世界一些主要国家都在密切关注新一轮科技革命和产业变革带来的发展机遇，注意发挥知识产权对创新发展的引领和促进作用。知识产权制度不仅对创新成果进行产权界定，还对创新产业进行合理资源配置，营造产权交易

---

❶ 陶友青. 创新思维——技法·TRIZ·专利实务［M］. 武汉：华中科技大学出版社，2018.

环境，使创新活动能够合法、有序地进入市场，充分实现经济价值，从而将产业和企业的创新、研发、制造、营销等有效联合起来，既可以引领高新技术产业发展，又能够推动传统产业转型升级。在一些发达国家，经济发展在很大程度上依赖于某种形式的知识产权，与专利、版权、商标相关联的知识产权密集型产业已成为其支柱产业。

对此，北京大学法学院教授、北京大学国际知识产权研究中心主任易继明说："知识产权是人类在社会实践中创造的智力劳动成果的专有权利，是社会财富的重要来源。拥有自主知识产权的技术成果的多寡，反映着一个国家和企业竞争力的强弱。"

2. 知识产权的高水平保护是创新发展的制度保障

正如本章引言所述，中国曾在 3~13 世纪保持一个西方望尘莫及的科学知识水平，中国的一些发明和发现往往远超同时代的欧洲，而中国文明却未能在亚洲产生与此相似的近代科学。近代科学为什么没有产生于曾经有过辉煌科技成就的中国？对于这一人类科技史上著名的"李约瑟难题"，诺贝尔经济学奖得主道格拉斯·诺斯提出制度决定论，认为清晰的产权制度（包括保护私人土地、股份财产和鼓励发明创新的专利法规）、规范的法律体系以及组织结构的变革和创新降低了交易成本，促进了科技进步和工业革命。诺斯认为，知识产权保护制度的创建是经济增长的真正原因：因为从"理性"出发，如果没有对个人利益的有效激励和保障制度的存在，个人是不会轻易从事对社会有益的经济活动的（如商品交易、资本投资、技术创新等），所以知识产权保护制度是高效率的，它使得每个公民在市场中的自由和公平交易成为可能，如果没有知识产权的保护，就可能出现交易后的利润和收益的产权不明晰，公民之间市场交易的意愿就大大降低。在后期的研究中，诺斯进一步认为，广义的制度设计（包括政治、经济、文化）都与经济增长有关，一个国家广义的制度安排若是高效率或低交易成本，这样的制度将促使经济持续增长❶。概言之，诺斯的观点是：知识产权保护制度的出现和发展，使得发明成果大量涌现，从而启动了工业革命并创造了现代经济增长的奇迹。

诺斯的观点对于解答近代科学为何未诞生于中国的"李约瑟难题"或是近代西方科技进步和工业革命的促因，或许有其局限性，但却很好地诠释了知识产权保护促进技术创新的内在逻辑关系，彰显了知识产权保护制度的重要

---

❶ 罗杭. "适度的分裂"：重释欧洲兴起、亚洲衰落与复兴［J］. 世界经济与政治，2016（12）：137－154，160.

性。历史上为改变落后的工业技术，英国政府曾经采取过多种奖励办法，希望鼓励本国的技术工人投身于发明创新和改造技术，但始终收效甚微。直至1624 年，英国政府颁布了《垄断法》——世界上第一部专利法。《垄断法》规定，发明技术保护期限为 14 年，凡新发明创造，在保护期限内，未经专利权人允许，任何人不得生产、制造、销售、使用这种方法以及相类似的产品，违者将受到严厉的经济和法律制裁。尽管专利制度有着悠久的历史，但学界普遍认为，《垄断法》的颁布才标志着现代专利制度的建立。按照现在通行的观点，工业革命的标志性发明包括飞梭（1733 年）、珍妮纺纱机（1765 年）和改良型瓦特蒸汽机（1785 年）。由此看来，工业革命的发生与专利制度的建立相差一百多年，这种时间的先后顺序表明，专利制度可能是促进工业革命的关键因素。在此期间，公开披露的技术知识日积月累，逐渐形成一个庞大的公共知识库，为工业革命的发生打下了坚实的知识基础；而专利保护的排他性特征，也为技术与市场的结果提供了必要的制度保证。以蒸汽机为例，瓦特并非蒸汽机的首个发明者，相反，他是在纽可门式蒸汽机的基础上不断试错，并逐渐改进蒸汽机的运行效率的。进一步，由于具有蒸汽机的专利，瓦特得到了巴洛克、博尔顿等企业家的"风险投资"，这又促进了蒸汽机技术的市场化进程。

理解专利制度在工业革命中所起的关键作用，对今天我们建设创新型国家依然意义重大。中国目前还是一个发展中国家，在整体上属于技术的纯进口国，很多人反对提高和强化知识产权保护，认为这样不但会增加发达国家企业在中国的垄断力量，也会提高中国企业的技术模仿成本。乍一听，这似乎很有道理，但仔细想来，却不一定正确。一方面，如果我们的知识产权保护很弱，外国企业就不愿意将其最好的技术引入中国，这又限制了中国企业进行模仿的技术机会。另一方面，现在有不少中国企业已经具备了一定的创新能力，但面临肆无忌惮的模仿威胁，这些企业对创新也只能望而却步。

知识产权是人类在社会实践中创造的智力劳动成果的专有权利，是社会财富的重要来源。纵观近现代经济社会发展历史，越是技术进步与经济繁荣的国家，越是知识产权制度健全和完善的国家，知识产权既是社会财富，也是国家发展战略的必然选择。

作为一种现代权权制度，知识产权制度的本质是通过保护产权形成激励机制，帮助创新者获得与其技术贡献相适应的回报，为权利人提供持久的创新动力。一家创新型企业研发新产品，必然要投入大量人力、物力和财力，在没有知识产权保护的情况下，创新企业不愿对创新活动进行投入，因为他们的成果将会被迅速模仿，导致其几乎无法获得利润，从而严重影响企业的积极性及生产效益，进而影响整个创新环境。而知识产权制度正是通过赋予创新者以产权，禁止他人未经授权使用其创新成果，从而为技术创新提供内在的激励机制和动力源泉。可以说，没有知识产权这一无形资产和相关保护制度，企业就会失去核心竞争力，创新就成了无根之木、无源之水。正是由于知识产权制度在一个国家的法律体系中对于激励和保护创新产业发展具有重要作用，很多学者也将知识产权法称为"创新之法"。

3. 知识产权的高效益运用是创新发展的重要路径

党的十九届五中全会强调，坚持创新在我国现代化建设全局中的核心地位。这是以习近平同志为核心的党中央作出的最新重大战略决策。这是因为，长期以来，我国经济增长主要依靠劳动力、资本、资源三大传统要素投入，然而，这种经济发展模式已很难再继续承担可持续发展的历史重任。要努力实现经济行稳致远，主要增长动力必须做相应转换，让创新成为驱动发展的新引擎。创新是引领发展的第一动力，企业赖之以强，国家赖之以盛。抓住了创新，就抓住了牵动经济社会发展全局的"牛鼻子"。随着我国经济发展从资源驱动向创新驱动转变，我国比任何时候都更加需要创新这个第一动力。知识产权将企业的创新、研发、制造和销售等有效地连接起来，既可以引领创新创业发展，又能够推动传统产业转型升级。从某种意义上讲，创新驱动就是知识产权驱动。

三、新形势下的创新引领发展

党的十九大报告充分肯定了我国在科技创新方面取得的巨大成就，突出了科技创新在国家发展全局中的核心位置，并对加快建设创新型国家进行系统部署。十九大报告也指明了未来我国的发展方向，即要在习近平总书记的领导下，昂首阔步地迈向新时代、学习新思想、聚焦新目标、踏上新征程，并努力地"建设创新型国家"。

谈到创新型国家，迈克尔·波特于1990年提出的创新型国家的概念影响非常深远，他认为创新导向型经济是一国经济发展的重要阶段，处在创新导向型经济发展阶段的国家就是创新型国家。在这一阶段，国家综合能力显著提升，企业、产业国际化水平显著提高。近年来，我国科技创新战略布局持续优化，召开了全国科技创新大会，发布了《国家创新驱动发展战略纲要》，启动实施了科技创新2030等一大批重大项目等。同时，我国的基础研究和战略高技术领域不断突破，涌现出"天宫""蛟龙""天眼"等一大批重大成果，显示出我国已经具备成为一个创新型国家的基础条件。

在今天的科技和经济发展环境下，什么样的国家才能满足创新型国家的要求？其又有什么标准？目前世界上公认的创新型国家有 20 个左右，包括美国、英国、爱尔兰、以色列、日本、芬兰、韩国等。这些国家的共同特征是：创新综合指数明显高于其他国家，科技进步贡献率在 70% 以上，研发投入占 GDP 的比例一般在 2% 以上，对外技术依存度指标一般在 30% 以下。此外，这些国家所获得的三方专利（美国、欧洲和日本授权的专利）数占世界数量的绝大多数。❶ 所谓知识经济就是以具有知识产权的知识为基础的经济。知识经济时代，创新日益成为国家和企业发展的源泉，一个国家创新人才的多少、创新能力的强弱，直接决定了一个国家或者企业是否具有竞争优势。

加快建设创新型国家，保护创新是核心，保护知识产权就是保护创新。专利制度正是通过保护专利申请人和专利权人的合法权益，促进专利技术公开和信息交流与共享，实现整体社会效益最大化，加强专利保护是建设创新型国家的重中之重。加强知识产权保护，是完善产权保护制度最重要的内容，也是提高我国经济竞争力的最大激励。

党的十八大以来，在知识产权领域，我国部署推动了一系列改革，出台了一系列重大政策、行动、规划，实行严格的知识产权保护制度，坚决依法惩处侵犯知识产权的行为，从制定出台《"十三五"国家知识产权保护和运用规划》《深入实施国家知识产权战略行动计划（2014—2020 年）》《关于加强知识产权审判领域改革创新若干问题的意见》等系列重要文件，到推动专利法、商标法、著作权法等法律法规修改完善，再到探索建立知识产权法院、设立知识产权保护中心，中国知识产权事业不断发展，知识产权保护意识和水平明显提升。在《光明日报》刊发的报道中，国家知识产权局局长申长雨说，"中国已经实现了专利、商标、地理标志等知识产权的全方位、立体化保护，基本建立起了符合国际通行规则、门类较为齐全的知识产权法律制度"。正如习近平总书记所指出，当前的中国，正在从知识产权引进大国向知识产权创造大国转变，知识产权工作正在从追求数量向提高质量转变。

从党的十八大把创新"必须摆在国家发展全局的核心位置"到十九届五中全会的"现代化建设全局中的核心地位"，从"十三五"规划强调综合体制创新和改革到"十四五"规划着重强调科技创新和自立自强，以习近平同志

---

❶ 李宇辰，周路菡. 知识产权保护：创新型国家的起点［J］. 新经济导刊，2017（12）：43 - 47.

为核心的党中央根据国内国际新形势、新变化所作的重要决策，凸显了科技创新在实现第一个百年奋斗目标——"全面建成小康社会"的征程上，以及在第二个百年奋斗目标——"建成社会主义现代化强国"新发展阶段上的关键地位和作用。

科技是第一生产力。科学技术的创新对经济社会的发展有着极大的促进作用。从18世纪以来人类社会所经历的三次大的工业革命，每一次无不以科技创新为先导，每一次无不带来生产力的巨大飞跃。在可以预期的下一轮技术进步中，人工智能、清洁能源、量子信息技术、生物技术等领域将成为新的技术突破口，而我国更面临诸多"卡脖子"技术难题亟待解决，唯有掌握这些技术创新，突破这些技术难题，才能在未来的国际经济和产业竞争中把握主动，独占鳌头。

改革开放以来，我国已深度参与了全球产业链分工，成为国际贸易中举足轻重的大国。然而，受全球疫情影响以及大国地缘政治斗争的日趋激烈，我们在崛起的道路上，经济发展和竞争的外部环境面临越来越大的困难。在可以预见的未来数年，困难将是越来越大的，以参与中低层次分工为主的出口导向型经济发展模式已不具有持久性。

从传统的要素驱动到效率驱动再到创新驱动，以高质量创新引领高质量发展，这是国家命运所系，是世界大势所趋，是全球发展形势所迫。只有以"扩大内需"作为战略基点，由国内市场主导国民经济循环，才能使我国经济发展更为稳定和可持续。这一切，需要畅通国内大循环，唯有以创新驱动、高质量供给创新需求，需求又牵引供给，才能激发国内大循环的活力。以科技自立自强塑造高质量发展新优势，才是促进发展大局的根本支撑，从某种意义上讲，被人"卡脖子"，既是挑战，也是机遇。

第二节　专利制度——为"创新之树"搭建"庇护之所"

一、从技术秘密到专利保护

当下，创新成果日益成为企业核心竞争力和可持续发展的重要战略资源。如何对创新成果进行更为有效的保护和利用，以及如何选择保护内容、保护时机、保护模式，已经成为企业在发展过程中亟待解决的问题。

　　一提起保护创新，人们马上想到专利，对于技术秘密的概念比较陌生。实际上，技术秘密是最古老和重要的知识产权保护手段。中国古代经常提及的"秘方"，特别是中医药秘方，通过严格控制知晓人数、限制传播范围来进行保密，例如传内不传外、传男不传女、学徒制度等。这些做法从现代眼光来看有些也许属于落后制度，已经不符合现代经济和社会的发展要求，但在当时的历史条件下起到了良好的保密效果，有效保护了技术拥有者的权益。

　　20世纪50年代，在我国纺织工业领域出现了许多以人的名字命名的"工作方法"，在西安、上海和北京，纺织工人形成了"比学赶帮"的热潮，工作效率和速度不断刷新。严格地说，这些"工作方法"就属于技术秘密。

　　20世纪70年代，为了满足我国人民不断增长的物质文化需求，我国从世界钟表王国瑞士引进了两条手表生产线，一条安装在上海，产品起名为"上海牌"；另一条安装在天津，产品起名为"海鸥牌""东风牌"。当时，根据我国生产线的实际技术水平，国家轻工业部组织专家制定颁布标准，将机械式手表的24小时误差定为正负45秒，误差在此范围均属于合格。瑞士技术专家在参观了生产线全过程之后发表了看法："你们加工生产的零部件质量没有问题，但是人员装配水平太低。"应他们的要求，在我方人员不在装配现场的情况下，他们关上房门，使用我们生产的零部件组装手表。令我方人员感到十分惊奇的是他们装配的产品24小时误差仅为3~5秒，有些甚至在1~2秒之内。瑞士技术专家说："手表的装配工艺是我们的'技术秘密'，你们购买的生产线不包括这些内容，如果需要可以另外购买。"这是我国的技术人员比较早领教到的技术秘密的概念。

　　时至今日，我国的科研技术人员开发的科技成果大致可以分为两个体系，即技术秘密体系和专利技术体系。技术秘密最早被称为"Know-how"，它主要是指凭借经验或技能产生的，在工业化生产中适用的技术情报、技术数据、技术诀窍、产品设计方法、工艺流程及配方、质量控制和技术管理等方面的知识，且未被拥有人所公开，处于保密状态下。技术秘密的法律定义源于商业秘密，是商业秘密的一部分，具有商业秘密的属性。2004年11月30日通过的《最高人民法院关于审理技术合同纠纷案件适用法律若干问题的解释》中明确定义："技术秘密，是指不为公众所知悉、具有商业价值并经权利人采取保密措施的技术信息。"

　　专利则是将发明创造向国家专利局提出专利申请，经依法审查合格后，向专利申请人授予的在规定的时间内对该项发明创造享有的专有权，权利人可以在规定时间内对技术垄断，进行独占实施，或许可、转让他人实施。

因此，企业研发出一项新技术，对新技术的知识产权保护主要有两种基本手段：专利和技术秘密。同时，企业也面临着一种决策选择，是通过专利进行保护而公开该技术，还是作为技术秘密进行保留而不公开该技术。无论是技术秘密的保护模式还是专利的保护模式，从根本上都是赋予持有人某种垄断的权利来保护由特定创新成果产生的利益。不同在于，技术秘密是通过自身的防御性进行保护，维持技术的秘密性来获得独占利益，法律支持技术秘密的保护以不限时间、不限地域的方式持有，但同时也不禁止他人以合法的方式取得或使用；而专利是依靠法律通过公开技术方案的方式换取排他性的权利。选择何种保护模式，首先需要对两种模式的特点有深入的了解。

专利和技术秘密都属于知识产权范畴，却有着不同的特点。

一是行为性质不同。申请专利是法律行为，而认定技术秘密则是企业行为，不论是国有企业，还是私营企业，都有权认定本企业的技术秘密。

二是保护范围不同。技术秘密制度的保护范围要比专利制度的保护范围大得多，凡是能够申请专利的技术成果都可以被认定为技术秘密，有些不能申请专利的技术成果也能被认定为技术秘密。

三是公开状态不同。申请专利必须公开其主体技术内容，而采用技术秘密制度对技术成果进行保护就没有这个要求。企业的技术秘密只有个别人、少数人知道。

四是法律期限不同。我国法律规定发明专利的期限是 20 年，而事实上其实际寿命往往不足 20 年。技术秘密则不同，其期限由企业自己灵活控制，其中大部分与专利的期限相同，有些可以根据情况定在 20 ~ 50 年以上，如"可口可乐"的配方、"同仁堂"中成药的配方等均有一两百年的历史，且现在仍然在保密期内，如果其申请了专利保护，早就变为公知技术了。

五是技术秘密与专利获取、维护的代价不同。技术秘密依靠企业规章制度认定和维护，基本没有费用；专利则不同，按照国家法律的规定，有代理费、申请费和专利年费等获取、维护费用，且维护费用逐年增加。

六是保护地域不同。专利只在专利授权国的保护范围之内，而技术秘密没有地域的限制，在全世界得到保护。

七是认定、授权的标准不同。专利具有排他性，一项同样的技术只能申请、被授权一项专利；而技术秘密具有包容性，一项同样的技术，可以在 100 个企业中被认定为 100 项技术秘密，且均受到法律保护。

通过上述特征对比，可以看出技术秘密具有事实独占性、无期限地域限制、保护客体广泛等优势。但与此同时，技术秘密也存在两项巨大的风险，一是泄密的风险，二是第三方独立研发的风险。

技术秘密的秘密性是其内在基本属性，因而泄密是技术秘密最大的风险。一旦发生泄密则技术秘密的事实专有权或垄断权自动消失，几乎无法挽回。对于他人侵权行为造成的泄密，尽管技术拥有人可以通过诉讼取得一定的补偿，但泄密的技术公开后进入公共领域，其造成的损失往往是无法弥补的。而且，如果泄密仅是个人行为，尽管可以通过法律手段追究其责任，但获得的经济补偿非常有限。因此，技术秘密对企业的保密能力要求非常高，技术秘密的期限很大程度上取决于企业的保密能力。但市场经济条件下，各企业人员流动性较高，员工离职往往带来很大的泄密风险。技术拥有人无意泄密、偷盗、技术资料丢失、黑客入侵也会造成技术泄密。互联网的发展，技术文档电子化，个人随身携带手机、相机等便携拍摄设备及移动互联设备，给信息的传播带来便利，也给技术保密造成了重重困难，增大了泄密风险。这些障碍决定了中小型企业很难对技术秘密长期进行保密。从泄密角度看，技术秘密的保密本身具有高风险性。

第三方独立研发的风险是技术秘密面临的第二项风险。技术秘密通常不能对抗第三方独立研发或反向工程获得技术方案。如果第三方自己独立研发而开发了技术秘密中的技术方案，技术秘密持有人不能以技术秘密为由对抗或阻止其实施或公开该技术。而且，技术秘密不能阻止第三人提交该技术的专利申请而获得专利权。这样，原技术秘密持有人，仅能根据先用权而在原始的规模进行生产，而无法扩大再生产，从而陷入被动局面。如果扩大生产规模，则会侵犯第三人的专利权。反向工程（Reverse Engineering），亦称还原工程，指人们以合法的方法，通过分析其方法，了解其构造，分解其产品结构而获得的与此产品有关的技术秘密，这一方式是正当竞争。随着科技发展，许多创新成果很容易被反向工程破解，特别是机械装置、生物药品或新型材料等创新成果，他人容易从公开渠道获得的产品或服务中了解和分析出其内在结构或组成成分，就算采取保密措施，也无法阻止他人通过合法手段获知技术内容。

无论是选择技术秘密还是专利对创新成果进行保护，其最终都是为了实施该创新成果，使其转化成现实的生产力。而在成果转化的过程中，不可避免地会遇到泄密或侵权等问题，如果创新主体能在初期就建立一个较为完善的保护模式，无疑可以更好地抵御潜在的风险。对于技术秘密所存在的上述风险，专利保护的主要优势则在于由国家强制力保证技术的专有垄断权，保护力度较大，举证相对容易。而对于期限和地域的限制，在技术更新迭代速度极快的当下，专利权的保护期限已经可以覆盖大部分技术创新的"经济寿命周期"，申请专利的地域性和程序复杂性也随着国际间合作的加强和国际条约/协议（诸如《保护工业产权巴黎公约》《专利合作条约》等）的达成得到逐步解决。因此，专利制度自诞生以后便逐渐在各个领域取代技术秘密成为技术创新的主流保护方式。知识产权组织的统计显示：目前世界上 90%~95% 的发明创造都能够在专利文献中查到，这其中的很多发明也只能在专利文献中查到。随着经济全球化的发展，市场竞争越来越取决于自主创新能力和技术实力的竞争，而专利作为创新能力和技术实力的重要指征，其表现更是受人关注。伴随着我国专利事业的不断发展，包括企业、科研院所和自然人在内的创新主体的知识产权观念越来越普及，人们愈加重视利用专利制度来保护科技成果。

二、专利制度初探

1. 专利制度的发展趋势

专利制度有着十分悠久的历史，据西方学者考察，最早的专利制度大约起源于中世纪的欧洲。由于商品经济的发展导致了技术的日益商品化，人们开始意识到谁拥有先进的技术，谁就可以在市场竞争中占据优势。商品交换关系的产生导致了专利制度的萌芽。为了鼓励发明创造，封建君主往往特许授予发明人一种垄断权，使他们能够在一定期限内独家享有经营某些产品或工艺的特权，而不受当地封建行会的干预。由于封建君主在授予这种特权时常采用一份公开的文件（拉丁文为 Literae Patens），他们的持有者因此拥有一定的特权、头衔等，后来这种独占的经营权便与 Literae Patens 连在一起，英文中的"Patent"（专利权）便来源于此。

威尼斯在 1474 年 3 月 19 日公布的《专利法》是世界上第一部现代意义的专利法规，这部五百年前颁布的《专利法》与现代专利制度几乎一致，蕴含了现代专利制度的基本规定。1623 年英国颁布《垄断法》（1624 年实施），则标志着现代专利制度的建立。

专利制度的发展经历了多个阶段。由第一次工业革命开始了以英国为中心的欧洲大陆现代科学技术和现代工业的大繁荣和大发展，同时英国工业革命也是真正发挥知识产权制度作用的催化剂，英国《1852 年专利法修正案》的颁布，进一步确立了其专利制度的形成和完善。到 20 世纪中叶，欧洲各国相继完成了工业革命，并建立了专利制度。一直到第二次世界大战时期，这段漫长的发展时期可以概括为专利制度发展的初期阶段。

从 20 世纪中叶，亦即第二次世界大战结束以后，欧洲和东亚地区经济到了崩溃的边缘，大批知识精英移民美国，由此奠定了日后世界科技和经济发展格局的转变。随着欧洲和日本经济的恢复，竞争加剧，以及石油和美元危机等因素，20世纪六七十年代世界经济进入了持续低迷和滞涨并存的经济衰退期，而这个时期专利制度的发展对西方各国摆脱困境起到了至关重要的作用。在美国的引领下，世界各主要发达国家努力使技术创新成为支撑经济发展的主要动力，结束了《反垄断法》优先于《专利法》的时代，从根本上改变了对专利权的制约态度。强化专利的重要位置是专利制度第二个发展阶段的主要特点。

以1994年《与贸易有关的知识产权协定》（《TRIPS协定》）的签署为起点，进入了专利制度第三个发展阶段，即专利制度国际化发展的阶段。对专利权制约的放松，使得先进的科技创新成果支撑了以美国为首的西方发达国家的发展，企业生产效率提升，产品竞争力提高，跨国公司逐渐成为世界经济的主角。美国与欧洲、日本等技术发达国家或地区共同签署了《TRIPS协定》，它成为当前世界知识产权组织二十余个国际公约中保护范围最广、内容最为丰富的一部知识产权国际公约，标志着专利制度国际化发展趋势的确立，成为专利制度发展的又一个标志性的转折点。此外，为简化审查，推动国际专利的实施，美国、日本、欧洲以及韩国等已开始商讨联合审查，相互承认审查结果，经济的一体化使专利国际化趋势进一步向前发展。

2. 我国专利制度的发展和变革

我国专利制度的萌芽可以追溯到19世纪中叶太平天国运动时期，太平天国运动的领导人之一、洪秀全的族弟洪仁玕最早把西方专利思想引入我国，其在《资政新篇》中提出了建立专利制度的主张。

我国现代意义上的专利制度诞生于20世纪80年代。1980年中国专利局成立，1998年更名为国家知识产权局。1984年3月12日中华人民共和国第一部《专利法》通过，1985年4月1日正式实施。自现行的专利制度在我国建立以来，极大地促进了经济社会发展和技术进步，显著提高了我国企业核心竞争力，也增强了国内外投资者的信心。经过三十多年的努力，我国专利申请量、授权量大幅攀升，自2011年至2020年，中国专利申请量连续十年居世界首位。根据世界知识产权组织发布的《2021年全球创新指数》显示，我国在创新领域的全球排名已升至第十二位，是前30名中唯一的中等收入经济体。这充分说明，我国现行的专利制度有效地激发了全社会的创新活力，我国已成为名副其实的知识产权大国。2021年9月，中共中央、国务院印发了《知识产权强国建设纲要（2021—2035年）》，继续助推中国向知识产权强国快速迈进。

应当说，我国专利制度建设经历了从借鉴探索阶段到外驱顺应接轨阶段，再到时至今日的内驱同化创新阶段，在制度体例上是从效仿的路径依赖到自主创新的过程，在建设内容上是以专利保护为核心且不断加强的过程，在发展趋势上是不断融合创新并与世界接轨的国际化过程。随着我国社会经济发展和科技进步，随着全球经济一体化的进程，我国的专利制度也必将与时俱进，更好地服务于社会经济建设，在推进我国从知识产权大国向知识产权强国跨越、从科技大国向科技强国转变和从经济大国向经济强国过渡过程中发挥越来越重要的作用。

3. 专利权的特点

我国《专利法》第 1 条规定，制定《专利法》的宗旨在于"鼓励发明创造，推动发明创造的应用"。上述规定表明，专利权的保护要有利于其保护的客体，也就是发明创造的"应用"。对于保护客体存在一种推广应用的需要，这是专利权的特质。

独占性、地域性和时间性是专利权的三个基本特点。

独占性是指专利被授权以后，法律保护专利权人的独占权，即未经专利权人的许可，任何单位或个人不得以生产经营为目的制造、使用、许诺使用（如展览等）、销售、进口其专利产品或使用其专利方法，专利权可以转让和继承，是一种财产权。独占性由法律赋予，受法律保护，体现专利权人对知识财产的占有。任何人要实施专利，除了法律另有规定的情况，必须得到专利权人的许可，并按照双方协议支付费用，否则专利权人可以依据《专利法》向侵权者提起诉讼，要求赔偿。专利权的独占性使创新主体的研发付出得到相应的补偿，并为进一步的发明创造提供经济基础，从而才能达到激发社会创新热情、提高创新能力的目的。

专利权的第二个特点是地域性。专利权是由国家公权力赋予的垄断权，专利的受理与授予都是国家主权的一部分，因此，地域性可以说是专利权的基本属性。被每一国家或地区授予的专利仅在该国家或地区的范围内有效，在其他国家和地区不发生法律效力。所有的专利都是"国家专利"，不存在所谓的"国际专利"。如果专利权人希望在其他国家享有专利权，那么，必须依照其他国家的法律另行提出专利申请。除非加入国际条约及双边协定另有规定，任何国家都不承认其他国家或者国际性知识产权机构所授予的专利权。

专利权的第三个特点是时间性，也就是法律规定了权利的期限。期限届满后，专利权人对其发明创造不再享有制造、使用、销售和进口的专有权。这样，原来受法律保护的发明创造就成了社会的公共财富，任何单位或个人都可以无偿地使用。专利制度设立的目的就是促进区域的技术和经济发展，若给予一项技术"无限期"的垄断保护，显然无法促进该项技术的传播与应用，社会公众也无法在该项技术的基础上继续进行创新，此时专利的"公开"就完全失去了意义，这显然有悖于专利法"公开换保护"的目的。各个国家的专利法对于各种不同类型的专利权的期限规定不尽相同。我国《专利法》第42条规定："发明专利权的期限为二十年，实用新型专利权的期限为十年，外观设计专利权的期限为十五年，均自申请日起计算。"

4. 专利制度如何促进创新

我国《专利法》第1条开宗明义地说明了立法宗旨，即"为了保护专利权人的合法权益，鼓励发明创造，推动发明创造的应用，提高创新能力，促进科学技术进步和经济社会发展"。这也是专利制度的最基本作用。从专利制度的诞生背景和发展历程也可看出，各国/地区设立相关专利制度也都是为了促进该区域技术和经济的发展。为达到上述目的，专利制度规定了创新主体需要通过向社会公众公开其发明的新技术来换取国家赋予其一段时间内的垄断权利，以此激发创新主体的创造热情，并同时通过及时公开以促进新技术的快速传播和应用，并避免重复研发劳动。这种"公开换保护"的制度较好地平衡了专利权人和社会公众之间的利益。

从个体层面，专利是商品经济的产物，人们行使专利权的最主要目的就是利用专利的商业价值，取得商业利益。创新主体通过法定程序明确发明创造的权利归属关系，从而有效地保护发明创造成果，获取市场竞争优势。专利权是垄断权，可以最大限度地保护专利权人的技术创新成果，排除竞争，他人未经许可侵犯专利权，可以依法追究责任，获得侵权损害赔偿。专利技术也可以作为商品转让或许可使用，比单纯的技术转让更有法律和经济效益，从而最大化地实现技术成果的经济价值。此外，专利权作为无形资产，还可以进行融资和技术入股，许多国家对专利申请人或者专利权人有一定的扶持政策。这些都反映了专利在经济层面的作用。

从社会层面，专利制度通过实现技术成果的经济价值鼓励创新，从而实现整个社会的技术不断革新，为科技和经济发展提供前进的动力。在此过程中，高新技术的商品化和产业化是创新活动的关键环节，创新者的热情和积极性是创新持续进行的原动力之一，而能够有效保护专利权的制度则是保持全社会创新热情和积极性的重要保障。创新主体投入了大量人力、物力、财力获得创新成果，向社会公开了技术方案，如果能够充分保障专利权人的权益，使得专利权人能够从中获益，则能够激励创新主体继续发挥聪明才智，不断创新，促进技术更新换代。反之，如果专利权人公开了技术方案，但社会配套行政和司法制度却没有跟上，专利权人的合法权益无法得到保障，侵权责任得不到追究，将会打击创新热情，最终影响整个社会的经济发展和技术进步。

总之，专利制度在现代市场经济环境下发挥着越来越重要的作用，专利权的获得对创新主体的研发和生产经营活动具有莫大的鼓励，也对社会发展起到极大的促进作用。

第三节 创新主体应知的专利申请二三事

既然专利制度是保护创新的最重要手段，而为专利权作为"创新之树"量身打造的"庇护之所"有诸多讲究，那么大家不免会产生这样的疑问：到底怎样才能获得高质量的专利？

一些技术人员在略微了解一些专利基础知识后，往往认为"照葫芦画瓢"就能解决专利申请的问题，殊不知，专利申请是专业性和实践性非常强的工作，即使熟记各项法律规定，通过了专利代理师资格考试，如果缺乏足够的实践经验积累，也基本不可能撰写出高质量的申请。所以以上问题是一个极其复杂和专业的体系，本书的目的并不是教会创新主体如何撰写高质量的专利申请，而是给创新主体指引一条通向高质量申请的路径，即了解申请专利的基本知识、领域特点和难点，从而有的放矢地挑选出合适的专业人士——专利代理师。需要明白的是，在这条路径中，主角仍然是创新主体，只有创新主体将自己的技术充分交底给专利代理师，专利代理师才能将其加工成高质量的申请文件。

那么，什么叫"充分交底"呢？就是了解专利代理师撰写一份专利申请文件的基本需求，并且能够在专利代理师的提示下进一步补充完善。这一切需要创新主体了解专利申请的基本知识，本节就将从专利类型、申请流程和授权条件等方面介绍专利申请的一些基本知识，以方便作为该领域技术人员的你对自己"创新之树"的保护策略做到心中有数，运筹帷幄。

一、专利类型

在我国，专利分为发明、实用新型和外观设计三种类型，不同类型的专利在保护范围和保护效力上有所不同。

1. 发明专利

根据《专利法》第2条第2款的规定，发明是指对产品、方法或者其改进所提出的新的技术方案。这里的"新"，并不是新颖性的判断标准，而是为了与"发明"相呼应，而且"新"不一定是全新的意思，可以是对先前方案的改良与更新。发明定义当中，关键词在于"技术方案"，也就是说，要求保护的方案是能够解决技术问题、获得技术效果的方案，这一点是相对于纯理论的科学发现而言的。在稀土材料领域，绝大多数应用技术方案都可以申请发明专利，只需注意，对于一些新机理的揭示，必须联系其能够解决的技术问题，例如，保护主题不可以写成"钕、铁、硼等元素含量对永磁材料性能的影响"，因为这样写属于纯理论的科学发现，但可以写成"一种钕铁硼永磁材料"。

发明专利从保护主题上可分为产品发明和方法发明两大类。产品发明包括由人生产制造出来的物品（如机器、仪器、设备、化合物、组合物等）以及由多种物品配合构成的系统（如信号发射与接收系统），方法发明包括所有利用自然规律通过发明创造产生的方法（如制造方法、操作方法、工艺、应用等）。发明专利的保护年限是 20 年，自申请日起计算。

稀土材料领域大部分的技术创新源于材料本身和制备工艺，以材料的组成、制备工艺的改进和参数优化、具体应用为主要特征，因此发明专利申请是该领域申请的主要类型。发明专利的保护范围以权利要求书记载的为准。

图 2-1~图 2-3 是典型的高端稀土功能材料领域的发明专利授权公告文本首页和权利要求页。

图 2-2 示出了产品发明专利的权利要求书，共包括 9 项权利要求，其中权利要求 1 是独立权利要求，也就是从整体上反映发明的主要技术内容，无须用其他权利要求来确定其范围和含义的完整权利要求。权利要求 2~9 是从属权利要求，即跟随独立权利要求之后，引用在先权利要求（包括独立权利要求或从属权利要求），并用附加技术特征进一步限定其特征的权利要求。图 2-3 示出了方法发明的权利要求书，包含了一项独立权利要求 1 和五项从属权利要求 2~6。

独立权利要求的项数、限定内容和从属权利要求的引用关系有相当大的讲究，体现了申请人的权利布局。从属权利要求是独立权利要求的下位权利要求，是对独立权利要求的进一步改进或优化，本身落入独立权利保护范围之内，但通常撰写时通过引用形式而省略了被其引用的权利要求的所有特征，只是增加了新的技术特征或进一步细化的技术特征。从属权利要求主要是构建多层次的权利要求保护范围。许多技术成果的发明点不止一个，或者在一个大范围当中有许多优选的实施方案，用独立权利要求进行上位概括，以争取尽可能大的保护范围，但这种概括可能存在一定的风险。例如，概括太宽，囊括了现有技术的方案而导致缺乏新颖性或创造性，或者得不到说明书内容的支持。在授权或确权过程中，如果独立权利要求因存在问题而不能被授权或应该被无效，那些限定了更下位或更进一步发明点的从属权利要求有可能仍然成立，可以上升为新的独立权利要求，使得方案仍然能够授予专利权或者部分维持有效。

(19) 中华人民共和国国家知识产权局

(12) 发明专利

(10) 授权公告号 CN 109055783 B
(45) 授权公告日 2021.06.04

(21) 申请号 201810927475.3

(22) 申请日 2018.08.15

(65) 同一申请的已公布的文献号
申请公布号 CN 109055783 A

(43) 申请公布日 2018.12.21

(73) 专利权人 湖南稀土金属材料研究院
地址 410011 湖南省长沙市芙蓉区张公岭
隆平高科技园隆园二路108号

(72) 发明人 吴希桃 王志坚 包新军 陈建波
翁国庆 夏楚平 兰石琨 胡婷

(74) 专利代理机构 广州华进联合专利商标代理
有限公司 44224
代理人 黄晓庆

(51) Int.Cl.
C22B 59/00 (2006.01)

C22B 1/02 (2006.01)
C22B 3/06 (2006.01)
C22B 3/38 (2006.01)
C22B 3/44 (2006.01)

(56) 对比文件
CN 103436719 A, 2013.12.11
CN 103103361 A, 2013.05.15
CN 107083496 A, 2017.08.22
CN 104843761 A, 2015.08.19
CN 102888514 A, 2013.01.23
RU 2608033 C1, 2017.01.12

审查员 裴国株

权利要求书1页 说明书6页 附图1页

(54) 发明名称
含稀土氧化物废料中稀土氧化物的回收方法

(57) 摘要

本申请涉及一种含稀土氧化物废料中稀土氧化物的回收方法,包括以下步骤:将含稀土氧化物废料、强碱和助剂混合进行焙烧,得到焙烧产物;将焙烧产物采用热水多级逆流洗涤,至洗出液的pH值为7～9,得到含稀土氧化物的水洗渣;将水洗渣采用强酸多级逆流浸出,过滤,得到含稀土离子的浸出液;将浸出液分离纯化,用草酸沉淀,灼烧,得到高纯度的稀土氧化物。

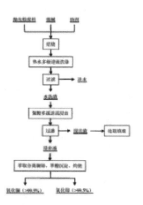

图 2-1 发明专利的授权公告文本首页

CN 109055783 B

1. 一种钕铁硼永磁材料，其特征在于，所述钕铁硼永磁材料中包含R、Al、Cu和Co；

所述R包括RL和RH；

所述RL包括Nd、La、Ce、Pr、Pm、Sm和Eu中的一种或多种轻稀土元素；

所述RH包括Tb、Gd、Dy、Ho、Er、Tm、Yb、Lu和Sc中的一种或多种重稀土元素；

所述钕铁硼永磁材料满足以下关系式：

(1) B/R：0.033～0.037；

(2) Al/RH：0.12～2.7；

所述钕铁硼永磁材料还包括M，所述M包括Nb、Zr和Ti中的一种或多种，所述Nb的含量范围为0～0.5wt％，所述Zr的含量范围为0～0.3wt％，所述Ti的含量范围为0～0.3wt％；

所述钕铁硼永磁材料中包含NdFeB主相和晶间富稀土相，所述晶间富稀土相包含RH_x-Al_y-RL_z-Cu_m-Co_n物相，x为0.4～5.0，y为0.5～1.1，z为45～92，m为0.5～3.5，n为1.5～7；

所述RH_x-Al_y-RL_z-Cu_m-Co_n物相占所述晶间富稀土相的体积比为4～10％。

2. 如权利要求1所述的钕铁硼永磁材料，其特征在于，RH/R：0～0.11且不为0；

和/或，所述B/R的重量比为0.034～0.036；

和/或，所述Al/RH的重量比为0.12～2；

和/或，所述RL包括Nd、Pr和Ce中的一种或多种；

和/或，所述RH包括Dy和/或Tb。

3. 如权利要求2所述的钕铁硼永磁材料，其特征在于，所述Al/RH的重量比为0.35～1.25。

4. 如权利要求1所述的钕铁硼永磁材料，其特征在于，所述B/R的重量比为0.033～0.034。

5. 如权利要求4所述的钕铁硼永磁材料，其特征在于，所述Al/RH的重量比为0.35～1.25。

6. 如权利要求1所述的钕铁硼永磁材料，其特征在于，所述B/R的重量比为0.0331、0.033、0.0339、0.0332或0.036。

7. 如权利要求1所述的钕铁硼永磁材料，其特征在于，所述Al/RH的重量比为0.489、1.9、1、0.133、1.06或0.78。

8. 如权利要求1所述的钕铁硼永磁材料，其特征在于，所述RH_x-Al_y-RL_z-Cu_m-Co_n物相占所述晶间富稀土相的体积比为4.5～6％。

9. 如权利要求8所述的钕铁硼永磁材料，其特征在于，所述RH_x-Al_y-RL_z-Cu_m-Co_n物相占所述晶间富稀土相的体积比为5.8％、4.5％、5.4％、5.5％或者5.6％。

图2-2　产品发明专利的权利要求页

1. 一种含稀土氧化物废料中稀土氧化物的回收方法，其特征在于，包括以下步骤：

将含稀土氧化物废料、强碱和助剂混合进行焙烧，得到焙烧产物；所述焙烧的温度为 550℃～800℃，所述焙烧的时间为 1～4 小时；

将所述焙烧产物采用热水多级逆流洗涤，至洗出液的 pH 值为 7～9，得到含稀土氧化物的水洗渣；

将所述含稀土氧化物的水洗渣采用强酸多级逆流浸出，过滤，得到含稀土离子的浸出液；

将所述含稀土离子的浸出液分离纯化，用草酸沉淀、灼烧，得到稀土氧化物；

所述分离纯化的方法为：采用萃取剂多级逆流萃取、洗涤和反萃；所述萃取剂为二(2- 乙基己基)磷酸酯或 2-乙基己基磷酸单 2-乙基己基酯和煤油的组合，所述萃取剂中二(2-乙基己基)磷酸酯或 2-乙基己基磷酸单 2-乙基己基酯的浓度为 1mol/L～2mol/L，所述萃取剂的皂化率为 30%～50%；

其中，所述助剂为碳粉、氧化铵或碳酸氢铵，所述含稀土氧化物废料与所述助剂的质量比为(10～5):1；所述含稀土氧化物废料中的稀土氧化物为氧化铈和氧化镧；所述含稀土氧化物废料中还含有杂质，所述杂质为氧化铝、氧化硅及含氟化合物中的至少一种；所述强酸为盐酸。

2. 根据权利要求 1 所述的含稀土氧化物废料中稀土氧化物的回收方法，其特征在于，所述含稀土离子的浸出液的 pH 值为 1～3。

3. 根据权利要求 2 所述的含稀土氧化物废料中稀土氧化物的回收方法，其特征在于，所述强碱为氢氧化钠或氢氧化钾，所述杂质与强碱的摩尔比为 1:(1.2～4)。

4. 根据权利要求 1 所述的含稀土氧化物废料中稀土氧化物的回收方法，其特征在于，所述多级逆流洗涤的级数为 2～5 级。

5. 根据权利要求 1 所述的含稀土氧化物废料中稀土氧化物的回收方法，其特征在于，所述多级逆流浸出的级数为 2～4 级。

6. 根据权利要求 1 所述的含稀土氧化物废料中稀土氧化物的回收方法，其特征在于，所述含稀土氧化物废料与所述助剂的质量比为 10:1。

图 2-3　方法发明专利的权利要求页

2. 实用新型专利

根据《专利法》第 2 条第 3 款的规定，实用新型是指对产品的形状、构造或者其结合所提出的适于实用的新的技术方案。同发明一样，实用新型保护的对象也必须是技术方案。但是，实用新型专利保护的技术方案范围较发明窄，它只保护有一定形状或结构的新产品，不保护方法以及没有固定形状的物质（如液体、气体、粉状物、颗粒物以及玻璃、陶瓷等）。实用新型专利整体上技术水平较发明要低，保护年限是 10 年，自申请日起计算。

创设实用新型这种保护类型主要是针对低成本、研发周期短的小发明创造，因为发明专利授权时间周期一般长达 2～3 年，并且要求较高，不易通过审查，而实用新型一般不进行实质审查，通过初步审查后即能快速地得到授权，使得一些简单的、改进型的技术成果能够快速产生经济效益。如果有人对授权后的实用新型专利有效性存在疑义，可以启动无效宣告请求程序，这种依请求审查的方式滤除了那些无实际效用的实用新型专利，可以大大节约审查资源。

　　由于实用新型专利申请保护范围的局限性，只保护以形状结构改进为特征的产品，稀土材料领域有许多以材料和方法为主的创新成果无法采用这种形式保护，通常申请实用新型专利的是一些制造类设备，例如，锻造、冲压、剪切等加工设备，材料的测试设备，以稀土材料为特征的具体产品或制品等。同发明一样，实用新型专利的权利要求书是确定实用新型保护范围的依据，其中独立权利要求与从属权利要求的关系也与发明相同。图2-4和图2-5是稀土材料领域典型的实用新型专利授权公告文本首页和权利要求页。

(19) 中华人民共和国国家知识产权局

(12) 实用新型专利

(10) 授权公告号 CN 212191568 U
(45) 授权公告日 2020.12.22

(21) 申请号 202020838077.7

(22) 申请日 2020.05.19

(73) 专利权人　上海瓷盛永磁磁业有限公司
　　地址　200120　上海市浦东新区沈梅路123弄
　　　　　2号402室

(72) 发明人　潘勇

(74) 专利代理机构　北京中索知识产权代理有限
　　　　　　　　　公司　11640

　　代理人　郭瑞

(51) Int.Cl.
　　B23D 79/00 (2006.01)
　　B23D 3/06 (2006.01)
　　B23D 1/26 (2006.01)
　　B23D 5/28 (2006.01)

权利要求书1页　说明书5页　附图5页

(54) 实用新型名称
　　一种钕铁硼圆片加工装置

(57) 摘要
　　本实用新型公开了一种钕铁硼圆片加工装置，包括箱体，所述箱体的内设置有第一连接板，所述第一连接板与箱体的内腔滑动连接，所述第一连接板的表面高固定连接有电机，所述电机的转轴固定连接有筒体，所述筒体的一端贯穿第一连接板设置在第一连接板的下方，所述筒体的内腔为方型，所述筒体内套设有方型杆体，所述方型杆体与筒体滑动连接，所述方型杆体套设在筒体内的一端固定连接有卡块，所述卡块与筒体滑动连接，所述卡块的一侧设置有弹簧，所述方型杆体在筒体套设范围外的一端固定连接有第三连接板。本实用新型能使到头沿着事先开设的滑槽的路径移动，移动后通过拧紧锯母即可对刀头进行固定，从而实现了对钕磁铁切割半径的快速调节。

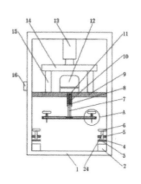

图2-4　实用新型专利的授权公告文本首页

1.一种钕铁硼圆片加工装置,包括箱体(1),其特征在于:所述箱体(1)的内设置有第一连接板(9),所述第一连接板(9)与箱体(1)的内腔滑动连接,所述第一连接板(9)的表面高固定连接有电机(12),所述电机(12)的转轴固定连接有筒体(10),所述筒体(10)的一端贯穿第一连接板(9)设置在第一连接板(9)的下方,所述筒体(10)的内腔为方型,所述筒体(10)内套设有方型杆体(7),所述方型杆体(7)与筒体(10)滑动连接,所述方型杆体(7)套设在筒体(10)内的一端固定连接有卡块(8),所述卡块(8)与筒体(10)滑动连接,所述卡块(8)的一侧设置有弹簧(11),所述方型杆体(7)在筒体(10)套设范围外的一端固定连接有第三连接板(23),所述第三连接板(23)开设有通槽(21),所述通槽(21)的两侧壁均开设有滑槽(22),所述滑槽(22)内设置有滑块(18),所述滑块(18)与滑槽(22)滑动连接,所述滑块(18)的底端固定连接有刀头(17),所述滑块(18)的顶端固定连接有丝杆(19),所述丝杆(19)外套设有螺母(20),所述螺母(20)与丝杆(19)螺纹连接。

2.根据权利要求1所述的一种钕铁硼圆片加工装置,其特征在于:所述箱体(1)的内腔顶部固定连接有电动伸缩杆(13),所述电动伸缩杆(13)的一端固定连接有第二连接板(14),所述第二连接板(14)的底面固定连接有若干的连杆(15),所述连杆(15)的一端与第一连接板(9)固定连接。

3.根据权利要求1所述的一种钕铁硼圆片加工装置,其特征在于:所述箱体(1)的内腔底部两侧均固定连接有支座(2),所述支座(2)的上方设置有第二连接块(5),所述第二连接块(5)的一侧与箱体(1)的内壁固定连接,所述第二连接块(5)内套设有第二丝杆(24)。

4.根据权利要求3所述的一种钕铁硼圆片加工装置,其特征在于:所述第二丝杆(24)与第二连接块(5)螺纹连接,所述第二丝杆(24)在第二连接块(5)套设范围外的一端固定连接有第一旋转手柄(6)。

5.根据权利要求3所述的一种钕铁硼圆片加工装置,其特征在于:所述第二丝杆(24)在第二连接块(5)套设范围外的另一端固定连接有第一连接块(4),所述第一连接块(4)的底面固定连接有橡胶垫(3)。

6.根据权利要求1所述的一种钕铁硼圆片加工装置,其特征在于:所述箱体(1)的一侧固定连接有控制器(16),所述控制器(16)与电动伸缩杆(13)电路连接。

图 2-5　实用新型专利的权利要求页

3. 外观设计专利

外观设计是指对产品的形状、图案或者其结合以及色彩与形状、图案的结合所作出的富有美感并适于工业应用的新设计。形状是指对产品造型的设计,也就是指产品外部的点、线、面的移动、变化、组合而呈现的外表轮廓;图案是指由任何线条、文字、符号、色块的排列组合而在产品的表面构成的图形;色彩是指用于产品上的颜色或者颜色的组合。

外观设计与发明、实用新型有着明显的区别,外观设计注重的是设计人对一项产品的外观所作出的富于艺术性、具有美感的创造,但这种具有艺术性的创造,不是单纯的工艺品,它必须具有能够为产业上所应用的实用性。外观设计保护年限为自申请日起15年。

同发明和实用新型不同的是,外观设计没有权利要求书,其保护范围以表示在图片或者照片中的该产品的外观设计为准,另外附有简要说明,可以用来解释图片或者照片所表示的产品外观设计。图2-6和图2-7是稀土材料领域典型的外观设计专利授权公告文本首页、简要说明和图片页。

可以看出，外观设计保护的对象与发明和实用新型相比有本质不同，它不是以技术性为核心，而是因美感而存在的具有一定用途的设计。对技术方案来说，可替代性较低，有的领域甚至只有唯——种技术解决途径，而对于外观设计来说，核心是美感，所以不具有技术独占功能。因此，对于稀土功能材料领域而言，人们更关注技术方案的保护，外观设计不是主要保护模式。

(19)中华人民共和国国家知识产权局

(12)外观设计专利

(10)授权公告号 CN 305827646 S
(45)授权公告日 2020.06.05

(21)申请号 201930600717.3

(22)申请日 2019.11.01

(73)专利权人 湖南众联鑫创动力科技有限公司
地址 410200 湖南省长沙市望城经济技术
开发区黄金创业园C5栋孵化楼402-1-
29

(72)设计人 杨皓天

(74)专利代理机构 北京风雅颂专利代理有限公
司 11403

代理人 曾志明

(51)LOC(12)Cl.
13-01

图片说明片 7 幅 简要说明 1 页

(54)使用外观设计的产品名称
稀土永磁无铁芯盘式电机

立体图

CN 305827646 S

图 2 - 6　外观设计专利的授权公告文本首页

CN 305827646 S　　　　**简　要　说　明**　　　　1/1 页

1.本外观设计产品的名称：稀土永磁无铁芯盘式电机。
2.本外观设计产品的用途：本外观设计产品用于给各种设备提供动力。
3.本外观设计产品的设计要点：在于形状。
4.最能表明设计要点的图片或照片：立体图。

CN 305827646 S　　　　**外观设计图片或照片**　　　　1/1 页

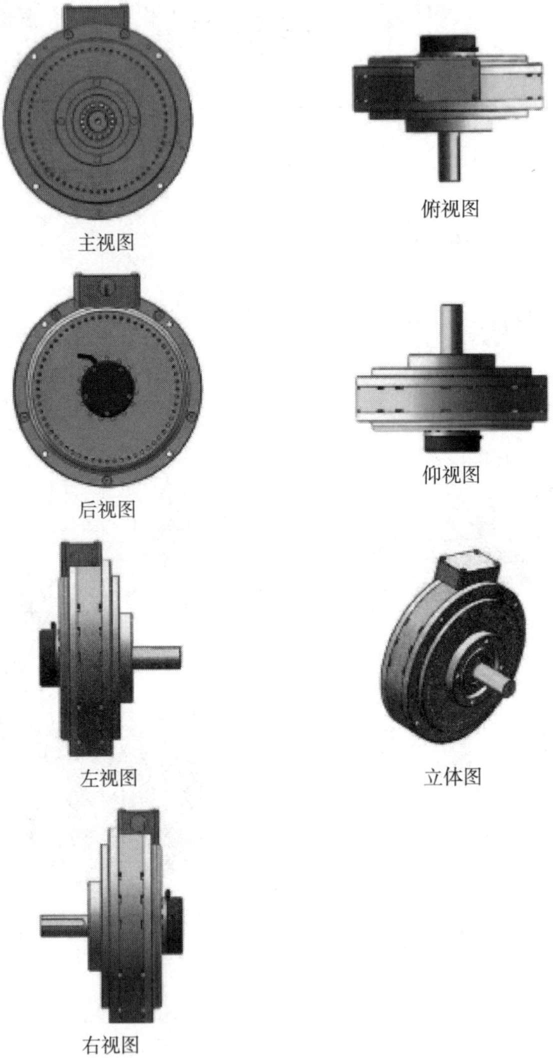
主视图
俯视图
后视图
仰视图
左视图
立体图
右视图

图 2－7　外观设计专利的授权公告文本简要说明和图片页

二、专利申请基本流程

发明专利的审批程序主要包括受理、初步审查、公布、实质审查以及授权五个阶段。实用新型或外观设计专利的审批程序主要包括受理、初步审查和授权三个阶段，如图2-8❶所示。

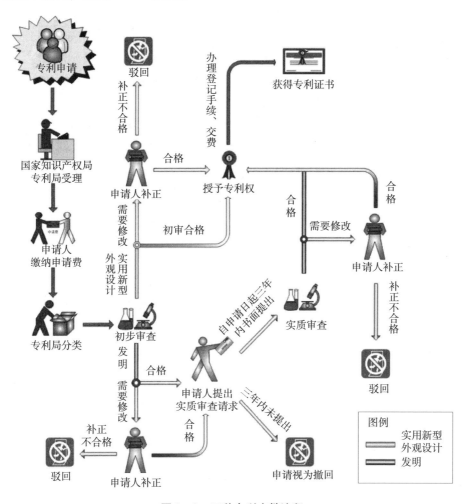

图2-8　三种专利审批流程

---

❶　图片来源于国家知识产权局网站。

一件专利申请自递交申请到授权，需要经过许多环节步骤。在我国，发明专利申请是实质审查制，实用新型和外观设计是初步审查制，前者的审批时间较后者长很多。下面分别就实质审查制和初步审查制两种审批流程进行说明。

1. 发明专利申请流程

专利申请可以自己提交，也可以找具有资质的专利代理机构代为提交，如果选择代理机构代理，则创新主体首先要向代理机构进行技术交底，专利代理机构的代理师根据技术交底书完成专利申请文件的撰写，申请人确认后，代理机构按照规定要求将申请文件提交国家知识产权局。国家知识产权局受理后，进入初步审查阶段，对一些明显缺陷或形式问题进行审查，如果存在问题，通知申请人补正，合格后予以公开。随后，依照申请人的请求，进入实质审查阶段，审查员将对申请文件是否符合法定授权条件进行审查，如果没发现不符合授权条件的问题，则予以授权。如果实质审查阶段审查员认为申请文件不符合授权条件，会告知申请人，听取申请人的意见陈述，申请人还可以对申请文件进行一定程度的修改，如果经意见陈述和修改后仍然不符合授权条件，则审查员会驳回该专利申请。图 2 - 9 示出了一件专利从技术交底到专利授权的大致流程。

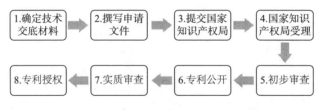

图 2 - 9 发明专利申请流程

在整个过程中，第一步确定技术交底材料、第二步撰写申请文件以及第七步的实质审查涉及专利技术的核心，是整个流程中最重要的三个环节。

发明专利从技术成果完成到递交专利申请再到授权，整个流程时间比较长，曾经有极端的情况，专利授权时已经过了自申请日起算 20 年的有效期，但我国目前发明专利的审查周期通常在两到三年。在递交专利申请之前，属于创新主体研发与专利代理机构交底的内部流程，创新主体可根据自身需要安排和控制时间节点，自主性较强。自申请递交后直至授权，其时间则主要受法定流程实质审查过程中申请人与审查员之间的交流沟通情况等因素影响，具有较大不确定性。图 2 - 10 示出了发明专利审查流程。《专利法》规定了两个时间节点，一是对发明公开不晚于自申请日起 18 个月，二是实质审查请求的提出不晚于自申请日起三年内。

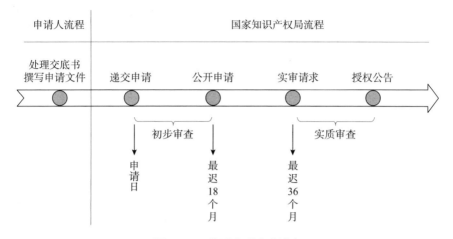

图 2－10　发明专利审查流程

2. 实用新型和外观设计专利申请流程

实用新型和外观设计专利申请的审批流程比发明专利简单得多，如图 2－11 所示。提交申请文件后，经过初步审查合格，即授权公告。

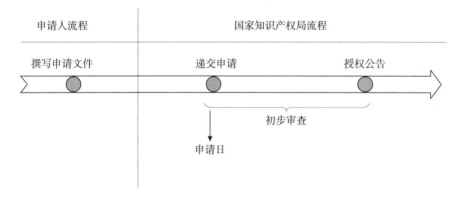

图 2－11　实用新型/外观设计专利审查流程

3. 驳回复审

当专利申请被审查员认定不符合授权条件而驳回时，申请人不服的，作为救济手段，可以提起复审请求。我国《专利法》第 41 条规定："专利申请人对国务院专利行政部门驳回申请的决定不服的，可以自收到通知之日起三个月内向国务院专利行政部门请求复审。国务院专利行政部门复审后，作出决定，并通知专利申请人。"

在我国，复审请求是向国家知识产权局下设的复审和无效审理部提起。复审和无效审理部会组成三人合议组对案件进行审查，审查过程中申请人可以修改申请文件和陈述意见，如果合议组认为驳回理由不正确，或者经过修改驳回理由指出的缺陷已不存在，则会撤销驳回决定，将案件发回实质审查部门继续审查。如果合议组经审查仍然认为申请不符合授权条件，则作出维持驳回决定的复审请求审查决定。当事人对该复审请求审查决定不服的，可以向北京知识产权法院提起行政诉讼。

4. 无效程序

虽然授予专利权经过了一系列的法律审查，但因审查手段和证据获取的局限性，仍难免出现一些"漏网之鱼"——被授予专利权的申请并不符合法律规定，尤其是未经实质审查的实用新型和外观设计专利更是如此。世界上绝大多数国家都采用设立授权后专利权无效宣告程序来解决该问题，即让社会公众有提出取消该专利权的机会，以达到纠正不符合法律的错误授权，进而维护社会和公众合法权益的目的。我国《专利法》第45条规定："自国务院专利行政部门公告授予专利权之日起，任何单位或者个人认为该专利权的授予不符合本法有关规定的，可以请求国务院专利行政部门宣告该专利权无效。"在我国，无效宣告请求的受理和审查也是在国家知识产权局的复审和无效审理部。

无效程序是一种行政程序，其设立的意义一方面是为公众提供请求取消瑕疵专利权或纠正不合法专利权、维护自身合法权益不受非法专利权侵害的机会。另一方面，无效程序也为专利权人提供了通过合法途径合理限定专利权保护范围的机会，可以在无效程序中修正之前的保护范围，以在专利保护过程中避免无意义的纠纷及损失。国家知识产权局作出无效宣告请求审查决定后，当事人不服的，可以向北京知识产权法院提起行政诉讼。无效宣告程序往往与专利侵权诉讼紧密相连，当专利权人提起专利侵权诉讼时，作为重要应对策略，被控侵权人往往会对涉案专利权提起无效宣告请求。

5. 专利侵权诉讼

专利侵权诉讼是指专利权人因专利权受非法侵害而引发的诉讼，由侵权行为地或被告住所地法院管辖。专利侵权判定规定对象是侵权行为。根据《专利法》第11条的规定，发明和实用新型专利权被授予后，除法律规定的特殊情形外，任何单位或者个人未经专利权人许可，都不得实施其专利，即不得为生产经营目的制造、使用、许诺销售、销售、进口其专利产品，或者使用其专利方法以及使用、许诺销售、销售、进口依照该专利方法直接获得的产品。外观设计专利权被授予后，任何单位或者个人未经专利权人许可，都不得实施其专利，即不得为生产经营目的制造、许诺销售、销售、进口其外观设计专利产品。

也就是说，判断是否侵犯专利权，有三个要件：一是侵害对象为有效专利权，二是存在未经专利权人许可实施其专利的行为，三是侵权行为是以生产经营为目的。与侵犯商标权、著作权等不同，侵犯专利权不以侵权行为人主观上是否存在过错为前提。如果自主研发的技术落入在先专利的权利范围之内，其以生产经营为目的的实施同样属于侵权行为。

侵权判定对技术和法律有相当高的专业要求，除了一般侵权诉讼中涉及的问题之外，还会涉及更加专业的专利权保护范围界定、权利要求合理解释、被控侵权技术方案的取证和认定、两相对比是否相同或等同的判定、侵权赔偿数额计算问题，以及现有技术抗辩、先用权抗辩等各类特殊事由，甚至还须对专利权有效性进行先行判定。在实践中，通常都需要知识产权专业律师与技术人员配合共同应对。

三、授予专利权的条件

发明专利申请要获得授权，需要满足法律规定的形式上和实质上的要求。

形式方面的要求主要是按照法律规定的程序办理各种手续，提交一系列符合规定格式的文件，比如，向国家知识产权局递交申请文件，缴纳规定的费用，附上相关的证明。《专利法》《专利法实施细则》和《专利审查指南2010》中对许多文件的提交时间、提交格式和缴费期限都进行了规定，如申请文件应当包括请求书、说明书及其摘要和权利要求书等文件，请求书应当写明的事项，说明书应当包括的内容，权利要求的撰写方式，在中国完成的发明或实用新型向外国申请专利应进行保密审查，要求优先权的应在规定时间提交声明和首次申请副本，何时开始缴纳年费，等等。这些要求虽然繁多，但不难，基本都是流程和形式方面的规定，可以通过查询相关规定清楚地获知，形式方面的缺陷也容易通过修改克服，如果申请过程有专利代理机构的帮助，一般不会出错。

相对来说，满足实质方面的要求对于一份专利申请来说更为关键。实质方面要求也可以称为可专利性，它是指发明创造内容方面必须具备的条件，如果不符合，则不能授予专利权。与通过补正手续或简单修改就容易克服的形式缺陷不同，实质缺陷很多情况下是技术方案本身或申请撰写存在较为严重的问题，如果原始申请文件没有留余地，则很难通过修改克服。以申请难度最高的发明专利申请为例，其授权的实质要件主要包括三个方面的规定：一是属于授予专利权的客体范畴，二是技术本身具备法律规定的"三性"，三是申请文件撰写需要满足一定条件。

1. 授予专利权的客体

什么东西可以得到专利制度的保护？这是申请专利首先应该弄清楚的问题。在《专利法》中，主要有三个条款对可授予专利权的客体进行了规定和限制，即第2条、第5条和第25条。

（1）不符合发明创造的定义

《专利法》第2条主要从正面定义了发明创造保护什么。以发明为例，其定义是：对产品、方法或者其改进所提出的新的技术方案。《专利审查指南2010》中又对什么是技术方案进行了规定，即对要解决的技术问题所采取的利用了自然规律的技术手段的集合。未采用技术手段解决技术问题，以获得符合自然规律的技术效果的方案，不属于《专利法》第2条第2款规定的客体。所以大多数自然界本身存在的事物或现象，如气味、声、光、电、磁、波等信号不属于《专利法》第2条第2款规定的客体。

（2）违反法律、社会公德或妨害公共利益

我国《专利法》第5条规定了对违反法律、社会公德或者妨害公共利益的发明创造，以及违反法律、行政法规的规定获取或者利用遗传资源，并依赖该遗传资源完成的发明创造，不授予专利权。由于与实行专利制度的目的相悖，不仅不利于社会发展，反而对社会造成危害，所以这种在授权客体中排除与法律或社会普遍接受的价值观相违背的做法具有普遍性，实行专利制度的国家和与专利相关的国际公约中大都有此规定。例如，"一种吸毒工具""一种赌博工具及其使用方法"，显然不符合法律规定、基本道德准则和公共利益需求，不能获得保护。

需要说明的是，违反《专利法》第5条的发明创造不包括仅其实施为法律所禁止的发明创造，也就是说发明创造本身并没有违反国家法律，而是由于其滥用而违法的才会被禁止。比如用于国防的各种武器的生产、销售及使用虽然受到法律的限制，但这些武器本身及其制造方法仍然属于给予专利保护的客体。

（3）明确排除的对象

除了从正面定义发明创造和排除与法律或社会基本价值观相悖的客体之外，我国《专利法》第25条还规定了一些特殊的对象，它们基于各方面的特殊考虑也不受专利制度保护。

一是科学发现。例如各种物质、现象、过程和规律，例如一颗新发现的小行星、一种新发现的物质。科学发现本身是自然界客观存在的，人类只是解释了这种存在，如果没有对客观世界进行改造，则不是专利法意义上的技术方案。但是，在科学发现基础上加以应用，形成改造世界的技术方案，可以申请专利。例如，发现卤化银在光照下有感光特性，这种发现不能被授予专利权，但是根据这种发现制造出的感光胶片以及此感光胶片的制造方法则可以被授予专利权。

二是智力活动的规则和方法。包括游戏规则、企业管理方法、数学计算方法、情报分类方法、锻炼方法等。虽然人们完成发明需要进行智力活动，但如果仅仅是精神层面的思维运动，而不作用于自然并产生效果，则属于单纯的智力活动，比如创设一种游戏规则，编排的乐谱，这类活动不具备技术的特征，因此不适用专利制度的保护，也不符合发明创造的定义。

三是疾病的诊断和治疗方法。这主要是出于人道主义和社会伦理的原因而加以限制，让医生在诊断和治疗过程中应当有选择各种方法和条件的自由。试想外科手术大夫要为自己采用了一种先进的手术方法来治病救人而承担侵权责任，还会有实施的动力吗？这类方案不受保护的另一考虑是，许多诊断和治疗方案需要医生主观因素的介入，结果也因人而异，在产业上也不具有再现性，比如诊脉法、心理疗法、针灸法、避孕方法等。当然，诊断和治疗中使用的仪器、设备和药品是可专利的。

四是动物和植物品种。因为动物和植物属于有生命的个体，一般认为不适宜用专利制度来保护。在我国，植物新品种是通过单独的《植物新品种保护条例》来保护。需要说明的是，虽然品种本身不能申请专利，但其生产方法是可专利的，所谓生产方法，是指"非生物学方法"生产，即通过人工介入的方式加以技术干预，如杂交、转基因等技术生产动植物品种的方法。

五是用原子核变换方法和用该方法获得的物质。这类方案事关国家经济、国防、科研和公共生活的重大利益，不宜为单位或私人垄断，因此不能被授予专利权。但是，为实现原子核变换而增加粒子能量的粒子加速方法，为实现原子核变换方法的各种设备、仪器及其零部件等，如电子行波加速法、电子对撞法、电子加速器、反应堆等，不属于此列，是可被授予专利权的客体。

六是平面印刷品的图案、色彩或者二者的结合作出的主要起标识作用的设计。在2009年10月1日以前，这类设计并没有被排除在专利授权客体范畴之外，《专利法》第三次修改时增加这一排除客体的主要原因是提高外观设计的质量，当时这类设计数量太多，而其设计要点比较简单、方法较简单，保护价值不高。

2. 技术方案应具备的"三性"

迈入可专利客体的门槛之后，接下来要对技术本身提出一定的要求。《专利法》第22条第1款规定，授予专利权的发明和实用新型，应当具备新颖性、创造性和实用性。这通常称为发明创造的"三性"要求。

（1）新颖性

新颖性，顾名思义，就是要求发明创造是新的，前所未有的，这是对创新技术的基本要求。《专利法》第22条第2款规定，新颖性，是指该发明或者实用新型不属于现有技术；也没有任何单位或者个人就同样的发明或者实用新型在申请日以前向国务院专利行政部门提出过申请，并记载在申请日以后（含申请日）公布的专利申请文件或公告的专利文件中。该条款中将不具备新颖性情形分为两种，一是不属于现有技术，二是不属于抵触申请。

现有技术是在申请日之前（有优先权的，指优先权日，下同）被国内外公众所知的技术。在申请日之前，在国内外出版物上公开发表的、在国内外公开使用的和以其他方式为公众所知道的技术都属于现有技术范畴。在发明专利申请的审查过程中，出版物公开是最主要的现有技术来源，审查员会检索专利文献、期刊、书籍、行业标准等以各种形式向公众公开的资料，随着网络技术的发展，影音资料也可能涉及。使用公开或者以其他方式公开也属于现有技术，其证据来源例如购买凭证、技术合同、实施现场照片、广告宣传册、展会资料等，由于审查员检索获得的困难度较大，实质审查过程中一般不会主动检索这些来源，但如果社会公众提交相关证据，审查员也会加以考虑。在无效宣告程序中，请求人提供使用公开或者以其他方式公开的现有技术证据相对较多。

"抵触申请"这一概念在《专利法》中没有直接使用，而是人们在学术上对破坏新颖性第二种情况的概括，即由任何单位或者个人就同样的发明或者实用新型在申请日以前向国务院专利行政部门提出并且记载在申请日以后（含申请日）公布的专利申请文件或者公告的专利文件中。新颖性规定中纳入抵触申请破坏新颖性的主要目的是防止相同的发明创造被重复授予专利权。现有技术与抵触申请最大的区别在于公开时间不同，现有技术公开日期在本申请的申请日之前，理论上可以被本申请的申请人借鉴，专利制度设置新颖性和创造性的目的就是防止在现有技术基础上不作任何改动或改动程度不大的技术被授予专利权，与鼓励技术发展进步的目的不符；而抵触申请公开日期在本申请的申请日之后，对于不同主体而言，理论上没有借鉴可能性，所以不能认为本申请的申请人在抵触申请基础上进行改进，因此抵触申请不能用于评价创造性。但如果放任抵触申请和本申请同时存在，又可能会出现先后两个"同样的发明创造"都可以被授予专利权的情形，破坏了专利法中的先申请原则。基于这种考虑，设立抵触申请以排除在后申请的新颖性，其特殊之处就在于抵触申请仅限于那些向国家知识产权局提出的专利申请，而且只能用于破坏在后申请的新颖性，而不能破坏创造性。本书第四章对于新颖性的判断将有更详细的说明。

（2）创造性

如果仅仅要求"新"，这个标准是非常容易达到的，对于现有技术稍加变换即可，那样能够授予专利权的技术方案会非常多，形成密集的专利丛林，社会公众稍不注意就会陷入侵权境地，不利于技术的传播和应用。因此，除了求新求变之外，现代专利制度还要求发明创造达到一定的创新高度，这就是创造性要求，我国《专利法》第22条第3款规定，创造性，是指与现有技术相比，该发明具有突出的实质性特点和显著的进步，该实用新型具有实质性特点和进步。从上述规定可以看出，发明比实用新型的创造性的标准要高一些。这一条款是在授权和确权实践中使用最多、争议也最多的条款。

不同人依据自己的知识和能力，可能对创造性高度得出不同的结论。为使创造性的判断尽量客观统一，法律上拟制了一个"所属技术领域的技术人员"的概念。《专利审查指南2010》第二部分第四章规定，所属技术领域的技术人员也可称之为本领域的技术人员，是指一种假设的"人"，假定他知晓申请日或者优先权日之前发明所属技术领域所有的普通技术知识，能够获知该领域中所有的现有技术，并且具有应用该日期之前常规实验手段的能力，但他不具有创造能力。如果所要解决的技术问题能够促使本领域的技术人员在其他技术领域寻找技术手段，他也应具有从该其他技术领域中获知该申请日或优先权日之前的相关现有技术、普通技术知识和常规实验手段的能力。这样，就划定了一个评判创造性的基准，无论是谁来判断发明创造的创造性，都要站在所属技术领域的技术人员的基准角度去评判。

发明专利的创造性有两个标准，一是具体突出的实质性特点，二是具有显著的进步。所谓突出的实质性特点，是指对所属技术领域的技术人员来说，发明相对于现有技术是非显而易见的。如果发明是所属技术领域的技术人员在现有技术的基础上仅仅通过合乎逻辑的分析、推理或者有限的试验可以得到的，则该发明是显而易见的，也就不具备突出的实质性特点。所谓显著的进步，是指发明与现有技术相比能够产生有益的技术效果。例如，发明克服了现有技术中存在的缺点和不足，或者为解决某一技术问题提供了一种不同构思的技术方案，或者代表某种新的技术发展趋势。

上述两个标准中，突出的实质性特点在判断创造性时通常占据主导地位。审查实践中，通常采用《专利审查指南 2010》第二部分第四章第 3.2.1.1 节给出的判断要求保护的发明是否相对于现有技术显而易见的方法，即"三步法"，具体为：首先，确定最接近的现有技术；其次，确定发明的区别技术特征和发明实际解决的技术问题；最后，从最接近的现有技术和发明实际解决的技术问题出发判断是否显而易见。

创造性判断与每一个案件的现有技术状况和案件本身的技术水平相关，实践有非常多的考量因素。但简单归纳起来，影响专利申请创造性判断的因素实际上就两点，一是技术方案本身的创新高度如何，二是申请文件如何记载。其中技术方案本身的创新高度起决定性作用，但如果高水平的创新在申请文件中没有写好，例如没有让人明了其技术效果到底好在哪里，就会极大地影响审查员的判断结果。

（3）实用性

实用性作为"三性"中的最后一条要求，是门槛最低、最易达到的标准。实用性，是指发明或者实用新型申请的主题必须能够在产业上制造或者使用，并且能够产生积极效果。简单来说，就是确保发明创造是可行的、能够在产业上实施的、有用的技术方案。确立实用性作为授予专利专权的条件之一，是为了确保发明者的构思能在产业中实施，而不仅仅是抽象的科学理论或理想状态，同时也是为了排除那些违背自然规律、存在固有缺陷而根本无法实现的方案。

在产业上能够制造或者使用的技术方案，是指符合自然规律、具有技术特征的任何可实施的技术方案。能够产生积极效果，是指发明或者实用新型专利申请在提出申请之日，其产生的经济、技术和社会的效果是所属技术领域的技术人员可以预料到的。这些效果应当是积极的和有益的。显然，绝大多数发明创造都能够满足这些要求，因此相对来说，不符合实用性的案例在实践当中很少。

3. 申请文件撰写要求

如果发明创造属于授权客体，又具备"三性"，那么这样的发明创造基本上就拥有锁定专利权的可能性了，而能否让这种可能性变成现实，则取决于专利代理师撰写申请文件的功力。《专利法》当中，对申请文件的撰写有许多要求，但影响最大、实践中问题最多的，是说明书公开充分和权利要求清楚且以说明书为依据这两个条款。

（1）说明书公开充分

《专利法》第26条第3款规定："说明书应当对发明或者实用新型作出清楚、完整的说明，以所属技术领域的技术人员能够实现为准；必要的时候，应当有附图。"这一条款体现了专利制度"公开换取保护"的理念，通过给予专利权人一定垄断性特权，促进科学技术知识的传播，进而推动经济社会进步，根据权利义务对等的原则，要获得这种垄断权利，必须以向社会充分公开发明创造的内容为前提。

一些申请人希望获得专利权，但又怕被人知道自己的技术诀窍，因此在撰写说明书时故意有所保留；还有些申请人是刚刚想到一种问题解决思路，但对于其如何具体实现、能否实现以及效果如何还没有进行深入研究，就提出了专利申请以抢占申请日；还有一些申请人是由于对法律规定不了解、对专利申请实践不熟悉，导致披露信息不足。上述种种做法如果导致本领域技术人员阅读说明书之后不清楚如何具体实现，或者不能实现其技术方案，或者无法得到预期的技术效果，则会导致说明书公开不充分问题而无法获得专利权。

《专利审查指南2010》第二部分第二章给出了由于缺乏解决技术问题的技术手段而被认为无法实现的五种情况：一是说明书中只给出任务和/或设想，或者只表明一种愿望和/或结果，而未给出任何使所属技术领域的技术人员能够实施的技术手段；二是说明书中给出了技术手段，但对所属技术领域的技术人员来说，该手段是含糊不清的，根据说明书记载的内容无法具体实施；三是说明书中给出了技术手段，但所属技术领域的技术人员采用该手段并不能解决发明或者实用新型所要解决的技术问题；四是申请的主题为由多个技术手段构成的技术方案，对于其中一个技术手段，所属技术领域的技术人员按照说明书记载的内容并不能实现；五是说明书中给出了具体的技术方案，但未给出实验证据，而该方案又必须依赖实验结果加以证实才能成立。

说明书公开不充分是一个非常严重的问题，由于在提交申请以后，不允许再将原始申请文件中没有记载，也不能直接地、毫无疑义地确定的内容加入申请文件当中，一旦说明书出现公开不充分问题，是很难通过修改克服的。

（2）权利要求书清楚且以说明书为依据

《专利法》第26条第4款规定："权利要求书应当以说明书为依据，清楚、简要地限定要求专利保护的范围。"该条款实际上从两个不同的层面对权利要求提出了要求，一是以说明书为依据，二是清楚简要。

权利要求书以说明书为依据，是指权利要求具有合理的保护范围，请求保护的权利范围要与说明书公开的内容相适应，这是"公开换取保护"理念在权利范围方面的体现。《专利审查指南2010》第二部分第二章对这项要求具体进行了解释，即权利要求书中的每一项权利要求所要求保护的技术方案应当是所属技术领域的技术人员能够从说明书充分公开的内容中得到或概括得出的技术方案，并且不得超出说明书公开的范围。

创新成果通常是一个个具体的实施方案，如果仅保护这些具体实施方案，竞争对手很容易绕开，达不到有效保护的目的，因此，在申请专利时，申请人通常会将这些具体方案进行提炼概括，特别是在独立权利要求当中，只记载与核心发明点相关的特征，以获得最大化的保护范围。对于这种概括到底恰不恰当，是否与说明书公开的内容相匹配，就是判断权利要求是否以说明书为依据的过程。根据《专利审查指南2010》的规定，如果所属技术领域的技术人员可以合理预测说明书给出的实施方式的所有等同替代方式或明显变型方式都具备相同的性能或用途，则应当允许申请人将权利要求的保护范围概括至覆盖其所有的等同替代或明显变型的方式。

反之，对于用上位概念概括或用并列选择方式概括的权利要求，如果权利要求的概括包含申请人推测的内容，而其效果又难以预先确定和评价，应当认为这种概括超出了说明书公开的范围。如果权利要求的概括使所属技术领域的技术人员有理由怀疑该上位概括或并列概括所包含的一种或多种下位概念或选择方式不能解决发明或者实用新型所要解决的技术问题，并达到相同的技术效果，则应当认为该权利要求没有得到说明书的支持。

如果权利要求未以说明书为依据，主要问题其实出在说明书当中，比如说明书对具体实施方式披露得不够多、不够充分，不足以支撑权利要求的概括范围，由于说明书不能增加新的内容，所以要克服权利要求未以说明书为依据的问题，只能限缩权利要求的保护范围。因此，如果希望得到较大的保护范围，在撰写说明书时，不能仅仅满足充分公开技术方案的要求，还要注意具体实施方式的个数和覆盖面。

最后，权利要求还有清楚、简要的要求。对于简要这一点，比较容易做到，即使不满足，也可以通过修改克服。更重要的是满足权利要求清楚的要求。根据《专利审查指南2010》的规定，权利要求书应当清楚，一是指每一项权利要求应当清楚，二是指构成权利要求书的所有权利要求作为一个整体也应当清楚。有些不清楚的缺陷是能够修改和解释澄清的，但有一些严重的不清楚缺陷，可能会影响权利要求的可授权性或者使得授权权利要求失去保护作用。《专利审查指南2010》第二部分第二章第3.2.2节规定，权利要求中不得使用含义不确定的用语，如"厚""薄""强""弱""高温""高压""很宽范围"等，除非这种用语在特定技术领域中具有公认的确切含义。否则，这类用语会在一项权利要求中限定出不同的保护范围，导致保护范围不清楚。

在柏某清与上海添香实业有限公司生产、成都难寻物品营销服务中心销售的涉及"防电磁污染服"实用新型专利侵权纠纷案当中，最高人民法院认为，该专利权利要求对其所要保护的"防电磁污染服"所采用的金属材料进行限定时采用了含义不确定的技术术语"导磁率高"，但是其在权利要求书的其他部分以及说明书中均未对这种金属材料导磁率的具体数值范围进行限定。在案件审理过程中，权利人柏某清提供的证据无法证明在涉案专利所属技术领域中，本领域技术人员对于高导磁率的含义或者范围有着相对统一的认识，导致本领域技术人员根据涉案专利说明书以及公知常识，难以确定涉案专利中所称的导磁率高的具体含义，所以该权利要求的保护范围也无法准确确定。最高人民法院指出，如果权利要求的撰写存在明显瑕疵，结合涉案专利说明书、本领域的公知常识以及相关现有技术等，仍然不能确定权利要求中技术术语的具体含义，无法准确确定专利权的保护范围的，则无法将被诉侵权技术方案与之进行有意义的侵权对比，因而不应认定被诉侵权技术方案构成侵权。

《专利法》第26条第3款要求说明书清楚，侧重于要求从技术角度说清楚方案如何实现，而《专利法》第26条第4款要求权利要求书清楚，则更侧重于要求从法律角度明确权利要求的保护范围。因此，在撰写申请文件时，要周到地考虑这些条款所提出的不同要求。

本章给读者粗略地普及了一些专利制度和申请相关的基本知识，实践中，专利申请与保护是一个非常专业的问题，不同技术领域还有各自的申请特点和难点。如果选择专利代理机构代为申请专利，除了得到申请手续和文件规范性方面的帮助之外，专利代理师还会对技术方案是否属于可授权客体、是否具有实用性以及申请文件的撰写是否符合法律规定的基本要求进行初步判断，防止发生低级错误。但是，技术方案的新颖性和创造性，以及权利要求的保护范围是否能够有效保护创新成果，即要满足《专利法》第22条第2款和第3款及第26条第3款和第4款的规定，很大程度上取决于申请人向专利代理师技术交底的充分程度，本书后面章节还将对此进行更详细的介绍。

第三章　高端稀土功能材料的专利特点

不同技术领域的发明创造有不同的特点，申请专利时侧重点也不同，基于这些特点和侧重点有针对性地撰写专利申请文件和做好专利布局，是有效发挥专利制度作用的基础。反之，不顾领域特点，简单套用申请模板并盲目申请专利，可能会适得其反，不仅起不到专利保护作用，反而可能由于不恰当地披露信息给创新主体带来利益损失。

本章聚焦高端稀土功能材料领域的专利特点，以该领域有重大社会影响力的专利纠纷案为引，向读者揭示专利保护的重要性和迫切性。然后，围绕高端稀土功能材料领域的技术创新特点，分析代表性细分领域的专利申请撰写特点。最后，对不同细分领域知名企业的业务布局与其专利保护的关联性进行分析，以期让读者管中窥豹，从专利保护角度大致了解该领域的专利申请和布局情况。

第一节　专利热点案件解析

我国已具有完整的稀土产业化体系，2018 年中国稀土产业链产值约为 900 亿元，其中稀土功能材料占比为 56%，产值约为 500 亿元，冶炼分离占比为 27%，产值约为 250 亿元。稀土功能材料中占比最高的是稀土永磁材料，占 75%，产值约为 375 亿元，催化材料占比为 20%，产值约为 100 亿元。

稀土功能材料作为我国最具有资源特色的关键战略材料之一，是支撑新一代信息技术、航空航天与现代武器装备、先进轨道交通、节能与新能源汽车、高性能医疗器械等高技术领域的核心材料。但是，在这一领域，目前很多关键技术的核心专利属于国外创新主体，他们通过技术和地域上的专利布局对我国相关主体形成专利壁垒制约，这严重影响了我国稀土产业的高质量发展和国际化步伐。尽管近年来我国在稀土材料领域的专利申请量快速上升，但绝大部分属于改进型专利或外围专利。从该领域的整体专利申请情况来看，尽管我国创新主体的专利保护意识和保护能力较前些年已经有了提升，但是行业整体知识产权保护能力还需要进一步提高，包括加强本领域的关键技术/核心产品的高价值专利挖掘、保护和培育，以便我国创新主体有机会参与高价值产品市场竞争，进一步走出国门进入海外市场。

有利益就会有竞争，高端稀土功能材料是关键战略材料，在这一领域，除了资源的争夺之外，专利被当作有利工具用于排除和打压竞争对手。本节将对高端稀土功能材料领域的两件专利热点案件进行梳理，并具体分析相关案件中的专利，从中解析专利运用的得与失。

一、烧结钕铁硼专利之役

2012 年，日立金属在美国针对全球主体提起的烧结钕铁硼专利"337 调查"，最终以其与各国众多企业达成专利许可和解结束，从此日立金属不仅通过专利技术许可获得丰厚的许可收入，还牢牢控制着烧结钕铁硼高端产品领域的世界竞争格局，达到一种产业"平衡""分层竞争"状态，从而长久获得高端稀土永磁产品的高利润回报。尽管国内很多创新主体对于日立金属的专利"延续"策略和相关"延续"专利的有效性提出质疑，但不可否认的是，烧结钕铁硼专利的纠纷案例值得我们研究和学习，并应深入研究这些能带来切实排他竞争效果、可观经济利益的专利的撰写、申请和布局特点，进一步效仿为己所用。

钕铁硼是第三代稀土永磁材料，因其优异的性能，钕铁硼也被称为"磁王"。在高端稀土功能材料领域，稀土永磁材料这个分支的市场占比最多，发展也最成熟。钕铁硼永磁是由钕、铁、硼形成的四方晶体，按照生产工艺的不同可分为烧结钕铁硼、粘结钕铁硼和热压钕铁硼三种，由于生产工艺不同，它们在产品磁性能、后加工及应用上具有较大的不同。烧结钕铁硼是钕铁硼家族中产量最大、应用最为广泛的产品，被广泛应用在风电、电动机、磁悬浮等领域，近年来应用范围仍在不断扩大，发展前景良好。

1983 年，两组科研人员分别发明了钕铁硼永磁体：一组是以住友特殊金属公司（后被日立金属收购）的佐川真人博士为首的科研人员，另一组是麦格昆磁公司的 John Croat 博士带领的研究小组。20 世纪 80 年代晚期，住友特殊金属公司与麦格昆磁公司之间涉及钕铁硼磁体的法律问题开始显露，两家公司都向美国、日本、欧洲申请了钕铁硼永磁体这一成分的专利，日本住友特殊金属公司的专利申请日早于麦格昆磁公司两周，但是当时美国的专利申请制度是先发明制，所以不能以申请日优先为原则，专利应授予先完成发明的申请人。双方诉诸法庭之后，最终达成和解，日本住友持有日本和欧洲的专利，麦格昆磁持有美国的专利，然后两家达成交叉许可，划分了区域，共同垄断了钕铁硼的全球市场。

"337调查"是美国依据其《1930年关税法》的第337节针对进口贸易中的不公平行为采取的一种措施。这里的不公平行为主要是指知识产权侵权，具体包括多种形式，如专利、商标、著作权、集成电路布图设计、商业秘密、虚假广告涉及进口产品的反垄断问题等。"337调查"可以发布惩罚措施，可能会涉及三种处罚措施：排除令、制止令和临时救济措施。烧结钕铁硼"337调查"涉及的就是普遍排除令，即针对的是产品，如果"337调查"报告结果支持日立金属的诉求，则来自不同国家和地区的涉案产品都会被不问来源地禁止进入美国。图3-1是美国国际贸易委员会（ITC）官网发布的烧结钕铁硼"337调查"启动的公告文件。

从图3-1可知，本次调查是由日立金属在日本和美国的公司于2012年8月17日向美国国际贸易委员会提出发起，明确的调查对象包括来自中国、美国、德国等国家的29家公司，其中中国的4家公司分别为烟台正海磁材、宁波金鸡强磁、安徽大地熊和香港创科实业。美国国际贸易委员会于2012年9月18日在其官网公布了日立金属的烧结钕铁硼"337调查"受理，并于9月21日启动调查立案。

"337调查"的程序是立案、证据开示、开庭前准备、开庭、开庭后程序、初裁和终裁。一般大概会在12~15个月内走完调查程序，作出裁决并发布救济措施。"337调查"与专利诉讼相比，其出具最终裁判结果时间短，而且调查报告对被调查主体在美的市场经营活动影响更大，因此备受权利人推崇。这意味着被调查的公司针对日立金属的调查必须作出积极反应和应对，不然就可能会被迫退出美国市场。

此次"337调查"，包括中国公司在内的很多公司没有走完调查程序，最终选择与日立金属在开庭前达成和解，获得日立金属的专利许可，日立金属也撤回对相关和解公司的起诉，撤诉及和解公告如图3-2所示。

Home (/) » News Releases (/news_releases) » USITC Institutes Section 337 Investigation on Certain Sintered Rare Earth Magnets, Methods of Making Same, and Products Containing Same

USITC INSTITUTES SECTION 337 INVESTIGATION ON CERTAIN SINTERED RARE EARTH MAGNETS, METHODS OF MAKING SAME, AND PRODUCTS CONTAINING SAME

CONTACT US ▾　　　　　　　　　　　　　　　　　　　　　　　　　　📞

HELPFUL RESOURCES▾　　　　　　　　　　　　　　　　　　　　　　📧

September 18, 2012
News Release 12-099
Inv. No. 337-TA-855
Contact: Peg O'Laughlin, 202-205-1819

USITC INSTITUTES SECTION 337 INVESTIGATION ON CERTAIN SINTERED RARE EARTH MAGNETS, METHODS OF MAKING SAME, AND PRODUCTS CONTAINING SAME

The U.S. International Trade Commission (USITC) has voted to institute an investigation of certain sintered rare earth magnets, methods of making same, and products containing same. The products at issue in this investigation are rare earth magnets and products incorporating rare earth magnets, such as motors, audio speakers, headphones, cordless tools, computer hard drives, and The investigation is based on a complaint filed by Hitachi Metals, Ltd., of Japan, and Hitachi Metals North Carolina, Ltd., of Chin Grove, NC, on August 17, 2012. The complaint alleges violations of section 337 of the Tariff Act of 1930 in the importation into the United States and sale of certain sintered rare earth magnets, methods of making same, and products containing same that infringe patents asserted by the complainants. The complainants request that the USITC issue an exclusion order and cease ar desist orders.

The USITC has identified the following as respondents in this investigation:

Yantai Zhenghai Magnetic Material Co., Ltd., of China;
Ningbo Jinji Strong Magnetic Material Co., Ltd., of China;
Earth-Panda Advance Magnetic Material Co., Ltd., of China;
Skullcandy, Inc., of San Clemente, CA;
Beats Electronics, LLC, of Santa Monica, CA;
Monster Cable Products, Inc., of Brisbane, CA;
Bose Corp. of Framingham, MA;
Callaway Golf Co. of Carlsbad, CA;
Taylor Made Golf Co. of Carlsbad, CA;
Adidas America, Inc., of Portland, OR;
Milwaukee Electric Tool Corp. of Brookfield, WI;
Techtronic Industries Co. Ltd. of Hong Kong;
DeWALT Industrial Tool Corp. of Towson, MD;
Electro-Voice, Inc., of Burnsville, MN;
Shure Inc. of Niles, IL;
AKG Acoustics GmbH of Austria;
Harman International Industries of Stamford, CT;
Maxon Precision Motors, Inc., of Fall River, MA;
Dr. Fritz Faulhaber GmBH & Co. KG of Germany;
Micromo Electronics, Inc., of Clearwater, FL;
Bosch Security Systems, Inc., of Burnsville, MN;
Electro-Optics Technology, Inc., of Traverse City, MI;
Nexteer Automotive Corp. of Saginaw, MI;
Bunting Magnetics Co. of Newton, KS;
Viona Corp. of Syosset, NY;
Allstar Magnetics LLC of Vancouver, WA;
Dura Magnetics Inc. of Sylvania, OH; and
Integrated Magnetics, Inc., of Culver City, CA.

By instituting this investigation (337-TA-855), the USITC has not yet made any decision on the merits of the case. The USITC's Chief Administrative Law Judge will assign the case to one of the USITC's six administrative law judges (ALJ), who will schedule and hold an evidentiary hearing. The ALJ will make an initial determination as to whether there is a violation of section 337; that initial determination is subject to review by the Commission.

The USITC will make a final determination in the investigation at the earliest practicable time. Within 45 days after institution of the investigation, the USITC will set a target date for completing the investigation. USITC remedial orders in section 337 cases are effective when issued and become final 60 days after issuance unless disapproved for policy reasons by the U.S. Trade Representative within that 60-day period.

图 3-1　美国国际贸易委员会启动烧结钕铁硼"337 调查"公告

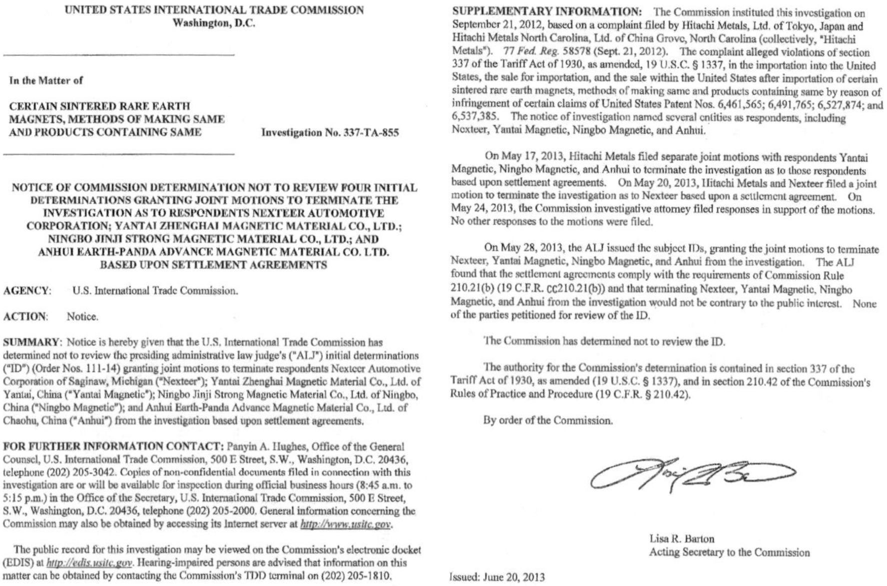

UNITED STATES INTERNATIONAL TRADE COMMISSION
Washington, D.C.

In the Matter of

CERTAIN SINTERED RARE EARTH
MAGNETS, METHODS OF MAKING SAME
AND PRODUCTS CONTAINING SAME   Investigation No. 337-TA-855

NOTICE OF COMMISSION DETERMINATION NOT TO REVIEW FOUR INITIAL
DETERMINATIONS GRANTING JOINT MOTIONS TO TERMINATE THE
INVESTIGATION AS TO RESPONDENTS NEXTEER AUTOMOTIVE
CORPORATION; YANTAI ZHENGHAI MAGNETIC MATERIAL CO., LTD.;
NINGBO JINJI STRONG MAGNETIC MATERIAL CO., LTD.; AND
ANHUI EARTH-PANDA ADVANCE MAGNETIC MATERIAL CO. LTD.
BASED UPON SETTLEMENT AGREEMENTS

AGENCY: U.S. International Trade Commission.

ACTION: Notice.

SUMMARY: Notice is hereby given that the U.S. International Trade Commission has determined not to review the presiding administrative law judge's ("ALJ") initial determinations ("ID") (Order Nos. 111-14) granting joint motions to terminate respondents Nexteer Automotive Corporation of Saginaw, Michigan ("Nexteer"); Yantai Zhenghai Magnetic Material Co., Ltd. of Yantai, China ("Yantai Magnetic"); Ningbo Jinji Strong Magnetic Material Co., Ltd. of Ningbo, China ("Ningbo Magnetic"); and Anhui Earth-Panda Advance Magnetic Material Co., Ltd. of Chaohu, China ("Anhui") from the investigation based upon settlement agreements.

FOR FURTHER INFORMATION CONTACT: Panyin A. Hughes, Office of the General Counsel, U.S. International Trade Commission, 500 E Street, S.W., Washington, D.C. 20436, telephone (202) 205-3042. Copies of non-confidential documents filed in connection with this investigation are or will be available for inspection during official business hours (8:45 a.m. to 5:15 p.m.) in the Office of the Secretary, U.S. International Trade Commission, 500 E Street, S.W., Washington, D.C. 20436, telephone (202) 205-2000. General information concerning the Commission may also be obtained by accessing its Internet server at *http://www.usitc.gov*.

The public record for this investigation may be viewed on the Commission's electronic docket (EDIS) at *http://edis.usitc.gov*. Hearing-impaired persons are advised that information on this matter can be obtained by contacting the Commission's TDD terminal on (202) 205-1810.

SUPPLEMENTARY INFORMATION: The Commission instituted this investigation on September 21, 2012, based on a complaint filed by Hitachi Metals, Ltd. of Tokyo, Japan and Hitachi Metals North Carolina, Ltd. of China Grove, North Carolina (collectively, "Hitachi Metals"). 77 *Fed. Reg.* 58578 (Sept. 21, 2012). The complaint alleged violations of section 337 of the Tariff Act of 1930, as amended, 19 U.S.C. § 1337, in the importation into the United States, the sale for importation, and the sale within the United States after importation of certain sintered rare earth magnets, methods of making same and products containing same by reason of infringement of certain claims of United States Patent Nos. 6,461,565; 6,491,765; 6,527,874; and 6,537,385. The notice of investigation named several entities as respondents, including Nexteer, Yantai Magnetic, Ningbo Magnetic, and Anhui.

On May 17, 2013, Hitachi Metals filed separate joint motions with respondents Yantai Magnetic, Ningbo Magnetic, and Anhui to terminate the investigation as to those respondents based upon settlement agreements. On May 20, 2013, Hitachi Metals and Nexteer filed a joint motion to terminate the investigation as to Nexteer based upon a settlement agreement. On May 24, 2013, the Commission investigative attorney filed responses in support of the motions. No other responses to the motions were filed.

On May 28, 2013, the ALJ issued the subject IDs, granting the joint motions to terminate Nexteer, Yantai Magnetic, Ningbo Magnetic, and Anhui from the investigation. The ALJ found that the settlement agreements comply with the requirements of Commission Rule 210.21(b) (19 C.F.R. cc210.21(b)) and that terminating Nexteer, Yantai Magnetic, Ningbo Magnetic, and Anhui from the investigation would not be contrary to the public interest. None of the parties petitioned for review of the ID.

The Commission has determined not to review the ID.

The authority for the Commission's determination is contained in section 337 of the Tariff Act of 1930, as amended (19 U.S.C. § 1337), and in section 210.42 of the Commission's Rules of Practice and Procedure (19 C.F.R. § 210.42).

By order of the Commission.

Lisa R. Barton
Acting Secretary to the Commission

Issued: June 20, 2013

图 3 - 2　日立金属对被调查的中国公司撤诉及和解公告

经过此次事件，日立金属确立了其对于烧结稀土磁体产业的影响力和控制力。日立金属的专利壁垒成了稀土磁体产品的市场之门，获得日立金属专利（产品相关部分）许可的公司可以按照各自的许可约定在不同地域内以不同的限定权利生产和销售烧结稀土磁体产品。

这次专利之役影响巨大，一定程度上它重塑了产业格局，并且这种影响一直延续至今。对于整个行业而言，从此世界范围内有了更多产品供应商，产能有了保证且供应商选择也更多；对于获得专利许可的生产企业，其供货成本因支付专利许可费升高从而利润被压缩，但是产品得以进入更多的市场；日立金属更是绝对赢家，与其他竞争对手携手共同满足世界范围内对于烧结钕铁硼的需求的同时，通过专利技术许可获得许可收入，并变相控制了世界各地的产品产能，从而以稳定的产能影响产品价格，进一步保证其可以长期获得稳定的高利润回报，避免因产能增加而带来的激烈竞争及价格战。

日立金属的 29 家 ITC 调查对象并不是世界范围内的所有烧结稀土磁体供应单位，但是日立金属没有进一步解释其选择调查对象的标准和理由，大家也无从得知。那些没有上榜的企业虽然暂时无须直面诉求，但因为日立金属请求的是产品的普遍排除令，没有被列入调查名单也没有与日立金属达成合作的企业则面临不可预期的知识产权风险，因为日立金属随时有可能对其发起专利诉讼或者"337 调查"而直接影响其市场开拓策略和企业经营。而且没有获得日立金属专利许可的公司也无法将产品出口到美国，这不仅直接影响其短期的市场份额及收入，如果这种影响一直持续，则这些公司就会被迫中断与美国市场的联系，从而逐渐变为永久退出美国市场的竞争，甚至会有被行业淘汰的可能。因为涉案几项专利涉及磁体产品和烧结生产工艺，其他公司无法规避，因此陆续有公司质疑这几件日立金属专利的有效性，发起专利无效，挑战专利的有效性。

此次"337 调查"不仅直接涉及名单上的中国企业，被列入调查名单的中国企业为了进行产品销售及进入海外市场与日立金属签订了专利许可协议，其他未进入调查名单的中国钕铁硼生产销售相关企业也同样需要解决日立金属专利壁垒阻碍其开拓海外市场的问题。2013 年 8 月 8 日，《中国日报》刊登了 12 家中国稀土公司成立稀土联盟的新闻，后续又有几家企业成立了稀土永磁产业技术创新战略联盟，以联盟的形式与日立金属进行专利许可的谈判。除了 8 家获得日立金属专利许可的中国企业之外，日立金属没有与其他中国企业达成专利许可协议。有报道说是日立金属认为获得许可的企业已经可以满足海外市场的钕铁硼产能需要，所以无须再给予其他钕铁硼企业许可；也有报道说当时日立金属拥有钕铁硼专利约 600 件，日立金属将烧结钕铁硼生产过程中无法规避的工艺技术申请了专利但是不许可给其他中国企业，致使中国当时年产能 8 万吨的钕铁硼产量中有 2 万 ~3 万吨无法正常出口，特别是高端产品。还有报道称日立金属涉嫌利用其专利壁垒建立的行业支配地位垄断钕铁硼的供应市场，因为专利许可清单中有部分专利技术不会被生产企业使用，日立金属存在捆绑许可行为。

高质量的专利撰写是在保证权利要求稳定的同时争取以最少的技术特征限定获取最大的保护范围，让竞争对手在技术上无法规避。以专利 US6461565 为例，其权利要求 1 内容如下："一种形成稀土合金磁粉生坯的方法，包括以下步骤：提供一种稀土合金粉末，提供温度为 5 ~30℃，相对湿度为 40% ~65% 的受控环境，在控制的环境中压制稀土合金粉末。"该权利要求只有四个技术特征，但保护范围非常大，且经过无效挑战后其权利依然稳定，撰写质量非常高。

住友特殊金属在撰写时按照发现问题、现有技术方案缺陷、分析问题找到原因、根据原因设计解决方案、实验验证取得优选范围的逻辑来进行撰写，条理清晰、说理充分、数据翔实。说明书中，申请人首先写了其发现的问题"如果通过已知的压制技术压制快速凝固的合金的磁粉（例如，通常为带状铸造合金），则压制的生坯具有产生足够的燃烧热的潜力"，指出后果"即使快速凝固的合金粉末具有更精细的结构并且潜在地有助于更好的磁性，但是快速淬火工艺对于大规模生产仍然是不合格的"，分析惰性气体生产环境解决方案的不经济性"频繁维护时工人要带氧气进入或替换整个透气环境"，具体详细说理分析"放热是由于在压制过程中粉末大量摩擦后具有高化学反应活性，进而当环境温度、湿度越高则其发生表面氧化升温就越快"，然后针对问题原因其发明设计了"控制空气环境的温度、湿度在一定范围内"的解决方案，并给出了不同参数区间的实验结果，分析了不同参数区间组合的结果影响，给出了参数设置不当而失败的实施例数据，充分展示了技术方案的"发明创造""来之不易"的过程，用客观的实验数据及结果和详细分析说理说明技术方案不容易想到，具有发明创造高度。"337调查"的结果对于中国企业乃至世界稀土永磁产业都有深远的影响，无形中日立金属的专利许可成为中国企业能否参与市场竞争的许可证，尽管有企业认为自己的生产技术并不侵犯日立金属的专利，但是为了能够顺利进入海外市场，和下游企业进行贸易合作也会付费获取日立金属的专利许可，因为海外下游企业担心因中国供应商没有日立金属的专利许可而连累自己被日立金属起诉。为了破除日立金属的专利贸易壁垒，部分中国企业和稀土永磁产业技术创新战略联盟向美国专利和商标局提出无效日立金属在"337调查"中列出的4项专利。

那么，此次"337调查"具体涉及哪些专利，有什么故事，后续专利无效结果如何呢？根据公布的调查公告，此次调查涉及日立金属四件美国专利，具体见表3-1。

表3-1　日立金属四件美国专利

专利号	专利名称	专利权人	申请日
US6461565	Rare earth magnet and method for manufacturing the same	Sumitomo Special Metals Co., Ltd（原始权利人）HITACHI METALS, LTD（当前权利人）	20010308
US6491765	Method of pressing rare earth alloy magnetic powder	Sumitomo Special Metals Co., Ltd（原始权利人）HITACHI METALS, LTD（当前权利人）	20010509
US6527874	Rare earth magnet and method for making same	Sumitomo Special Metals Co., Ltd（原始权利人）HITACHI METALS, LTD（当前权利人）	20010710
US6537385	Rare earth magnet and method for manufacturing the same	Sumitomo Special Metals Co., Ltd（原始权利人）HITACHI METALS, LTD（当前权利人）	20020709

这四件影响世界稀土永磁产业的专利保护内容主要涉及稀土磁体及其制备

方法，要求保护磁体（各成分元素的摩尔分数范围、晶粒尺寸等）、制备工艺（压制、烧结、催化等工序、过程）、工艺控制参数（温度、湿度、烧结速率、冷却速率、粉末粒径、氧气浓度等）等。日立金属非常重视对这些其他钕铁硼生产企业无法规避的基础技术在全球的保护，通过在全球多个国家和地区（美国、日本、欧洲、中国）申请布局多个同族专利，从而从地域上锁定自己对烧结钕铁硼生产工艺技术的控制，达到排除竞争获得超额回报的目的。

据报道，1985 年中国《专利法》实施的第一天，住友特殊金属（后并入日立金属）就到中国提出钕铁硼成分专利申请，但因其 1983 年在美国已经申请了钕铁硼的成分相关专利，此时再到中国以相同主题提出申请已经超过了一年的优先权期限，因此该专利没有被授予。如果日立金属当时在中国也持有这些基础专利，恐怕中国钕铁硼企业就不仅是面临不能或者高成本参与海外市场高端产品竞争的问题，还要考虑在中国能否生产的问题，国内的稀土磁体产业也将因此而掌握在国外企业手中。

所以，专利不仅是锦上添花，有时候会影响企业乃至行业的生死存亡，国内创新主体应当切实提高自身的知识产权保护意识和保护能力，充分利用知识产权为自己的市场开拓和企业经营保驾护航。

日立金属的 4 件美国专利被中国企业提起无效，无效情况具体见表 3 - 2。

表 3 - 2　日立金属四件美国专利无效情况

专利号	无效请求人	无效权利要求	决定日期	无效决定
US6461565	Hengdian Group DMEGC Magnetics Co. , Ltd. ZHEJIANG DONGYANG EAST MAGNETIC RARE EARTH CO. LTD. ZHEJIANG INNUOVO MAGNETICS CO. , LTD.	1 ~ 12	20181102	均有效（20190625）
US6491765	Alliance of Rare - Earth Permanent Magnet Industry	1 ~ 4 11 ~ 12 14 ~ 16	20180724	4 有效，其他被无效（20180724）
US6527874	Hengdian Group DMEGC Magnetics Co. , Ltd. ; ZHEJIANG DONGYANG EAST MAGNETIC RARE EARTH CO. , LTD. ; ZHEJIANG INNUOVO MAGNETICS CO. , LTD.	1 ~ 8	20171106	均有效（无效动议被驳回 20171106）
US6537385	Alliance of Rare - Earth Permanent Magnet Industry	1、5、6	20180628	均无效（20180628）

以 US6461565 专利为例，其权利要求 1 只用四个技术特征点明钕铁硼生产中的必要参数要求和方法：原料粉末、温度区间、湿度区间、压制方法，其保护的是更经济、更安全、生产操作更便捷的新的技术路线。其专利保护范围极大而市场排他性极强，竞争对手因无法规避此生产工艺而后对其提起无效，但因其高质量的撰写，美国专利和商标局就无效挑战审查后确认维持有效。被提起无效却能全身而退使得这件专利成为日立金属保护市场份额及后续大幅提升行业产能分配话语权的有力武器，其中根据行业技术特点而进行的高质量专利撰写可谓功不可没，值得我国创新主体好好研究学习并模仿借鉴以期未来超越。

二、安徽大地熊的"超长"专利许可

安徽大地熊新材料股份有限公司（简称大地熊）成立于 2003 年，是一家集稀土永磁材料研发、生产、经营为一体的国家高新技术企业、国家专精特新"小巨人"企业，致力于烧结钕铁硼永磁材料的研发、生产和销售，主要产品是"大地熊"牌烧结钕铁硼永磁材料。2019 年 11 月 29 日，大地熊科创板上市申请被受理，历时 7 个月，2020 年 6 月 29 日在科创板上市成功。大地熊是日立金属"337 调查"名单中的中国公司之一，其最终获得日立金属的专利授权。在科创板上市过程中，因问询答复而披露的一些与日立金属专利授权的信息引发关注，被媒体称为"一项技术收中国人 55 年专利费""超长专利许可"。

媒体所称的这件专利是 1983 年申请的，总共 40 个权利要求，其中独立权利要求 8 项，从属权利要求 32 项。独立权利要求分别将必要的不同产品性状（平均晶粒尺寸）、性能参数（矫顽力、烧结时的最大能量积）与材料配方进行组合限定，再通过从属权利要求进一步保护各组合下的优选性能参数范围（如晶粒尺寸从 $1 \sim 100 \mu m$ 到 $5 \sim 50 \mu m$ 等，如 "Sm 在整个磁体中不超过原子 3%" 或 "R 为约原子 15%，B 为约原子 8%" 等）、技术特征的不同计算方式 [如 "其余为至少 62% 的 Fe，其中 Co 取代 Fe 的量大于零且不超过材料的 25%，并且至少为 50 体积%" 或 "所述（Fe，Co）- B - R 型四方晶体结构具有约 8.8 埃的晶格常数 A_0 和约 12 埃的 C_0" 等]。整个权利要求保护范围层层递进，逻辑严密。遗憾的是，我国材料领域的很多创新主体现在的专利申请还停留在一个独立权利要求、全部权利要求不超过 10 个（不用交附加费）的阶段，其撰写保护逻辑更难与国外同行近四十年前的申请相匹敌。

大地熊在其上市招股说明书中披露的风险提示中的第三点对"日立金属

专利授权的风险"进行了说明，具体如图 3 - 3 所示。

安徽大地熊新材料股份有限公司　　　　　　　　　　　　招股说明书

（三）日立金属专利授权的风险

2013 年 5 月 14 日，公司与日立金属签署了《和解协议》，根据协议约定，公司向日立金属支付不可退还的一次性费用，并且按公司厂区生产烧结钕铁硼磁体在境内外销售额的一定比例每半年向日立金属支付使用费，取得了日立金属的专利授权，该费用计入公司的销售费用。如发生公司违约；中国稀土矿业类公司或其关联方收购公司控制权；公司未经日立金属同意让予或向与任何第三方直接或间接转让或通过其他方式提供、分割或分享和解协议的全部或部分权利和义务等情况，日立金属有权终止协议。若该专利授权因上述情况而提前终止，将对公司出口业务造成不利影响。

图 3 - 3　大地熊招股说明书

《和解协议》受到上市委关注和问询，大地熊后续问询回复时披露，大地熊及其控股子公司拥有 40 项发明、74 项实用新型专利，《和解协议》是 2013 年 5 月 14 日与日立金属签订生效，截止日期是"除非依据协议条款提前终止，专利授权自生效日起生效，并一直持续有效，直至授权专利中最后一项专利到期"。为什么说大地熊和日立金属的专利许可是"超长许可"呢？因为和解协议并不是以"337 调查"中的四件美国专利到期来计算的，也没有具体约定是哪一天或者哪一件专利失效、许可到期，而是许可给大地熊由两部分专利组成的专利包，一部分包含 534 件（申请日期覆盖 1992 年到 2012 年）覆盖 23 个国家、地区或组织的"专利 + 专利申请"，另一部分是"日立金属其他所有与钕铁硼体制造工艺有关的且第一有效备案日期在 2018 年 4 月 25 日之前的专利申请而授权的专利"。关于协议到期日，其与专利包中的最后一项专利到期绑定，许可费为大地熊支付不可退换的一次性费用 + 销售提成。

大地熊没有具体说明第一部分专利的具体内容，但是披露了清单专利的到期情况。截至 2019 年年底，清单中依然有效的专利为 365 项，到 2021 年，还有 195 项专利到期，清单中最后三项专利涉及表面防护、再生制造的专利将于 2032 年到期。

关于第二部分"2018 年 4 月 25 日之前的专利申请而授权的专利"，大地熊披露日立金属没有进一步提供清单，按照 20 年的专利保护期，则最晚一件专利到期会在 2038 年。这种按最后一件到期计算的许可方法变相把整个专利包的许可收费期限又延长了 6 年而不管专利包里其他的专利是何时到期的。大地熊是否在为已经失效的专利支付许可费？

中国是稀土资源大国，但从钕铁硼专利的情况来看，此领域的世界市场已经被日立金属通过专利壁垒这种手段实现了市场配额，无论现在日立金属的专利技术是否先进，或已经过期，或我国企业实际已经完成了自主创新，不再落入日立金属的专利保护范围，其长久以来建立的专利体系都已经得到海外其他下游企业的集体认可。如果上游钕铁硼生产企业没有获得日立金属的专利许可，下游企业为了避免潜在的纠纷风险就不会认可进而采购上游企业的产品，这样日立金属的专利许可就相当于"贸易许可证"。所以有媒体计算，如果从钕铁硼材料 1983 年第一件基础成分专利算起，中国企业在稀土钕铁硼材料这个本应是中国具有巨大资源优势的产业，将不得不向国外企业缴纳至少 55 年的专利许可费。

本节给读者分享了两个稀土功能材料领域有关知识产权纠纷的案例，这些真实的案例反映出创新技术的保护已经越发迫切，专利不仅需要申请，更需要专利申请撰写的技巧、布局的技巧以及用好专利的技巧。因而，作为创新主体，不仅应该因地制宜地种好"创新之树"，当好植树人，更应该找好"建筑师"，为自己的"创新之树"建好和守好"庇护之所"。再进一步从进攻层面上，用好"专利之剑"，让"专利之剑"成为侵权者头上的"达摩克利斯之剑"，让"专利之剑"成为披荆斩棘可以收获"金羊毛"的王者之剑。

第二节　高端稀土功能材料领域
技术创新和专利申请撰写特点

稀土功能材料作为典型的新材料，主要是将作为战略资源的稀土元素加入各种功能材料中，利用稀土元素特有的电子层结构和核结构，用以提升原功能材料的性质，稀土也被称为"工业的维生素"，有人称稀土是"21 世纪工业的希望所在"。

稀土功能材料应用领域很广，有稀土永磁材料、稀土储氢材料、稀土催化材料、稀土发光材料等，且稀土功能材料在应用链上分布也很广，既有稀土资源的开采，也有具体稀土功能材料的加工，还涉及稀土功能材料的具体应用。

稀土功能材料领域的技术创新，不仅有化学组成的调节，也有制备方法的改善，或者还有特定应用领域的实践，而仅仅是稀土元素的加入方式也各不相同。因此，了解该领域的创新方向，熟悉该领域的申请撰写特点也是当下新材料发展升级的必然需求。

一、高端稀土功能材料领域的技术创新特点

1. 何为稀土功能材料？[1]

功能材料的概念是美国的 Morton JA 于 1965 年首先提出来的。功能材料是指具有优良的物理、化学和生物或其相互转化的功能，用于非承载目的的材料。

稀土功能材料是指含稀土元素的功能材料。因为稀土元素内层 4f 电子数从 0 ~ 14 逐个填充所形成的特殊组态，造成稀土元素在光学、磁学、电学等性能上出现明显的差别，繁衍出许多不同用途的新功能材料。同时，稀土元素还能与其他金属和非金属形成各种各样的合金和化合物，并派生出各种新的化学和物理性质，这些性质是开发稀土功能材料的基础。

要把功能材料与通用材料、特性材料区分开来，首先要分清性能和功能两个词的区别。我们常说的"材料的性质"，用工程学规范的语言表述则是"材料的性能及功能"。材料性能的含义是指材料对于外部的各种刺激（水、外力、热、光、电、磁、化学品等）的抵抗。通常称为耐水性、耐热性、透光性、耐化学品性。材料的功能性是指当对材料输入"信号"（能量）时就会发生质和量的变化，其中任何一种变化均有输出作用（如离子交换、光致变色、膜分离和生物降解等）。

2. 稀土功能材料的应用领域

稀土功能材料已成为现代产业和军工的重要组成部分。本书主要从稀土永磁材料、稀土储氢材料、稀土发光材料、稀土催化材料几个方面来介绍。

（1）稀土永磁材料[2]

磁性材料的性能指标主要有矫顽力、最大磁能积、剩磁等，指标越高，说明磁性材料的性能越好。其中，表示材料承受退磁作用强弱的矫顽力是对磁性材料进行划分的主要依据。矫顽力小的被称为软磁材料，意味着它在外磁场作用下很容易磁化和退磁，失去外磁场作用后又容易失去剩磁；矫顽力大的则被

---

[1]　刘小珍，孙小玲. 稀土功能材料学［M］. 南昌：江西高校出版社，2003.
[2]　郑佳，王旖旎，周思凡. 新材料［M］. 济南：山东科学技术出版社，2018.

称为硬磁材料，它经过外磁场磁化后，再去除外磁场，依旧可以保持较高的剩磁，因此也被称作永磁材料。

稀土永磁材料是指稀土金属和过渡族金属形成的合金经一定的工艺制成的永磁材料。随着科技的进步，稀土永磁材料不仅应用于计算机、汽车、仪器、仪表、家用电器、石油化工、医疗保健、航空航天等行业中的各种微特电机，以及核磁共振设备、电器件、磁分离设备、磁力机械、磁疗器械等需产生强间隙磁场的元器件中，而且风力发电、新能源汽车、变频家电、节能电梯、节能石油抽油机等新兴领域对高端稀土永磁材料的需求也日益增长。

稀土永磁材料是利用稀土元素和其他金属经过一定工艺制成的具有永磁性的材料，主要有钐钴永磁（$SmCo_5$）、铁钐永磁 $[Sm_2(Co，Cu，Fe，Er)_{17}]$、钕铁硼永磁（$Nd_2Fe_{14}B$）。加入稀土元素后，永磁材料的磁性能进一步加强。以钕铁硼材料为例，其磁能积最高可达铁氧体永磁的 11 倍，是稀土永磁材料中磁能积最高的材料。

稀土永磁材料已成为稀土应用领域发展最快、规模最大的产业。近年来，我国在高性能稀土永磁材料、高丰度稀土磁体、重稀土减量化技术、新型热压/热变形技术等方面均取得较大进展。

（2）稀土储氢材料

稀土储氢材料是指能够可逆地吸收和释放氢气的功能材料。由于能源的紧缺和环境污染的日益加剧，人们对于以氢能为代表的新能源尤为重视。而氢能的储存和运输是困扰人们的一大难题。随着储氢材料的研发，固化储氢得以实现，在很大程度上解决了氢能的存储问题。稀土储氢材料广泛应用于航空航天、军事、能源、化工、电子等众多领域。同时，稀土储氢材料作为镍氢电池的阴极材料时，能够使电池能量密度提升两倍，因而被广泛用于计算机、笔记本电脑、数码相机、数码通信设备等电池研发中。

1969 年，荷兰飞利浦公司发现了 $LaNi_5$ 储氢合金，打开了稀土储氢的大门。以 $LaNi_5$ 为代表的稀土储氢材料具有卓越的储氢性能，在室温环境下可以很好地吸收和释放氢气，储氢密度和液态氢的数量级相同，并且具有制备简易、吸收速度快等特性。近年来，随着研究的推进，出现了镁基稀土合金（$La_5Mg_2Ni_{23}$）等新型稀土储氢材料。

稀土储氢材料经过多年的体系创制、成分优化、结构调制和表面改性研究，性能逐年提高，在电化学储氢和气固相储氢等方面得到大量应用，具有易活化、储氢容量较高、动力学性能好等优点的 AB_5 型稀土储氢合金应用已非常成熟，在新能源、新能源汽车和节能环保领域受到人们的日益关注。$AB_{3\sim3.8}$

新型稀土镁基储氢合金的研究突破了国外专利限制，克服了低循环寿命、高粉化率、高自放电等问题。

对于稀土储氢材料，我国的研究重点是高性能化和低成本化，研究领域主要局限在合金组分的控制上，虽然也在镍氢电池的应用方面有所研究，但也仍然属于探索阶段；而国外主要是日本，公开的专利多涉及材料结构，限定的范围较宽，且近年来已将重点转移至 AB$_{3.5}$ 型合金的开发利用，产业化较为成熟，并实现了较大的销量。

（3）稀土发光材料

稀土发光材料是利用铕、铽、铒、铥等稀土元素的光电特性，制造出具有优异性能的环保节能发光材料。稀土之所以会发光，是稀土元素的电子在不同能级间跃迁而产生的。稀土特殊的电子层结构使得稀土元素有着非比寻常的光谱性质，可以覆盖从紫外线到红外光的所有光谱，产生多种多样的光辐射、吸收和发射。

由于稀土发光材料具有光吸收能力强、转化效率高、色纯度高、色彩鲜艳、物理化学性质稳定、可承受高能辐射等特点，广泛应用于固体光源、发光二极管、平板图像显示、彩色电视机、X 射线成像、闪烁体、荧光灯、激光材料等领域的研究。此外，稀土发光材料还被广泛应用于促进植物生长、紫外消毒、医疗保健、夜光显示和模拟自然光的全光谱光源等特种光源和器材的生产上，应用领域不断得到拓展。

目前处于应用中的稀土发光材料主要有稀土长余辉发光材料和固体白光LED 等。稀土长余辉发光材料能够吸收太阳能和光能，并将部分能量存储起来，以可见光形式缓慢释放，从而长时间地发光。该材料具有高强度、耐高温、高稳定性等特点，是理想的节能环保材料，适用于建筑、交通、国防建设等重要领域。固体白光 LED 是 21 世纪的新型节能环保光源，掺杂稀土元素的LED 发光材料化学性能稳定，具有耐高温、耐高湿、高热导率等特点。

（4）稀土催化材料

催化剂本身不参与化学反应，即不会产生任何质量上的消耗和化学性质的改变，但能改变化学反应中其他物质的反应速率，在工业生产中也被称为触媒。稀土元素在化学反应中具有良好的催化性能，因此，稀土催化材料在能源、石化、化工和环境等领域中也有着重要的应用。

按用途进行划分，稀土催化材料可以分为石油裂化催化剂、机动车尾气净化催化剂、天然气燃烧催化材料、合成橡胶稀土催化剂等。石油裂化催化剂可用于大分子量原油的催化裂化，使之变成小分子量、短链的烃类，以镧为代表的稀土可以增强催化剂的活性和热稳定性，提升汽油收得率，降低炼油成本。机动车尾气净化催化剂主要使用氧化铈、氧化镧、氧化钕等有效成分的储放氧功能，以提高尾气净化催化剂的催化性能。天然气燃烧催化材料的核心是利用稀土的低成本、高稳定性、良好的净化效果等优点，促进天然气燃烧的高效、节能和环保。合成橡胶稀土催化剂所合成的顺丁胶性能更优、成本更低，在橡胶资源贫乏的国内市场有很大的发展前景。

稀土催化材料与传统的贵金属催化剂相比，在资源丰度、成本、制备工艺以及性能等方面都具有较强的优势，在这些领域用含稀土的催化剂部分或全部替代贵金属催化剂，是全球催化材料研究的热点。

我国目前催化裂化催化剂的活性、选择性、水热稳定性等性质均在同一水平；国外用于 VOCs（挥发性有机物）净化的催化剂技术相对成熟；催化燃烧净化技术研究始于 20 世纪 80 年代，在催化剂的活性方面，国内与国外产品并无显著的区别，但从催化剂制备所需的关键材料、催化剂制备装置的自动化程度和精确控制等方面国内外存在较大差距。同时，国内 VOCs 催化燃烧催化剂的应用分类、抗杂质稳定性的评价、特殊有机物（如二噁英等）的催化燃烧等方面与国外存在较大差距。

3. 稀土功能材料的研究方向❶

稀土是我国具有国际话语权的重要战略资源和优势领域，稀土功能材料作为关键战略材料之一，尤其是整个材料链条前段的稀土资源和稀土采选，我国处于国际领先地位，也已经拥有了一系列原创技术，但是在整个稀土功能材料发展中仍然面临不少困难和挑战。尽管近年来我国在稀土材料领域的专利申请量快速上升，但绝大部分属于改进型专利或边缘专利，拥有核心自主知识产权的成果尤其是具有原创性的国际专利还不多，很多核心技术受国外专利技术壁垒的制约，严重影响了稀土产业的高质量发展和国际化步伐。在国内，企业和科研机构更倾向于支持短期见效研仿型技术，对开发难度大、开发成本高、技术突破周期长的原创技术支持力不足。因此，我们要着眼于强化全球化视角下的稀土功能材料的自主创新能力。

稀土永磁材料的重点发展内容包括：开发智能轨道交通与智能工业制造体系；开发以永磁悬浮轴承技术、永磁涡流传动技术、永磁涡流制动技术等为代表的节能高效的永磁材料及磁动力系统；开发具备海洋腐蚀环境服役的高耐蚀

---

❶ 朱明刚，孙旭，刘荣辉，等. 稀土功能材料 2035 发展战略研究［J］. 中国工程科学，2020（22）：37－43.

性永磁直驱发电机用稀土永磁材料及风电系统；开发机器人与智慧城市等应用场景的高磁能积、高矫顽力、小型化、高精度的永磁材料。

稀土储氢材料的重点发展内容包括：开发混合动力汽车、氢能源等应用场景的高体积能量密度的镍氢动力电池；开发储氢罐用的气态储氢材料；拓展稀土储氢材料的应用范围。

稀土发光材料的重点发展内容包括：重点突破高效发射非可见光和上转换发光等新型稀土发光材料及其制备技术，开发紫光－蓝光激发下红外发射效率增强理论和技术途径；开发蓝光激发下高效窄带发射、高色纯度绿色和红色发光材料及其制备技术；利用结构相似相容和同位替换原则设计开发新型具有自主知识产权的材料体系，开展基于高通量材料的结构设计，获得一系列新型稀土发光材料。

稀土催化材料的重点发展内容包括：开发高效、节能、长寿命的石油化工稀土催化材料、清洁能源合成稀土催化材料、机动车尾气污染治理及工业废气排放污染治理稀土催化材料及产业化关键技术；重点发展纳米笼分子组装及高比表面积铈锆材料制备等关键技术；研制出超高性能稀土催化材料，并在固定源及移动源排气系统高效稀土催化净化部件中规模应用，实现国产化。

二、高端稀土功能材料领域专利申请撰写特点

高端稀土功能材料由于应用领域非常广泛，具体的技术改进也各有千秋，既有应对智能社会的稀土永磁材料，也有满足新能源汽车的稀土储氢材料，还有用于高端装备照明、探测的稀土发光材料和适应环保治理的稀土催化材料。因此，在不同的应用中，又呈现出不同的撰写特点，这些都与具体的技术改进相关联。

1. 权利要求撰写特点

权利要求是确定专利权保护范围的主要依据，通常来说，材料领域的专利申请中，权利要求撰写的主题主要有产品、方法、设备、用途以及上述四者的各种组合（例如"产品＋方法""产品＋设备""产品＋用途""方法＋设备""产品＋方法＋设备"以及"产品＋方法＋用途"等组合方式）。从权利要求撰写内容看，基于上述各种主题组合方式，稀土功能材料又主要通过不同的元素掺杂、改性，再结合工艺步骤和参数的调节，改进材料的性能，进而拓展不同的应用环境，既有产品全链条的覆盖，又有特定产品的技术攻关。

（1）稀土永磁材料——产品＋方法

案例1：日立金属株式会社关于稀土永磁材料的专利申请 CN200880011066.3。该专利隶属于稀土永磁领域，尤其是钕铁硼行业的巨头日立金属株式会社，属于典型的稀土永磁材料中"产品＋方法"类权利要求，该专利同时布局在8个国家/地区，被其他专利在全球引用77次。整个权利要求共有18项，其中10项属于产品的改进，8项属于方法的改进。

其产品权利要求1、2和方法权利要求11、13撰写方式如下：

1. 一种 R-Fe-B 系稀土类烧结磁铁，其特征在于：具有 R-Fe-B 系稀土类烧结磁铁体，该 R-Fe-B 系稀土类烧结磁铁体，包含 $R_2Fe_{14}B$ 型化合物晶粒作为主相，并含有重稀土类元素 RH，所述 $R_2Fe_{14}B$ 型化合物晶粒含有轻稀土类元素 RL 作为主要的稀土类元素 R，其中，该轻稀土类元素 RL 为 Nd 和 Pr 中的至少1种，该重稀土类元素 RH 为选自 Dy、Ho 和 Tb 中的至少1种；

在距所述 R-Fe-B 系稀土类烧结磁铁体的表面深度 20μm 的位置上的所述 $R_2Fe_{14}B$ 型化合物晶粒，在外壳部中具有平均厚度为 2μm 以下的 RH 扩散层，该 RH 扩散层为 $(RL_{1-x}RH_x)_2Fe_{14}B$ 层，其中 $0.2 \leq x \leq 0.75$；

且，在距所述 R-Fe-B 系稀土类烧结磁铁体的所述表面深度 500μm 的位置上的所述 $R_2Fe_{14}B$ 型化合物晶粒，在外壳部中具有平均厚度为 0.5μm 以下的 RH 扩散层。

2. 根据权利要求1所述的 R-Fe-B 系稀土类烧结磁铁，其特征在于：

所述 R-Fe-B 系稀土类烧结磁铁体的厚度方向的尺寸为 1mm 以上 4mm 以下；

所述 R-Fe-B 系稀土类烧结磁铁体整体的矫顽力和除去距所述 R-Fe-B 系稀土类烧结磁铁体的所述表面厚度 200μm 的表层区域时所得到的剩余部分的矫顽力之差 ΔH_{cJ1} 为 150kA/m 以下。

11. 一种 R-Fe-B 系稀土类烧结磁铁的制造方法，其特征在于：

包括：准备 R-Fe-B 系稀土类烧结磁铁体的工序（a），该 R-Fe-B 系稀土类烧结磁铁体具有 $R_2Fe_{14}B$ 型化合物晶粒作为主相，所述 $R_2Fe_{14}B$ 型化合物晶粒含有轻稀土类元素 RL 作为主要的稀土类元素 R，其中所述轻稀土类元素 RL 为 Nd 和 Pr 中的至少一种；

使重稀土类元素 RH 扩散到所述 R-Fe-B 系稀土类烧结磁铁体内部的工序（b），其中所述重稀土类元素 RH 选自 Dy、Ho 和 Tb 中的至少一种；和

在深度方向除去，使所述重稀土类元素 RH 扩散到内部后的所述 R-Fe-B 系稀土类烧结磁铁体的表层部分 5μm 以上 500μm 以下的工序（c）；

所述工序（b）包括：

将含有重稀土类元素 RH 的块体与所述 R－Fe－B 系稀土类烧结磁铁体一同配置在处理室内的工序（b1），其中所述重稀土类元素 RH 选自 Dy、Ho 和 Tb 中的至少一种；和

通过将所述块体和所述 R－Fe－B 系稀土类烧结磁铁体加热到 700℃以上 1000℃以下，将重稀土类元素 RH 从所述块体供给到所述 R－Fe－B 系稀土类烧结磁铁体的表面，并使所述重稀土类元素 RH 扩散到所述 R－Fe－B 系稀土类烧结磁铁体内部的工序（b2）。

13. 根据权利要求 11 所述的 R－Fe－B 系稀土类烧结磁铁的制造方法，其特征在于：

在所述工序（b2）中，所述 R－Fe－B 系稀土类烧结磁铁体的温度和所述块体的温度的温度差为 20℃以内。

作为稀土永磁材料的典型专利，可以看出，稀土永磁材料产品的权利要求 1 既包含材料的组成，尤其是稀土的添加种类，又包含材料的结构，即材料在不同位置的化合物晶粒，还有稀土元素的特定扩散情况；同时，在产品的从属权利要求 2 中继续进一步限定材料的规格和磁性能。方法权利要求 11 是配合形成产品权利要求 1 中特定结构的工艺步骤，方法的从属权利要求 13 进一步限定了工艺步骤下的具体工艺参数。无论是产品权利要求，还是方法权利要求，首先是以多层级的形式撰写，然后考虑到产品权利要求限定的多样化，从组成、结构到外观、性能等进行多角度保护。这也是稀土永磁材料在追求磁性能和热性能改进方面的主要思路，通过特定的工艺调节得到特定的产品结构，改善其磁性能和热性能，预期能够适用于目前智能化系统中的电动机。

案例 2： 信越化学工业株式会社关于稀土永磁材料的专利申请 CN200610009370.7。信越化学工业株式会社在全球稀土永磁领域属于排名前几的企业巨头，该专利同时布局在 9 个国家/地区，被其他专利在全球引用 82 次。该专利的重点在于"产品"权利要求，整个权利要求共有 5 项。

其产品权利要求 1 撰写方式如下：

1. 一种合金组成为 $R_a^1 R_b^2 T_c A_d F_e O_f M_g$ 的烧结磁体形式的稀土永磁体，其中 R^1 是选自包括 Sc 和 Y 且不包括 Tb 和 Dy 的稀土元素中的至少一种元素，R^2 是 Tb 和 Dy 中之一或两者，T 是铁和钴中之一或两者，A 是硼和碳中之一或两者，F 是氟，O 是氧，并且 M 是选自由 Al、Cu、Zn、In、Si、P、S、Ti、V、Cr、Mn、Ni、Ga、Ge、Zr、Nb、Mo、Pd、Ag、Cd、Sn、Sb、Hf、Ta 和 W 组成的组中的至少一种元素，表示合金中相应元素原子百分数的 a 至 g 的值在下面的范围内：$10 \leq a+b \leq 15$、$3 \leq d \leq 15$、$0.01 \leq e \leq 4$、$0.04 \leq f \leq 4$、$0.01 \leq g \leq$

11，余量是 c，所述磁体具有中心和表面，

其中使构成元素的 F 和 R^2 分布成其浓度平均上从磁体中心向表面而增加，晶界在烧结磁体内围绕着 $(R^1, R^2)_2 T_{14} A$ 四方晶系的主相晶粒，晶界中包含的 $R^2/(R^1 + R^2)$ 的浓度平均高于主相晶粒中包含的 $R^2/(R^1 + R^2)$ 的浓度，并且在从磁体表面向至少 20 微米深度处延伸的晶界区中的晶界处存在 (R^1, R^2) 的氟氧化物。

案例 2 与案例 1 不同的是，该专利重点在于磁体材料组成的研究，包括昂贵元素 Tb 和 Dy 元素含量的减少，因为在钕铁硼永磁领域，利用 Tb 和 Dy 替代 Nd 实现磁性能的提高是基础的做法，但是 Tb 和 Dy 成本太高，那么如何在保障磁性能的前提下还能降低成本也是该领域普遍的追求。所以，该专利的产品权利要求重点就在于如何替换已有的 Tb 和 Dy。这是稀土永磁材料追求高性能、低成本的研究思路，通过组成的替换、晶粒界面的元素调节，在降低成本的同时还不损失其磁性能，同样预期能够适用于目前智能化系统中的电动机。

（2）稀土储氢材料

案例 3：株式会社杰士汤浅公司关于稀土储氢材料的专利申请 CN200680029156.6。株式会社杰士汤浅公司在全球稀土储氢领域，属于排名前几的企业，该专利同时布局在 4 个国家/地区，被其他专利在全球引用 39 次。

其产品权利要求 1 和应用权利要求 11 撰写方式如下：

1. 一种储氢合金，其特征在于，含有组成由通式：$A_{(4-w)} B_{(1+w)} C_{19}$ 表示的含有 $Pr_5 Co_{19}$ 型晶体结构的相，其中 A 为选自包括 Y（钇）在内的稀土类元素中的 1 种或 2 种以上的元素，B 为 Mg 元素，C 为选自 Ni、Co、Mn 和 Al 中的 1 种或 2 种以上的元素，w 表示 $-0.1 \sim 0.8$ 的范围的数；

并且，合金整体的组成由通式：$R1_x R2_y R3_z$ 表示，其中，$15.8 \leqslant x \leqslant 17.8$，$3.4 \leqslant y \leqslant 5.0$，$78.8 \leqslant z \leqslant 79.6$，$x + y + z = 100$，R1 为选自包括 Y（钇）在内的稀土类元素中的 1 种或 2 种以上的元素，R2 为 Mg 元素，R3 为选自 Ni、Co、Mn 和 Al 中的 1 种或 2 种以上的元素，上述 z 中表示 Mn + Al 的值为 0.5 以上、表示 Al 的值为 4.1 以下。

11. 一种储氢合金电极，其特征在于，将权利要求 1~7 的任一项所述的储氢合金用作储氢介质。

该专利是典型的 $A_5 B_{19}$ 型的稀土储氢材料，权利要求也是围绕产品的组成配比以及特定的 $Pr_5 Co_{19}$ 型晶体结构来撰写的，且稀土储氢材料还重视具体的应用，因此权利要求 11 进一步限定了该材料作为储氢介质用于储氢合金电极。

在稀土储氢材料中，主要是根据元素成分和结构不同，分为 AB 型，包括 AB_5 型、AB_2 型、AB_3 型、AB_4 型、A_2B_7 型、A_5B_{19} 型、A_2B_{17} 型等，依据 A 侧氢稳定元素调控材料的储氢量，B 侧氢不稳定因素调控材料吸放氢的可逆性，那么 A 侧和 B 侧组成的调配，以及特定晶体结构的形成决定了储氢材料的储氢性能。所以以 $A_xB_yC_z$ 形式撰写的产品权利要求是稀土储氢材料最常见的方式。

案例 4： 厦门钨业股份有限公司关于稀土储氢材料的专利申请 CN200910112323.9。厦门钨业股份有限公司是国内稀土储氢材料领域排名靠前的企业，被其他专利在全球引用 17 次，但是无其他国家和地区的布局。

其产品权利要求 1 和具体方法限定的权利要求 3 撰写方式如下：

1. 低成本高性能稀土系 AB_5 型储氢合金，其特征在于：它以下列式表示：

$$Ml（Ni_{1-x-y-w}Co_xMn_yAl_zM_w）_mMg_n$$

式中，x、y、z、w、m、n 表示摩尔比，其数值范围分别为：$0 < x \leq 0.1$、$0 < y \leq 0.2$、$0 < z \leq 0.2$、$0 \leq w \leq 0.06$、$4.8 \leq m \leq 5.5$、$0 < n \leq 0.1$；Ml 是由 La 和选自 Ce、Pr、Nd、Sm、Gd、Dy、Y、Ca、Ti、Zr 元素中的至少 1 种组成，其中 La 含量在 Ml 中占到 $40wt\% \sim 80wt\%$，相应 La 在合金中含量占 $10wt\% \sim 26wt\%$；M 是 Cu、Fe、Si、Ge、Sn、Cr、Zn、B、V、W、Mo、Ta 和 Nb 元素中的至少一种。

3. 根据权利要求 1 所述的低成本高性能稀土系 AB_5 型储氢合金，其特征在于：它包括以下步骤：

（1）原料预处理：抛光去除稀土金属的表面氧化物，烘干镍和钴原料金属中的水分；

（2）配料：按储氢合金通式所示的合金设计成分称取相应的金属原料进行配料，其中，Ce、Pr、Nd 以富铈稀土 Mm 为原料，Mg 以镍镁中间合金作为原料，其余的成分均以相应的金属为原料；

（3）真空感应熔炼并二次加料：将原料金属由下至上按 Al、Mn、Ni、Co、M、La，以及选自 Mm、Sm、Gd、Dy、Y、Ca、Ti 和 Zr 组中的至少一种金属的顺序放入 Al_2O_3 坩埚中，镍镁中间合金放入二次加料装置中；先抽真空至 $0.1 \sim 10Pa$，然后烘炉、洗炉，充入惰性气体至 $0.03 \sim 0.07MPa$，调节功率开始熔炼，控制熔体温度为 $1773 \pm 100K$ 并保持 $2 \sim 20$ 分钟，精炼 $2 \sim 10$ 分钟，再充入惰性气体至 $0.03 \sim 0.07MPa$，接着停功率并启动二次加料装置添加镍镁中间合金，再升功率并保持该熔体温度约 $1 \sim 10$ 分钟；

（4）熔体快淬：将熔体温度保持在 $1773 \pm 100K$，浇注并经水冷铜辊快速冷却，线速度为 $1 \sim 20 \mathrm{m} \cdot \mathrm{s}^{-1}$，凝固速度为 $5 \sim 6 \times 10^{-6} \mathrm{K} \cdot \mathrm{s}^{-1}$，制备得到 $0.1 \sim 0.3 \mathrm{mm}$ 的合金薄片；

（5）热处理：为防止或减少 Mg 的二次挥发，快淬合金薄片在密闭体系中进行 $1173 \sim 1273 \mathrm{K}$ 保温 $4 \sim 12$ 小时的热处理，密闭体系中的 Mg 蒸气分压为 $100 \sim 5000 \mathrm{Pa}$，热处理过程在惰性气氛中进行；热处理后采用水、油或气淬火处理进行快速冷却，得到热处理态合金薄片；

（6）气流高能破碎：采用经空压机压缩形成的 5MPa 高压气体氩气进行高能破碎制粉；

（7）旋振筛分：在惰性气体氩气保护下，上述合金粉采用多层旋振筛进行磨筛和筛分；

（8）合批：根据需求，在惰性气体氩气保护下，将不同粒度的合金粉进行组批；

（9）真空封装：将合批后的合金粉进行抽真空并定量封装。

Ni-MH 电池是混合动力汽车中常见的负极活性材料，也是当前环保方向作为镍-镉电池的替代品选择，但是其容量不高、循环寿命不长限制了使用，因此本专利就是为了提高其容量和循环寿命的产品改进，主要在于 AB 两侧元素及其含量的选择，同时还关注了制备工艺的改进，包括加料、配料、热处理等过程的控制，既保证了关键元素的作用发挥，又得到了预期的单相结构。所以，从元素及其含量的调节，到晶相结构的获得，再到关键工艺步骤的控制，都是本专利的关键之处，因此，在权利要求中也是逐级限定。但是与国外较强的企业相比，国内企业的权利要求撰写种类相对单一，仅有产品权利要求，缺少方法权利要求以及用途权利要求的限定，即使是产品权利要求，在用方法限定的时候，其范围也很小，限定的特征过于细小。而且，国内企业多数重在国内申请专利，譬如本专利被其他专利引用的次数不少，但是只在国内有布局，没有到国外同时请求保护。

（3）稀土发光材料

案例 5： 独立行政法人物质·材料研究机构和三菱化学株式会社联合申请的关于稀土发光材料的专利 CN200710199440.4。该专利同时布局在 7 个国家/地区，被其他专利在全球引用 517 次，可以看出该专利在稀土发光材料中有着相当重要的地位。该专利曾经被提起无效宣告，但经过一番博弈目前依然有效，可见其具有相当高的稳定性。该专利一共有 44 项权利要求，包含产品链下的不同产品权利要求，重点权利要求撰写如下：

1. 一种荧光体，其包含无机化合物，该无机化合物的组成至少包含 M 元素、A 元素、D 元素、E 元素和 X 元素（其中 M 元素是选自 Mn、Ce、Pr、Nd、Sm、Eu、Tb、Dy、Ho、Er、Tm 和 Yb 的一种或两种或多种元素，A 元素是选自除 M 元素以外的二价金属元素的一种或两种或多种元素，D 元素是选自四价金属元素的一种或两种或多种元素，E 元素是选自三价金属元素的一种或两种或多种元素，X 元素是选自 O、N 和 F 的一种或两种或多种元素）。

2. 权利要求 1 的荧光体，其中无机化合物具有与 $CaAlSiN_3$ 相同的晶体结构。

3. 权利要求 1 或 2 的荧光体，其中无机化合物由组成式 $M_aA_bD_cE_dX_e$（其中 $a+b=1$ 以及 M 元素是选自 Mn、Ce、Pr、Nd、Sm、Eu、Tb、Dy、Ho、Er、Tm 和 Yb 的一种或两种或多种元素，A 元素是选自除 M 元素以外的二价金属元素的一种或两种或多种元素，D 元素是选自四价金属元素的一种或两种或多种元素，E 元素是选自三价金属元素的一种或两种或多种元素，X 元素是选自 O、N 和 F 的一种或两种或多种元素）表示，其中参数 a、c、d 和 e 满足以下所有条件：

$$0.00001 \leq a \leq 0.1 \cdots\cdots\cdots\cdots\cdots（i），$$
$$0.5 \leq c \leq 4 \cdots\cdots\cdots\cdots\cdots\cdots（ii），$$
$$0.5 \leq d \leq 8 \cdots\cdots\cdots\cdots\cdots\cdots（iii），$$
$$0.8 \times (2/3 + 4/3 \times c + d) \leq e \cdots\cdots\cdots（iv），和$$
$$e \leq 1.2 \times (2/3 + 4/3 \times c + d) \cdots\cdots\cdots（v）。$$

21. 权利要求 1～20 中任一项的荧光体，其通过用激发源照射而发射在 570～700nm 的波长范围中具有峰的荧光。

26. 一种由发光源和荧光体构成的照明装置，其中至少使用权利要求 1～25 中任一项的荧光体。

34. 一种由激发源和荧光体构成的图像显示装置，其中至少使用权利要求 1～25 中任一项的荧光体。

43. 一种包含权利要求 1～25 中任一项的无机化合物的颜料。

44. 一种包含权利要求 1～25 中任一项的无机化合物的紫外线吸收剂。

该专利的产品权利要求撰写方式充分体现了产品链的上下游全面保护，不仅保护核心的荧光体，也同时保护由该荧光体制备的照明装置和显示装置，且也不落下能够利用核心荧光体中无机化合物制备的颜料或紫外线吸收剂。作为稀土发光材料，其产品组成的改进是重点的方向，本专利的关键之处也是在于利用元素的调整获得特定的无机结晶相，进而可以发射更长的波长，显示特性更优。因此，本专利也是以递进的方式保护核心的荧光体，从主要的元素组成，到特定的晶体结构，再到具体的元素组成，然后包括材料的发光特性。可见无论是同一组权利要求的保护范围层级关系，还是不同组权利要求在产品链上的不同地位，本专利都进行了保护，也体现了稀土发光材料重要的改进方向。

案例 6：日亚化学工业株式会社关于稀土发光材料的专利申请 CN200380101648.8。日亚化学工业株式会社是全球稀土发光材料排名靠前的企业，该专利同时布局在 10 个国家/地区，被其他专利在全球引用 303 次，同案例 5 都是该领域比较重要的专利。该专利一共有 47 项权利要求，包含核心荧光体的产品权利要求、具体的制备方法权利要求和最终应用的发光装置，其重点权利要求撰写如下：

1. 一种氧氮化物荧光体，其特征在于，由含有从由 Be、Mg、Ca、Sr、Ba 及 Zn 组成的群组中选择的至少 1 种以上的第 Ⅱ 族元素，和从由 C、Si、Ge、Sn、Ti、Zr 及 Hf 组成的群组中选择的至少 1 种以上的第 Ⅳ 族元素，和作为激活剂 R 的稀土元素的结晶构成。

26. 一种制造氧氮化物荧光体的方法，包括：

第 1 工序，该工序中混合含有 L 的氮化物（L 是从由 Be、Mg、Ca、Sr、Ba 及 Zn 组成的群组中选择的至少 1 种以上的第 Ⅱ 元素）、M 的氮化物（M 是从由 C、Si、Ge、Sn、Ti、Zr 及 Hf 组成的群组中选择的至少 1 种以上的第 Ⅳ 族元素）、M 的氧化物及 R 的氧化物（R 是稀土类元素）的原料；

第 2 工序，该工序中烧成由第 1 工序得到的混合物。

33. 一种发光装置，具有激发光源，及将来自该激发光源的光的至少一部分波长转换的荧光体，其特征在于，

所述荧光体含有在从蓝绿色到黄红色系区域具有发光峰波长的氧氮化物荧光体。

46. 如权利要求 31～35 中任意一项所述的发光装置，其中，

所述氧氮化物荧光体含有 Ba 和 Si；

所述发光装置，具有在 360～485nm、485～548nm 的范围内具有 1 个以上的发光峰波长的发光光谱。

47. 如权利要求 31～35 中任意一项所述的发光装置，其特征在于：

所述氧氮化物荧光体含有 Ba 和 Si；

所述发光装置，其平均显色评价指数（Ra）为 80 以上。

案例 6 同案例 5 都属于稀土发光材料中关键的荧光体制备，权利要求的主要内容都在于产品权利要求荧光体的改进，但案例 6 不同的是通过组成的递进

式改进，可以实现不同层级的技术效果。譬如产品权利要求 1 记载的是主要的元素组成选择，从属权利要求 3 进一步限定了激活剂 R 的添加，从属权利要求 4 进一步限定了组成中的 O 和 N，从基本的效果实现所需的发光光谱，优化到最大化提高发光效率，再优化到激发光源的光被高效率激发；同时也体现了方法的改进，对于发光材料发光特性的提升。两个案例都体现了发光装置作为稀土发光材料最常见的应用，结合该核心荧光体在具体应用中的性能表征，用以保护具体的应用下游产品。

（4）稀土催化材料

案例 7：丰田自动车株式会社关于稀土催化材料的专利申请 CN200780024232.9。丰田自动车株式会社既是全球稀土催化材料的申请巨头，也是在我国稀土催化材料领域专利申请量最大的企业，该专利同时布局在 5 个国家/地区，被其他专利在全球引用 74 次。其重点权利要求撰写方式如下：

1. 一种废气净化催化剂，含有氧化铈 - 氧化锆复合氧化物以及在所述氧化铈 - 氧化锆复合氧化物中分散且至少部分地固溶的氧化铁。

5. 一种制造废气净化催化剂的方法，包括：

提供疏水性溶剂相中分散有水性相的分散液的工序；

在所述分散液中分散的水性相中，使铈盐、锆盐和铁盐水解，从而使金属氧化物前体析出，并且使所述金属氧化物前体凝聚的工序；和

将凝聚后的所述金属氧化物前体进行干燥和煅烧的工序。

该专利的权利要求项数不多，仅有 5 项，主要涉及稀土催化材料的产品组成和相应的制造方法，在产品权利要求中，首要体现的是具体的组成，然后才是各组成的含量，属于典型的组合物发明撰写方式。该专利的权利要求撰写看起来比较简单，最终授权的保护范围也是比较大的，这就需要在授权与保护范围二者之间取得最优的平衡。

案例 8：无锡威孚环保催化剂有限公司的关于稀土催化材料的专利申请 CN200910030475.4。无锡威孚环保催化剂有限公司是我国机动车尾气净化催化剂技术的领跑者，为国内的多家汽车厂家生产催化剂，该专利被其他专利在全球引用 5 次，没有在其他国家和地区布局。其重点权利要求撰写方式如下：

1. 挥发性化合物废气的金属丝网状催化剂，包括载体、涂层和贵金属，其特征是：载体材料为金属丝网，涂层中含有 γ - 氧化铝、铈锆共熔体的混合物及铈的可溶性盐；贵金属为 Pd、Pt 中的一种物质或两种物质的组合；每升催化剂上涂覆 10～50 克涂层，在涂层中贵金属的量为：0.03～12 克/每升催化剂。

3. 根据权利要求 1 所述的挥发性化合物废气的金属丝网状催化剂，其特征是：在所述金属丝网中，外面的两层为不锈钢平网布（1），在两层不锈钢平网布（1）之间为内芯扁丝（2），再利用细扎丝（3）将两层不锈钢平网布（1）与内芯扁丝（2）绑扎在一起。

7. 制备权利要求 1 至 6 项权利要求所述挥发性化合物废气的金属丝网状催化剂的方法，其特征在于，所述方法包括以下步骤：

（1）预处理：选择金属丝网载体为骨架，在空气中预处理，使金属丝网载体表面形成一层氧化物膜；

（2）浆液制备：在每 2000 克浆液中加入氧化铝 100～500 克，铈锆共熔体 50～200 克，硝酸铈 10～100 克，其余为去离子水；然后用搅拌或高速剪切分散工艺处理浆液，控制颗粒度 D90 小于 20 微米，制得涂层浆液，涂层浆液中的固含物含量为 20%～50%；再在所述浆液中加入 12.8～625g 的贵金属，所述贵金属为铂、钯中的一种物质或两种物质的组合，每升贵金属溶液的摩尔浓度为 0.5～20mol；最终使涂覆在催化剂上的铂和/或钯的量为：0.03～1.42 克/每升催化剂；

（3）浸渍：将金属丝网载体浸渍于由步骤（2）制备的浆液中，再提出；

（4）烘干与焙烧：将步骤（3）中涂覆浆液的金属丝网载体在 100～300℃ 下烘干 30～50min，然后重复步骤（3），直到涂覆到金属丝网载体上的涂层量达到 10～50 克/每升催化剂，接着在 400～600℃ 焙烧 60～120min，即得到净化挥发性化合物废气的金属丝网状催化剂。

案例 8 与案例 7 均着重在于稀土催化材料的组成研究以及制备工艺的控制，不同的是，案例 8 除了研究催化剂的具体组成以外，还关注催化剂的宏观构成，即从属权利要求 3。另外，两个案例都要求保护制备方法，但显然案例 7 的方法权利要求简单而聚焦重点，案例 8 对于方法步骤的描述非常详细。

案例 8 和案例 4 都是我国稀土材料细分领域的领跑企业的专利申请，可以看出，两家企业在专利布局上有一定的意识，但也存在很大的不足。产品权利要求能够做到一定的分层次保护，但是方法类权利要求撰写过于单一和详细，导致保护范围比较狭窄，对于用途或者产品上下游的保护更是没有涉及。此外，两家企业仅在国内申请了专利，而没有利用专利制度这一国际化武器，在其他国家和地区布局，这也是国内企业普遍存在的问题，对于我国核心产品"走出去"是非常不利的。

2. 说明书撰写特点

说明书的作用是对权利要求保护的技术方案作出清楚、完整和支持的说明。基于上述权利要求撰写特点介绍，可以看出不同细分领域的稀土功能材料的改进特点有差别也有共性，接下来将分别介绍对应不同的技术改进方向，说明书如何详细阐明技术原理和技术效果的支持。

（1）晶体结构

在稀土功能材料领域，通过组分的调节和/或工艺的控制，形成特定的晶体结构是性能改进的主要方向。特定晶体结构通常是申请人自己发现的，因此应当在说明书中详细说明得到这样晶体结构的手段，即清楚表达发明专利的可再现性，同时说明书也应当对此晶体结构有准确的表征，还应当附有详细的原理解释说明，这不仅有利于审查员对申请文件的理解和达到充分公开发明的要求，也给在后续新颖性和创造性审查中面临质疑时有足够的原始记载支持，能够大大增强技术可信度。

譬如案例 1，权利要求 1 的产品主要改进是要形成特定的化合物晶粒，对此，说明书详细记载了如何得到该化合物晶粒，又解释了为什么该化合物晶粒能够实现磁性能和热性能的提升，同时辅以具体的实验数据予以佐证。

以下对如何得到该化合物晶粒以及该化合物晶粒与性能之间的关系进行说明：

在本发明中，对通过用蒸镀扩散法 ［上述工序（b）的方法］ 使重稀土类元素 RH（选自 Dy、Ho 和 Tb 的至少 1 种）从烧结磁铁体的表面扩散到内部，一方面矫顽力 H_{cJ} 上升一方面剩余磁通密度 B_r 降低的烧结磁铁体，除去接近该烧结磁铁体表面的部分（以下，具有称为"表层部分"的情形）。

因为本发明中的烧结磁铁体具有将含有轻稀土类元素 RL（Nd 和 Pr 中的至少 1 种）作为主要的稀土类元素 R 的 $R_2Fe_{14}B$ 型化合物晶粒作为主相，所以用蒸镀扩散法从烧结磁铁体的表面扩散到内部的重稀土类元素 RH，经过 $R_2Fe_{14}B$ 型化合物晶粒的晶界相（富 R 相）扩散到 $R_2Fe_{14}B$ 型化合物晶粒的外壳部。

如果用蒸镀扩散法，则能够高效率地在主相粒子的外壳部中使重稀土类元素 RH 浓化，但是与在烧结磁铁体的表层部分中的 $R_2Fe_{14}B$ 型化合物晶粒中，位于比表层部分更深的部分中的 $R_2Fe_{14}B$ 型化合物晶粒比较，具有重稀土类元素 RH 扩散到接近晶粒内部的更中心部的区域的倾向。因此，在烧结磁铁体的表层部分中，与烧结体的内部比较剩余磁通密度 B_r 容易降低。

在本发明中，除去扩散后的烧结磁铁体的表层部分。将在后面详细述说，但是如果用蒸镀扩散法，则因为重稀土类元素 RH 扩散浸透到烧结磁铁体内部更深的区域，所以即便除去磁铁体的表层部分，与除去前比较几乎不降低矫顽力。结果，可以得到与重稀土类元素 RH 的扩散处理前比较几乎不降低剩余磁通密度 B_r，在从烧结磁铁体的表面到深的内部的广大范围内矫顽力 H_{cJ} 上升的 R-Fe-B 系稀土类烧结磁铁体。

接着通过具体的实验数据证明特定晶体结构与性能之间的关系：

表 3-3 表示对于 Dy 扩散方法不同的烧结磁铁体求得的表层部分的除去量和 Dy 扩散层的厚度的关系。作为 Dy 扩散方法，采用在本发明中使用的蒸镀扩散法和以往的扩散方法（在堆积 Dy 膜后进行热处理）。

用与制作后述的实施例 1 的样品 A1 的方法相同的方法制作了用蒸镀扩散法制作的样品。此后，通过用表面研磨机研削到表 3-3 所示的深度，除去作为样品的烧结磁铁体的表层部分（7mm×7mm 两面）。用 TEM 评价从研削后的磁铁体表面深度 20μm 位置上的 Dy 扩散层的厚度（10 个点测定的平均值）。

在用溅射法在烧结磁铁体的表面上堆积了厚度不同的 Dy 膜后，进行 900℃×120min 的热处理，制作了用以往的 Dy 扩散方法制作的样品。Dy 膜的厚度为 15μm、3μm、0.5μm。通过这样做关于扩散了 Dy 的烧结磁铁体，也如上述那样研削除去磁铁体表层部分后，测定 Dy 扩散层的厚度。

表 3-3　不同处理工艺与结构的关系

除去量 (μm)	Dy 扩散层厚度 (μm)			
	蒸镀扩散法	Dy 15μm 成膜后热处理	Dy 3μm 成膜后热处理	Dy 0.5μm 成膜后热处理
0	1.8	2.5	2.2	1.5
2	1.8	2.5	2.2	1.5
5	1.5	2.2	2.0	1.0
50	1.3	2.2	1.0	不能检测出
100	1.0	2.2	0.5	不能检测出
200	0.5	2.1	0.1 以下	不能检测出
500	0.3	1.8	不能检测出	不能检测出
1000	0.1 以下	0.5	不能检测出	不能检测出

关于各样品，在从烧结磁铁体除去表层部分前和除去后的各个烧结磁铁体中，用 B-H 示踪器（tracer）测定磁铁特性（剩余磁通密度 B_r，矫顽力 H_{cJ}）。下列的表 3-4 表示除去量和磁铁特性的关系。

表 3-4　不同结构与性能的关系

除去量 （μm）	B_r [T]				H_{cJ}（kA/m）			
	蒸镀 扩散法	Dy 15μm 成膜后 热处理	Dy 3μm 成膜后 热处理	Dy 0.5μm 成膜后 热处理	蒸镀 扩散法	Dy 15μm 成膜后 热处理	Dy 3μm 成膜后 热处理	Dy 0.5μm 成膜后 热处理
0	1.38	1.36	1.37	1.39	1280	1250	1090	1010
2	1.38	1.36	1.37	1.39	1275	1245	1085	980
5	1.39	1.36	1.38	1.40	1275	1245	1080	950
50	1.39	1.36	1.40	1.40	1270	1240	1080	850
100	1.40	1.37	1.40	1.40	1270	1240	1020	850
200	1.40	1.37	1.40	1.40	1270	1230	900	850
500	1.40	1.38	1.40	1.40	1250	1180	850	850
1000	1.40	1.40	1.40	1.40	1185	1070	850	850

案例 1 的说明书对技术成果的描述细致度是非常值得借鉴的，可以说是从各个维度来证明这一技术的可实施性和创新高度，后续审查过程中给自己留下非常大的争辩空间。

（2）组成及其含量

稀土功能材料的组成改进主要体现在组成元素的选择和调节方面，添加不同的元素发挥不同的作用，说明书中通常都会记载选择这些元素的理由，并且这些元素的不同搭配与专利中要解决的技术问题和达到的技术效果密切相关。记载在说明书中的元素作用在审查过程中可以作为支持权利要求具有创造性的理由，也可以是说明书公开充分的一个判断依据，因此，元素及其作用在稀土功能领域说明书撰写中占据着很重要的位置。与其对应的是各组成的含量选择，在不同的组成之间含量如何调节、如何配合发挥协同作用，也是说明书需要详细记载的内容，更是在授权和确权阶段对于创造性判定的重要支撑。

譬如案例 5，权利要求 1 记载了荧光体的具体组成，权利要求 3 记载了具体组成的含量，对于上述组成及其含量的设计原理与效果，说明书中均有详细介绍：

所述组成由组成式 $M_aA_bD_cE_dX_e$ 表示。组成式是构成该物质的原子数之比，以及由任意数与 a、b、c、d 和 e 相乘得到的物质也具有相同组成。因此，在本发明中，对于通过对 a、b、c、d 和 e 再计算而得到的物质确定下列条件

以使 $a+b=1$。

a 表示成为发光中心的 M 元素的添加量以及荧光体中 M 和（M + A）原子数之比 [其中 $a = M/(M+A)$] 适宜的是 $0.00001 \sim 0.1$。当 a 值小于 0.00001 时，成为发光中心的 M 的数量少，因此发光亮度降低。当 a 值大于 0.1 时，由于 M 离子间的干扰而出现浓度消光（concentration quenching），以致亮度降低。

特别地，在 M 是 Eu 的情况下，a 值优选是 $0.002 \sim 0.03$，这是因为发光量度高。

c 值是 D 元素如 Si 的含量以及是由 $0.5 \leqslant c \leqslant 4$ 表示的量。该值优选是 $0.5 \leqslant c \leqslant 1.8$，更优选 $c=1$。当 c 值小于 0.5 以及当该值大于 4 时，发光亮度降低。在 $0.5 \leqslant c \leqslant 1.8$ 范围内，发光亮度高，以及特别地，在 $c=1$ 时发光亮度尤其高。其原因在于以下所要描述的 $CaAlSiN_3$ 族结晶相的形成比例提高。

d 值是 E 元素如 Al 的含量以及是由 $0.5 \leqslant d \leqslant 8$ 表示的量。该值优选是 $0.5 \leqslant d \leqslant 1.8$，更优选 $d=1$。当 d 值小于 0.5 以及当该值大于 8 时，发光亮度降低。在 $0.5 \leqslant d \leqslant 1.8$ 范围内，发光亮度高，以及特别地，在 $d=1$ 时发光亮度尤其高。其原因在于以下所要描述的 $CaAlSiN_3$ 族结晶相的形成比例提高。

e 值是 X 元素如 N 的含量以及是由 $0.8 \times (2/3 + 4/3 \times c + d)$ 至 $1.2 \times (2/3 + 4/3 \times c + d)$ 所表示的量。更优选地，$e=3$。当 e 值在上述范围以外时，发光亮度降低。其原因在于以下所要描述的 $CaAlSiN_3$ 族结晶相的形成比例提高。

（3）制备工艺的调节

稀土功能材料除了产品的改进以外，也会包含工艺方法的调节，而方法类的发明就是指把一种物质变为另一种物质所使用的方法，或者制造出一种产品时所使用的特有手法和手段。简单来说，方法类的改进通常可以是机械改进、化学改进、通信改进和生物改进，对于稀土功能材料，主要涉及的是化学改进。方法类权利要求的保护力度不及产品权利要求，但也是产品权利要求的必要补充。对于方法类改进发明，通常需要解释说明各个工艺步骤设置的目的，以及各个工艺参数控制调节的意义，它们与整个发明要解决的技术问题又是如何关联和影响的。

譬如案例 7，权利要求 1 记载的是特定组成的催化剂产品，同时权利要求 5 记载了一种特定的催化剂制造方法，对于该方法，说明书中介绍了：

制造废气净化催化剂的本发明的方法包括如下工序：提供疏水性溶剂相中分散有水相的分散液的工序；在分散液中分散的水性相中，使铈盐、锆盐和铁盐水解，从而使金属氧化物前体析出，并使该金属氧化物前体凝聚的工序；和将凝聚后的金属氧化物前体进行干燥和煅烧的工序。

根据本发明的方法，通过使含有铈、锆和铁的金属氧化物前体在微小的水滴内析出，能够得到氧化铈、氧化锆和氧化铁的前体高度分散的金属氧化物前体。因此，根据本发明，能够得到本发明的废气净化催化剂。

在制造废气净化催化剂的本发明的方法中，首先通常通过使用表面活性剂，提供疏水性溶剂相中分散有水性相的分散液，特别是提供水性相的液滴直径为 2～100nm，优选 2～50nm，更优选 2～40nm 的微乳液。

作为这里能够使用的疏水性溶剂，可以使用环己烷、苯之类的烃、己醇之类的直链醇、丙酮之类的酮类。

而且，能够用于得到这里所提供的分散液的表面活性剂可以是非离子型表面活性剂、阴离子型表面活性剂和阳离子型表面活性剂的任意一种，也可以与疏水性溶剂组合而进行选择。

作为非离子型表面活性剂，可以列举聚氧乙烯（$n=5$）壬基苯基醚之类的聚氧乙烯壬基苯基醚类、聚氧乙烯（$n=10$）辛基苯基醚之类的聚氧乙烯辛基苯基醚类、聚氧乙烯（$n=7$）十六烷基醚之类的聚氧乙烯烷基醚类表面活性剂。另外，作为阴离子型表面活性剂，可以列举二（2－乙基己基）磺基琥珀酸钠，作为阳离子型表面活性剂，可以列举十六烷基三甲基氯化铵、十六烷基三甲基溴化铵等。

在制造废气净化催化剂的本发明的方法中，接着，在分散于如上得到的分散液中的水性相中，使铈盐、锆盐和铁盐水解，从而使金属氧化物前体析出，并且使该金属氧化物前体凝聚。

在此，为了使金属氧化物前体在水滴内析出，将氨水、氢氧化钠水溶液等碱性溶液添加到分散液中，由此使分散液具有偏碱性的性质而能够水解铈盐等。从容易除去方面考虑，通常优选使用氨水。

作为这里所使用的铈盐、锆盐和铁盐，可以选择具有水溶性的性质的任意的盐，例如可以使用硝酸盐、氯化物之类的无机酸盐或醋酸盐、乳酸盐、草酸盐之类的有机酸盐，特别是硝酸盐。

而且，当氧化铈－氧化锆复合氧化物中含有除氧化铁之外的成分，例如选自由碱土金属氧化物和除氧化铈之外的稀土氧化物构成的组的金属氧化物时，能够使构成该金属氧化物的金属的盐，例如硝酸镧在水性相中与铈盐等一起水解。

在制造废气净化催化剂的本发明的方法中，最后，将如上得到的凝聚后的金属氧化物前体进行干燥和煅烧。

金属氧化物前体的干燥和煅烧可以在能使氧化铁固溶于氧化铈-氧化锆复合氧化物中的任意温度下进行。例如，可以将金属氧化物前体放入120℃的烤炉中进行干燥，然后将干燥后的金属氧化物前体在金属氧化物合成中通常可以使用的温度，例如500~1100℃的温度下进行煅烧。

可见说明书中在描述该工艺的同时，对于每个步骤以及每个步骤采用的原料、参数都进行了详细的解释和说明，这与组成和含量的改进类似，通过对方法工艺原理的解释说明，保障该专利在公开充分的基础上，对于创造性高度的有效支撑。

（4）有益效果的证明

稀土功能材料领域同所有的化学学科一样，属于实验科学范畴。为了证明前述组成及其含量设计的技术效果，不仅需要提供足量、不同类型和覆盖全面的实施例，还应该提供具有直观对比效果的对比实验数据，从而可信地证明说明书发明内容部分提及的各种效果。所谓足量，是指实施例数量应该足以覆盖或支持权利要求中的各元素用量范围或相互关系限制等要求，具体数值应当覆盖权利要求限定的端点值，还应当包括端点之间不同范围的值。所谓不同类型，包括产品和/或工艺性能数据、晶格结构测定、用途和效果测试数据等。所谓覆盖全面，是指针对权利要求中各种并列技术要素，对于说明书发明内容部分提及各种效果，实施例都应该覆盖。

譬如案例5，权利要求记载了各组成的配比关系，对于上述组成M、A、D、E、X及其含量的限定，说明书的具体实施方式也提供了详细且充分的实验数据，同时对于各实施例检测得到的性能结果也予以表征，见表3-5~表3-8，另外也列举了对比例。

表3-5 关于组成及其含量调节的实施例

实施例	M元素	A元素				D元素	E元素	X元素
	Eu	Mg	Ca	Sr	Ba	Si	Al	N
	a 值	b 值				c 值	d 值	e 值
1	0.008	0	0.992	0	0	1	1	3
2	0.008	0	0	0	0.992	1	1	3
3	0.008	0	0.1984	0	0.7936	1	1	3
4	0.008	0	0.3968	0	0.5952	1	1	3
5	0.008	0	0.5952	0	0.3968	1	1	3
6	0.008	0	0.7936	0	0.1984	1	1	3
7	0.008	0	0.8928	0	0.0992	1	1	3

实施例	M 元素	A 元素				D 元素	E 元素	X 元素
	Eu	Mg	Ca	Sr	Ba	Si	Al	N
	a 值	b 值				c 值	d 值	e 值
8	0.008	0	0.8928	0.0992	0	1	1	3
9	0.008	0	0.7936	0.1984	0	1	1	3
10	0.008	0	0.6944	0.2976	0	1	1	3
11	0.008	0	0.5952	0.3968	0	1	1	3
12	0.008	0	0.496	0.496	0	1	1	3
13	0.008	0	0.3968	0.5952	0	1	1	3
14	0.008	0	0.1984	0.7936	0	1	1	3
15	0.008	0	0	0.992	0	1	1	3
16	0.008	0.0992	0.8928	0	0	1	1	3
17	0.008	0.1984	0.7936	0	0	1	1	3
18	0.008	0.2976	0.6944	0	0	1	1	3
19	0.008	0.3968	0.5952	0	0	1	1	3
20	0.008	0.496	0.496	0	0	1	1	3
21	0.008	0.5952	0.3968	0	0	1	1	3
22	0.008	0.6944	0.2976	0	0	1	1	3
23	0.008	0.7936	0.1984	0	0	1	1	3
24	0.008	0.8928	0.0992	0	0	1	1	3
25	0.008	0.992	0	0	0	1	1	3

表 3-6 关于组成及其含量的实施例（一）

实施例	Eu	Mg	Ca	Sr	Ba	Si	Al	N
1	0.88056	0	28.799	0	0	20.3393	19.544	30.4372
2	0.51833	0	0	0	58.0887	11.9724	11.5042	17.9163
3	0.56479	0	3.69436	0	50.6371	13.0457	12.5356	19.5225
4	0.62041	0	8.11634	0	41.7178	14.3304	13.77	21.4451
5	0.68818	0	13.5044	0	30.8499	15.8958	15.2742	23.7876
6	0.77257	0	20.2139	0	17.3165	17.8451	17.1473	26.7047
7	0.82304	0	24.2261	0	9.2238	19.0107	18.2673	28.449
8	0.85147	0	25.063	6.08788	0	19.6674	18.8984	29.4318

续表

实施例	Eu	Mg	Ca	Sr	Ba	Si	Al	N
9	0.82425	0	21.5659	11.7864	0	19.0386	18.2941	28.4907
10	0.79871	0	18.2855	17.1319	0	18.4487	17.7273	27.608
11	0.7747	0	15.2022	22.156	0	17.8943	17.1945	26.7783
12	0.7521	0	12.2989	26.887	0	17.3722	16.6929	25.997
13	0.73078	0	9.56019	31.3497	0	16.8797	16.2196	25.26
14	0.69157	0	4.52361	39.5568	0	15.974	15.3494	23.9047
15	0.65635	0	0	46.928	0	15.1605	14.5677	22.6874
16	0.89065	1.76643	26.2163	0	0	20.5725	19.768	30.7862
17	0.90098	3.57383	23.5736	0	0	20.8111	19.9973	31.1432
18	0.91155	5.42365	20.869	0	0	21.0553	20.2319	31.5086
19	0.92238	7.3174	18.1001	0	0	21.3052	20.4722	31.8828
20	0.93346	9.25666	15.2646	0	0	21.5612	20.7181	32.2659
21	0.94481	11.2431	12.3602	0	0	21.8235	20.9701	32.6583
22	0.95645	13.2784	9.3843	0	0	22.0922	21.2283	33.0604
23	0.96837	15.3645	6.33418	0	0	22.3676	21.4929	33.4725
24	0.98059	17.5033	3.20707	0	0	22.6499	21.7642	33.895
25	0.99313	19.6967	0	0	0	22.9394	22.0425	34.3283

表 3-7　关于组成及其含量的实施例（二）

实施例	EuN	Mg_3N_2	Ca_3N_2	Sr_3N_2	Ba_3N_2	Si_3N_4	AlN
1	0.96147	0	35.4993	0	0	33.8578	29.6814
2	0.56601	0	0	0	62.0287	19.932	17.4733
3	0.61675	0	4.55431	0	54.0709	21.7185	19.0395
4	0.67747	0	10.0054	0	44.546	23.8569	20.9142
5	0.75146	0	16.6472	0	32.9406	26.4624	23.1982
6	0.84359	0	24.9176	0	18.4896	29.7068	26.0424
7	0.89868	0	29.863	0	9.84853	31.6467	27.7431
8	0.92972	0	30.8943	6.73497		32.7397	28.7012
9	0.9	0	26.5838	13.0394	0	31.6931	27.7837
10	0.87212	0	22.5403	18.9531	0	30.7114	26.9231
11	0.84592	0	18.7397	24.5116	0	29.7886	26.1142

续表

实施例	EuN	Mg$_3$N$_2$	Ca$_3$N$_2$	Sr$_3$N$_2$	Ba$_3$N$_2$	Si$_3$N$_4$	AlN
12	0.82124	0	15.1609	29.7457	0	28.9197	25.3524
13	0.79797	0	11.785	34.6832	0	28.1	24.6339
14	0.75516	0	5.57638	43.7635	0	26.5926	23.3124
15	0.71671	0	0	51.9191	0	25.2387	22.1255
16	0.97249	2.44443	32.3156	0	0	34.2459	30.0216
17	0.98377	4.94555	29.058	0	0	34.6429	30.3697
18	0.99531	7.50535	25.724	0	0	35.0493	30.726
19	1.00712	10.1259	22.3109	0	0	35.4654	31.0907
20	1.01922	12.8095	18.8158	0	0	35.8914	31.4642
21	1.03161	15.5582	15.2356	0	0	36.3278	31.8467
22	1.04431	18.3747	11.5674	0	0	36.7749	32.2387
23	1.05732	21.2613	7.80768	0	0	37.2332	32.6404
24	1.07067	24.2208	3.9531	0	0	37.7031	33.0523
25	1.08435	27.256	0	0	0	38.1849	33.4748

表 3 – 8 关于各组成配方的性能检测数据

峰	指数			2θ	间距	观察到的强度	计算出的强度
No.	h	k	l	度	Å	任意单位	任意单位
1	2	0	0	18.088	4.90033	1129	360
2	1	1	0	18.109	4.89464	3960	1242
3	2	0	0	18.133	4.90033	569	178
4	1	1	0	18.154	4.89454	1993	614
5	1	1	1	25.288	4.89464	3917	5137
6	1	1	1	25.352	3.51896	1962	2539
7	3	1	0	31.61	3.51896	72213	68028
8	0	2	0	31.648	2.82811	38700	36445
9	3	1	0	31.691	2.82483	35723	33624
10	0	2	0	31.729	2.82811	19158	18014
11	0	0	2	35.431	2.82483	75596	78817
12	0	0	2	35.522	2.53137	37579	39097

续表

峰	指数			2θ	间距	观察到的强度	计算出的强度
No.	h	k	l	度	Å	任意单位	任意单位
13	3	1	1	36.357	2.53137	100000	101156
14	0	2	1	36.391	2.467	56283	56923
15	3	1	1	36.451	2.46682	49334	49816
16	0	2	1	36.484	2.469	27873	28187
17	4	0	0	36.647	2.46682	15089	15187
18	2	2	0	36.691	2.45017	11430	11483
19	4	0	0	36.741	2.44732	7481	7507
20	2	2	0	36.785	2.45017	5661	5676
21	2	0	2	40.058	2.44732	5403	5599
22	1	1	2	40.068	2.24902	76	79
23	2	0	2	40.162	2.24847	2678	2767
24	1	1	2	40.172	2.24902	38	39
25	2	2	1	40.924	2.20339	14316	13616

比较例1：

使用实施例1中所述原料粉末，为获得不含 M 元素的纯的 $CaAlSiN_3$，称取氮化硅粉末、氮化铝粉末和氮化钙粉末以使得分别为 34.088 重量%、29.883 重量% 和 36.029 重量%，以与实施例1中相同的方法制备粉末。根据粉末 X－射线衍射的测定，证实所合成的粉末是 $CaAlSiN_3$。当测量该合成的无机化合物的激发和发射光谱时，在 570～700nm 范围内没有观察到任何明显的发射峰。

3. 小结

本节从高端稀土功能材料不同的细分领域研究特点出发，分析了稀土功能材料领域专利撰写与研究方向的联系，也通过实际案例列举了稀土功能材料领域的专利申请权利要求与说明书撰写的领域特色，使读者对该领域专利申请的撰写方向和撰写特点有一个感性的认知。同时，在提供技术交底资料时，创新主体应该基于这些领域技术特点做好充分的材料准备，才能从源头提高专利申请质量，提高授权可能性和维权便利性，充分发挥专利的作用。

第三节　高端稀土功能材料领域的"专利江湖"

本节将从国内和国际视角分析现有高端稀土功能材料领域的专利申请整体情况和发展态势，挖掘世界高端稀土功能材料领域的研发热点区域、不同主体的创新特点和相互之间的竞争态势，带着读者亲身感受高端稀土功能材料领域的"专利江湖"。

本节同样利用incoPat专利信息平台进行检索，专利数据库均涵盖中文和外文数据库，检索时间范围从2010年1月1日到2020年12月31日，采取的检索方法是关键词和分类号相结合的方式，但与第一章不同的是，本节聚焦于专利申请技术和质量的指标分析，因此不考虑实用新型和外观设计，主要以发明专利为主。

一、高端稀土功能材料领域专利整体申请特点分析

1. 基本申请数据

图3-4所示为2010—2020年稀土功能材料在稀土永磁、稀土储氢、稀土发光和稀土催化四个细分领域下的申请数量变化趋势，表3-9所示为稀土永磁、稀土储氢、稀土发光和稀土催化四个细分领域下的申请数量变化明细。

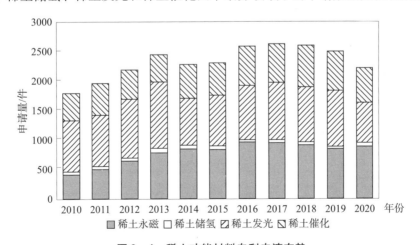

图3-4　稀土功能材料专利申请态势

表3-9 高端稀土功能材料专利申请详细数据

年份	稀土永磁（件）	稀土储氢（件）	稀土发光（件）	稀土催化（件）	合计（件）
2010	415	52	863	468	1798
2011	502	56	868	529	1955
2012	639	53	992	499	2183
2013	778	76	1132	457	2443
2014	853	63	791	568	2275
2015	836	64	860	540	2300
2016	957	47	910	669	2583
2017	946	53	970	653	2622
2018	905	53	933	706	2597
2019	843	48	934	672	2497
2020	890	55	685	587	2217

从图3-4和表3-9可以看出，稀土功能材料领域的申请总量整体呈现正态分布，在2017年达到峰值后呈现逐步下降趋势，这与各国对于稀土的资源开采和利用等政策调整是分不开的，同时也体现了技术创新的一定规律。2017年之前，各国对于稀土的研究热情持续高涨，但随着技术研究积攒到一定程度，在下一次重大突破之前，创新成果的产出速率会下降。

在稀土功能材料的四个细分领域中，稀土发光材料和稀土永磁材料的创新占比较高，稀土储氢材料相对较少。前文介绍过，稀土永磁材料经历了两次快速发展期，本节主要聚焦第二次快速发展期的成果，而稀土发光材料和稀土催化材料则聚焦第一次快速发展期。这三种细分领域的材料之所以能够在2017年左右保持较高的研究态势，主要依赖于中国经济的快速增长，例如LED产品、电气产品、汽车等市场的需求猛增，在其他国家已经呈现下降或者平缓趋势的时候，中国申请影响了全球申请趋势。总量最小的稀土储氢材料的研究波动比较明显，其更需要突破技术瓶颈，真正满足当前环保形势下的新能源需求。

2. 技术功效

专利体现的是技术创新，不同领域有不同的创新特点和研究方向，本节将从各细分领域下已有专利申请的发明创新方向研究，作为后续进一步研究创新的基础，图3-5~图3-8分别是稀土永磁、稀土储氢、稀土发光和稀土催化四个细分领域近十年技术创新的方向。

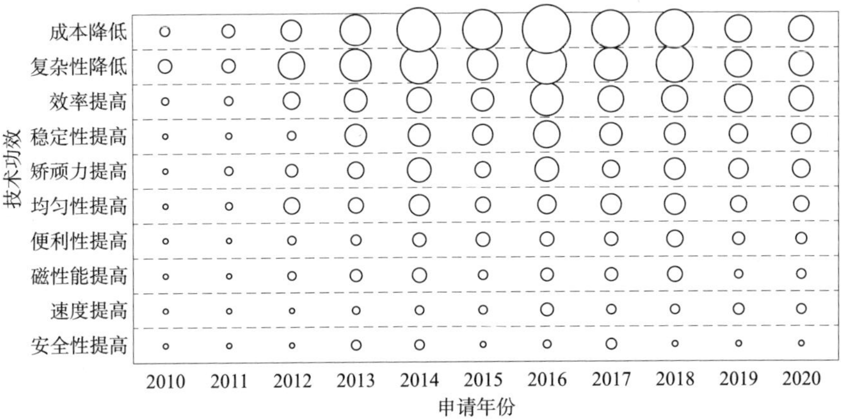

图3-5 稀土永磁材料的技术创新方向

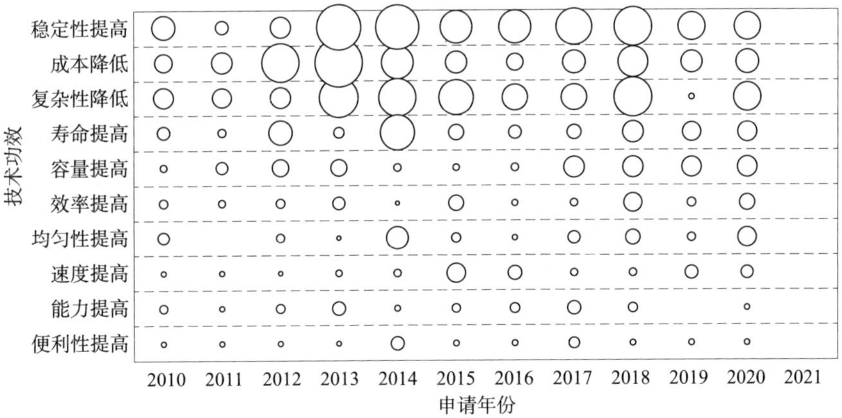

图3-6 稀土储氢材料的技术创新方向

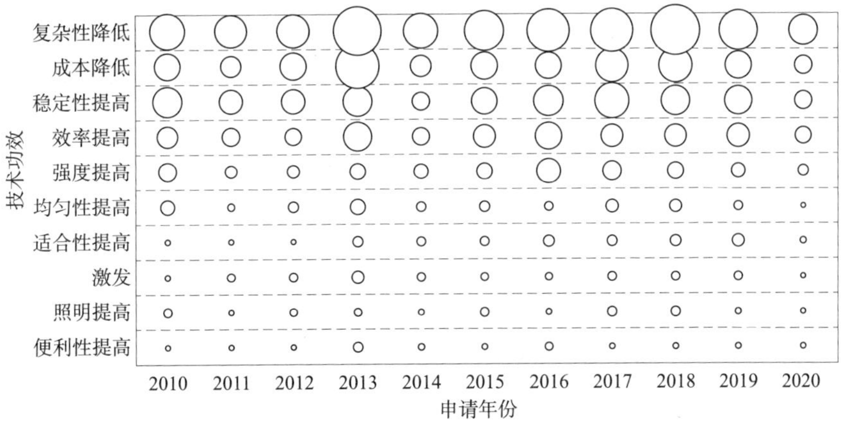

图3-7 稀土发光材料的技术创新方向

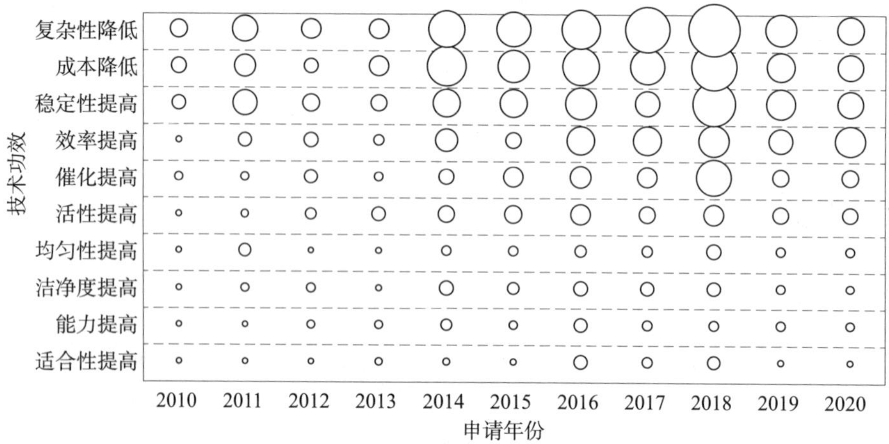

图 3-8　稀土催化材料的技术创新方向

从图 3-5～图 3-8 可以看出，所有的稀土功能材料都注重成本降低、复杂性降低和稳定性提高，这与稀土的固有属性分不开。稀土作为可持续发展的战略资源，尤其是在 2013—2018 年，大家主要创新的研究方向就是如何能够在不损失已有材料性能的基础上进一步降低稀土元素的添加量，进而节约成本；同时，由于稀土的特性，可以显著提高功能材料的多方性能，例如磁性能、热性能、催化性能等，但是这些性能的稳定性维持也是一个重要的考虑因素，因为它们的下游链必须要求长期的性能保持，而不是一时的性能突变，所以稳定性也是各细分领域下稀土功能材料追求的改进方向。

对于永磁材料而言，矫顽力属于磁性材料常见的性能指标，可能在技术突破方面没有成本降低那么明显，但这些性能的维持和进一步提升，是永磁材料亘古不变的追求。稀土永磁材料相比于其他稀土功能材料不同的是，还关注了安全性的提高，那是由于稀土永磁材料会用于热处理的设备中，那么安全性的保障则是其应用环境必须要考虑的。从近十年的专利申请来看，各方向的研究特点主要依赖于当年的申请量，比如，2014 年、2016 年和 2018 年比较突出，其余时间相对比较稳定。

对于储氢材料而言，储氢性能是其固有的性能指标，因此与永磁材料类似，技术的创新会首先保障该领域基本性能的实现，但与稀土永磁材料不同的是，在近十年，各性能的研究重点不太一致，比如寿命的提升，在 2014 年和 2018 年以后都是研究热点，速度的提高仅仅在 2015 年和 2016 年研究比较多，而均匀性的提高又集中在 2014 年和 2020 年以后。这在一定程度上反映了稀土储氢材料的创新点并不是很集中，比较分散，结合不同的应用需求影响比较大。

对于发光材料而言，首要关注的就是发光效率和发光强度，发光效率低是其在发展道路上的障碍，这个指的是在紫外光照射下的发光效率，影响发光效率的主要是基质材料的声子能量和表面缺陷以及激活离子的吸收和发射能力，作为既是基质又可以是激活剂、掺杂剂等的稀土元素，也密切影响到发光的强度。从近十年的研究态势来看，领域内的研究共性比较一致，主要随着申请量的变化而变化，也集中在主要的发光效率和发光强度上。

对于催化材料而言，顾名思义，重点就是关注催化活性及催化效率的提高，与稀土永磁材料和稀土发光材料类似，各方向研究的热点主要受当年申请量的影响，没有特别的波动。

3. 审查状态

从图 3-9 可以看出，稀土永磁、稀土储氢、稀土发光和稀土催化四个细分领域下的稀土功能材料在近十年的授权、驳回情况相差不多，基本授权率都在 80% 左右，驳回率在 11% 左右，这也从一个层面反映出这个领域的创新度还是比较高的。

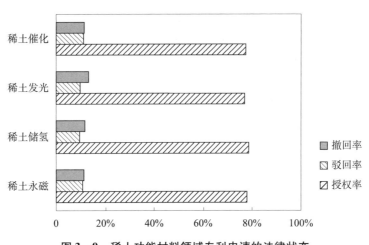

图 3-9 稀土功能材料领域专利申请的法律状态

二、高端稀土功能材料领域的重点申请分析

接下来，通过各地域、各重点申请人分析高端稀土功能材料领域的专利申请撰写特点。

图 3 - 10 所示为稀土功能材料在全
球主要地区的分布，中国申请量占据了
主要位置，其次是日本和美国，三者的
申请量占比达到了全球总量的约 90%。
尽管如此，该领域的核心技术公认仍旧
被日本和美国所垄断，我国申请量虽
高，但质量和创新高度与日本和美国相
比仍然有一定差距。

表 3 - 10 是稀土永磁、稀土储氢、
稀土发光和稀土催化四个细分领域下五
大专利局的申请量占比，与总量趋势一

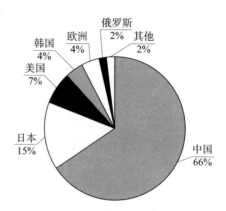

图 3 - 10　全球分区域专利申请数量占比

致的是，在所有领域中国的申请量遥遥领先，尤其是在稀土永磁材料和稀土储
氢材料两个领域，其次是日本，但是对于稀土催化材料，欧洲的专利申请量略
高于美国的申请量，并且对于欧洲而言，也主要是集中在稀土催化材料方面，
在其他方面申请量都相对较少。从市场的角度来讲，中国和日本是最大的稀土
消费国，稀土消费量分别占全球消费总量的 56.5% 和 21.2%，欧洲、美国约
各占 8%，这与各地区的专利申请量比较吻合。

表 3 - 10　四个技术细分领域全球分区域专利申请量占比情况

区域	技术领域			
	稀土永磁	稀土储氢	稀土发光	稀土催化
中国	73%	75%	58%	68%
日本	14%	12%	18%	12%
美国	6%	5%	9%	6%
韩国	3%	3%	6%	2%
欧洲	2%	1%	3%	10%
其他国家和地区	2%	4%	6%	2%

对于申请量最高的中国，2018 年稀土功能材料产值约 500 亿元，其中，
稀土永磁材料占比最高，占 75%，产值约 375 亿元，稀土催化材料占比 20%，
产值约 100 亿元。同年，在全球稀土消费量中稀土永磁材料也是占比最高的，
达到 25%，这主要受益于新能源汽车和电子工业等领域的高速发展；稀土催
化材料主要用于汽车尾气净化等领域，消费占比约 22%。

接下来以在中国布局的专利为样本，从权利要求的数量、文献的页数、同

族情况、引用情况等角度，分析四个细分领域的创新质量。

1. 撰写情况

从宏观统计趋势上看，平均每件专利申请权利要求数越大，通常在一定程度上表征专利质量越高。图 3 - 11 ~ 图 3 - 14 显示了不同细分领域下稀土功能材料的专利撰写情况。

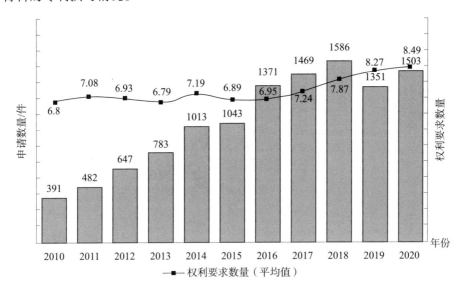

图 3 - 11　稀土永磁材料的撰写情况

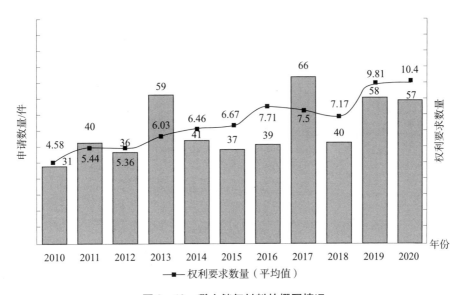

图 3 - 12　稀土储氢材料的撰写情况

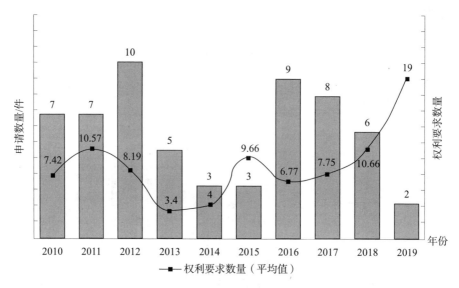

图 3 – 13　稀土发光材料的撰写情况

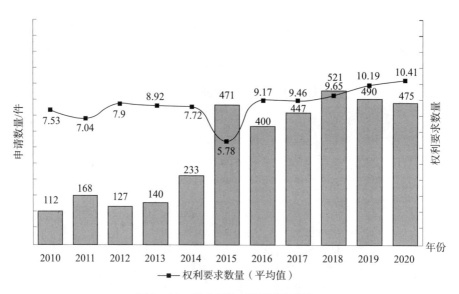

图 3 – 14　稀土催化材料的撰写情况

在近十年的发展中，权利要求撰写数量在四个细分领域下的分布都相差不多，约 7 项。由于申请量的变化主要来源于中国国内的申请，在 2016—2018 年四种材料的专利申请文件撰写的权利要求项数有所上升，表明中国创新主体的专利保护意识和能力逐渐增强。

图 3 - 15 ~ 图 3 - 22 是在中国布局的主要申请人和地区的撰写情况, 可以发现不同的细分领域, 不同地域申请人的撰写差异非常大。

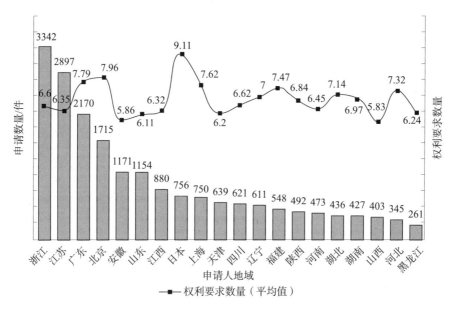

图 3 - 15 稀土永磁材料的不同地域撰写情况

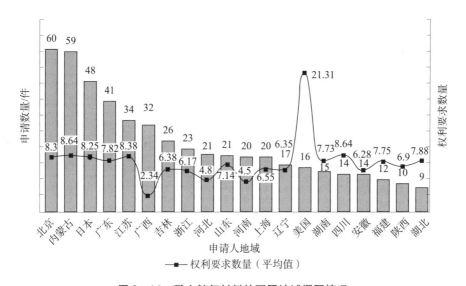

图 3 - 16 稀土储氢材料的不同地域撰写情况

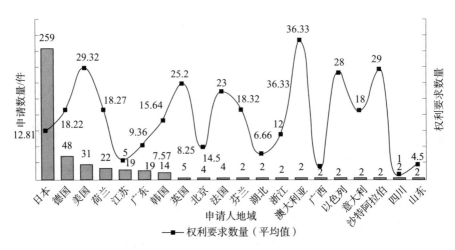

图3-17　稀土发光材料的不同地域撰写情况

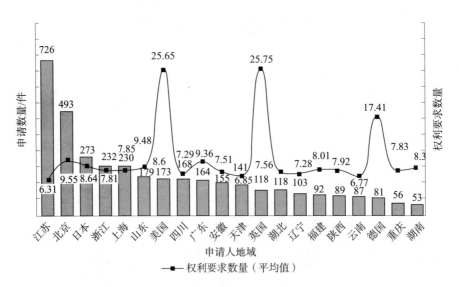

图3-18　稀土催化材料的不同地域撰写情况

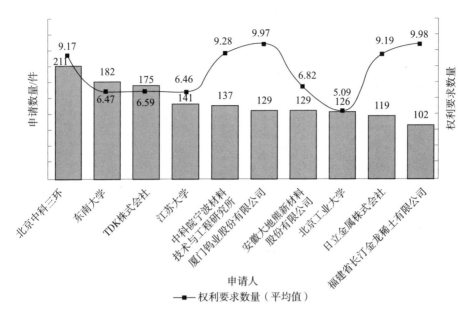

图 3 - 19　稀土永磁材料的主要申请人撰写情况

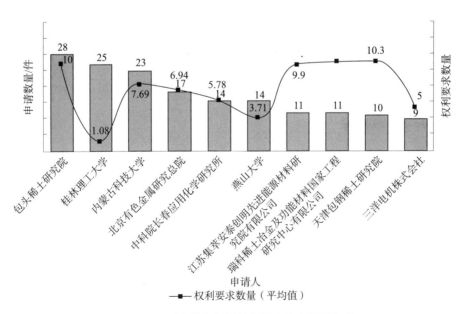

图 3 - 20　稀土储氢材料的主要申请人撰写情况

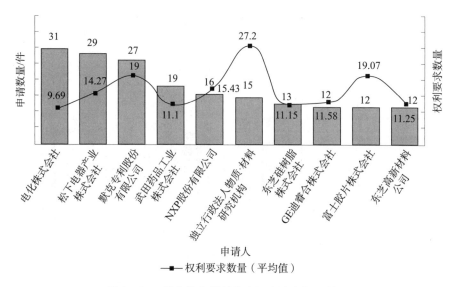

图3-21　稀土发光材料的主要申请人撰写情况

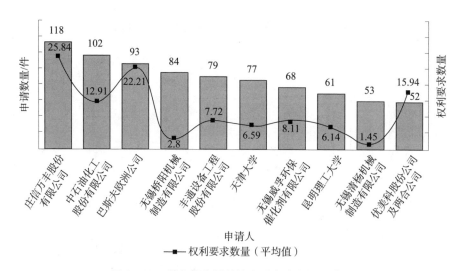

图3-22　稀土催化材料的主要申请人撰写情况

在稀土永磁材料领域，日本掌握了很多核心技术，且本身日本的专利制度建立就较早，专利保护的能力也较强，通过图3-15可以发现，日本在中国布局的专利权利要求数量平均为9项，远远高于中国其他的申请。对于国内的申请人而言，广东、北京、福建、河北等地区的专利权利要求项数相对突出，从侧面反映了这几个地区的稀土永磁材料撰写质量相对偏高。从申请人的角度来看，比较突出的是日立金属株式会社、TDK 株式会社、厦门钨业股份有限公司（简称厦门钨业）和中科院宁波材料技术与工程研究所，日立金属株式会社和 TDK 株式会社本身就是稀土永磁材料领域的龙头企业，厦门钨业和中科院宁波材料技术与工程研究所也是国内重点申请人，所以他们的申请也从一定程度上反映了这个领域的撰写质量。

在稀土储氢材料领域，从图 3-16 和图 3-20 可以看出，美国在中国布局的专利权利要求数量平均为 21 项，远高于中国的申请和日本的申请，虽然稀土永磁材料中，日本的申请相比于中国国内申请的申请文件撰写更丰富，但是在稀土储氢材料中，日本的申请并没有体现出任何优势，而是与国内大部分申请相差不多。从申请人来看，江苏集萃安泰创明先进能源材料研究院有限公司、包头稀土研究院、瑞科稀土冶金及功能材料国家工程研究中心和天津包钢稀土研究院撰写的权利要求项数较多。整体来看，稀土储氢材料的主要申请人在撰写方面都不是特别突出，该细分领域的撰写质量还有很大的进步空间。

在稀土发光材料领域，从图 3-17 和图 3-21 可以看出，大部分都是日本企业布局，其余国家比较分散。尽管如此，日本申请文件的权利要求数量并不多，反而其他国家的申请比较突出，澳大利亚的权利要求数量平均达到了 36 项以上，美国、英国、法国、以色列和沙特阿拉伯的权利要求数量也都接近于 30 项。从为数不多的国内申请来看，广东和北京的撰写情况相当，权利要求数量为 8~9 项，其余则更低。从申请人来看，比较突出的是独立行政法人物质·材料研究机构，在中国布局的前十名中没有中国申请人，可见在该领域，我们更应该寻求技术的突破和专利的布局。

在稀土催化材料领域，从图 3-18 和图 3-22 可以看出，美国、英国和德国的申请在撰写数量方面比较突出，尤其是美国和英国的申请，权利要求数量均在 25 项以上。在所有稀土功能材料中，美国除了稀土永磁材料方面建树相对较少以外，其余三种材料的专利布局都表现非常突出，这能够从一定程度说明美国专利撰写质量在全球都处于领先水平。再看国内申请，应该说创新主体的撰写情况都相差不多，权利要求数量基本在 10 项以内。从申请人来看，表现突出的是巴斯夫欧洲公司和优美科股份公司及两合公司，国内表现突出的是中石油化工股份有限公司和昆明理工大学。中石油化工股份有限公司是技术创新和保护方面一直做得不错的国内企业，如果能够在专利布局上进一步精细化管理，其创新保护水平还能再有更大的提升。

2. 同族情况

同族专利是指在不同国家或地区由专利权人多次提出申请的基于同一优先

权的一组专利文献。每件专利的同族数量，主要体现对目标国的布局范围，它可以反映出一项技术的重要程度，也能够反映专利权人申请专利的地域广度以及其潜在的市场开发战略。同族数量越高，表示海外专利布局越广泛，专利市场利用价值越高，因而该参数同样能够在一定程度上反映专利价值。

图 3-23～图 3-26 是稀土功能材料领域的主要申请人同族情况。在四个细分领域下，国外申请的同族数量明显高于国内申请的同族数量，国内仅有稀土永磁材料领域的厦门钨业有同族，但数量不多，平均也就是在除中国以外的一个地区布局，其余申请人基本仅在中国申请专利。横向对比各细分领域，稀土永磁材料和稀土储氢材料的平均同族数量不多，即使是国外申请，同族数量也仅 2 个左右，但稀土发光材料和稀土催化材料则不同，同族数量都在 5 个以上甚至达到了 12 个（庄信万丰股份有限公司），这也反映了不同细分领域的创新特点，对于稀土发光和稀土催化材料而言，全球的创新热度相对平衡，没有稀土永磁和稀土储氢材料那么集中，且市场聚焦也更广。

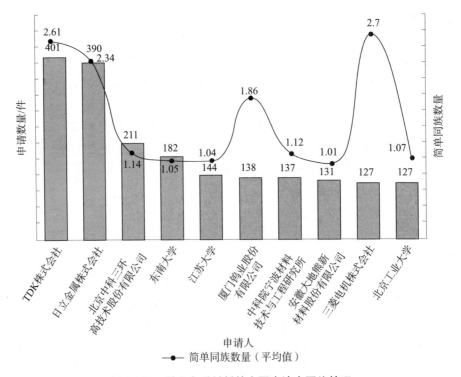

图 3-23　稀土永磁材料的主要申请人同族情况

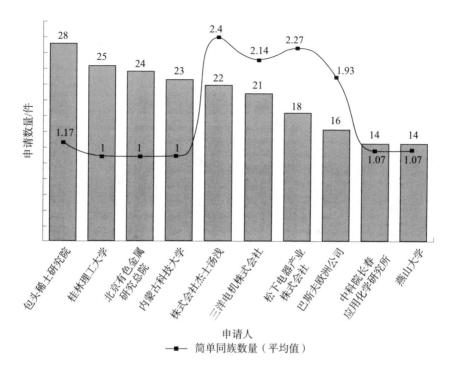

图 3 - 24　稀土储氢材料的主要申请人同族情况

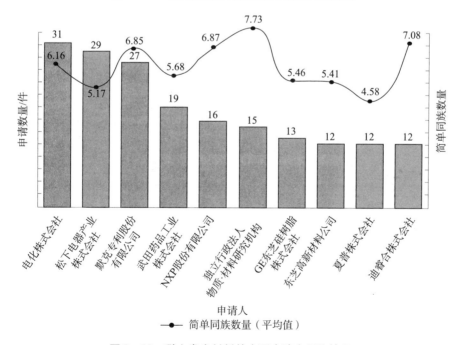

图 3 - 25　稀土发光材料的主要申请人同族情况

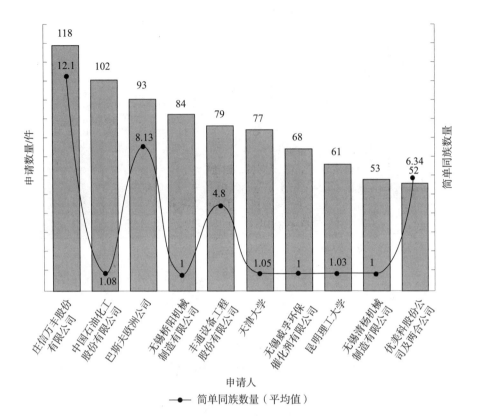

图 3-26 稀土催化材料的主要申请人同族情况

图 3-27 ~ 图 3-30 是稀土功能材料领域的申请在中、美、欧、日、韩五局的流向情况，五局流向是指中、美、欧、日、韩五大局中，各局作为技术来源国在五大局中的技术布局情况，通过流向图可以了解稀土功能材料领域申请人在主要国家/地区的技术实力和专利布局情况。可以看出，不同的细分领域，不同的国家在技术实力上各有千秋，各国在国外的专利布局也不尽相同。

从图 3-27 可见，稀土永磁材料领域，日本专利同时注重在中国、美国和欧洲布局，而中国却很少在日本布局，只有少部分申请人在美国和欧洲布局，美国和欧洲在中国的布局相比其余地区布局较多，从日本、美国和欧洲的整体布局情况来看，都非常看重中国的市场。因此，为了打破国外的技术壁垒，突破"卡脖子"的问题迫在眉睫，而韩国在稀土永磁材料领域不是重点区域，所以与其他四个区域的流向都相对比较少。

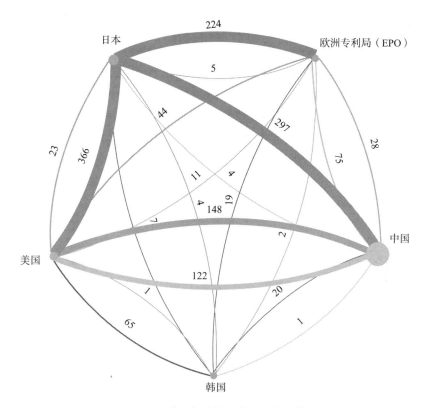

图 3 - 27　稀土永磁材料的五局流向情况

由图 3 - 28 可见，稀土储氢材料领域，日本的布局情况同稀土永磁材料类似，同时注重在中国、美国和欧洲布局；美国也看重中国的市场，主要在中国布局；而中国则更注重在美国的布局，少量在日本和欧洲布局；韩国的量不大，但布局比较均匀。与稀土永磁材料不同的是，仅有日本和美国更看重中国的市场布局，欧洲表现不及前面二者。

由图 3 - 29 可见，稀土发光材料领域，日本依然是布局最多的国家，同时注重在中国、美国和欧洲布局；美国在该细分领域的布局不同于稀土永磁材料和稀土储氢材料，优选在日本布局；欧洲和韩国则相对布局比较均衡，没有太大的差别；而中国相对而言在日本布局略多。

由图 3 - 30 可见，稀土催化材料领域，日本的表现与前面三个细分领域不太一样，主要在欧洲布局，少量在中国和美国布局；美国与日本类似，也主要看重的是在欧洲的市场布局；中国、韩国和欧洲都相对布局比较均衡。

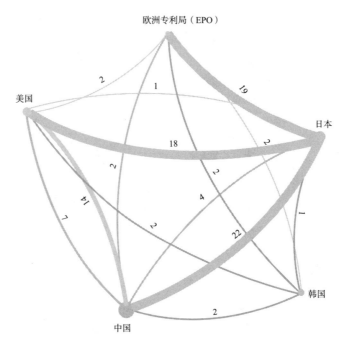

图 3 - 28 稀土储氢材料的五局流向情况

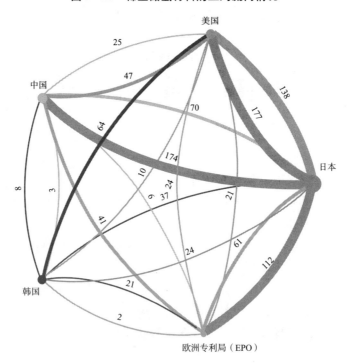

图 3 - 29 稀土发光材料的五局流向情况

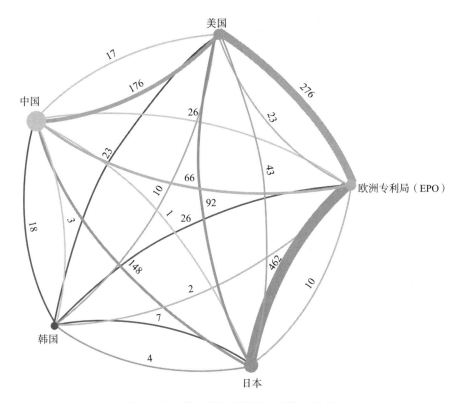

图 3 - 30　稀土催化材料的五局流向情况

　　归纳起来，专利布局意识向来较强的日本在四个细分领域都注重在中国、美国和欧洲的布局，其中稀土催化材料更偏重于欧洲；美国在稀土永磁材料和稀土储氢材料领域也非常看重中国的市场，但稀土发光材料更倾向于在日本布局，稀土催化材料更倾向于在欧洲布局，这是针对不同的产品、不同的市场需求进行的布局，这也是专利制度发展较为成熟的国家一种常见的市场导向选择；日本和美国是稀土功能材料的国际巨头所在地，欧洲和韩国技术力量略弱，其专利布局方面相对也弱一些。中国申请量虽然比较大，但在海外布局量并不多，在这为数不多的同族中，稀土永磁材料和稀土储氢材料偏向于在美国布局，稀土发光材料偏向于在日本布局，稀土催化材料没有明显差别。

　　3. 引用和被引用情况

　　图 3 - 31 ~ 图 3 - 38 显示的是稀土功能材料的重点申请人引用和被引用的情况。引用是指平均每件专利申请引用在前专利量。该数据从侧面反映申请人两方面的信息：一方面是申请人对现有技术的全面了解，便于准确确定

自己发明的技术贡献，从而提高专利撰写质量；另一方面是申请人的研发体系属于在现有技术基础上的递进式研发，大多属于技术模仿或参与者。被引用是指平均每件专利申请被其他专利引用量，通常用该指标来反映专利的重要性或质量，一般认为某一专利的被引用度越高，该专利的质量就越好，拥有高被引用度的企业往往被认为具有较强的竞争优势，属于行业的技术先驱者或领军者。

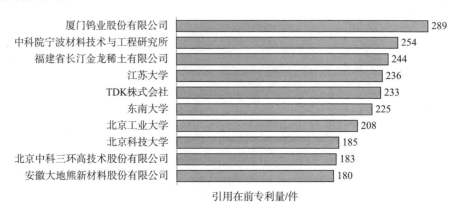

图 3 – 31　稀土永磁材料的重点申请人引用情况

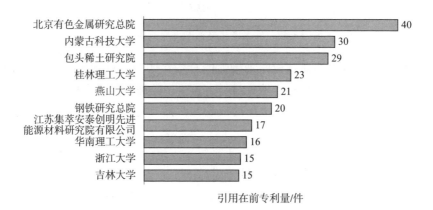

图 3 – 32　稀土储氢材料的重点申请人引用情况

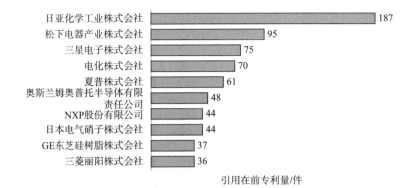

图 3－33　稀土发光材料的重点申请人引用情况

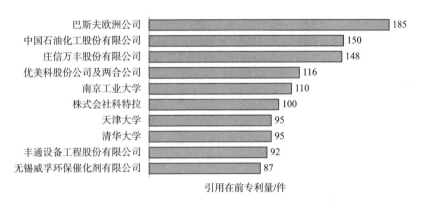

图 3－34　稀土催化材料的重点申请人引用情况

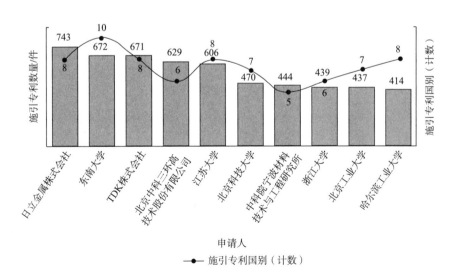

图 3－35　稀土永磁材料的重点申请人被引用情况

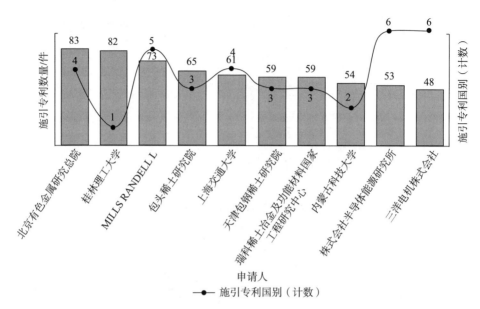

图3-36 稀土储氢材料的重点申请人被引用情况

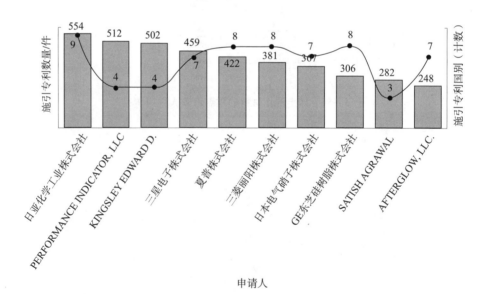

图3-37 稀土发光材料的重点申请人被引用情况

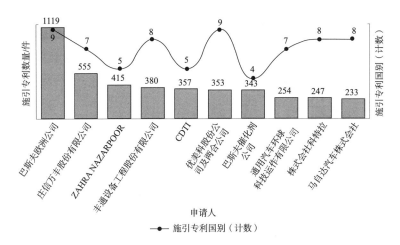

图 3-38 稀土催化材料的重点申请人被引用情况

在稀土永磁材料领域，国内的创新主体东南大学的引用和被引用数量相对较多，也从一个角度说明我们现在高校的研究已经在从"跟跑"的阶段走向"并跑"的阶段，厦门钨业股份有限公司的引用专利非常多，但是被引用的数量并不多，说明该企业的技术在该领域的引领度和认可度还不高，国外龙头企业日立金属株式会社和 TDK 株式会社的被引用情况毋庸置疑地处于领先地位。在稀土储氢材料领域，国内创新主体，诸如北京有色金属研究总院、桂林理工大学和包头稀土研究院在引用和被引用方面都表现不错，不过与日本的企业三洋电机株式会社和株式会社半导体能源研究所相比，我们被引用的国别不多，尤其是桂林理工大学，虽然被引用的数量较多，但基本只是国内的申请在引用，这也是在这个领域我们需要走出去，并得到国际上的认可需要努力的方向。在稀土发光材料领域，无论是引用和被引用国内的申请都很难入围，在国际上，日亚化学工业株式会社、三星电子株式会社、夏普株式会社等都是大家比较认可的技术创新团队。在稀土催化材料领域，巴斯夫欧洲公司的引用和被引用度都是最高的，尤其是被引用的数量和国家，远高于其他申请人，也充分显示了大家对于巴斯夫技术的认可，而国内申请在引用方面表现突出的是中国石油化工股份有限公司（简称中石油），不过从之前对同族情况的分析来看，中石油在国内范围表现出了一定的专利能力，但是在国际上被认可、被引用或者去布局的意识还有待提高。

4. 技术主题分析比较

（1）稀土永磁材料

图 3-39、图 3-40 和表 3-11 分别示出了稀土永磁材料的整体技术主题

分布、重点申请人的技术主题分布和主要技术主题释义。

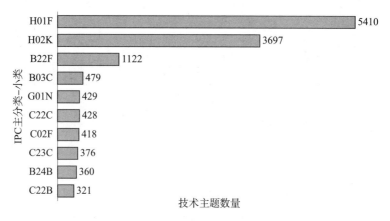

图 3-39　稀土永磁材料的技术主题分布

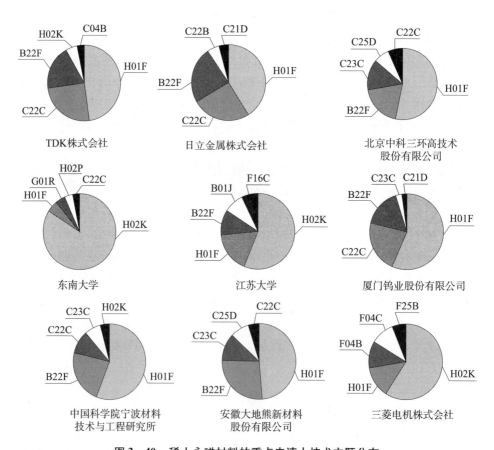

图 3-40　稀土永磁材料的重点申请人技术主题分布

表3－11　稀土永磁材料的部分技术主题释义

技术主题	含义解释
H01F	磁体；电感；变压器；磁性材料的选择
H02K	电机
B22F	金属粉末的加工；由金属粉末制造制品；金属粉末的制造
B03C	从固体物料或流体中分离固体物料的磁或静电分离；高压电场分离
G01N	借助于测定材料的化学或物理性质来测试或分析材料
C22C	合金
C02F	水、废水、污水或污泥的处理
C23C	对金属材料的镀覆；用金属材料对材料的镀覆；表面扩散法、化学转化或置换法的金属材料表面处理；真空蒸发法、溅射法、离子注入法或化学气相沉积法的一般镀覆
B24B	用于磨削或抛光的机床、装置或工艺
C22B	金属的生产或精炼

分析稀土永磁材料分布的技术主题可以发现，日本的龙头企业 TDK 株式会社和日立金属株式会社技术创新方向比较一致，除了主要在磁性材料方向研究以外，还重视上游的稀土粉末材料的制备，但三菱电机株式会社则倾向于下游应用的研究，国内的企业则各有千秋，譬如北京中科三环相对重视上游稀土粉末材料的制备，而东南大学、江苏大学则偏向于下游电动机方向的研究。

（2）稀土储氢材料

图3－41、图3－42和表3－12分别示出了稀土储氢材料的整体技术主题分布、重点申请人的技术主题分布和主要技术主题释义。

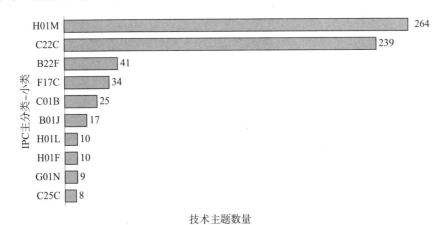

图3－41　稀土储氢材料的技术主题分布

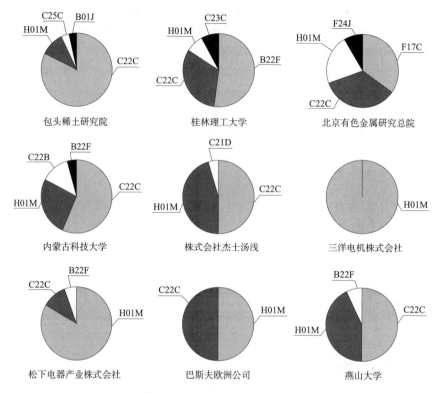

图 3-42　稀土储氢材料的重点申请人技术主题分布

表 3-12　稀土储氢材料的部分技术主题释义

技术主题	含义解释
H01M	用于直接转变化学能为电能的方法或装置，例如电池组
C22C	合金
B22F	金属粉末的加工；由金属粉末制造制品；金属粉末的制造
F17C	盛装或贮存压缩的、液化的或固化的气体的容器；固定容量的贮气灌；将压缩的、液化的或固化的气体灌入容器内，或从容器内排出
C01B	非金属元素；其化合物
B01J	化学或物理方法，例如，催化作用，胶体化学；其有关设备
H01L	半导体器件；其他类目未包含的电固体器件
H01F	磁体；电感；变压器；磁性材料的选择
G01N	借助于测定材料的化学或物理性质来测试或分析材料
C25C	电解法生产、回收或精炼金属的工艺；其所用的设备

　　分析稀土储氢材料分布的技术主题可以发现，三洋电机株式会社的申请基本都分布在储氢材料的具体应用当中，松下电器产业株式会社和株式会社杰士汤浅也相对比较重视应用的研究，而国内申请人包头稀土研究院、内蒙古科技大学

等，更倾向于储氢材料本身的研究，在下游的应用研究相对较少，巴斯夫欧洲公司和国内的燕山大学则是在材料本身和应用两方面研究相对比较均衡。另外，桂林理工大学与众不同的是，有很大一部分申请是在粉末加工领域，属于上游研究。

（3）稀土发光材料

图3－43、图3－44和表3－13分别示出了稀土发光材料的整体技术主题分布、重点申请人的技术主题分布和主要技术主题释义。

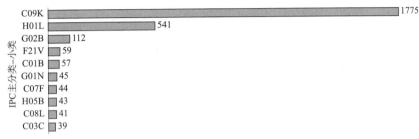

图3－43 稀土发光材料的技术主题分布

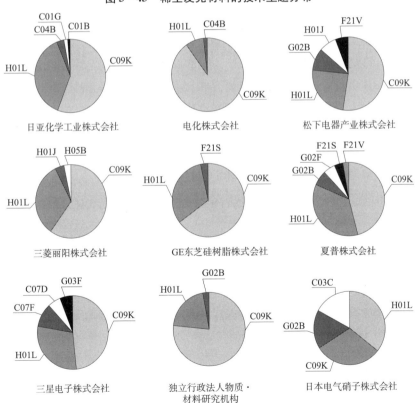

图3－44 稀土发光材料的重点申请人技术主题分布

— 151 —

表 3 – 13 稀土发光材料的部分技术主题释义

技术主题	含义解释
C09K	不包括在其他类目中的各种应用材料
H01L	半导体器件；其他类目未包含的电固体器件
G02B	光学元件、系统或仪器
F21V	照明装置及其系统的功能特征或零部件；不包含在其他类目中的照明装置和其他装置的联合结构
C01B	非金属元素；其化合物
G01N	借助于测定材料的化学或物理性质来测试或分析材料
C07F	含除碳、氢、卤素、氧、氮、硫、硒或碲以外的其他元素的无环，碳环或杂环化合物
H05B	电热；其他类目不包含的电照明
C08L	高分子化合物的组合物
C03C	玻璃、釉或搪瓷釉的化学成分；玻璃的表面处理；由玻璃、矿物或矿渣制成的纤维或细丝的表面处理；玻璃与玻璃或与其他材料的接合

分析稀土发光材料分布的技术主题可以发现，所有申请人都比较集中，分布在 C09K 的发光材料中，除此以外，还重点考虑下游的产品，即由发光材料制成的半导体器件，稀土发光材料研究相比其他稀土功能材料而言相对比较集中，这可能与发光材料的研究核心相对比较集中有关。

（4）稀土催化材料

图 3 – 45、图 3 – 46 和表 3 – 14 分别示出了稀土催化材料的整体技术主题分布、重点申请人的技术主题分布和主要技术主题释义。

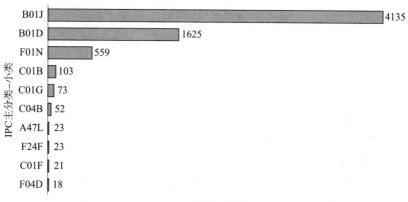

图 3 – 45 稀土催化材料的技术主题分布

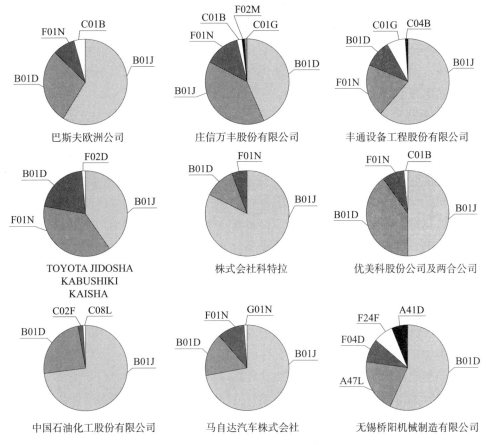

图 3-46 稀土催化材料的重点申请人技术主题分布

表 3-14 稀土催化材料的部分技术主题释义

技术主题	含义解释
B01J	化学或物理方法，例如，催化作用，胶体化学；其有关设备
B01D	分离
F01N	一般机器或发动机的气流消音器或排气装置；内燃机的气流消音器或排气装置
C01B	非金属元素；其化合物
C01G	含有不包含在 C01D 或 C01F 小类中之金属的化合物
C04B	石灰；氧化镁；矿渣；水泥；其组合物，例如：砂浆、混凝土或类似的建筑材料；人造石；陶瓷；耐火材料；天然石的处理
A47L	家庭的洗涤或清扫；一般吸尘器
F24F	空气调节；空气增湿；通风；空气流作为屏蔽的应用
C01F	金属铍、镁、铝、钙、锶、钡、镭、钍的化合物，或稀土金属的化合物
F04D	非变容式泵

分析稀土催化材料分布的技术主题可以发现，除了基本的催化剂分布主题外，国外的庄信万丰股份有限公司和国内的无锡桥阳机械制造有限公司比较看重材料的分离，也就是除了关注产品，还关注产品的制备方法，对于方法研究比较多，国外的申请还看重稀土催化材料的具体应用，这一点在国内的申请中则布局比较少。

5. 小结

经过上述分析，我们大致了解了各国在稀土功能材料领域的研究特点。

日本：虽然申请量仅次于中国，但毫无疑问它是各细分领域的巨头，无论是技术创新的方向，从上游到下游全链条的布局，还是专利本身的撰写质量，都在国际上处于优势，并且日本同时非常重视美国、欧洲和中国的市场，只有稀土催化材料偏向于在欧洲布局，日本本身就掌握了很多稀土功能材料制备的核心技术，研究起点和背景也比较充实。

美国：专利申请量比日本少，但是美国专利撰写方面内容相当丰富，权利要求项数和说明书页数都远超其他地区的申请，但由于美国的稀土资源有限，所以美国在近十年并没有持续在稀土功能材料的制备方面下功夫，而是倾向于材料的下游应用方面，且针对不同的细分领域，美国的布局也不一致，根据材料的种类不同，分别考虑在不同的地区布局。

欧洲和韩国：申请量少，研究比较弱。对于欧洲，虽然本身研究不多，但是日本和美国两大巨头很看重其市场。对于韩国，由于稀土资源受限，重点研究的国家很少在韩国布局，与其他四局往来都比较少。近年来，韩国稀土材料进口量每年都在增加，但由于缺乏核心技术等，产业基础薄弱，企业活动主要集中在单纯加工进口材料等低附加值产业上。

中国：从申请量来看碾压其他地区，但是从技术研究的方向以及专利撰写的质量与国际先进企业还有一定的距离，即使是国内顶尖的企业在海外布局的意识也不强，不过已经在从以前的"跟跑"向"并跑"转变了，从各细分领域来看，尤其是稀土发光材料领域，目前研究还比较薄弱。

整体来看，日本和美国掌握了稀土功能材料制备的众多核心技术，且日本持续在研究和创新，美国则改变方向将研究转到了下游，中国由于稀土资源丰富以及国家政策的鼓励，目前处于进攻状态，接下来特别需要从数量向质量转变，突破"卡脖子"核心技术的攻关，并提高海外布局的意识，也是为以后在该领域拥有更多话语权而努力。

第四节　高端稀土功能材料领域的王者们

稀土是我国具有国际话语权的重要战略资源和优势领域，已具有完整独立的稀土产业化体系，涵盖从上游的选矿，中游的冶炼分离、氧化物和稀土金属生产，到下游的稀土新材料以及应用的全部产业链。稀土功能材料作为我国最具有资源特色的关键战略材料之一，是支撑新一代信息技术、航空航天与现代武器装备、先进轨道交通、节能与新能源汽车、高性能医疗器械等高新技术领域的核心材料。

我国是世界稀土资源储量大国，但还不是稀土功能材料强国。根据中国工程院院刊《中国工程科学》刊发的《稀土功能材料 2035 发展战略研究》，以稀土功能材料为代表的稀土新材料已成为全球竞争的焦点之一。欧美和日本等发达国家和地区均将稀土元素列入"21 世纪的战略元素"，进行战略储备和重点研究。美国能源部制定了"关键材料战略"，近年来美国重启稀土产业来获得可用于军事用途的稀土磁铁，稀土永磁材料已成为稀土功能材料领域的"上甘岭"。日本文部科学省制定的"元素战略计划"、欧盟制定的"欧盟危急原材料计划"均将稀土元素列为重点研究领域。

我国将稀土列为国家重点管控和发展的战略资源，通过政策导引产业发展。《中国制造 2025》等国家中长期发展规划中将稀土功能材料列为关键战略材料予以重点发展；《国务院关于促进稀土行业持续健康发展的若干意见》等相关规定也有利地推动了稀土功能材料领域科技创新，优化稀土产业结构，促进了我国稀土功能材料发展水平和质量的不断提升。

本节将主要介绍国内外稀土功能材料领域比较有话语权的主体，如其所属行业、发展历程、关键技术以及专利保护情况等，以期能够窥得这些领域王者们发展之路的一鳞半爪，了解之、学习之、未来努力超越之。

稀土功能材料分为永磁、储氢、发光、催化等多个产品技术领域，各领域发展情况不同，第一章已经针对各主体的专利情况进行了分析，因此本节主要从产业的视角来对王者画像，选取部分有代表性的国内外上市企业进行介绍。

一、稀土永磁材料篇

我国是具有完整独立工业体系的稀土产业化国家，2018 年中国稀土产业链产值约为900亿元，其中稀土功能材料占比为56%，产值约为500亿元。根据2021年2月21日东吴证券研报，从图3-47所示的产值来看，2019年我国稀土行业的产值主要集中在永磁材料，占比高达75%；其次是催化材料，占比为20%。全球的稀土消费结构与我国略有不同，但稀土永磁材料依然是稀土消费结构中占比最大的分支。在我国，稀土永磁材料受益于新能源汽车和电子工业等领域的高速发展，在稀土功能材料消费结构中独占鳌头。

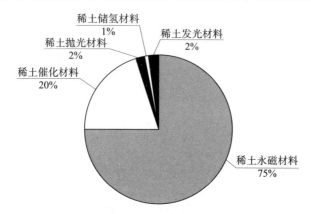

图3-47 我国稀土行业下游产值占比（2019年）

稀土永磁材料不仅是整个稀土领域发展最快、产业规模最大最完整的发展方向，是国防工业领域不可替代和不可或缺的关键原材料，也是稀土消耗量最大的应用领域。根据《稀土功能材料2035发展战略》，自2000年以后，我国稀土永磁材料应用的产业规模不断扩大，烧结钕铁硼磁体毛坯产量由"十二五"初期的8万吨增加到2019年的18万吨，增幅超过1倍，占全球产量的85%以上；钐钴永磁材料的产量为2400吨，占全球产量的80%以上。烧结钕铁硼磁体为稀土永磁材料行业发展提供了重要支撑以及较为可观的行业增长潜力。

在稀土永磁材料领域，目前国外的主要生产企业分布在日本、德国和加拿大（麦格昆磁已被加拿大公司收购），具体包括日立金属株式会社、TDK株式会社、信越化学工业株式会社、德国VAC（真空熔炼）和麦格昆磁，几家企业基本信息见表3-15。

表3-15 国外稀土永磁材料领域主要生产企业基本情况

名称	基本信息	工艺	产品类型
日立金属株式会社	日立金属株式会社成立于1956年，是世界顶级的钕铁硼磁体制造商，掌握多项全球最先进的钕铁硼制造技术	烧结、粘结	烧结钕铁硼磁体、超高密度粘结磁体、添加La、Co成分的铁氧体磁体

名称	基本信息	工艺	产品类型
TDK 株式会社	TDK 株式会社成立于 1935 年，从 1950 年开始研发磁性材料，并致力于开发不含重稀土的高性能稀土永磁材料	烧结	烧结钕铁硼磁体、添加 La、Co 成分的铁氧体磁体
信越化学工业株式会社	信越化学工业株式会社成立于 1926 年，在日本富井县设立磁性材料研究所，能够生产完整系列的高性能钕铁硼永磁材料	烧结	烧结钕铁硼磁体
德国真空熔炼（VAC）	德国 VAC 历史可追溯至 1914 年，作为欧洲第一大磁性材料生产商，产品涉及从软磁到高性能钕铁硼永磁材料	烧结、粘结	烧结钕铁硼磁体、烧结钐钴磁体
麦格昆磁	麦格昆磁现为加拿大 Neo 高性能材料公司的子公司，是全球粘结钕铁硼磁性材料研发和制造领域的领军企业	粘结、热压	MQP 系列不含 Dy 粘结钕铁硼磁粉；MQ3 热变形磁体用磁粉

资料来源：《中国新材料技术发展蓝皮书（2018）》，平安证券研究所。

稀土是战略资源，各国对稀土的开采和使用都进行了严格的限制，我国稀土储量全球第一，国外稀土永磁领域的烧结钕铁硼企业通过合资设厂等方式正在将产能向中国转移，所以可以说烧结钕铁硼供应全球看中国。国外烧结钕铁硼企业的产能转移情况见表 3 - 16。

表 3 - 16　国外烧结钕铁硼企业的产能转移情况

公司	国家	产能转移情况
麦格昆磁	美国	2001 年关闭了美国的 Anderson，2003 年关闭了 Magnequench UG 工厂
摩根	美国	2003 年 6 月关闭烧结钕铁硼工厂 Crucible
德国真空熔炼（VAC）	德国	2005 年与中科三环在北京成立合资公司三环瓦克华，2007 年并购了芬兰的 Neorem 公司，使得欧洲实际上仅存一家烧结钕铁硼公司
TDK 株式会社	日本	2006 年在赣州建立稀土新材料公司，生产和销售钕铁硼磁体
日立金属株式会社	日本	2017 年与中科三环在南通合资成立磁材公司
信越化学工业株式会社	日本	2012 年在福建成立信越（长汀）科技有限公司生产高品质稀土磁铁

资料来源：CNKI，公开资料整理，国盛证券研究所。

根据东吴证券 2021 年 2 月 20 日研报，我国稀土永磁产业已经形成了以浙江宁波、京津、山西、包头和赣州地区为主的产业集群，但产业集中度较低，企业两极分化严重。现有烧结钕铁硼生产企业接近 200 家，年产量 3000 吨以上的企业不到 10%，国内的高性能钕铁硼主要集中在英洛华、中科三环、安泰科技、宁波韵升、金力永磁、安徽大地熊等上市公司，见表 3 – 17。

表 3 – 17　稀土永磁上市公司主营业务及 2020 年业务收入

公司名称	上市时间	主营业务/产品	2020 年业务收入（亿元）
英洛华	1997.8	钕铁硼工业材料、电机系列、工业阀门、消防模拟系统	26.01
中科三环	2000.4	磁材产品（烧结钕铁硼产品、粘结磁体）	46.52
安泰科技	2000.5	以稀土永磁材料为核心的先进功能材料及器件、以难熔钨钼为核心的高端粉末冶金及制品	49.79
宁波韵升	2000.10	钕铁硼、伺服电机等	23.99
金力永磁	2018.9	钕铁硼磁钢	24.19
安徽大地熊	2020.7	高性能烧结钕铁硼永磁、橡胶磁和其他磁性制品	7.82

数据来源：各公司官网、年报。

根据大地熊的招股说明书披露，中科三环、宁波韵升、安徽大地熊三家获得了日立金属的专利授权许可。几家上市公司中英洛华上市时间较早，中科三环则业务较为集中、比较注重技术研发，产业链延伸至上游材料供应，与国外企业交叉合作较为深入，磁体产品业务收入最高。

1. 英洛华——中国大陆最早公开上市的磁体材料企业

英洛华科技股份有限公司（简称英洛华）成立于 1997 年 8 月，是中国大陆最早公开上市的磁体材料企业之一。公司产品涉及磁性新材料、电机电气及高端装备三大产业，在磁性新材料领域，主要由其子公司浙江英洛华磁业有限公司进行研发、生产和销售。

英洛华磁业有限公司是国内领先的以磁性材料研发、生产、销售为一体的国家级高新技术企业，主要研制和开发稀土永磁钕铁硼系列产品，年产能达 6500 吨，是目前我国同行业品种较齐全、生产规模较大、产品性能较高的稀土永磁材料生产基地之一。其生产的永磁材料产品有烧结、粘结钕铁硼。在研发方面，与浙江大学成立了"浙大 – 英洛华新材料研发中心"，与中科院宁波材料所联合组建了"高性能钕铁硼永磁材料工程中心"，与钢铁研究总院共同成立了"稀土永磁材料工程技术中心"，公司拥有"金华市级院士工作站"。钕铁硼晶界组织重构及低成本高性能磁体生产关键技术获得国家技术发明奖二等奖；N38EH 钕铁硼磁体、N45SH 高矫顽力钕铁硼稀土永磁体等六个产品被认定为国家重点新产品。

英洛华磁业的专利申请量总体不多，截至 2021 年 11 月，共有专利（含申请）84 件（1 件 PCT 处于国际公开阶段，无国外专利），主要是围绕降低生产成本、提高生产效率、简化结构、提高材料利用率、提高电镀质量等技术问题，涉及磁体产品及生产的有 25 件专利，申请情况具体如图 3 - 48 所示。英洛华虽然稀土磁体产值较高，但是其专利数量较少，布局情况与其产业影响力不相匹配。

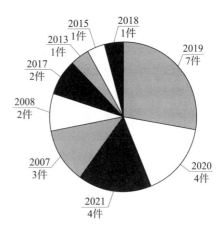

图 3 - 48　英洛华磁业涉及磁体产品和
生产的专利申请情况

2012 年，日立金属的"337 调查"对整个行业的产品生产和出口带来了重大影响，面对这种专利壁垒的"出口许可证配额"，英洛华磁业曾向美国专利和商标局对日立金属"337 调查"中所列四项专利中的两项提出无效，可惜均未能挑战成功。从安徽大地熊公开的招股说明书来看，英洛华也不在获得日立金属专利授权 8 家企业之列。英洛华从 2019 年开始在磁体方面加强了专利申请，这与美国专利和商标局最终确定两项专利无效结果的时间（2018 年 11 月、2017 年 11 月）相吻合。但是从公开的信息来看，目前仅有一项专利处于 PCT 公开阶段，还没有在中国以外的其他国家申请专利。从专利申请质量来看，目前其公开的专利申请中，专利的权利要求数量均没有超过 10 项，虽然权利要求数量没有绝对说服力，但是其多寡一定程度上也能反映申请人的专利申请质量控制要求。作为稀土磁体领域国内最早的上市公司之一，且目前行业产值所占比重较大，怎么提升自己的知识产权竞争实力以匹配自身的行业地位是英洛华这个永磁领域最早上市的王者需要完成的重要课题。

2. 中科三环——全球产能最大的王者

北京中科三环高技术股份有限公司（简称中科三环）不仅是中国稀土永磁材料产业的代表企业，也是全球产能最大的钕铁硼生产企业，当之无愧为稀土永磁领域的王者。中科三环是由隶属于中国科学院的北京三环新材料高技术公司（现已更名为"北京三环控股有限公司"）作为主发起人于1999年7月23日设立的一家企业，并于2000年4月20日在中国深交所上市。其公司发展历程大事件如图3-49所示。

图3-49　中科三环发展历史沿革

中科三环的主营业务为钕铁硼稀土永磁材料和新兴磁性材料研发、生产和销售。根据国盛证券2020年3月12日的研报，中科三环2019年拥有产线烧结钕铁硼产能18000吨，是全球钕铁硼产能最大的企业。近年来受益于全球节能环保产业的快速发展，带动了新能源汽车、节能家电、机器人、风力发电等新兴领域对永磁材料的需求增长，中科三环的业务也随之进一步增长，目前其产品已经被广泛应用于能源、交通、机械、信息、家电、消费电子等产业。

中科三环这个全球永磁材料产能最大的王者已经将其产业链向上游延伸，关注钕铁硼产业链的原料保障。在上游，中科三环与我国稀土原料主产区紧密合作，参股两家上游原料企业，确保了稀土原材料的稳定供应。在生产环节，中科三环与多家国内外公司成立合资公司，扩大产能的同时涉足不同种类的磁性材料领域，其具体下纳五家烧结钕铁硼永磁体生产企业和一家粘结钕铁硼永磁体生产企业；参股一家烧结钕铁硼永磁体生产企业、一家软磁铁氧体生产企业及一家非晶软磁带材生产企业。根据中科三环官网的信息，其下辖公司和产品业务分布具体见表3-18。

表 3-18　中科三环下辖公司和产品业务分布

生产板块	下辖公司	公司情况及主要业务
烧结磁体制造企业	宁波科宁达工业有限公司	成立于 1987 年，主要产品包括高性能烧结钕铁硼产品和计算机硬盘驱动器音圈电机（VCM）用磁体
	天津三环乐喜新材料有限公司	成立于 1990 年，生产高性能烧结钕铁硼产品，产品以电机用磁体为主
	三环瓦克华（北京）磁性器件有限公司	成立于 2005 年，生产高档钕铁硼永磁材料
	肇庆三环京粤磁材有限公司	成立于 1987 年，生产烧结钕铁硼稀土永磁材料
	中科三环（赣州）新材料有限公司	成立于 2021 年，生产高性能烧结钕铁硼产品
	日立金属三环磁材（南通）有限公司	成立于 2016 年 9 月 1 日，由中科三环与日立金属株式会社合资建立，生产烧结钕铁硼磁体
粘结磁体制造企业	上海三环磁性材料有限公司	成立于 1995 年，主要生产粘结钕铁硼磁体，是全球最大的计算机 HDD 用粘结磁体供应商
软磁铁氧体制造企业	南京海天金宁三环电子有限公司	中科三环与南京金宁电子集团有限公司和东莞海天磁业股份有限公司合作共同成立南京海天金宁三环电子有限公司。主要产品为高档软磁铁氧体及铁氧体磁芯
非晶、纳米晶软磁制造企业	天津三环奥纳科技有限公司	成立于 2005 年 10 月，专业从事非晶、纳米晶软磁材料的研发和生产
稀土原材料企业	赣州科力稀土新材料有限公司	2001 年，中科三环公司、赣州虔东稀土金属冶炼有限公司和美国 MQI 公司三家出资组建了赣州科力稀土新材料有限公司。公司主要生产稀土金属、稀土合金和稀土化合物
	江西南方稀土高技术股份有限公司	2001 年，中科三环参股的"江西南方稀土高技术股份有限公司"正式成立。该公司主要生产稀土及其合金

中科三环是最早获得日立金属专利授权许可的公司之一，其对专利之于公司经营的影响也更为重视。截至 2021 年 11 月，中科三环共拥有专利（含专利申请）535 件。从 2007 年开始，中科三环大幅增加专利申请，2013 年与日立金属签订专利许可协议，从 2014 年开始专利申请量有所下降。在这 535 件专

利申请中，发明专利 341 件，占比 63.74%，实用新型专利 156 件，占比 29.16%；有 17 件 PCT 专利申请，主要专利申请还是集中在国内。

中科三环已经与国外主要生产公司在国内合资设厂，是否就海外市场专利使用另有约定进而自身不必在海外市场开展专利布局则不得而知。1993 年，中科三环与持有钕铁硼基础专利的美国通用汽车公司（麦格昆磁并入通用）、日本住友特殊金属公司签订专利许可协议，是国内最早与这两家国外磁体材料技术垄断者接触和合作的公司之一。除此之外，从 1995 年开始，中科三环陆续与国外公司建立比较深入的合作，包括以入股国外或者在中国设立合资公司的形式先后成为美国麦格昆磁（MQI）公司股东、与日本精工爱普生株式会社合作参股上海爱普生磁性器件有限公司（更晚成为爱普生磁性器件最大股东）、与德国真空熔炼有限公司合作建立三环瓦克华（北京）磁性器件有限公司、参股德国 Kolektor Magnet Technology 公司、与日立金属株式会社成立合资公司。

中科三环技术研发实力雄厚，其在 1995 年承建磁性材料国家工程研究中心（2004 年通过国家验收）、被认定为第十三批"国家认定企业技术中心"、高性能稀土永磁产品被认定为"国家首批自主创新产品"、2008 年和 2014 年先后两次获得"国家科学技术进步奖二等奖"。在烧结钕铁硼磁体领域，通过晶粒细化、晶界扩散、晶界调控等新工艺的研发和攻关，其磁体产品综合性能不断提升，重稀土用量显著降低，磁体原材料成本日益优化，磁体自身能耗逐步下降，适应了新能源汽车、节能家电、信息产业等特殊应用环境的要求。在粘结磁体领域，其进一步稳定了节能车载电机磁体的生产工艺，满足了应用需求，大力开发磁体与金属/塑料零件一体成形的自动化技术，优化磁体的磁化方式，严格控制磁体的表磁分布，使精密传感器产品达到了客户的苛刻要求，进而使产品在新能源汽车电机、传感器和节能变频家电等领域得到广泛应用。目前，中科三环磁性材料产品结构不断优化，已经可以向市场提供具有较高综合性能［最大磁能积（单位 MGOe）同内禀矫顽力（单位 kOe）之和大于 75］及高温稳定性（工作温度大于 200℃）的产品。

除了针对材料进一步研发，中科三环机械精加工能力也较为突出，例如其采用的新型切割加工技术，不仅提高了加工精度和效率、降低了磁体表面损伤和材料损耗，还可以根据客户对产品的形状、尺寸的要求将大块坯料按照客户的需求加工成符合应用要求的形状和尺寸，满足不同客户的个性化产品需求。

基于其自身雄厚的技术研发实力和丰富的技术研发成果，中科三环不仅专利申请量大，而且涉及技术方案多元，专利申请情况如图 3-50 所示。专利内容具体涉及成分配方优化、生产工艺改善、设备改型、装置完善、表面处理方法改进等钕铁硼材料生产过程中的各个环节，基本涵盖了稀土永磁材料制造的全部核心技术，对公司高档钕铁硼磁体质量的改善和市场领先优势的保持起到了应有的支撑作用。

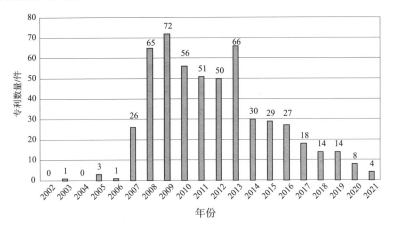

图3-50　中科三环专利申请情况

3. 金力永磁——正在崛起的行业龙头

金力永磁是在 A 股和 H 股同时上市的稀土永磁公司。晶界渗透技术是金力永磁的核心竞争力之一。其可以将含重稀土粉末的稀土非晶合金涂覆在产品的表面，在高温真空条件下使重稀土原子从产品表面扩散到产品的中心，这一技术将部分重稀土的添加从坯料工序后置到成品工序，添加方式从整个磁体添加转变到从磁体的晶界添加，而晶界在磁体中的体积占比较小，因此，该技术可以大幅降低重稀土的添加量。晶界渗透技术帮助金力永磁大幅减少生产用于新能源汽车、节能变频空调及其下游的高性能钕铁硼永磁材料中的中重稀土用量，从而在维持高工作温度下的高性能的同时降低生产成本并减少对稀土这种战略资源的消耗，提高市场竞争力。

金力永磁在晶界渗透技术方面布局有 5 件专利，具体见表 3-19。

表3-19　金力永磁晶界渗透技术相关专利

专利（申请）号	专利名称	主要技术方案内容
ZL201510975781.0	一种钕铁硼磁体及其制备方法	将稀土非晶粉末与有机溶剂混合得到悬浊液，将悬浊液涂覆在钕铁硼毛坯表面得到半成品，再将半成品进行扩散热处理后得到钕铁硼磁体。磁体矫顽力最高能提高约40.4%，而剩磁和最大磁能积基本保持稳定，同时磁体还具有较好的抗氧化性能

专利（申请）号	专利名称	主要技术方案内容
ZL201510975767.0	钕铁硼磁体用轻重稀土混合物、钕铁硼磁体及其制备方法	轻重稀土混合物 $RL_xRH_yM_z$ 经480℃脱氢处理后得到稀土混合物合金，再将稀土混合物合金破碎后的细粉加入乙醇中形成悬浊液，将钕铁硼毛坯半成品预处理使其表面清洁平整，然后将预处理后的半成品放入悬浊液中浸泡涂覆使其表面均匀地涂有一层轻重稀土混合物的薄膜，晾干，再烧结进行高温扩散热处理后得到钕铁硼磁体。钕铁硼磁体上，磁体矫顽力最高能提高约39%，而剩磁和最大磁能积基本保持稳定
ZL201610715923.4	一种改性钕铁硼磁体和其制造方法	将包括 Ga 粉末和有机溶剂的 Ga 悬浮液涂覆在钕铁硼磁体的表面得到钕铁硼磁体半成品，再进行高温扩散热处理和低温回火热处理得到改性钕铁硼磁体。Ga 的粒径为 $1\sim20\mu m$，Ga 的悬浮液的质量浓度为 200%~500%，钕铁硼磁体为 SH 钕铁硼磁体或 UH 钕铁硼磁体，高温扩散处理的温度为 700~1000℃，低温回火处理的温度为 350~750℃
US9947447	一种钕铁硼磁体及其制备方法	钕铁硼磁体坯料和复合在其表面上的 RTMH 合金层构成钕铁硼磁体，RTMH 合金层相对于钕铁硼磁体的总质量的质量比例为 2%~3%。制备方法是将 RTMH 合金粉末与有机溶剂混合得到混浊液体，将悬浊液涂覆在钕铁硼磁体毛坯的表面得到半成品，再将半成品进行热处理得到钕铁硼磁体
ZL201721674593.5	一种连续式磁控溅射装置	连续式磁控溅射装置包括含有真空腔室、磁控溅射腔室和冷却腔室的磁控溅射炉，真空腔室设置在磁控溅射腔室的一侧（入口处）并用可活动装置隔开，冷却腔室设置在磁控溅射腔室的另一侧（出口处）也用第二可活动装置隔开。连续式磁控溅射装置能够有效地实现镀膜生产的连续性，减少抽真空和冷却的等待时间，提高生产效率

金力永磁除了在晶界渗透方面比较有技术积累之外，根据其招股说明书公开资料，其在其他五个技术模块方面也值得关注，具体是配方体系、细晶技术、一次成型技术、生产工艺自动化技术和高耐腐蚀性新型涂层技术。金力永磁在配方体系上能够设计不同牌号磁钢的合金成分，在保证磁体性能不变的条件下降低中重稀土添加量；在细晶技术上其合金片制造技术、氢破碎技术以及气流磨技术能够在保证良好粒度分布条件下制造出更加细小的颗粒，从而保证产品性能一致性并具备低重稀土、高耐温的特点；在一次成型技术方面，其在取向压型工序能够实现自动称粉、自动喂料，并直接压制出瓦型或其他异形规格的坯料产品，减少产品后续机械加工成本和磨削量，这种技术适用于风力发电和节能电梯领域产品；在多个工序实现生产工艺自动化改造，如在取向压型工序实现自动上料和自动成型，在机械加工工序能够实现自动切削，以及自动充磁和检验、自动表面处理、自动粘胶和包装等；在高耐腐蚀新型涂层技术方面其通过自动喷涂的方式将纳米复合材料涂覆到产品的表面使其抗盐雾和耐高温能力高于一般的镀层。

二、稀土储氢材料篇

日本三德——以专利技术开拓未来的知识产权践行者

日本三德的企业愿景是"用稀土开拓未来"，其前身是 1937 年为了制造合金以及特殊制造而创立的"三德工业株式会社"，公司于 1949 年成立，1964年进军海外市场，1990 年量产水素吸藏合金的镍氢电池开始销售。我国的包头三德电池材料有限公司（简称包头三德）是内蒙古高新控股有限责任公司和日本株式会社三德的合资公司，成立于 2001 年，位于内蒙古包头市稀土高新技术产业开发区稀土大街，其中日本株式会社三德占有公司总股份的94.4%。日本三德在中国设立公司主要是为了利用内蒙古包头的丰富稀土资源为主要原料，解决原料供应的问题，同时以其自身的稀土应用技术及其相关各项专利为基础，建立技术比较先进的生产线。根据包头三德官网显示，目前工厂的设计产能是 5100 吨/年，合金生产车间及 M 合金生产车间的产品以镍氢电池及镍氢储能设备等专用的负极材料——储氢合金粉为主，可生产不同规格的储氢合金粉，产品特色涵盖高容量、高低温、低自放电、功率型及动力型储氢合金粉，适用于民用、工业用、混合动力汽车用等镍氢电池及储能设备。

日本三德非常重视专利保护，这一点从其官网就可见一斑。日本三德在其官网公告了三件储氢合金专利信息，明确了具体的专利号信息及其保护区域

（中美欧日韩），如图 3－51 所示。这三件专利均在所列区域获得授权保护，不过 JP3688716 和 JP3993890 这两件专利及其同族已经因保护期限届满而失效，而 JP5681729 这件专利的保护期限还很长，并且其在中美欧日韩也均获得授权。JP5681729 专利涉及的主要技术方案为保护表达式为 $R_{1-a}Mg_aNi_bAl_cM_d$ 的储氢合金粉末，该粉末在其最外表面有特定的富 Mg/贫 Ni 区域，并且合金粉末内部有特定的含 Mg/Ni 的区域，从而当合金粉末用于镍氢可充电电池的负极时，可充电电池的初始活性、放电容量和循环特性都同时提高。日本三德还对储氢合金产品的特征在其官网进行了描述，并公布了图片作为对相关购买和制造主体的一种信息提示，从这些信息我们可以看出日本三德不仅注重自身成果保护，而且维权保护态度也很积极。

有关本公司专利储氢合金的告知

现在使用很普遍的主要二次电池之一的镍氢电池在1990年发明的，本公司在同年开始制造销售稀土·镍储氢合金，在1994年开始生产用急冷甩带法的储氢合金单方向凝固薄片。那之后，本公司成为SC法制造储氢合金的主要厂商。

对了，本公司在1995年开发具有反相畴界的La-Mg-Ni系储氢合金，已对内外发表了1),2)。为了给大家做参考所以提供了本公司同合金的相关专利信息。还有，对于本专利以及授权问题请向本公司知识产权课询问。

■本公司保有的SC法专利以及个别有效期限（专利摘要）

	日本	美国	欧洲	韩国	中国
La-Mg-Ni合金专利 1)	2016年	2016年	2016年	2016年	2016年
La-Mg-Ni合金专利 2)	2016年	2016年	2016年	2016年	2016年
La-Mg-Ni合金专利 3)	2031年	审查中·	审查中	审查中	审查中

1)日本国专利第3688716号 2)日本国专利第3993890号 3)日本国专利第5681729号

在购买La-Mg-Ni系储氢合金时

本公司如上述那样在国内外拥有多数La-Mg-Ni系储氢合金关联的专利。在购买La-Mg-Ni系储氢合金时，奉劝大家在事前先确认该合金有没有侵犯到本公司所保有La-Mg-Ni系储氢合金专利之后再行购买。

在制造La-Mg-Ni系储氢合金时

在本公司保有La-Mg-Ni系储氢合金专利成立的地域，只要牵连到La-Mg-Ni系储氢合金的制造，销售，不管其目的如何，因为有可能与La-Mg-Ni系储氢合金专利相抵触，所以请于事前调查清楚。

La-Mg-Ni系储氢合金的特征

本合金具有反相畴界结晶构造的特征。利用高分辨率透过电子显微镜，观察本合金时，可看到图1所示的图像3)。这是具有特定的反相畴界LaNi5型单相结构结晶像，箭头处显示着反相畴界。这个高分辨率像上的白点对应着LaNi5型单位格子的核心。借助计算机模拟演示分析这个高分辨率图，则在图2显示出为有反相畴界结晶构造2)。在LaNi5型单位格子特定的Ni边，稀土元素以及Mg等比Ni原子半径大的元素代替了Ni而形成了反相畴界，结晶构造的规律性起了变化。根据代替元素的量而出现LaNi3相，La2Ni7，由同一图像就可以知道。

图 3－51　日本三德官网关于储氢合金专利的公告信息

目前，日本三德在我国拥有有效专利（含申请）40 件，除了涉及稀土储氢技术之外，还有磁性材料、稀土氧化物等。我国创新主体在进入稀土材料产品领域时应关注日本三德的专利布局情况并注重自身的知识产权成果保护和积累，以避免在稀土储氢领域重蹈整个钕铁硼产业被住友金属“专利配额许可证”支配控制的窘境。

三、稀土发光材料篇

海洋王照明——特殊环境照明的深耕者

发光是稀土化合物重要的功能，受到人们极大的关注。就世界 24 种稀土应用领域的消费分析结果来看，稀土发光材料的产值和价格均位于前列。中国的稀土应用研究中，发光材料占有重要地位。稀土因其特殊的电子层结构，具有一般元素所无法比拟的光谱性质，稀土发光几乎覆盖了整个固体发光的范畴，只要谈到发光，几乎离不开稀土。稀土元素有丰富的电子能级和长寿命激发态，能级跃迁通道多达 20 余万个，可以产生多种多样的辐射吸收和发射，构成广泛的发光和激光材料，在照明领域被广泛应用。

在照明领域，稀土发光材料是生产高效节能灯的主要原材料。稀土以荧光粉、三基色荧光粉等方式广泛用于照明光源产品，用于 LED、CFL 的荧光粉材料中普遍含有稀土元素，如钇、铕、铽，汽车照明也使用了大量的稀土元素。稀土荧光粉的应用给光源带来了节能、显色性好、寿命长的效果。其中，在白光 LED 方面，稀土荧光粉由于其色纯度、亮度、发光效率高，色彩艳丽、物/化性能稳定等优点，成为白光 LED 照明器件中主流且最具实用价值的荧光转换材料，并最早与 InGaN 蓝光芯片结合实现商业化白光 LED 照明器件的制造。在稀土发光材料领域，我国主要研发主体有海洋王照明，国外的主体主要是飞利浦、欧司朗等。

我国特殊环境照明行业正式发展于改革开放之后，随着经济的发展，市场开始细分，发展历程如图 3 - 52 所示。在 20 世纪 90 年代后，国内特殊环境照明市场引起国际市场关注，受当时引进外资的限制，飞利浦、库柏、欧司朗、GE 照明等国际行业巨头开始采用与国内照明企业合资的方式曲线进入中国市场；之后随着国内经济的快速发展，国内民营照明企业开始崭露头角并在长三角和珠三角形成产业聚集。进入 2016 年后，LED 光源开始渗透进入工业领域，数字化工厂建设逐步开启，同时随着多个外资巨头转型或退出照明市场（比如 GE 照明），国产品牌抓住机遇快速成长，海洋王照明就是其中的行业佼佼者。

阶段	萌芽阶段	缓慢发展阶段	成长阶段	快速成长阶段	发展承压阶段	升级换代变革阶段
时间	1978 年前	1978 — 1994 年	1995 — 2000 年	2001 — 2008 年	2009 — 2015 年	2016 至今
时代背景	经济发展较为落后	改革开放后的历史性发展时代起步	经济持续较快增长	经济快速发展	宏观经济增长逐步放缓	经济增长引动能转换，制造业产能升级，固定资产投资触底回升
市场参与企业	尚无	飞利浦、库柏、欧司朗、GE 等外资与中国照明企业合资进入市场	外资品牌为主（80%），民营企业在长三角、珠三角等地出现	部分民族品牌在特定区域形成一定竞争优势，外资品牌从绝对优势向多元竞争	外资品牌仍具备竞争优势，国产品牌龙头角并持续进击	外资品牌陆续转型或退出，国产品牌快速赶超成长
照明行业变化	市场尚未实现细分	逐步开始进行细分	细分化速度加快，国内企业开始参与特殊环境照明	特殊环境照明发展获得契机，向专业化、细分化发展	特殊环境照明受对应行业冲击影响有所放缓	LED 照明灯具开始渗透，数字化工厂建设逐渐开启

资料来源：公司招股说明书、国信证券经济研究所整理。

图 3 - 52 我国特殊环境照明行业发展历程

根据 Digitimes 的数据，截至 2017 年，全球照明产业市场规模约 1500 亿美元，LED 照明市场规模约 551 亿美元，其中工业领域市场占比约 7%；LEDinside 数据显示，中国照明规模占全球比重约 22%，工业照明市场规模约 700 亿元。我国是稀土资源大国，全球很多照明生产公司依赖我国企业提供基础稀土发光原材料——稀土荧光粉，很多照明设备的终端产品也是在我国生产制造，因此，我国照明领域企业可以借机加强发光材料在下游应用领域的开发，尤其是在元器件方面的研发，例如在 LED 照明、显示器件以及 LCD、微 LED、OLED、激光显示器等方面，形成具有中国核心知识产权的民族品牌，提高国际竞争力。

海洋王照明是国内专业照明领域的龙头企业，在特殊环境照明领域深耕了二十余年，产品曾获得国内质量领域最高奖项"全国质量奖"和世界三大质量奖项之一的日本"戴明质量奖"，下游用户覆盖 11 大行业。海洋王照明主要应用领域如图 3-53 所示。

铁路	电网	油田
公安消防	船舶港口	场馆

图 3-53　海洋王照明主要应用领域

海洋王照明初期起步阶段将"工作灯"概念引入国内（1996 年）并推出了第一款拥有自主知识产权的便携式工作灯具 IW5100。2000 年后，公司进入快速发展阶段，产品种类不断丰富并应用到不同行业。其中，其应急救护照明设备跟随"神六"进入太空，击败国际品牌获得 13 个奥运场馆照明工程项目，行业品牌影响力初显。2014 年，在深圳中小板成功上市；2021 年，其设立电网、石油、铁路、船舶场馆以及绿色照明 5 个子公司，进一步深耕相关细分领域。海洋王公司发展历程如图 3-54 所示。

海洋王照明是我国目前稀土发光领域专利申请量最多的企业，2014 年在深交所中小板成功上市，在上市前其专利申请量较为集中，其中 2012 年和 2013 年进行了大量申请，上市之后其专利申请量回落非常明显。知识产权需要长期关注和投入才能有所获益，其与市场开拓同等重要。在海洋王照明的专利申请中，相关技术方案对于复杂性降低、效率提高、成本降低、便利性和稳

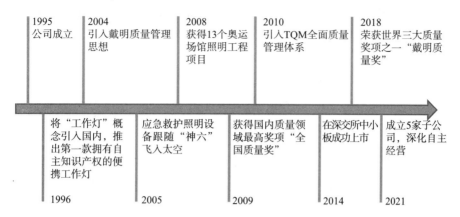

图 3－54　海洋王公司发展历程

定性提高等众多技术功效都有涉及，其中又以复杂性和成本降低、效率提高方面的申请最多，如图 3－55 所示。

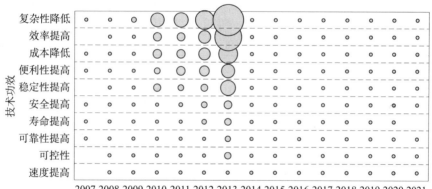

图 3－55　海洋王照明专利申请的技术功效分布

四、其他应用领域篇

有研新材——多应用领域玩家

在稀土功能材料中，除了永磁、发光、储氢材料之外，高纯稀土金属也是非常重要的组成部分。高纯稀土金属是研究开发高新技术材料的核心原料，被广泛应用于磁性材料、光功能材料、催化材料、储氢材料、功能陶瓷材料、电子信息用溅射靶材等领域。进入 20 世纪末期，日本和欧美企业已经由高纯金属的制备转而进入产业化开发和新材料应用阶段，为 7nm 以下高阶制程集成电路、5G 通信器件、大功率器件及智能传感器件、固态存储器等先进电子信息产品提供配套关键材料。

有研新材料股份有限公司（简称有研新材）原名有研半导体材料股份有限公司，是由北京有色金属研究总院独家发起，以募集方式设立的股份有限公司，于 1999 年 3 月成立并在同年于上海证券交易所挂牌上市。有研新材主要从事稀土材料、微光电子用薄膜材料、生物医用材料、稀有金属及贵金属、红外光学及光电材料等新材料的研发与生产，是我国有色金属新材料行业的骨干企业。有研新材公司发展历程见表 3-20。

表 3-20 有研新材公司发展历程

时间	公司发展大事件
1999 年	公司由北京有色金属研究总院发起设立
1999 年	公司于上海证券交易所上市
2014 年	公司业务重组。注入有研亿金、有研稀土、有研光电等公司，转出硅材料业务
2019 年	公司与控股股东共同出资设立雄安稀土
2019 年	公司子公司有研稀土与朱口集团共同出资设立有研稀土荣成及青岛公司并购买资产

资料来源：公司公告、万联证券。

有研新材控股或间接控股企业 19 家，其中较为重要的子公司 5 家，分别是有研亿金新材料有限公司、有研稀土新材料股份有限公司、有研国晶辉新材料有限公司、有研医疗器械（北京）有限公司和山东有研国晶辉新材料有限公司。各家子公司主营业务各有侧重，其中有研稀土新材料股份有限公司（简称有研稀土）侧重于稀土材料，主要从事稀土资源开发利用、稀土材料及应用的研究、开发与生产，拥有从稀土矿山到稀土功能材料的完整产业链，主要产品包括稀土化合物、稀土金属、稀土合金、稀土磁性材料和高端稀土光功能材料、稀土催化材料、稀土陶瓷材料、高纯稀土靶材及镀膜材料等，总生产能力超过 10000 吨/年，在稀土发光和高纯稀土金属及靶材制造领域影响力尤其显著，是我国高端稀土功能材料多应用领域的大玩家。有研稀土产品技术领域如图 3-56 所示。

有研稀土是我国稀土工业技术的发源地之一，2001 年由有研科技集团有限公司（原北京有色金属研究总院）作为主发起人对稀土材料国家工程研究中心经营性资产进行改制而设立，是国家高新技术企业。其前身北京有色金属研究总院第五冶金室成立于 1958 年，是我国最早从事稀土研究开发的单位之

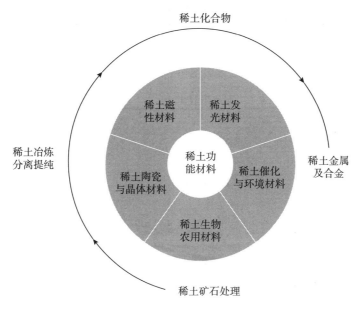

图 3 - 56　有研稀土产品技术领域

一。2001 年公司设立之后，其先后在四川、江苏、河北设立和控股公司；2011 年参股中铝广西有色稀土开发公司，2014 年参股中铝四川稀土有限公司，2015 年参股中国稀土股份有限公司，2019 年参股稀土催化技术研究院有限公司。各家子公司分别分布在北京、河北、四川、山东等地，主攻不同的业务分支，北京本部主要生产高纯稀土金属、稀土特种合金、先进磁性材料及高端稀土发光材料等。除此之外，有研稀土还拥有两个国家级研究中心，分别是稀土材料国家工程研究中心和全国稀土农用中心，以及硕士、博士学位授予点、博士后流动站。

　　有研稀土是创新的先行者，其拥有稀土冶金与材料著名专家张国成院士、黄小卫院士，以及享受政府特殊津贴专家、科技部中青年科技创新领军人才、新世纪百千万人才工程国家级人选等国家级及省部级高技术人才 50 余人。有研稀土重视技术创新和产品研发，拥有国际先进的稀土冶金、分离提纯、稀土新材料及应用等综合研发实力；累计开发了 400 余项先进的稀土冶炼、分离提纯、稀土金属及合金，以及稀土功能材料技术成果，获得国家及省部级科技奖 170 余项，其标志性的成果见表 3 - 21。

表 3 - 21　有研稀土标志性创新成果

时间	事　件
1962 年	锌粉还原碱度法制取高纯氧化铕工艺开发成功 首次制得 16 种单一稀土金属和氧化物
1966 年	用 P350 萃取分离生产 99.99% 氧化镥
1976 年	采用离子交换法分离稀土氧化物工艺规模生产 99.999% 的高纯氧化钇
1977 年	钐钴永磁材料产业化技术开发成功并在上海跃龙实现规模生产
1978 年	彩色电视稀土荧光粉开发成功
1985 年	P507 - HCl 体系萃取稀土全分离工艺开发成功并应用
1987 年	"三代酸法" 冶炼分离包头稀土矿工艺实现工业化应用
1988 年	P507 萃淋树脂制备高纯稀土氧化物工艺开发成功
1989 年	金属热还原及中间合金蒸馏法生产稀土金属工艺开发成功
1996 年	灯用复合金属卤化物药丸实现产业化
1999 年	高纯稀土金属产业化技术开发成功
2001 年	溶液电解还原法制备高纯氧化铕工艺开发成功并应用
2005 年	NdFeB 速凝薄片产业化工艺及国产化设备开发成功 白光 LED 用铝酸盐荧光粉实现产业化 稀土非皂化萃取技术开发成功并应用
2008 年	白光 LED 用高性能氮化物荧光粉开发成功
2012 年	碳酸氢镁皂化萃取分离提纯稀土新工艺开发成功 各向同性 SmFeN 粘结永磁粉开发成功
2013 年	成功开发出直径最大的稀土超磁致伸缩棒材（ϕ100mm）
2014 年	白光 LED 氟化物红粉取得突破并实现规模生产 全系列稀土金属（Pm 除外）的绝对纯度达到或超过 99.99%
2016 年	开发出闪烁晶体用高纯无水稀土卤化物批量制备技术并实现量产 开发出离子型稀土原矿绿色高效浸萃一体化技术并应用
2017 年	高矫顽力稀土永磁材料用高纯铽、镝靶材实现规模生产并出口日本等 铈锆储氧材料达到 "国 V" 标准汽车尾气净化催化剂使用要求并实现规模生产
2018 年	4N 级高纯稀土金属靶材取得突破
2019 年	高性能异方性粘结磁体开始量产 突破直径 1.5 英寸 LaBr3：Ce 晶体和直径 70mm 硅酸钇镥晶体生长技术

　　有研稀土及其前身从事发光材料的研究和开发已有五十多年的历史。目前主要研究方向包括：①照明用发光材料，包括白光 LED 用荧光材料、金卤灯

用发光材料；②显示用发光材料，包括 PDP 用荧光材料、FED 用荧光材料、LCD 背光用荧光材料；③特种发光材料，包括上转换发光材料、防伪荧光材料、红外探测发光材料；④无水高纯稀土卤化物及稀土光功能晶体材料，其产品曾连续两年获得"高工 LED 金球奖"。

与发光材料研究相比，有研稀土及其前身从事高纯稀土金属及其合金的研究和开发历史近六十年。20 世纪 60 年代初在国内率先制备出除钷外的 16 种稀土金属，近十年来，逐渐实现了稀土金属及合金、高纯稀土金属新材料、特殊稀土功能基础材料等的批量化生产。

截至 2021 年 11 月，有研稀土新材料股份有限公司拥有 473 件专利。从图 3 - 57 所示的申请趋势可以看出，有研稀土一直比较重视科研成果的保护，总体来看，申请量随时间在逐渐增长。除了总体专利申请量较高之外，有研稀土还针对 16 项专利提出了复审，以尽力争取相关技术成果能够获得保护。复审案件涉及稀土永磁领域的高矫顽力 Nd - Fe - B 稀土永磁体及其制备工艺、烧结复合软磁材料及制备方法、白光 LED、背光源及液晶显示装置、稀土储氢材料、高纯金属等领域，具体包括成本降低、复杂性降低、便利性提高、分离、微结构改善等技术改进。

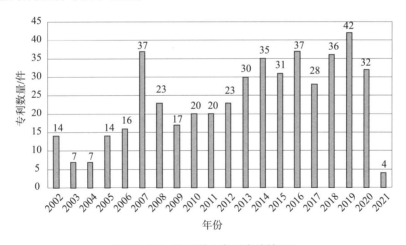

图 3 - 57　有研稀土专利申请情况

高端稀土功能材料是支撑新一代信息技术、航空航天与现代武器装备、先进轨道交通、节能与新能源汽车、高性能医疗器械等高技术领域的核心材料，各国家或地区均已制定相关材料发展计划/战略，已成为全球竞争的焦点之一。谁掌握专利之剑谁就拥有更多的行业话语权，日立金属利用专利"许可配额"划分了行业市场就是证明。稀土功能材料是我国最具有资源特色的关键战略材料之一，我国在稀土领域资源禀赋，各领域创新主体基本覆盖整个产业链，是世界范围内产业运转不可获缺的组成部分。发挥独特的资源优势，在精加工、高性能上提高创新积累、提升产业话语权，从而实现质、量协同发展是我国产业大小玩家们在未来需要完成的长期课题。

第四章　高端稀土功能材料领域的专利化难点

专利权是具有垄断性质的特权。发明创造依法授权后，专利权人在一定期限内拥有禁止他人未经允许不得实施其专利的权利。这种垄断性质的特权来自国家为专利权人公开其发明创造行为提供的"交易对价"，即通常说的"以公开换取保护"，目的是促进科技进步和社会发展。因而我们通常形象地把专利授权比喻成专利行政审查机关代表公众与专利权人签订交易合同，专利文件就是针对这个交易的合同文本，权利要求书是界定专利权人权利范围的条款，说明书对该权利范围进行必要的说明和解释。

这份合同不同于"意思自治"的普通民事合同，特殊之处在于，其中记载的"权利"由国家公权力保障。因此，基于公平正义的角度，国家需要通过立法解决许多基本问题，包括：什么样的发明创造可以受到保护、如何合理地划定权利范围、说明书应提供怎样的说明和解释、权利行使的条件和侵犯后果，等等。为此，各个国家都制定了配套的法律法规进行详细规定，实践中还有审查指南、司法解释和案例予以支撑。在这样一个庞大的专利制度体系下，创新成果在专利化过程中必然需要考虑许多因素，也存在许多难点，某些领域还有一些特殊问题。

本章以一件专利无效案件作引，让读者体会高端稀土功能材料领域的创新成果专利化过程中可能遭遇的风险，然后从权利要求范围划定、创新性判断和说明书公开三个方面，解析高端稀土功能材料领域的专利化难点。

第一节　从热点案件"管窥"专利化难点

作为重要的无形资产，专利在各大企业及研究机构的竞争和发展中有着举足轻重的作用，其背后反映的是创新主体之间围绕看得见和看不见利益的竞争和较量。本节将介绍化工巨头法国罗地亚集团与国内公司产生的侵权纠纷交锋，从多次来回交锋中我们可以看出，专利申请远不是写篇论文、说明一个试验过程、发表一个研究结论那么简单，而是需要考虑专利披露的充分程度、权利要求的保护范围、权利要求与说明书的呼应等。

一、案情经过

国家知识产权局于 2004 年 12 月 1 日授权公告了一件专利申请号为 CN97195463.1、名称为"基于氧化铈和氧化锆的组合物、其制备方法及其催化用途"的发明专利，专利权人为罗地亚化学公司（简称罗地亚）。

该专利授权公告的权利要求书如下：

1. 基于铈/锆原子比至少为 1 的氧化铈和氧化锆的组合物，其特征在于它在 900℃下焙烧 6 小时后的比表面积为 35～58m^2/g，在 400℃下的贮氧能力为 1.5～2.8mLO_2/g。

2. 权利要求 1 的组合物，其特征在于，还含有氧化钇。

3. 权利要求 1 的组合物，其特征在于，还含有选自氧化钪和除氧化铈以外的稀土金属氧化物中的至少一种氧化物。

4. 权利要求 3 的组合物，其特征在于稀土金属是镧、钕或镨。

5. 权利要求 1 的组合物，其特征在于它在 900℃下焙烧 6 小时后的比表面积至少为 40m^2/g。

6. 权利要求 5 的组合物，其特征在于它在 900℃下焙烧 6 小时后的比表面积至少为 45m^2/g。

7. 权利要求 1 的组合物，其特征在于它在 1000℃下焙烧 6 小时后的比表面积为 14～38m^2/g。

8. 权利要求 7 的组合物，其特征在于，它在 1000℃下焙烧 6 小时后的比表面积至少为 20m^2/g。

9. 权利要求 8 的组合物，其特征在于，它在 1000℃下焙烧 6 小时后的比表面积至少为 30m^2/g。

10. 权利要求 1 的组合物，其特征在于它在 400℃下的贮氧能力至少为 1.8mLO_2/g。

11. 权利要求 10 的组合物，其特征在于它在 400℃下的贮氧能力至少为 2mLO_2/g。

12. 权利要求 11 的组合物，其特征在于它在 400℃下的贮氧能力至少为 2.5mLO_2/g。

13. 前述任一项权利要求的组合物，其特征在于它对应于通式

$Ce_xZr_yM_zO_2$，其中 M 代表选自钇、钪和稀土金属的至少一种元素，且其中：

如果 $z=0$，则 x 为 0.5 至 0.95，这些数值包括端值，且 x 和 y 的关联关系为 $x+y=1$，

如果 $z>0$，则 z 为 0 至 0.3，且 x/y 的比值为 1 至 19，这些数值除 0 外包括端值，且 x、y 和 z 的关联关系为 $x+y+z=1$。

14. 权利要求 13 的组合物，其中的 x 为 0.5 至 0.9。

15. 权利要求 14 的组合物，其中的 x 为 0.6 至 0.8。

16. 权利要求 13 的组合物，其中的 z 为 0.02 至 0.2。

17. 权利要求 13 的组合物，其中的 x/y 的比值为 1 至 9。

18. 权利要求 17 的组合物，其中 x/y 的比值为 1.5 至 4。

19. 权利要求 1 的组合物，其特征在于它呈固溶体形态。

20. 制备前述任一项权利要求所述组合物的方法，其中包括制备在液体介质中含有铈盐、锆溶液及如适当还含有钇、钪或稀土金属化合物的混合物；在 80℃至所述混合物的临界温度之间的温度下加热所述混合物；回收所得到的沉淀物，并在 200～1200℃的温度焙烧该沉淀物，其特征在于制备上述混合物所使用的锆溶液当对其进行酸/碱滴定时达到等电点所需的碱的数量满足 OH^-/Zr 摩尔比≤1.65 的条件。

21. 权利要求 20 的方法，其特征在于将由硝酸浸蚀碳酸锆所得到的硝酸氧锆用作锆溶液。

22. 权利要求 20 或 21 的方法，其特征在于所使用的锆溶液的上述碱的数量满足 OH^-/Zr 摩尔比≤1.5 的条件。

23. 权利要求 22 的方法，其特征在于所使用的锆溶液的上述碱的数量满足 OH^-/Zr 摩尔比≤1.3 的条件。

24. 权利要求 20、21 或 23 的方法，其特征在于使用铈、钪或稀土金属这些元素的盐作为这些元素的化合物。

25. 权利要求 24 的方法，其特征在于，所述的盐是硝酸盐。

26. 权利要求 22 的方法，其特征在于使用铈、钪或稀土金属这些元素的盐作为这些元素的化合物。

27. 权利要求 26 的方法，其特征在于，所述的盐是硝酸盐。

28. 权利要求 23 的方法，其特征在于使用铈、钪或稀土金属这些元素的盐作为这些元素的化合物。

29. 权利要求 28 的方法，其特征在于，所述的盐是硝酸盐。

30. 具有催化性能的涂层，其特征在于它包含在一种载体上的权利要求 1～

19 中任一项的组合物，所述载体是三氧化二铝、二氧化钛、氧化铈、氧化锆、二氧化硅、尖晶石、沸石、硅酸盐、晶态磷酸硅铝或晶态磷酸铝类。

31. 催化体系，其特征在于它包含在载体上的基于权利要求 1 至 19 任一项所述组合物的涂层。

32. 权利要求 1 至 19 中任一项所述组合物或权利要求 31 所述催化体系在内燃机尾气处理方面的用途。

33. 权利要求 1 至 19 中任一项所述组合物或权利要求 31 的催化体系在制备汽车后燃催化剂方面的用途。

针对上述授权专利，淄博加华新材料资源有限公司于 2015 年 12 月 15 日第一次提出无效请求，并根据专利权人于 2018 年 3 月 12 日提交的中华人民共和国最高人民法院（2015）知行字第 59 号行政裁定书，在 2018 年 8 月 1 日再次针对性地提出了第二次无效请求，合议组根据两次无效请求内容进行合议审查，并于 2019 年 1 月 29 日作出全部无效决定。专利权人不服，向北京知识产权法院提出上诉，北京知识产权法院根据专利权人陈述案件事实以及专利复审委员会（现国家知识产权局专利局复审和无效审理部）作出的无效决定，于 2020 年 4 月 9 日作出维持专利无效决定。针对北京知识产权法院的驳回决定，专利权人向最高人民法院提出上诉，最高人民法院根据专利权人陈述以及本案事实、无效请求人和专利复审委陈述、原审法院认定事实，最终于 2020 年 11 月 6 日维持原判，驳回专利权人上诉。

二、过招三次显神通，无创造性被无效

1. 第一次无效宣告请求

淄博加华新材料资源有限公司（下称无效请求人）于 2015 年 12 月 15 日第一次就上述授权专利提出无效请求，并先后提交了十份证据。请求人明确的无效请求理由为：本专利说明书公开不充分，不符合《专利法》第 26 条第 3 款的规定，涉及权利要求 1～33；权利要求 3、13、20、24、26、28 不符合《专利法》第 26 条第 4 款的规定；权利要求 1 不具备新颖性；权利要求 1～33 不具备创造性。

针对无效请求人的理由，专利权人提交了意见陈述书和证据，证明本案公开充分且具备新颖性和创造性，权利要求也能得到说明书的支持。

经合议组审查后，专利权人又于 2018 年 3 月 12 日提交了意见陈述书以及中华人民共和国最高人民法院（2015）知行字第 59 号行政裁定书，认为基于

该裁定的认定标准，本专利具备新颖性和创造性。

2. 第二次无效宣告请求

根据专利权人提交的行政裁定书，在第一次无效请求作出决定前，无效请求人又于 2018 年 8 月 1 日第二次就上述授权专利提出无效请求，重新组织了十二份证据，并于 2018 年 8 月 31 日提交了补充意见陈述书及相关证据译文。

由于第一次无效请求中提出的理由均未能无效该专利，无效请求人更改了无效理由，此次无效理由为：权利要求 1 ~ 12、20 ~ 29、30 ~ 33 引用权利要求 1 ~ 12 的技术方案不清楚，不符合《专利法实施细则》第 20 条第 1 款的规定；权利要求 20 ~ 29 缺少必要技术特征，不符合《专利法实施细则》第 21 条第 2 款的规定；权利要求 1 ~ 33 得不到说明书支持，不符合《专利法》第 26 条第 4 款的规定；权利要求 1 ~ 33 不具备新颖性，不符合《专利法》第 22 条第 2 款的规定；权利要求 1 ~ 33 不具备创造性，不符合《专利法》第 22 条第 3 款的规定。

根据无效请求人新提交的证据以及专利权人提出的意见陈述，专利局复审和无效审理部于 2019 年 1 月 29 日作出无效决定，宣告专利权全部无效。决定指出：

本专利涉及用于内燃机废气处理的多功能催化剂，其是一种基于氧化锆和氧化铈的组合物，根据说明书的记载，本专利的发明目的是提供一种更为有效的催化剂，这些催化剂期望在高温中使用时具有高度稳定的比表面积以及稳定的贮氧能力。

首先，本专利说明书的发明内容部分仅采用了描述性语言对本发明组合物的铈/锆原子比及其高温性能进行了与权利要求 1 相同的记载：本发明提供基于铈/锆原子比至少为 1 的氧化铈和氧化锆的组合物，其特征在于它在 900℃ 下焙烧 6 小时后的比表面积为 35 ~ 58m^2/g，在 400℃ 下的贮氧能力为 1.5 ~ 2.8mLO_2/g。但是，在本专利说明书的实施例部分，实施例 1 ~ 8、11 所记载的催化剂组合物分别为 $Ce_{0.62}Zr_{0.38}O_2$、$Ce_{0.65}Zr_{0.31}Nd_{0.04}O_2$、$Ce_{0.645}Zr_{0.30}Y_{0.055}O_2$、$Ce_{0.65}Zr_{0.31}La_{0.04}O_2$、$Ce_{0.66}Zr_{0.30}Pr_{0.04}O_2$、$Ce_{0.53}Zr_{0.37}La_{0.10}O_2$、$Ce_{0.525}Zr_{0.315}Pr_{0.16}O_2$、$Ce_{0.535}Zr_{0.373}La_{0.047}Nd_{0.045}O_2$、$Ce_{0.657}Zr_{0.306}Pr_{0.037}O_2$，计算可知，它们的铈/锆原子比分别约为 1.63、2.1、2.15、2.1、2.2、1.43、1.67、1.43、2.15，即实施例 1 ~ 8 及 11 所记载的催化剂组合物其铈/锆原子比的数值在 1.43 ~ 2.2 的较窄范围内。本领域技术人员均知晓，催化剂组合物的性能与其组成、结构和制备方法等密切相关，对于本专利的催化剂组合物的组成和结构，本专利说明书中给出的实施例均为包括 Ce、Zr 以及可选的 Y 或一种除了 Ce 以外的其他稀土元素且各元素具有特定含量原子数的实例，根据本专利说明书实施例记载的内容，本领域技术人员能够概括得出本发明的组合物的铈/锆原子比应当在1.43～2.2 的范围内或与该范围接近的范围，具有上述范围的铈/锆原子比的催化剂组合物才可能具有所期望的高温性能，但很难合理预测到本专利权利要求 1～19 中所限定的催化剂组合物中，铈/锆原子比在上述范围以外的其他技术方案都能具有所期望的高温性能。

其次，虽然铈锆组合物中氧化铈和氧化锆的用量比率可以在一定范围内变化在催化剂领域是公知的，但是，本领域亦公知，不同的铈锆用量比即不同的组成结构会导致组合物具有不同的性能，因此并非所有的公知用量比均会带来本专利所期望的 900℃下焙烧 6 小时后的比表面积为 35～58m²/g、400℃下的贮氧能力为 1.5～2.8mLO₂/g 的高温性能，即，尽管本领域技术人员基于本领域公知常识能够确定使铈锆组合物作为催化剂应有的基本催化功能的合理铈/锆原子比范围，但并不能基于本领域公知常识确定使铈锆组合物具有如本专利所限定的特定高温性能的合理铈/锆原子比范围。

综上所述，权利要求 1～19 概括的保护范围不能得到说明书的支持，不符合《专利法》第 26 条第 4 款的规定。基于同样的理由，权利要求 20～33 也不符合《专利法》第 26 条第 4 款的规定。

三、文字理解起争议，两审判决定输赢

1. 一审过程

罗地亚不服上述无效决定，向北京知识产权法院提起诉讼，主要认为说明书实施例 8 中铈/镐原子为 1.4，与权利要求 1 中限定的下限 1 十分接近，同时，在本领域中，用作催化剂的铈锆组合物用量比率是在一定范围内的，其可用含量是本领域技术人员根据公知常识能够合理选定的，且权利要求 13～18 已明确限定组分并对组分变量进行了限定，因此能够得到说明书的支持。

一审法院认同了无效决定的结论，驳回原告的诉讼请求。针对专利权人的意见，一审判决指出：

关于权利要求 1，其涉及一种基于铈/锆原子比至少为 1 的氧化铈和氧化锆的组合物，其限定了组合物的三个特征：铈/锆原子比至少为 1、比表面积为 35～58m²/g、贮氧能力为 1.5～2.8mLO₂/g。首先，根据说明书的记载，本专利的发明目的在于提供一种在高温中使用具有高度稳定的比表面积和稳定的贮氧能力的催化剂。从本专利说明书提供的实施例和对比例可见，组合物的制

备方法、组合物的组成（包括是否在组合物中添加稀土元素等）都可能对最终组合物产品的比表面积和贮氧能力带来影响，即组合物的制备方法、组合物的组成都是本专利对现有技术作出的技术贡献，并非属于不体现发明点的技术特征。比表面积和贮氧能力值都是反映最终组合物产品微观结构的性能特征，而微观结构的性能特征依附于特定组合物组成，本领域技术人员无法由此逆推出组合物的组分及含量特征。其次，根据本专利说明书的记载，实施例1～8及11所记载的催化剂组合物的铈/锆原子比的数值在1.43～2.2的较窄范围内。正如原告所述，在催化剂领域，尤其是对于铈/锆组合物而言，组合物的性能与铈/锆原子比有关，制备工艺也是重要因素。但是，组合物的组分含量同样也重要，当氧化铈含量较高时，更有利于保证组合物具有较高的贮氧能力，而一定量的氧化锆有利于形成稳定的结构，从而保证组合物高温煅烧后的高比表面积，而本专利是为了达到高温下同时具有稳定的高比表面积和贮氧能力，因此，从技术角度来看，铈/锆原子比应该是在某个合理的范围内才能达到上述两方面效果的平衡，而权利要求1的保护范围概括了氧化铈趋于100%，而氧化锆趋于0的技术方案，因此，权利要求的概括包含推测的内容，其效果难以预先确定和评价，应当认为这种概括超出了说明书公开的范围。虽然原告提供了一些含有氧化铈和氧化锆组合物的现有技术，其中铈/锆原子比的限定也不尽相同，但是，如上分析，权利要求的限定往往与本专利所要解决的技术问题和所要达到的技术效果相关，舍弃所要解决的技术问题来孤立地看待某个技术特征是否被现有技术公开并不具备参考意义，因此，在考虑现有技术的基础上，被诉决定认定权利要求1得不到说明书的支持，不符合《专利法》第26条第4款的规定，并无不妥，依法应予支持。

关于权利要求13～18。首先，虽然说明书中记载了铈/锆原子比可以为1至19（更具体可为1.5至4），但是，在说明书中记载相应权利要求的技术方案仅仅是文字上的依据，文字记载并不等同于充分公开。其次，权利要求13～17中限定的铈/锆原子比为1至19，由于端值19与说明书中公开的"1.43～2.2"范围相差较远，因此，被诉决定认定权利要求13～17仍然得不到说明书的支持，不符合《专利法》第26条第4款的规定，并无不妥，依法应予支持。最后，权利要求18限定的铈/锆原子比为1.5至4，尽管本领域技术人员能够概括得出"1.43～2.2"范围内或与其接近的范围具有所期望的高温性能，但是，很难确定权利要求18所限定的铈/锆原子比在上述范围以外的其他技术方案都能具有所期望的高温性能，因此，被诉决定认定权利要求18得不到说明书的支持，不符合《专利法》第26条第4款的规定，并无不妥，依法应予支持。

关于权利要求 20，其保护制备前述任一项权利要求所述组合物的方法。尽管本专利说明书记载的所有实施方式均采用了权利要求 20 的方法，但是，制备方法离不开其所使用的原料及原料配比，最终体现在组合物的组成上，由于催化剂组合物的性能与组成、结构和制备方法密切相关，因此，在其制备的产品得不到说明书支持的情况下，被诉决定认定权利要求 20 所述制备方法也得不到说明书的支持，不符合《专利法》第 26 条第 4 款的规定，并无不妥，依法应予支持。

2. 二审过程

罗地亚不服上述一审判决，随即向最高人民法院提起诉讼，其在上诉理由中指出：①权利要求 1～33 中的比表面积是产品的结构特征，不是效果特征，被诉决定将该特征认定为"期望获得的高温性能"，属于严重的事实认定错误，继而导致审查结论错误。②本专利权利要求 1 的保护范围是通过"铈/锆原子比""比表面积"和"贮氧能力"三个技术特征共同限定的，其保护范围狭窄，能够得到说明书的支持。③本专利权利要求 1 中的"铈/锆原子比"特征仅是对已知原料的种类进行一般性限定，将催化剂的基础材料明确为富铈组合物，以区别于富锆组合物；由于该技术特征不是本专利的发明点所在，并不能对最终的技术效果产生实质性的影响，因此不会导致权利要求得不到说明书支持的问题。④本专利的发明核心是通过热水解步骤获得现有技术中从未得到过的高比表面积和高贮氧能力的催化剂产品，本领域技术人员在阅读说明书之后，能够实现本专利的发明目的，解决相应技术问题，因此权利要求 1～33 能够得到说明书的支持。

二审法院作出终审判决，认同了一审判决的结论，认为所有权利要求均得不到说明书的支持，由此驳回原告的上诉。针对专利权人新陈述的理由，二审判决指出：

本案中，本专利涉及用于内燃机废气处理的多功能催化剂，其是一种基于氧化锆和氧化铈的组合物，根据说明书的记载，本专利的发明目的是提供一种更为有效的催化剂，这些催化剂期望在高温中使用时具有高度稳定的比表面积以及稳定的贮氧能力。在催化剂领域，尤其是对于铈/锆组合物而言，其性能与组成、结构和制备方法等密切相关。当氧化铈含量较高时，更有利于保证组合物具有较高的贮氧能力，而一定量的氧化锆有利于形成稳定的结构，从而保证组合物高温煅烧后的高比表面积。本专利是为了达到高温下同时具有稳定的高比表面积和贮氧能力，因此，从技术角度来看，铈/锆原子比应该是在某个合理的范围内才能达到上述两方面效果的平衡。从本专利说明书提供的实施例和对比例可见，组合物的制备方法、组合物的组成（包括是否在组合物中添加稀土元素等）都可能对最终组合物产品的比表面积和贮氧能力带来影响，即组合物的制备方法、组合物的组成都是本专利对现有技术作出的技术贡献，并非属于不体现发明点的技术特征。

本专利权利要求 1 涉及一种基于铈/锆原子比至少为 1 的氧化铈和氧化锆的组合物，本专利说明书的发明内容部分对本发明组合物的铈/锆原子比及其高温性能进行了与权利要求 1 相同的记载：本发明提供基于铈/锆原子比至少为 1 的氧化铈和氧化锆的组合物，其特征在于它在 900℃ 下焙烧 6 小时后的比表面积为 35～58m^2/g，在 400℃ 下的贮氧能力为 1.5～2.8mLO$_2$/g。但是，在本专利说明书的实施例部分，实施例 1～8、11 所记载的催化剂组合物分别为 $Ce_{0.62}Zr_{0.38}O_2$、$Ce_{0.65}Zr_{0.31}Nd_{0.04}O_2$、$Ce_{0.645}Zr_{0.30}Y_{0.055}O_2$、$Ce_{0.65}Zr_{0.31}La_{0.04}O_2$、$Ce_{0.66}Zr_{0.30}Pr_{0.04}O_2$、$Ce_{0.53}Zr_{0.37}La_{0.10}O_2$、$Ce_{0.525}Zr_{0.315}Pr_{0.16}O_2$、$Ce_{0.535}Zr_{0.373}La_{0.047}Nd_{0.045}O_2$、$Ce_{0.657}Zr_{0.306}Pr_{0.037}O_2$，通过对上述催化剂组合物计算可知，它们的铈/锆原子比分别约为 1.63、2.1、2.15、2.1、2.2、1.43、1.67、1.43、2.15，即实施例 1～8 及 11 所记载的催化剂组合物其铈/锆原子比的数值在 1.43～2.2 的较窄范围内。本领域技术人员均知晓，催化剂组合物的性能与其组成、结构和制备方法等密切相关，对于本专利的催化剂组合物的组成和结构，本专利说明书中给出的实施例均为包括 Ce、Zr 以及可选的 Y 或一种除了 Ce 以外的其他稀土元素且各元素具有特定含量原子数的实例，根据本专利说明书实施例记载的内容，本领域技术人员能够概括得出本发明的组合物的铈/锆原子比应当在 1.43～2.2 的范围内或与该范围接近的范围，具有上述范围的铈/锆原子比的催化剂组合物才可能具有所期望的高温性能，但很难合理预测到本专利权利要求 1～19 中所限定的催化剂组合物中，铈/锆原子比在上述范围以外的其他技术方案都能具有所期望的高温性能。同时，虽然铈锆组合物中氧化铈和氧化锆的用量比率可以在一定范围内变化在催化剂领域是公知的，但是，本领域亦公知，不同的铈锆用量比即不同的组成结构会导致组合物具有不同的性能，因此并非所有的公知用量比均会带来本专利所期望的 900℃ 下焙烧 6 小时后的比表面积为 35～58m^2/g、400℃ 下的贮氧能力为 1.5～2.8mLO$_2$/g 的高温性能，即，尽管本领域技术人员基于本领域公知常识能够确定使铈锆组合物作为催化剂应有的基本催化功能的合理铈/锆原子比范围，但并不能基于本领域公知常识确定使铈锆组合物具有如本专利所限定的特定高温性能的合理铈/锆原子比范围。综上，权利要求 1～19 概括的保护范围不能得到说明书的支持，不符合《专利法》第 26 条第 4 款的规定。基于同样的理由，权利要求 20 ~ 33 也不符合《专利法》第 26 条第 4 款的规定。

四、案件启示

在案件审查过程中，淄博加华新材料资源有限公司和罗地亚集团不仅先后提交了几十份证据佐证各自的观点，同时，淄博加华新材料资源有限公司还针对方案本身进行了两次从不同角度的无效请求，整个无效过程涉及《专利法实施细则》第 65 条第 2 款关于无效理由规定中的多个重要条款，包括：《专利法》第 22 条第 2 款规定的新颖性、第 22 条第 3 款规定的创造性、第 26 条第 3 款规定的说明书公开充分、第 26 条第 4 款规定的权利要求应当得到说明书的支持，以及《专利法实施细则》第 20 条第 2 款规定的独立权利要求应当从整体上技术方案完整，不得缺少必要技术特征。

在该案的无效过程中，专利权人以本专利以及相关四件专利组合成专利组向山东省高级人民法院提出侵权诉讼，诉讼指出，淄博加华新材料资源有限公司侵犯本专利以及另外四件专利，诉讼标的达到一亿元。但由于专利权人在说明书撰写上的不足以及权利要求保护范围过于宽泛，导致授权权利要求整体不稳定，专利权人所采用的五件专利中，有三件因说明书撰写得不足导致权利要求书中限定的数据得不到说明书的支持，因而被无效，对应诉讼也被驳回。

从这个案件我们可以看到，专利申请不仅仅只是一个技术方案的申请，还可能涉及巨额利益，若在前期撰写过程中留下漏洞，将可能导致前期自身的研发投入、后期的专利保护均功亏一篑，竞争对手能够轻松获知自身研发成果，并加以利用，导致巨额研发投入收效甚微，甚至可能导致亏损。

应该说，对于每一个创新主体而言，能够切实保护创新成果的专利都蕴藏着很高的价值，这种价值不仅仅体现在排除竞争、限制对手，取得看得见或者看不见的收益，还是增强企业竞争力和话语权，获得谈判筹码，增加企业无形资产的有利工具。有时候，一项专利是否有效甚至影响到一个企业的生死存亡。

当创新成果确有保护价值时，作为权利的基础，专利申请文件的撰写质量对权利有效性和保护力度起着决定性的作用，申请文件没有写好，创新成果再好，聘请的代理师或律师团队再强大，也可能无力回天。遗憾的是，我国许多创新主体在这方面意识远远不够，本案中罗地亚的专利布局不可谓不尽心，但后续仍然在说明书数据对权利要求的支持上被对手抓住漏洞，导致案件全部无效。攻守双方各有利器、能够多回合交锋的案件在国内并不多见，有很多本来很好的成果，由于申请文件撰写时留下了隐患，战斗的号角刚一吹响，还没过几个招，就已经败下阵来。

第二节　容易"绕开"的保护范围

专利文件的核心是权利要求，因为其划定了专利权人所能够行使权利的范围。《专利法》第64条第1款规定：发明或者实用新型专利权的保护范围以其权利要求的内容为准，说明书及附图可以用于解释权利要求的内容。然而，在研发、生产、实施过程中，通常获得的创新成果都是一个个具体的技术方案，如果只将这些具体技术方案作为权利要求的内容，则可能保护的只是一些离散的点，竞争对手稍作变化就能"绕开"保护范围，从而规避侵权责任，专利权也失去了保护作用。因此，创新成果专利化实践中面临的一个难点问题是，如何撰写权利要求，将创新成果有效地保护起来。为了回答这一问题，首先需要了解权利要求的组成、权利要求中的术语、保护范围大小等基本概念，还需要知道与领域相关的常用限定方式，在此基础上才能构建出能够有效保护创新成果、尽可能避免"规避设计"的权利要求体系。

一、权利要求书由来及基本概念[1]

欧洲是专利制度的发源地。在英、德两国早期的专利制度中，授予专利权的法律文件都只包括一个对发明的详细说明部分，即现在人们所说的专利说明书。说明书作为一份技术文件向全社会充分公开发明的技术内容，并使该领域技术人员能够实施，从而对社会发展作出贡献，而作为这种贡献的回报，申请人可在一定的时期内取得对该项发明的独占权。然而，由于授权的法律文件不包括权利要求书，在发生专利侵权纠纷时，需要由法院根据说明书的内容判断什么是受法律保护的发明。但是由于说明书是对发明创造的详细、全面的介绍说明，包括背景技术、发明原理、具体实施方式等，其篇幅常常很大，因此面对这样的说明书，无论是社会公众还是法院的法官，都难以归纳出什么是发明的新贡献；即便归纳出来，其内容也往往因人而异，无法统一。显然，这种方

---

[1] 尹新天. 中国专利法详解［M］. 北京：知识产权出版社，2011.

式导致了专利保护范围不清楚和不确定。

在各国的专利发展过程中，首先是专利申请人自己开始在专利文件中撰写权利要求书，而不是在其专利法有了强制性规定之后才开始这样做的。美国率先在其专利法中明确规定专利申请文件和专利文件中应当包括权利要求书，随后逐渐为其他国家所采纳。权利要求书以简洁的文字来限定受专利保护的技术方案，向公众表明专利保护的范围。从1973年《欧洲专利公约》（EPC）规定中可以了解到权利要求书在欧洲专利制度中的地位："一份欧洲专利或者欧洲专利申请的保护范围由权利要求书的内容来确定，说明书和附图可以用于解释权利要求。"

也就是说，为了确保专利制度的正常运行，一方面需要为专利权人提供切实有效的法律保护；另一方面需要确保公众享有使用已知技术的自由。为此，需要有一种法律文件来界定专利独占权的范围，使公众能够清楚地知道实施什么样的行为会侵犯他人的专利权。权利要求书就是为上述目的而规定的一种特殊的法律文件，它对专利权的授予和专利权的保护具有重要意义。

因此，权利要求书最主要的作用是确定专利权的保护范围。这包括，在授予专利权之前，表明申请人想要获得何种范围的保护；在授予专利权之后，表明国家授予专利权人何种范围的保护。

权利要求书由一个或多个权利要求构成，其应当记载发明或者实用新型的技术特征，技术特征可以是构成发明或者实用新型技术方案的组成要素，也可以是要素之间的相互关系。其中，独立权利要求应当从整体上反映发明或者实用新型的技术方案，而技术方案则是对要解决的技术问题所采取的利用了自然规律的技术手段的集合。技术手段通常是由技术特征来体现的，下面我们通过案例说明。

案例1：

一种稀土族永久磁铁，其特征在于：稀土族元素R：20重量% ~ 40重量%，硼B：0.5重量% ~ 4.5重量%，M（Al、Cu、Sn、Ga的一种或两种以上）：0.03重量% ~ 0.5重量%，Bi：0.01重量% ~ 0.2重量%、过渡金属元素T：余量。

上述权利要求的主题是"稀土族永久磁铁"，稀土族元素R、B、M（Al、Cu、Sn、Ga的一种或两种以上）、Bi、过渡金属元素T等元素及其含量是该稀土族永久磁铁的组成要素，都是构成权利要求的技术特征。该技术特征体现了上述权利要求所采取的技术手段，其组合到一起共同形成权利要求请求保护的技术方案。

案例 2：

稀土掺杂氧化钪纳米发光材料的制备方法，其特征在于，包括以下步骤：

（1）将醋酸钇、醋酸铕、碱金属氢氧化物、C12—20 不饱和脂肪酸、油胺和十八烯混合溶剂混合，加热保温，然后加热反应，离心分离得到铕离子掺杂的氧化钪纳米颗粒内核及氧化物表面含有油溶性配体的中间体 T1；

（2）将步骤（1）制备的中间体 T1 分散于卤代烷烃类溶剂中；将二硬脂酰基磷脂酰乙醇胺－聚乙二醇 DSPE－PEGm 分散于卤代烷烃类溶剂中；将两种溶液混合、超声，分离得到中间体 T2；

（3）将步骤（2）制备的中间体 T2 溶于醇类溶剂中，将稀土离子敏化剂分散于醇类溶剂中；将两种溶液混合、超声，分离得到所述稀土掺杂氧化钪纳米发光材料。

上述权利要求中所记载的配料、混合、加热保温、加热、离心分离、混合、超声等各个步骤是构成该权利要求的组成要素，与此同时，步骤之间的先后顺序体现组成要素之间的相互关系，这些组成要素及其之间的相互关系均是该权利要求所包括的技术特征，共同构成了该权利要求请求保护的技术方案。

二、权利要求的类型

1. 按照权利要求的性质分为产品权利要求和方法权利要求

上述案例 1 要求保护的是"稀土族永久磁铁"，案例 2 要求保护的是"制备方法"，这两个例子中权利要求的主题类型不相同，其中案例 1 为产品权利要求，案例 2 为方法权利要求。

产品权利要求的保护对象是"物"，包括主题为物品、物质、材料、工具、装置、设备、仪器、部件、元件、线路、稀土、组合物、化合物、药物制剂、基因等的权利要求。

案例 3：

一种用于分离稀土的分离柱，它包括一个进液口、一个出液口，以及柱体，其特征在于：该柱体中填充负载有二（2，4，4－三甲基戊基）膦酸的硅球。

该权利要求请求保护的主题是一种用于分离稀土的分离柱，而分离柱是一种"物"，因此该权利要求为产品权利要求。

方法权利要求的保护对象是"活动"，包括制造方法、使用方法、通信方法、处理方法以及将产品用于特定用途的方法等权利要求。其中"将产品用于特定用途"就是所谓的用途权利要求，也属于方法权利要求的一种。

案例 4：

一种利用双发射比率荧光探针的水样中磷酸根检测方法，其特征在于，步骤如下：

取待测样品定量加入所述的双发射比率荧光探针中定容，然后将定容后的混合溶液充分摇匀后，静置反应 $10 \sim 90min$，以 347nm 为激发波长，分别测定其在发射波长为 415nm、614nm 处的荧光强度 F415、F614，以 lg（F415/F614）与磷酸根浓度的线性关系计算待测水样中磷酸根的浓度。

该权利要求请求保护的主题是一种利用双发射比率荧光探针的水样中磷酸根检测方法，是一种"活动"形式，因此该权利要求为方法权利要求。

案例 5：

一种多孔稀土钛酸盐隔热材料在具有辐照、高温和高湿环境中的应用，其特征在于，所述多孔稀土钛酸盐隔热材料具有多孔结构，其的组成为 $(Re_2O_3)_X(TiO_2)_{1-X}$，其中 Re 为 Y、镧系元素中的至少一种，$X = 0.2 \sim 0.8$，优选为 $X = 0.4 \sim 0.7$；所述多孔稀土钛酸盐隔热材料的孔隙率为 $10\% \sim 90\%$，孔径大小为 $0.1 \sim 500$ 微米。

该权利要求请求保护的主题是一种多孔稀土钛酸盐隔热材料在具有辐照、高温和高湿环境中的应用，同样是一种"活动"，因此，该权利要求为方法权利要求。

确定权利要求类型的唯一判断标准是权利要求的主题名称，不必再进一步分析该项权利要求中记载的各个技术特征是方法性质的，还是产品性质的。若主题为一种"物"，则为产品权利要求，若主题为一种"活动"，则为方法权利要求。例如，"一种用于压缩机的稀土族永久磁铁"的主题是一种"物"，因此是包含用途限定的产品权利要求，而"稀土族永久磁铁在制造压缩机中的应用"的主题是一种"活动"，因此是方法权利要求。

区分产品权利要求和方法权利要求的原因在于专利法对不同类型的专利权提供不同的法律保护。《专利法》第 11 条规定：发明和实用新型专利权被授予后，除本法另有规定的以外，任何单位或者个人未经专利权人许可，都不得实施其专利，即不得为生产经营目的制造、使用、许诺销售、销售、进口其专利产品，或者使用其专利方法以及使用、许诺销售、销售、进口依照该专利方法直接获得的产品。由此可知，对于产品权利要求和方法权利要求而言，专利法对其采取不同的保护方式，产品权利要求的保护力度要远远大于方法权利要求。

在举证责任方面，产品权利要求的举证也要比方法权利要求的举证简单得多，因为产品权利要求是两个产品直接在结构上进行比较，而对于方法权利要求，专利权人很难确定该产品是通过什么方法得到的，因此从这一点而言，产品权利要求的保护力度也要大于方法权利要求。

对于产品和方法权利要求的撰写，根据《专利审查指南2010》第二部分第二章第3.2.2节规定可知：一般情况下产品权利要求应当用结构特征来描述，例如用元素及其含量来定义稀土，但是当产品权利要求中的一个或多个技术特征无法用结构特征予以清楚地表征时，允许借助物理或化学参数表征或方法特征进行表征；方法权利要求应当用方法本身的特征定义，例如所使用的原料、生产的工艺过程、操作条件和所得到的产品等。

2. 按照权利要求的形式分为独立权利要求和从属权利要求

案例6：

1. 一种多孔稀土钛酸盐隔热材料，其特征在于，所述多孔稀土钛酸盐隔热材料具有多孔结构，其的组成为 $(Re_2O_3)_X(TiO_2)_{1-X}$，其中 Re 为 Y、镧系元素中的至少一种，$X=0.2\sim0.8$，优选为 $X=0.4\sim0.7$；所述多孔稀土钛酸盐隔热材料的孔隙率为 $10\%\sim90\%$，孔径大小为 $0.1\sim500$ 微米。

2. 根据权利要求1所述的多孔稀土钛酸盐隔热材料，其特征在于，所述Re 为 Y、La、钕、钜、钬、铒、铥、镱、镥中的至少一种，优选为 Y。

3. 根据权利要求1或2所述的多孔稀土钛酸盐隔热材料，其特征在于，所述多孔稀土钛酸盐隔热材料的组成中还包含氧化铝、氧化镁、氧化铬、氧化硅、氧化铁中的至少一种，含量不超过所述多孔稀土钛酸盐隔热材料质量的 5%。

在案例6中，权利要求1和权利要求2、3的撰写形式是不相同的，其中权利要求2、3引用了权利要求1，并进行了进一步限定。该权利要求1是独立权利要求，而权利要求2、3则是从属权利要求。

那么如何区分独立权利要求和从属权利要求呢？

独立权利要求从整体上反映了发明的技术方案，记载了解决发明提出的技术问题的最基本技术方案，其保护范围最宽。从属权利要求描述进一步改进或者进一步限定后的技术方案。如果一项权利要求包含了另一项同类型权利要求中的所有技术特征，且对所述权利要求的技术方案作进一步的限定，则该权利要求为从属权利要求。

而为使权利要求更加简明，从属权利要求一般采用引用在前其他权利要求的撰写方式。以案例6的权利要求2为例进行说明，其中的"根据权利要求1所述的多孔稀土钛酸盐隔热材料"为引用部分，写明了其引用的权利要求的编号及其主题名称，而其中的"其特征在于，所述 Re 为 Y、La、钕、铈、钬、铒、铥、镱、镥中的至少一种，优选为 Y"则为限定部分，写明了该权利要求进一步限定的附加技术特征。

需要说明的是，区分权利要求的形式需要了解以下事项：

第一，从属权利要求所包含的技术特征，不仅包括它所附加的技术特征，还包括它所引用的权利要求的全部技术特征，如案例6的从属权利要求2不仅包括其附加限定的多孔稀土钛酸盐隔热材料的相关技术特征，还包括其引用的权利要求1的全部技术特征。因此，从属权利要求的保护范围小于其所引用的独立权利要求。

第二，从属权利要求与其所引用的权利要求的主题名称一定是相同的，如案例6的从属权利要求2和3的主题与被引用的权利要求1主题名称均为"多孔稀土钛酸盐隔热材料"。

第三，从属权利要求中的附加技术特征可以是对所引用的权利要求的技术特征作进一步限定的技术特征，如案例6的从属权利要求2对稀土元素的进一步限定；也可以是增加的技术特征，如案例6的从属权利要求3限定了多孔稀土钛酸盐隔热材料的组成中还包含其他材料以及相应含量。

第四，设置从属权利要求的目的是为专利权构建一个多层次的保护体系，比如，专利授权后，在可能的无效程序中，独立权利要求因保护范围过大而被认定不具备创造性，如果从属权利要求不存在上述问题，则仍然能够有效存在。因此，在撰写申请文件时，布置多层次保护的独立权利要求和从属权利要求，对于专利权的有效保护是十分必要的。

三、为创新之树建造足够大的"庇护之所"

在介绍了与权利要求相关的基本概念之后，我们不难得出结论：在技术特征有对应性的情况下，一项权利要求所记载的技术特征越少，则该权利要求的保护范围就越大；反之，一项权利要求所记载的技术特征越多，则该权利要求的保护范围就越小。比如，由技术特征 A、B、C 组成的权利要求保护范围大于由技术特征 A、B、C、D 组成的权利要求保护范围。

对于创新主体而言，从保护力度角度看，肯定是希望保护范围越大越好，这样能够为"创新之树"提供足够大的"庇护之所"，哪怕竞争对手在自己的最优方案上进行改动，只要在权利要求圈定的保护范围之内，也难以逃脱侵权责任。如图 4-1 所示，创新主体实际发明是最优方案 A，但其获得了比该最优方案 A 更大的专利权保护范围 B，则竞争对手在 B－A 的区域内实施也属于侵权。因此，创新成果专利化过程中，一个最重要的问题是，如何最大化保护范围。

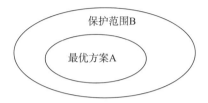

图 4－1　创新成果的最优方案与保护范围

这个问题看似简单，但不熟悉专利法的人却不一定能够建好这个"庇护之所"。

案例 7：

申请人在提交专利申请时提交了如下独立权利要求：

1. 一种驱动电机专用钕铁硼永磁体的晶界扩散制备方法，其特征在于：该一种驱动电机专用钕铁硼永磁体的晶界扩散制备方法包括以下步骤：

1）设计高镝和高铽含量的两种富稀土相辅助合金和一种不含镝铽的主相合金，主相合金的化学式为 $(PrNd)_x Fe_{100-x-z-n} M_z B_n$，式中 x、z、n 分别表示式中相应元素的质量百分比，$29 \leqslant x \leqslant 32$，$1 \leqslant z \leqslant 3$，$0.92 \leqslant n \leqslant 1$，M 为 Zr、Nb、Ga、Co、Al 中的一种或几种元素；高镝辅助合金的化学式为 $(PrNd)_{20} Dy_{20} Fe_{60-z-n} M_z B_n$，式中 x、y、z、n 分别表示式中相应元素的质量百分比，$1 \leqslant z \leqslant 3$，$0.92 \leqslant n \leqslant 1$，M 为 Zr、Nb、Ga、Co、Al 中的一种或几种元素；高铽辅助合金的化学式为 $(PrNd)_{30} Tb_{10} Fe_{60-z-n} M_z B_n$，式中 x、y、z、n 分别表示式中相应元素的质量百分比，$1 \leqslant z \leqslant 3$，$0.92 \leqslant n \leqslant 1$，M 为 Zr、Nb、Ga、Co、Al 中的一种或几种元素；

基材成分配比采用方式：分别将高镝和高铽的两种富稀土相辅助合金与主相合金按一定比例配比获得两种主相合金，然后把两种主相合金按一定比例配比获得镝、铽含量适中的钕铁硼基材材料，其工艺步骤如下：

① 配料熔炼：将三种合金成分进行配料，然后通过真空熔炼形成熔融的合金液，然后将熔融的合金液以 $1 \sim 4 m/s$ 的速度浇铸到铜辊上冷却成平均厚度为 $0.2 \sim 0.4 mm$ 的速凝甩带片；

② 制粉混粉：将①中所得速凝甩带片按两种主相合金成分进行称重配比混合，然后放入氢碎炉中进行氢破碎，制成平均粒度为 $100 \sim 200 \mu m$ 的两种主

相合金粗粉；将两种主相合金粗粉按基材成分进行称重配比，加入适量抗氧化剂，混合后进行气流磨制粉，制得平均粒度为 $2.8 \sim 3.5 \mu m$ 的磁粉；

③ 成型：在②中所得磁粉中加入适量的润滑剂并混合均匀后，称量压制成坯块，进行真空封装、等静压、剥油，然后将坯块运至烧结炉手套箱内剥掉内膜，准备烧结；

④ 烧结时效：将烧结炉手套箱内坯块运至真空烧结炉中烧结，烧结工艺为 $300 \sim 400$℃下保温 0.5 小时，$850 \sim 950$℃下保温 $1 \sim 3$ 小时，烧结温度为 $1040 \sim 1080$℃，保温 $3 \sim 5$ 小时后冷却；将烧结后的坯块进行二级失效处理，失效工艺为：一级失效温度 $850 \sim 950$℃、保温 $3 \sim 5$ 小时，二级失效温度 $460 \sim 540$℃、保温 $3 \sim 5$ 小时，得到磁体毛坯；

2）将步骤1）中所得钕铁硼磁体毛坯作为基材，进行以下工艺、步骤制备而成：

① 机加工：将步骤1）中④中所得磁体毛坯进行机加工得到满足尺寸要求的磁体黑片；

② 表面处理：将①中所得磁体黑片经过表面除油、喷砂、超声波清洗等表面处理后烘干；

③ 涂覆：将②中处理后的基材表面喷涂重稀土化合物溶液，烘干后放入扩散炉中；

④ 晶界扩散热处理：将扩散炉抽高真空后进行扩散热处理，扩散热处理工艺为 $850 \sim 950$℃下保温 $6 \sim 14$ 小时后冷却，然后加热到 $460 \sim 540$℃、保温 $3 \sim 5$ 小时。

上述权利要求中，对各步骤的工艺参数以及具体内容都进行了详细的限定，专利权的保护范围过小，保护力度相对不强。实际上，该案的核心发明点在于，将基材制备技术和晶界扩散技术结合起来制备钕铁硼永磁体。因此，独立权利要求 1 中只需要限定基材制备基本步骤、晶界扩散基本步骤以及两者之间关联的关键步骤即可。与上述发明点无关的内容，例如材料具体成分，配料熔炼、制粉混粉、成型、烧结时效等步骤中的常规基材制备参数，完全可以在合理范围内进行调节，因此没必要在独立权利要求中具体限定。否则，竞争对手改换一下各步骤中的一些参数，使之不落入权利要求限定的范围内，就能轻易"绕开"申请人划定的保护圈。

类似上述撰写形式的权利要求在国内创新主体撰写的申请文件中并不少见。体现了技术人员的具体化、最优化思维与专利申请文件撰写时权利最大化思维之间的差异。那么如何将具体的、最优的解决方案进行抽象、概括，尽可能地扩大权利要求的保护范围呢？这就需要引入一个"必要技术特征"的概念。

　　根据《专利法实施细则》第 20 条第 2 款的规定，独立权利要求应当从整体上反映发明或者实用新型的技术方案，记载解决技术问题的必要技术特征。所谓必要技术特征，就是发明创造为解决其技术问题所不可缺少的技术特征，其总和足以构成发明或者实用新型的技术方案，使之区别于背景技术中所述的其他技术方案。换言之，必要技术特征就是涉及发明核心点且其总和能够组成完整方案的技术特征。

　　正如前面提到的，一项权利要求所记载的技术特征越少，则该权利要求的保护范围就越大。因此，为了获得更大的保护范围，在撰写保护范围最大的独立权利要求时，应尽量只记载解决技术问题的必要技术特征，去掉那些与核心发明点无关的非必要技术特征；而且，如果一项技术方案具有多个发明点时，可考虑只将其中最重要的一个写入独立权利要求中，其他的根据情况写入从属权利要求中，或者，另起一个独立权利要求加以限定。也就是说，虽然我们的创新成果在具体应用时是一个个具体的实施方案，但撰写专利申请文件时，要从保护范围最大化的角度去构建独立权利要求。

　　案例 8：

　　稀土类磁铁组成的硬磁性相和软磁性相以纳米尺寸（数纳米至数十纳米）混合存在的稀土类纳米复合磁铁，通过在硬软两磁性相间作用的交换相互作用而能得到高的剩余磁化、顽磁力、最大能积。

　　但是，包含硬磁性相和软磁性相这两相的组织，从软磁性相发生磁化反转，由于不能阻止磁化反转的传播，因此存在变为低顽磁力的问题。作为其对策，现有技术公开了一种纳米复合磁铁，其通过形成在 $Nd_2Fe_{14}B$ 相（硬磁性相）和 αFe 相（软磁性相）之间介有 R – Cu 合金相（厚度不明。R 为 1 种或者 2 种以上的稀土类元素）的具有三相的组织，阻止磁化反转的传播，提高了剩余磁化和顽磁力。

　　但是，现有技术的组织中，介于硬磁性相和软磁性相之间的 R – Cu 相阻碍硬软磁性相间的交换耦合，而且 R – Cu 相与硬磁性相以及软磁性相的任一相都反应，因此硬软磁性相间的距离变长，不能得到高的交换耦合性，因此存在变为低剩余磁化的问题。

　　针对该问题，行业技术人员均进行了研究。其中一个公司研究发现，通过将包含 Ta 的非铁磁性相放置在稀土类磁铁组成的硬磁性相和软磁性相之间能够解决该问题，同时进一步研究发现，只要采用与硬磁性相和软磁性相不反应的非铁磁性相即可以解决该问题。因此，该公司决定将该重大发现进行专利申请。

该公司在申请专利时，撰写的方案如下：

1. 一种稀土类纳米复合磁铁，其特征在于，使非铁磁性相介于稀土类磁铁组成的硬磁性相和软磁性相之间，所述非铁磁性相与这些硬磁性相以及软磁性相的任一相都不反应。

2. 根据权利要求 1 所述的稀土类纳米复合磁铁，其特征在于，硬磁性相包含 $Nd_2Fe_{14}B$，软磁性相包含 Fe 或者 Fe_2Co，非铁磁性相包含 Ta。

3. 根据权利要求 2 所述的稀土类纳米复合磁铁，其特征在于，包含 Ta 的非铁磁性相的厚度为 5nm 以下。

4. 根据权利要求 2 或 3 所述的稀土类纳米复合磁铁，其特征在于，包含 Fe 或者 Fe_2Co 的软磁性相的厚度为 20nm 以下。

5. 根据权利要求 2 ~ 4 的任一项所述的稀土类纳米复合磁铁，其特征在于，在 $Nd_2Fe_{14}B$ 硬磁性相的晶粒边界，扩散有下述（1）~（4）之中的任一种：

（1）Nd；

（2）Pr；

（3）Nd 与 Cu、Ag、Al、Ga、Pr 中的任一种的合金；

（4）Pr 与 Cu、Ag、Al、Ga 中的任一种的合金。

可以看出，该公司在申请专利时对独立权利要求 1 的保护范围特别重视，其在独立权利要求 1 中仅是保护涉及其技术方案整体构思的内容，而未对更细节部分如各相磁铁材料、制备方法、结构组成、配比等进一步限定。通过这样的限定，能够合理地保护该公司在解决硬磁性相和软磁性相之间顽磁力和剩余磁化所作出的贡献，且也不容易被竞争对手所规避，能够有效保护自身作出的贡献。

通过上面两个案例可知，在撰写权利要求书时，首先应当保证其技术方案能够区别于现有技术，并能够解决其所要解决的技术问题；在此基础上，无须限定其他非必要技术特征，以扩大权利要求的保护范围，这些非必要技术特征可考虑写入从属权利要求中。

当然，上述案例情况相对简单，实践中有很多发明创造方案非常复杂，可能涉及术语含义的界定、发明贡献的概括、限定方式的选择、不止一个发明点时的权重布局等，都是撰写权利要求时选择、取舍和表达技术特征必须慎重考虑的因素。

第三节　容易"雷同"的技术方案

想要防止竞争对手"绕着走",可以精简权利要求中的技术特征,尽可能扩大权利要求的保护范围。但显然,保护范围也并非越大越好,否则很可能与现有的技术方案或其合理变形方案发生"雷同",如图4-2所示,如果保护范围B过大,与现有技术C或D产生交集,则会发生技术方案的"雷同"。因此,在最大化权利要求保护范围的同时,小心地避开现有技术的"雷",是创新成果专利化过程中面临的又一难点。

图4-2　最优方案、保护范围与现有技术

"雷同"在字典中的意思是指随声附和,与他人的一样;也指一些事物不该相同而相同。这里使用这个词是指专利技术方案与现有技术相同或相近,其中"相同"是指存在新颖性问题,"相近"是指存在创造性问题。

根据《专利法》第22条第1款的规定,授予专利权的发明和实用新型应当具备新颖性、创造性和实用性。因此,创新成果相对于现有技术具备新颖性和创造性是授予专利权的必要条件之一,即请求保护的发明创造必须与现有技术不相同,而且还要有一定的创新高度。在撰写申请文件时,要想避免走入缺乏新颖性或创造性的"雷区",必须弄清楚专利法规定的新颖性和创造性是什么,以及如何评判技术方案的新颖性和创造性。

一、新颖性

1. 新颖性的基本概念

根据《专利法》第22条第2款规定,新颖性是指该发明或者实用新型不属于现有技术;也没有任何单位或者个人就同样的发明或者实用新型在申请日以前向国务院专利行政部门提出过申请,并记载在申请日以后(含申请日)公布的专利申请文件或者公告的专利文件中。

该条款实质上包括了两部分的内容，一是与现有技术不同，二是不构成"抵触申请"。所谓抵触申请，就是在本申请的申请日之前向国家知识产权局申请，但在本申请的申请日之后（含申请日）公开的专利文件。现有技术和抵触申请都可能成为专利授权和确权过程中使用的对比文件。

需要注意的是，"新颖性"是专利法中具有特定内涵的一个特定法律术语，与我们日常生活中理解的"新颖"或"新的"不完全相同。要求发明创造具有新颖性的原因有如下两点：

一是鼓励发明创造和科技创新。国家之所以对一项发明创造授予专利权，为专利权人提供一定期限内的独占权，是因为他向社会提供了前所未有的技术成果，丰富了技术资源，应当受到奖励。而对于那些已经出现过的技术来说，已经是现有资源的一部分了，当然不可能再获得授权。对新的技术授予专利权，才有可能鼓励发明创造和科技创新，因而新颖性是授予发明和实用新型专利权最为基本的条件之一。

二是避免权利冲突。专利权是排他权，如果相同技术内容的多项发明或实用新型被重复授予专利权，必然会造成权利之间的冲突。

2. 现有技术

根据《专利法》第22条第5款的规定，现有技术是指申请日以前在国内外为公众所知的技术。现有技术包括在申请日（有优先权的，指优先权日）以前在国内外出版物上公开发表、在国内外公开使用或者以其他方式为公众所知的技术。

现有技术的本质在于公开。即，现有技术应当是申请日以前公众能够得知的技术内容，或者说应当在申请日以前处于能够为公众获得的状态，并包含能够使公众从中得知实质性技术知识的内容。构成现有技术的公开只需要公众想要了解即能得知、想要获取即能得到就足够了，并不要求公众必须已经得知或者必须已经获得，也不要求公众中每一个人必须都已经得知。其中公开的实质性技术知识内容必须是客观的，不能带有臆测的内容。例如，申请日前在非洲国家塞舌尔某公共图书馆上架的图书，虽然其出版量小且难以获得，但是该图书已经处于能够为公众获得的状态，就符合现有技术中对"公开"的要求。

而相反，处于保密状态的技术内容不属于现有技术。所谓处于保密状态，包括受保密规定或协议约束的情形，以及社会观念或者商业习惯上被认为应当承担保密义务的情形（即默契保密）。但是，保密的内容一旦被公开（即解密）或者负有保密义务的人违反规定、协议或者默契而泄露了秘密，则该内容从解密日或泄密日起成为现有技术。

（1）时间界限

现有技术的时间界限是申请日，享有优先权的，则指优先权日。广义上说，申请日以前（不包括申请日当天）公开的技术内容都属于现有技术。

根据《专利法》第28条的规定，国务院专利行政部门收到专利申请文件之日为申请日，如果是邮寄的，以寄出的邮戳日为申请日。以电子文件形式递交的，以国家知识产权局专利电子申请系统收到电子文件之日为递交日。另外，根据《专利法实施细则》第40条的规定，说明书中写有对附图的说明但无附图或者缺少部分附图的，申请人应当在国务院专利行政部门指定的期限内补交附图或者声明取消对附图的说明。申请人补交附图的，以向国务院专利行政部门提交或者邮寄附图之日为申请日；取消对附图的说明的，保留原申请日。

（2）地域要求

分析现有技术的定义可知，其中并没有对技术的地域进行规定。也就是说，要求一项发明或实用新型必须在全世界任何地方都未在出版物上公开发表或公开使用过，或以其他方式为公众所知，才认为其具有新颖性；只要有一个地方公开过该发明或实用新型，无论是以什么方式，都认为其丧失了新颖性。

（3）公开方式

《专利审查指南2010》中列出的现有技术公开方式包括出版物公开、使用公开和以其他方式公开三种。

专利法意义上的出版物是指记载有技术或设计内容的独立存在的传播载体，并且应当表明或有其他证据证明其公开发表或出版的时间。符合上述含义的出版物可以是各种印刷的、打字的纸件，也可以是用电、光、磁、照相等方法制成的视听资料，还可以是以其他形式存在的资料，例如存在于互联网或其他在线数据库中的资料等，常见的比如在线电子期刊。

出版物的印刷日视为公开日，有其他证据证明其公开日的除外。印刷日只写明年月或者年份的，以所写月份的最后一日或者所写年份的12月31日为公开日。多版次或多印次的，以最后一次印刷日为公开日。互联网证据则通常以上传日或审核发表日为其公开日。

使用公开是指由于使用而导致技术方案的公开，或者导致技术方案处于公众可以得知的状态。具体方式包括能够使公众得知其技术内容的制造、使用、销售、进口、交换、馈赠、演示、展出等方式。但是，未给出任何有关技术内容的说明，以致所属技术领域的技术人员无法得知其结构和功能或材料成分的产品展示，不属于使用公开。使用公开是以公众能够得知该产品或者方法之日为公开日。

为公众所知的其他方式，主要是指口头公开等。例如，口头交谈、报告、讨论会发言、广播、电视、电影等能够使公众得知技术内容的方式。口头交谈、报告、讨论会发言以其发生之日为公开日。公众可接收的广播、电视或电影的报道，以其播放日为公开日。

3. 抵触申请

抵触申请是指由任何单位或者个人就同样的发明或者实用新型在本申请的申请日以前向国家知识产权局提出并且在本申请的申请日以后（含申请日）公布的专利申请文件或者公告的专利文件，其能够损害本申请的新颖性。抵触申请的判断主要分为形式判断和内容判断两部分。

① 形式判断。其一是"在先申请、在后公开"，即申请日必须在本申请的申请日之前（不含申请日当天），公开是在本申请的申请日之后（含申请日当天）；其二是抵触申请必须是中国专利申请。

② 内容判断。除上述形式条件外，抵触申请还必须满足"同样的发明或者实用新型"这个实质性条件。

抵触申请不属于现有技术。当两个不同的创新主体分别独立完成相同的发明创造后，一个先申请专利，另一个在前一个申请的申请日之后、公开日之前申请专利，虽然后一申请的申请人完成发明创造并没有借鉴前一申请，有其存在的正当性，但从专利制度角度讲，由于前一申请公开后已经为公众所知，后一申请不再能够给公众提供进一步的好处，因而不应再对后一申请提供以公开换取保护的"对价"。不同创新主体尚且如此，相同创新主体作出的相同发明创造更不会被授予两次专利权。但是，由于前一个申请公开日在后一申请的申请日之后，不构成现有技术，由此就产生了"抵触申请"的概念。因此，抵触申请概念的创设是为了解决特殊的新颖性问题，抵触申请不能用于评价创造性，而且通常具有地域性，在我国，抵触申请只能是向国家知识产权局提交的申请或者 PCT 进入了中国国家阶段的申请。

4. 如何判断技术方案的新颖性

根据《专利审查指南 2010》的规定，方案是否具备新颖性，有两个判断原则，一是方案与现有技术或抵触申请相比，属于同样的发明创造，二是单独对比原则。

同样的发明创造是指，专利申请与现有技术或者抵触申请的相关内容相比，技术领域、所解决的技术问题、技术方案和预期效果实质上相同。判断一项发明创造是否具备新颖性，核心在于技术方案是否实质上相同，如果其技术方案实质上相同，而所属技术领域的技术人员根据两者的技术方案可以确定两者能够适用于相同的技术领域，解决相同的技术问题，并具有相同的预期效果，则认为两者为同样的发明创造。

单独对比原则是指，在判断新颖性时，应将申请文件中的各项权利要求分别与每一项现有技术或抵触申请的相关技术内容单独进行比较，不能将其与几项现有技术或者抵触申请的内容的组合，或者与一份对比文件中的多项技术方案的组合进行对比。这一点与创造性判断不同。

新颖性判断通常采用特征对比法，即首先确认专利申请权利要求的类型和保护范围，再对每项权利要求作技术特征分解，将每个技术特征与对比文件公开的技术特征逐一对比，判断技术特征是否均被对比文件公开，由其全部技术特征对比结果的总和确认两者的技术方案是否实质上相同，然后判断所述技术方案是否能够用于相同的技术领域、解决相同的技术问题并产生相同的技术效果，通过整体分析判断确定是否具备新颖性。

常见的不具备新颖性的情形有以下几种：

（1）相同内容

权利要求与对比文件所公开的内容完全相同，或者仅仅是简单的文字变换，或者某些内容虽然在对比文件中没有文字记载，但可以从对比文件中直接地、毫无疑义地确定。其中，所谓简单的文字变换指的是虽然对于某一技术特征的文字表述上有差异，但对于本领域技术人员而言，可以清楚地确认本申请和对比文件的文字表述指代的是同一特征，两者含义完全相同。例如前文提及的"钕磁铁"和"Nd－Fe－B"指代的是同一种稀土磁铁。

案例 9：

权利要求请求保护一种荧光材料，该荧光材料含有以下元素：选自 Mg、Ca、Sr、Ba 中的元素，选自 Si、Ge 中的元素，选自稀土类的元素，以及氧，该荧光材料的结晶结构为假硅灰石结构，而对比文件公开了一种包含稀土元素 Eu、Ce 或 Gd 的 $CaSiO_3$ 假硅灰石且可作为荧光材料，虽然并未记载荧光材料的晶体结构为假硅灰石结构，但是 $CaSiO_3$ 假硅灰石的晶体结构是公知的，因此，所属技术领域的技术人员可以直接地、毫无疑义地确定对比文件中公开了荧光材料的晶体结构为假硅灰石结构，两者技术方案相同，属于相同的技术领域，能解决相同的技术问题，并能实现相同的预期效果，因而本申请相对对比文件不具备新颖性。

（2）惯用手段的直接置换

所谓惯用手段的直接置换指的是所属技术领域的技术人员在解决某个问题

时熟知和常用、可以互相置换，且产生的技术效果与预期相同的技术手段。惯用手段的直接置换通常用在使用抵触申请评述权利要求新颖性的情形中，区别仅仅在于非常简单的、次要的细节。比如，权利要求与对比文件均涉及一种按摩太阳椅，权利要求的绝大部分技术特征都在对比文件中公开，区别仅在于其中扶手采用的固定方式不同，一个是"螺钉固定"，另一个是"螺栓固定"。

（3）上下位概念

通俗来说，如果一个概念完全落入另一个概念的范畴内，并且为后者的一部分，则前者即为后者的下位概念，后者即为前者的上位概念。下位概念除了反映上位概念的共性以外，还反映了上位概念未包含的个性。例如，"钕铁硼磁铁""钐钴磁铁"相对"稀土永磁材料"而言是下位概念，而"稀土永磁材料"相对"钕铁硼磁铁""钐钴磁铁"而言是上位概念。上位概念和下位概念是相对的，而非绝对的。

在新颖性的判断中，遵循的基本原则是"下位概念破坏上位概念的新颖性，上位概念不破坏下位概念的新颖性"。也就是说，如果发明或者实用新型要求保护的技术方案与对比文件公开的内容相比，区别仅在于前者采用上位概念，而后者采用下位概念，那么对比文件将使得发明或者实用新型不具备新颖性；相反，若对比文件采用的是上位概念，而发明或者实用新型采用的是下位概念，则该对比文件不能使发明或者实用新型丧失新颖性。例如发明或者实用新型包括"稀土金属氧化物"，而对比文件包括的是"氧化钕"，那么后者将破坏前者的新颖性，反之则不能破坏新颖性。

这种判断方法与我们日常生活中所认知的"新颖"是不同的，具体来说，按照日常认知，对于上述"对比文件采用的是上位概念，而发明或者实用新型采用的是下位概念"，我们也会认为发明或者实用新型不是"新颖"的。对此，专利法之所以作如此规定，也是从鼓励发明创造和科技创新的角度考虑：权利要求的保护范围往往是在说明书充分公开的内容的基础上概括得到的，往往并不是权利要求所概括的所有技术方案都是发明人已经充分研究并完全掌握的，其中有可能存在发明人未意识到的、技术效果超出预期的内容，因此为了避免"跑马圈地"的权利要求在授权后就变成"无人禁区"，专利法对于"新颖性"有了上述规定，鼓励发明人及其他社会公众在已有技术方案基础上进一步研究开发，以期获得更好的发明创造。这种类型的发明创造便是后面将会进一步介绍的选择发明。

（4）数值和数值范围

在稀土功能材料领域中，权利要求中往往存在以数值或者连续变化的数值范围限定的技术特征，例如组合物中元素的含量、热处理的温度、稀土储氢材料的贮氢能力等。尤其是在稀土功能材料领域要求保护组合物的产品权利要求中，以元素组成及含量进行限定是极为普遍的撰写方式。因此，了解涉及数值和数值范围的权利要求的新颖性判断标准对于行业人员来说是十分重要的。具体地，在其余技术特征与对比文件相同的前提下，新颖性的判断应按照如下规定进行：

第一，对比文件公开的数值或者数值范围落在上述限定的技术特征的数值范围内，将破坏要求保护的权利要求的新颖性。

案例 10：

某专利申请的权利要求请求保护一种基于氧化铈和氧化锆的组合物，以氧化物形式表示，包含至少 40 重量% 的锆和至多 60 重量% 的铈。如果对比文件公开了包含 45 重量% 的锆和 50% 重量的铈的氧化铈和氧化锆的组合物，则上述对比文件破坏该权利要求的新颖性。

第二，对比文件公开的数值范围与上述限定的技术特征的数值范围部分重叠或者有一个共同的端点，将破坏要求保护的发明或者实用新型的新颖性。

案例 11：

某专利申请的权利要求请求保护一种氧化铈和氧化锆的组合物，在 900℃ 下焙烧 6 小时后的比表面积为 35 ~ 58m^2/g，在 400℃ 下的贮氧能力为 1.5 ~ 2.8mLO_2/g。如果对比文件公开的氧化铈和氧化锆的组合物，在 900℃ 下焙烧 6 小时的比表面积为至少 40m^2/g，在 400℃ 下的贮氧能力为 1.5mLO_2/g，由于本申请和对比文件的组合物的比表面积的数值范围部分重叠，而贮氧能力的数值范围有共同的端点 1.5mLO_2/g，因此，该对比文件破坏该权利要求的新颖性。

第三，对比文件公开的数值范围的两个端点将破坏上述限定的技术特征为离散数值并且具有该两端点中任意一个的发明或者实用新型的新颖性，但不破坏上述限定的技术特征为该两端点之间任一数值的发明或者实用新型的新颖性。

案例 12：

某专利申请的权利要求为一种形成磷光体的方法，其中助熔剂的合成温度为 300℃、800℃、1402℃ 或者 1463℃。如果对比文件公开了助熔剂的合成温度为至少 300℃ 的磷光体的形成方法，则该对比文件中助熔剂的合成温度为 300℃ 时破坏权利要求的新颖性，但不破坏助熔剂的合成温度分别为 800℃、

1402℃或者1463℃时权利要求的新颖性。

第四，上述限定的技术特征的数值或者数值范围落在对比文件公开的数值范围内，并且与对比文件公开的数值范围没有共同的端点，则对比文件不破坏要求保护的发明或者实用新型的新颖性。此种情形与上述"上位概念不破坏下位概念的新颖性"实际是同一判断思路，相应的发明创造同样属于选择发明。

案例13：

某专利申请的权利要求请求保护一种稀土类纳米复合磁铁，其特征在于，使非铁磁性相介于稀土类磁铁组成的硬磁性相和软磁性相之间，非铁磁性相与这些硬磁性相以及软磁性相的任一相都不反应，硬磁性相包含 $Nd_2Fe_{14}B$，软磁性相包含 Fe 或 Fe_2Co，其厚度在 20nm 以下，非铁磁性相包含 Ta，其厚度在 5nm 以下。

对比文件公开了一种稀土类纳米复合磁铁，其特征在于，非铁磁性相层介于硬磁性相和软磁性相之间，非铁磁性相与硬磁性相和软磁性相之间都不反应，硬磁性相包含 $Nd_2Fe_{14}B$，软磁性相包含 Fe_2Co，其厚度在 15nm 以下，非铁磁性相包含 Ta，其厚度在 8nm 以下。虽然非铁磁性相、硬磁性相、软磁性相以及软磁性相的厚度已被对比文件公开，但由于本申请非铁磁性相的厚度范围落在对比文件公开的数值范围内，并且没有共同的端点，因此该对比文件不破坏该权利要求的新颖性。

（5）包含性能参数、用途或制备方法等特征的产品权利要求

本章第二节已经提到，对于包含微观组织特征、性能参数特征、用途特征或方法特征限定的产品权利要求而言，应当考虑上述特征是否隐含了要求保护的产品具有某种特定结构和/或组成。如果上述特征隐含了要求保护的产品具有某种特定结构和/或组成，则该特征具有限定作用；相反，如果上述特征没有隐含要求保护的产品在结构和/或组成上发生改变、具有某种特定结构和/或组成，则该特征不具有限定作用。

进一步地，若要求保护的产品权利要求包含微观组织特征、性能参数特征、用途特征或方法特征，而其余技术特征与对比文件相同，则此时，若上述特征隐含了要求保护的产品具有某种特定结构和/或组成，则该权利要求具备新颖性；而若根据上述特征，本领域技术人员无法将要求保护的产品和对比文件公开的产品区分开，则可推定要求保护的产品与对比文件的产品实质上相同，因此该权利要求不具备新颖性。

案例 14：

某专利申请的权利要求请求保护一种长余辉磷光体，其特征是由一般式 $MO \cdot (n-x)[aAl_2O_3{}^\alpha + (1-a) Al_2O_3{}^\gamma] \cdot xB_2O_3 : R$ 表示的单斜晶系烧成体，其中，M 表示碱土金属，R 表示稀土类元素 Eu、Dy，$0.5 < a \leq 0.99$，$0.001 \leq x \leq 0.35$，$1 \leq n \leq 8$，R 的添加量为 M 所代表的碱土金属的 0.001mol% 以上，10mol% 以下。而对比文件公开了一种夜光性荧光体，氧化物的形式是由一般式 $MO \cdot (n-x)[aAl_2O_3{}^\alpha + (1-a) Al_2O_3{}^\gamma] \cdot xB_2O_3 : R$ 表示的烧成体，其中 M 可选 Sr，R 为 Eu 和 Dy，$x = 0.04$，$n = 1.10$，R 的添加量为碱土金属的 3.0mol%。对比文件中"夜光性"表示性能限定，权利要求所请求保护的长余辉磷光体就是一种夜光材料，因此，在对比文件公开了权利要求的具体组成的情况下，该权利要求不具备新颖性。

案例 15：

某专利申请的权利要求请求保护一种贮氢合金，其特征在于，计算得到面积比例的平均值，将它作为贮氢合金的容积比例，利用下述式（2）算出的强度比小于 0.15，包含 0，具有 AB_2 型晶体结构的相的含量在 10 容积% 以下，包含 0 容积%，且具有用下述通式（3）表示的组成。

$$I_1/I_2 \tag{2}$$

式中，I_2 为用 CuKα 射线的 X 射线衍射中强度最高的峰的强度，I_1 为前述 X 射线衍射中在 2θ 为 $8° \sim 13°$ 的范围内的强度最高的峰的强度，θ 为布拉格角。

$$R_{1-a-b}Mg_aT_bNi_{z-x}M3_x \tag{3}$$

式中，R 为选自稀土类元素的至少一种元素，所述稀土类元素中包含 Y，T 为选自 Ca、Ti、Zr 及 Hf 的至少一种元素，M3 为选自 Co、Mn、Fe、Al、Ga、Zn、Sn、Cu、Si、B、Nb、W、Mo、V、Cr、Ta、Li、P 及 S 的至少一种元素，原子比 a、b、x 及 z 分别为 $0.15 \leq a \leq 0.37$、$0 \leq b \leq 0.1$、$0.53 \leq 1-a-b \leq 0.85$、$0 \leq x \leq 2$ 及 $3 \leq z \leq 4.2$，有效贮氢量为 $0.8 \sim 1.1H/M$。

对比文件公开了一种贮氢合金，其成分为 $Lm_{0.5}Mm_{0.26}Mg_{0.24}(Ni_{0.8}Mn_{0.15}Ga_{0.05})_{3.65}$，结晶型为 Ce_2Ni_7，主相的面积比为 96%，其中具有利用公式 I_1/I_2 算出的强度比小于 0.15，I_2 为用 CuKα 射线的 X 射线衍射中强度最高的峰的强度，I_1 为前述 X 射线衍射中在 2θ 为 $8° \sim 13°$ 的范围内的强度最高的峰的强度，θ 为布拉格角，包含 0。对比文件中的成分符合权利要求的通式（3），由于主相的面积比为 96%，因此其他相的面积比必定小于 10%，又由于权利要求中 AB_2 的含量可以为 0，且面积比等于容积比；在强度比 I_1/I_2 小于 0.15，且材料的组成成分和相确定了以后，本领域技术人员有理由推定其有效贮氢量至少与本申请有效贮氢量的范围存在部分重叠。由此可见，对比文件公开了权利要求的全部技术特征，技术方案实质上相同，且两者都属于贮氢合金，能解决相同的技术问题，并实现相同的技术效果，因此，权利要求不具备新颖性。

二、创造性

1. 创造性基本概念

《专利法》第22条第3款规定，发明的创造性，是指与现有技术相比，该发明有突出的实质性特点和显著的进步。

创造性也是授予专利权的必要条件之一。可以说，创造性审查是实质审查中最常涉及的法条，方案是否具备创造性往往是审查员和申请人的关键争议焦点。因此，理解《专利法》第22条第3款规定的创造性，对于技术交底、申请文件撰写、答复审查意见通知书乃至确权过程中的相关抗辩都有着至关重要的意义。

一项发明创造虽然相对于现有技术来说是新的，但如果与现有技术相比变化很小，且其变化是本领域技术人员容易想到的，对于这样一类专利申请如果授予专利权将导致授权的专利过多过滥，给公众应用已知技术带来很多制约，很可能干扰社会发展的正常秩序，不利于实现专利制度鼓励和促进创新的宗旨。所以专利法规定，授予专利权的发明或者实用新型除了必须具备新颖性之外，还必须具有创造性。

换言之，能够授予专利权的发明创造不仅需要与现有技术不一样，而且这种不一样还不应是本领域的技术人员很容易想到的，应该是在现有技术基础上向前迈出了较大一步，这一步应当迈得有些难度，不是轻而易举的。那么，到底怎么衡量这一步够不够大呢？发明与实用新型专利的创造性在高度方面略有不同，发明专利要高于实用新型专利的创造性标准。接下来我们将以发明为例梳理创造性判断中涉及的基本概念。

（1）所属技术领域的技术人员

发明创造是否具备创造性需要由人作出判断，而不同的人依据自己的知识和能力，可能得出不同的结论。为使创造性判断的结论尽量客观，首先需要拟定一个判断基准，这就有了"所属技术领域的技术人员"的概念。

《专利审查指南2010》对所属技术领域的技术人员给出了定义，也可称为本领域的技术人员，是指一种假设的"人"，假定他知晓申请日或者优先权日之前发明所属技术领域所有的普通技术知识，能够获知该领域中所有的现有技术，并且具有应用该日期之前常规实验手段的能力，但他不具有创造能力。如果所要解决的技术问题能够促使本领域的技术人员在其他技术领域寻找技术手段，他也应具有从该其他技术领域中获知该申请日或优先权日之前的相关现有技术、普通技术知识和常规实验手段的能力。

所以，对于权利要求保护的技术方案是否具备创造性评价，要站在上述拟制的"所属技术领域的技术人员"的角度来进行判断。也就是假设存在这么一个人，他具有上述背景知识和能力，但没有创造能力，如果他能够得到权利要求的技术方案，则认为该方案不具备创造性，反之，如果他不能够得到权利要求的技术方案，则认为方案具备创造性。

（2）突出的实质性特点

发明有突出的实质性特点，是指对所属技术领域的技术人员来说，发明相对于现有技术是非显而易见的。如果发明是所属技术领域的技术人员在现有技术的基础上仅仅通过合乎逻辑的分析、推理或者有限的试验可以得到的，则该发明是显而易见的，也就不具备突出的实质性特点。也就是说，发明具有突出的实质性特点意味着所述发明是必须经过创造性思维活动才能获得的结果，不是本领域技术人员运用其已掌握的现有技术知识和其基本技能能够预见到的。

其中，"有限的试验"指的是试验结果可预期，试验手段是有限的，试验是常规的。试验结果是否可预期是判断发明是否是"有限的试验"的关键要素。所谓的"可预期"指的是本领域技术人员在试验前已然可以预期某些技术特征的改变将产生的结果，例如，本领域技术人员根据普通技术知识可以预期，一般来说在钕铁硼永磁材料中，少量的 B，在形成四方晶体结构的金属连接中，使得化合物具有高饱和磁化强度、高的单轴各向异性和高的居里温度。而相反地，若试验结果是不可预期的，那么即使试验手段是有限的、试验是常规的，本领域技术人员也无法通过"有限的试验"获得发明的技术方案。

（3）显著的进步

发明具有显著的进步，是指发明与现有技术相比能够产生有益的技术效果。例如，发明克服了现有技术中存在的缺点和不足，或者为解决某一技术问题提供了一种不同构思的技术方案，或者代表某种新的技术发展趋势。对显著的进步进行判断主要考虑发明的技术效果。

"有显著的进步"并不是说申请专利的发明在任何方面与现有技术相比都要有进步或者产生了好的效果。有的情况下，发明有可能在某一方面取得了进步，而在其他方面又需要作出一定牺牲，这并不意味着否定其显著的进步性，而需要综合判断。比如，许多药物虽然有着一定程度的副作用，但若在治疗某些疾病方面有着明显积极的技术效果，那么该药物相关的申请也可能具有显著的进步。

2. 创造性判断的原则

创造性判断与新颖性判断的相同之处在于不仅要考虑技术方案本身，而且还应当考虑发明所属技术领域、所解决的技术问题和所产生的技术效果，将其作为一个整体予以看待。不能因为每个技术特征被不同的现有技术公开了，就简单地认为该技术方案已被现有技术公开。换言之，不能因每一个特征都是已知的而直接否定由这些已知技术特征构成的技术方案的创造性，应当关注特征之间的关系，例如协同关系、制约关系、支持关系、顺序关系等。

创造性判断与新颖性判断的不同之处在于，在承认发明是新的，即与现有技术不相同的基础上，需要进一步判断这种不相同是否使得发明对于所属领域的技术人员来说显而易见，以及是否具有有益的技术效果。创造性的判断是相对于现有技术的整体而言的，即允许将现有技术中不同的技术内容结合在一起与一项权利要求要求保护的技术方案进行对比判断。

3. 创造性判断的方法❶

（1）突出的实质性特点

判断发明是否具有突出的实质性特点，就是要判断对本领域的技术人员来说，要求保护的发明相对于现有技术是否显而易见。如果要求保护的发明相对于现有技术是显而易见的，则不具有突出的实质性特点；反之，如果对比的结果表明要求保护的发明相对于现有技术是非显而易见的，则具有突出的实质性特点。

判断要求保护的发明相对于现有技术是否显而易见，通常可按照以下三个步骤进行：

首先，确定最接近的现有技术。其次，确定发明的区别特征和发明实际解决的技术问题。发明实际解决的技术问题可以根据说明书的记载或本领域技术人员的预期来确定。可见，技术效果直接影响创造性判断的结果，所以申请文件中应尽可能详细地描述每个关键特征对方案技术效果的影响，必要时提供试验数据予以证明，无法得到确认或无记载的技术效果通常难以作为证明发明具有创造性的依据。最后，判断要求保护的发明对本领域的技术人员来说是否显而易见。即判断现有技术整体上是否存在某种技术启示，使本领域的技术人员

---

❶ 国家知识产权局. 专利审查指南 2010（2019 年修订）［M］. 北京：知识产权出版社，2020.

在面对所述技术问题时，有动机改进该最接近的现有技术并获得要求保护的发明。如果现有技术存在这种技术启示，则发明是显而易见的，不具有突出的实质性特点。

技术启示的判断具有一定主观性，是创造性判断中的难点。下述情况，通常认为现有技术中存在技术启示。

① 所述区别特征为公知常识，例如，本领域中解决该技术问题的惯用手段，或教科书或者工具书等披露的解决该技术问题的技术手段。

案例 16：

某专利权利要求 5 为一种制备权利要求 1 所述的长余辉磷光体的方法，其特征在于该方法包括以下工序：

（i） 按化学计量比称取材料；

（ii） 将称取的 α 型氧化铝与 γ 型氧化铝充分混合；

（iii） 将称取的所有材料研磨混合均匀；

（iv） 将混合均匀的材料在 800～1200℃ 的温度下烧结 2～4 小时：

（v） 将烧结体在 800～1200℃ 的温度下还原 2～4 小时；

（vi） 将烧结体冷却至室温；

（vii） 将烧结体粉碎；

（vii） 将粉碎后的烧结体分筛。

说明书"背景技术"部分记载：现有技术中以铝、锶、铕的氧化物或经加热后可产生这些氧化物的盐类为原料，在经 1200～1600℃ 温度烧结后，再用 N_2 和 H_2 在 1000～1400℃ 还原的方法来制造的长余辉发光材料，实际的余辉时间只有 4～5 小时，而且初始亮度低，实用性差。为解决上述种种问题，对碱土金属铝酸盐和稀土类金属激活剂组合的发光材料进行了改进，对各种结构和新结晶体进行各种研究，开发了比上述硫化物和碱土金属铝酸盐与稀土类激活剂组合的发光材料具有高初始亮度且长余辉的磷光体。同时，根据说明书中披露的实施例与对比例的实验，得出本申请的磷光体在荧光灯或太阳光以及其他紫外线的照射下可发出波长为 490～520nm 的蓝绿色光。其初始辉度为以往硫化锌磷光材料的初始辉度的 10 倍以上，可视余辉时间可达 30～70 小时，是一种具有优异性能的新颖长余辉高亮度磷光材料。

在上述专利的无效过程中，请求人提交的对比文件 4 公开了一种夜光性荧光体，其实施例 2 试样 2－（5） 的表达式用氧化物形式表达，可以是 $SrO \cdot 1.06Al_2O_3 \cdot 0.04B_2O_3$：$0.005Eu$，$0.025Dy$，同时也公开了其原料配比中碳酸锶 的添加量为 0.94mol。该专利由于不具备创造性而被宣告全部无效。

合议组认为，将权利要求 5 的方法特征与对比文件 4 实施例 2 具体公开的方法进行比较，两者区别在于：（i）烧结温度和时间有差异，权利要求 5 限定的烧结温度是"材料在 800～1200℃ 的温度下烧结 2～4 小时，然后将烧结体在 800～1200℃ 的温度下还原 2～4 小时"，而对比文件 4 公开的烧结温度是"在 1300℃ 以及还原气氛下煅烧 1 小时"；（ii）烧结方法不同，权利要求 1 采用两步烧结法，而对比文件 4 采用还原气氛下的一步烧结法。尽管对比文件 4 采用的烧结温度、时间以及烧结方式与一份日本早期书籍对比文件 5（《萤光体ハンドブック》，萤光体同学会编，昭和 62 年 12 月 25 日第 1 版第 1 刷发行，株式会社オーム社发行）中披露的内容存在区别，然而权利要求 5 限定的方法特征对于本领域普通技术人员而言是公知的，例如，请求人提交的对比文件 5（属于公知常识性证据）有明确教导，因此这种区别是非实质性的。因此基于对比文件 4 以及对比文件 5 的教导得出权利要求 5 的技术方案是显而易见的。

② 所述区别特征为与最接近的现有技术相关的技术手段，例如，同一份对比文件其他部分披露的技术手段，该技术手段在该其他部分所起的作用与该区别特征在要求保护的发明中解决技术问题所起的作用相同。

案例 17：

案例 16 中，专利的权利要求 1 请求保护一种长余辉磷光体，其特征是由一般式 $MO \cdot (n-x)\left[aAl_2O_3{}^{\alpha} + (1-a)Al_2O_3{}^{\gamma}\right] \cdot xB_2O_3 : R$ 表示的单斜晶系烧成体，其中，M 表示碱土金属，R 表示稀土类元素 Eu、Dy，$0.5 < a \leqslant 0.99$，$0.001 \leqslant x \leqslant 0.35$，$1 \leqslant n \leqslant 8$，R 的添加量为 M 所代表的碱土金属的 0.001mol% 以上，10mol% 以下。

合议组认为，当权利要求 1 的通式中 M = Sr，R 为 Eu 和 Dy，$x = 0.04$，$n = 1.10$，R 的添加量为碱土金属的 3.0mol% 时，权利要求 1 的烧成体与对比文件 4 实施例 2 试样 2-（5）的烧成体具有基本相同的元素配比，所不同的只是在权利要求 1 中，原料氧化铝包括了 α 型氧化铝和 γ 型氧化铝的混合物，而对比文件 4 中使用的原料氧化铝没有说明是 α 型氧化铝或 γ 型氧化铝或它们的混合物。

α 型氧化铝和 γ 型氧化铝是氧化铝的两种常规晶形，本领域技术人员在制造荧光体烧结体时可以单独选择 α 型氧化铝或 γ 型氧化铝或它们的混合物，因此，权利要求 1 将氧化铝具体限定为 α 型氧化铝与 γ 型氧化铝的混合物对本领域普通技术人员而言是容易的。由于制造荧光体烧结体时本领域普通技术人员更多的是选择使用 α 型氧化铝，因此，如果选择使用 α 型氧化铝和 γ 型氧化铝的混合物作为原料，将 α 型氧化铝的用量选择为大于混合物总量的一半，即将 a 具体限定为 $0.5 < a \leqslant 0.99$ 对本领域普通技术人员而言并不困难。

本领域普通技术人员熟知，γ 型氧化铝在 950～1200℃ 的温度范围内可转化为 α 型氧化铝。

现有技术中没有明确的理论依据可以证明以 α 型氧化铝和 γ 型氧化铝的混合物作为原料得到的烧结体与以纯 α 型氧化铝为原料得到的烧结体相比其微观构造不同，从而导致与以纯 α 型氧化铝为原料得到的烧结体相比生成了不同的烧结体；说明书中也没有相应的记载。

说明书也没有相应的实验数据表明以 α 型氧化铝和 γ 型氧化铝的混合物作为原料得到的烧结体，与以纯 α 型氧化铝为原料得到的烧结体相比，相应的表征参数如结构参数和理化参数的差异。

将权利要求 1 的烧成体与对比文件 4 公开的烧成体性能进行比较可以看出：本发明是要得到一种余辉时间长的烧成体，说明书第 9 页第 14～15 行记载了本发明的磷光体其初始辉度为以往硫化锌磷光材料的初始辉度的 10 倍以上，可视余辉时间可达 30～70 小时，说明书实施例具体记载了余辉时间可以达到 3000 分钟；对比文件 4 的发明目的也是提供一种余辉时间长的烧成体，对比文件 4 的表 4 提供了荧光体的余辉性能，对比文件 4 公开的荧光体余辉时间可以达到 24 小时（1440 分钟）以上，与硫化锌荧光体的余辉强度相比，在 10 分钟后可以达到 20.4 倍，100 分钟后可以达到 40.2 倍。由此可见，权利要求 1 的技术方案与现有技术相比并没有产生意想不到的技术效果。

此外，权利要求 1 将烧成体限定为单斜晶系，由于 $SrAl_2O_4$ 的具体结构就属于单斜晶系，它是 $SrAl_2O_4$ 本身的性能，也属于公知的常识，因此，权利要求 1 将烧成体限定为单斜晶系并不能给其发明带来突出的实质性特点和显著的进步。

③ 所述区别特征为另一份对比文件中披露的相关技术手段，该技术手段在该对比文件中所起的作用与该区别特征在要求保护的发明中所起的作用相同。

案例 18：

某专利的权利要求请求保护一种基于氧化铈和氧化锆的组合物，以氧化物形式表示，其包含至少 40 重量% 的锆和至多 60 重量% 的铈，其还包含 0.1 重量%～50 重量% 的掺杂元素，并且氧化铈和掺杂元素是固溶体，掺杂元素是镧，其特征在于在 1100℃ 下煅烧 6 小时后所显示的比表面积为 5～13m²/g 和它们以立方或正方晶系结晶的氧化锆的单相形式被提供。在 1000℃ 下煅烧 6

小时后的比表面积为 $25 \sim 51 \, \text{m}^2 / \text{g}$。

无效宣告过程中，请求人提供了证据 1，其公开了一种用于净化尾气的催化剂，通过混合硝酸铈和氧化锆制备出含有 26% 重量比的 $Ce - ZrO_2$ 粉末的氧化铈，X 射线衍射图中表现出了正方晶体氧化锆晶体曲线并表明使用氧化锆稳定的粉末氧化铈组分表现了单一的氧化锆晶体结构，其在 900℃ 下煅烧 10 小时后的比表面积为 $42 \, \text{m}^2 / \text{g}$。还提供了证据 3，公开了一种用作催化剂载体的复合氧化物，该复合氧化物包括氧化锆、氧化镧和氧化铈。

合议组认为，证据 1 中的"表现了单一的氧化锆晶体结构"也表明了证据 1 的氧化锆和氧化铈组合物是以氧化锆的单相形式提供，还公开了在催化剂中掺杂有其他元素，如实施例 16 将 50g 具有比表面积为 $97 \, \text{m}^2 / \text{g}$ 相同细颗粒的氧化锆倒入含有 50g 硝酸铈和 3.4g 硝酸钇的 100mL 水溶液中。将倒入的颗粒物完全干燥，然后在 500℃ 下煅烧 1 小时得到样品 8，实施例 18 除了使用 8.4g 硝酸钙替代硝酸钇以外，按照实施例 16 的程序得到样品 10。因此，证据 1 公开了在氧化铈和氧化锆的组合物中掺杂其他元素。权利要求与附件 1 的区别在于权利要求限定"掺杂元素是镧，在 1100℃ 下煅烧 6 小时后显示的比表面积为 $5 \sim 13 \, \text{m}^2 / \text{g}$，其中氧化铈和掺杂元素是固溶体"，而附件 1 中"在 900℃ 下煅烧 10 小时后的比表面积为 $42 \, \text{m}^2 / \text{g}$"。尽管证据 1 没有明确说明氧化铈为固溶体，但是氧化锆和氧化铈都是本领域常用的固溶体材料，对于采用共沉淀法制造的氧化锆和氧化铈组合物，经过高温煅烧后通常都能转换为氧化锆和氧化铈的固溶体。本专利权利要求组合物的制备方法之一采用了共沉淀法并对该组合物进行高温（1100℃ 下煅烧 6 小时）煅烧，而证据 1 中氧化铈和氧化锆组合物也是采用共沉淀方法制备的，同时对氧化锆和氧化铈的组合物也进行了高温（900℃ 下煅烧 10 小时）煅烧，由此可见证据 1 的组合物同样是固溶体。对于本领域技术人员而言，在组合物的组成确定的条件下，本领域技术人员仅仅通过合乎逻辑的分析、推理或者有限的实验就可以通过调节附件 1 的煅烧温度和时间获得与权利要求相同的技术方案。

证据 3 公开了一种用作催化剂载体的复合氧化物，该复合氧化物包括氧化锆、氧化镧和氧化铈，公开了掺杂元素是镧，证据 1 的一些实施例已经给出了掺杂元素可以选自稀土金属，在此基础上，证据 3 给出了以稀土金属镧作为掺杂元素的技术教导，使得本领域技术人员获得技术教导，参考证据 3 选择镧作为掺杂元素，用到证据 1 中。

（2）显著的进步

除了显而易见性之外，创造性判断还需要考虑显著的进步性，这主要是指发明具有有益的技术效果。例如，发明与现有技术相比具有更好的技术效果，如质量改善、产量提高、节约能源、防止环境污染等；或者发明提供了一种技术构思不同的技术方案，其技术效果能够基本上达到现有技术的水平；或者发明代表某种新技术发展趋势；或者尽管发明在某些方面有负面效果，但在其他方面具有明显积极的技术效果。

可以看出，在创造性判断的两个条件当中，突出的实质性特点更难达到，显著的进步相对容易实现，因此创新成果专利化过程中的一个难点是突出发明创造相对于现有技术的非显而易见性。

4. 选择发明创造性的判断

稀土功能材料领域发明创造的一个常见类型是选择发明，就是从现有技术公开的宽范围中，有目的地选出现有技术中未提到的窄范围或个体的发明。也就是说，从一般性公开的较大范围选出一个未明确提到的小范围或个体，与公知的较大范围相比，所选出的小范围或个体具有特别突出的作用、性能或效果，这样的发明我们称为选择发明。

选择发明与其他发明不同，它不是在现有技术的基础上增加了新的技术特征或者更换了不同的技术特征，而是一种进一步的选择，它落入现有技术的已知范围内。所谓进一步的选择，一般有两种情形：一是从一般（上位）概念中选择具体（下位）概念，二是从一个较宽的数值范围中选择较窄的数值范围，包括点值。

在进行选择发明的创造性的判断时，选择所带来的预料不到的技术效果是考虑的主要因素。根据《专利审查指南2010》的规定，所谓预料不到的技术效果，是指发明同现有技术相比，其技术效果产生"质"的变化，具有新的性能；或者产生"量"的变化，超出人们预期的想象。这种"质"的或者"量"的变化，对所属技术领域的技术人员来说，事先无法预测或者推理出来。

如果发明仅是从一些已知的可能性中进行选择，或者发明仅是从一些具有相同可能性的技术方案中选出一种，而选出的方案未能取得预料不到的技术效果，则该发明不具备创造性。如案例16中权利要求1的烧成体与对比文件4实施例2试样2-（5）的烧成体的不同的只是在权利要求1中，原料氧化铝包括 α 型氧化铝和 γ 型氧化铝的混合物，而对比文件4中使用的原料氧化铝没有说明是 α 型氧化铝或 γ 型氧化铝或它们的混合物。α 型氧化铝和 γ 型氧化铝是氧化铝的两种常规晶形，本领域技术人员在制造荧光体烧结体时可以单独选择 α 型氧化铝或 γ 型氧化铝或它们的混合物，现有技术也没有明确的理论依据可

以证明以 α 型氧化铝和 γ 型氧化铝的混合物作为原料得到的烧结体与以纯 α 型氧化铝为原料得到的烧结体相比其微观构造不同，从而导致与以纯 α 型氧化铝为原料的烧结体相比生成了不同的烧结体，因此权利要求 1 选择使用 α 型氧化铝和 γ 型氧化铝的混合物作为原料没有产生预料不到的效果。

如果发明是在可能的、有限的范围内选择具体的尺寸、温度范围或者其他参数，而这些选择可以由本领域的技术人员通过常规手段得到并且没有产生预料不到的技术效果，则该发明不具备创造性。如果发明是可以从现有技术中直接推导出来的选择，则该发明不具备创造性。如果选择使得发明取得了预料不到的技术效果，则该发明具有突出的实质性特点和显著的进步，具备创造性。

案例 19：

某专利的权利要求 1 是一个组分权利要求，其权利要求如下：

1. 一种长余辉高亮度发光材料，其特征是由一般式 $M \cdot N \cdot Al_{2-x}B_xO_4$ 表示的烧结体构成，式中，M 表示碱土金属，N 表示稀土类元素铈，或铈和镝，或铈和镝和钕三种情况，$0.1 \leq x \leq 1$，N 的添加量为 M 所代表的碱土金属的 $0.001\text{mol}\%$ 以上，$10\text{mol}\%$ 以下。

在无效宣告程序中，请求人提交的附件 2（US5376303A）公开了一种长余辉磷光体，该磷光体包括下式所示的组合物：$MO \cdot a(Al_{1-b}B_b)_2O_3 : cR$。其中：$0.5 \leq a \leq 10.0$；$0.0001 \leq b \leq 0.5$；$0.0001 \leq c \leq 0.2$。MO 代表至少一种选自 MgO、CaO、SrO 和 ZnO 中的二价金属氧化物，R 代表 Eu^{2+} 和至少一种选自 Pr、Nd、Dy 和 Tm 的附加稀土元素，并且该附加稀土元素以足以提高磷光体的长余辉特征的量存在。

请求人认为，将附件 2 中公开的化学组成式进行如下变形，即 $MO \cdot a$ $(Al_{1-b}B_b)_2O_3 : cR$；$M \cdot aAl_{2-2b}B_{2b}O_4 : cR$；$M \cdot cR, Al_{2-2b}B_{2b}O_4 (a=1)$。两者的化学成分完全相同，由于本专利权利要求 1 的一般式中的 x 与附件 2 的权利要求 1 的一般式（变形后）中的 $2b$ 具有相同的意义（$x=2b$），则 B 的含量范围有共同的端值，由此 Al 的含量范围也具有共同的端点，稀土类元素的添加量（c）两者之间也存在含量范围的部分重叠关系。另外从附件 2 说明书实施例的记载可以看出，其使用 Dy 作附加激活剂的实施例 4 的长余辉发光体，在移走激发光源 20 分钟后的余辉强度与同样条件下的 ZnS：Cu,Cl 的余辉强度相比，为后者的 13 倍，而本专利说明书表 1 的实施例 2～6 的长余辉磷光体在移走激发光源 20 分钟之后的余辉强度与同样条件下的传统硫化锌荧光材料相比，也不过为其的 5.5～16 倍。因此，可以看出与附件 2 的公开内容相比，本专利权利要求 1 所限定的技术方案不具有任何实质性特点和显著的进步。

　　最终，合议组认为，依据说明书优选技术方案公开的内容，附件 2 公开的优选的硼的摩尔数是 $0.001 \leq b \leq 0.1$，a 的优选范围是 $0.6 \leq a \leq 1.5$。具体实施例也没有公开具体的 M 与铝和硼之和的比为 $1:2$（即 $a=1$）的发光材料，权利要求 1 是对比文件 2 公开的技术方案的一种具体选择。本发明是要得到一种余辉时间长的烧成体，说明书第 7 页第 11～12 行记载了本发明的磷光体的初始辉度为以往硫化锌磷光材料的初始辉度的 10 倍以上，可视余辉时间可达 30～70 小时；说明书实施例具体记载了余辉时间可以达到 1800 分钟；而附件 2 记载的余辉时间是 10 小时以上。也就是说，与附件 2 相比，权利要求 1 的烧成体获得了意想不到的技术效果。

　　本案权利要求 1 是附件 2 公开的技术方案的一种具体选择，对于选择发明，即指从许多公知的技术解决方案中选出某一技术方案的发明，其创造性取决于所选中的技术解决方案相对于现有技术是否能够产生预料不到的技术效果。

　　由于稀土功能材料领域产品权利要求往往是组合物权利要求，在判断创造性时，预料不到的技术效果是考察非显而易见性的重要指标。而预料不到的技术效果通常需要大量的实施例、对比例来证明。在申请专利权时，就对说明书，特别是实施例部分，运用大量的实施例和比较例证明其所取得的效果，对维护其专利权的稳定十分关键。

第四节　容易披露不到位的说明书

　　万丈高楼平地起，要为"创新之树"构建稳固的"庇护之所"，需要有扎实牢固的"地基"。在专利申请文件中，权利要求书决定了"庇护之所"的面积，那么什么是"庇护之所"的地基呢？答案是说明书。

　　说明书（包括说明书附图）是申请文件的重要组成部分，具有充分公开发明、支持权利要求书要求保护的范围、修改申请文件的依据、解释权利要求等作用。尤其是在包括稀土功能材料在内的化学领域，说明书中的具体实施方式部分是尤其重要的关键内容。权利要求保护范围合不合适、清不清楚、有没有新颖性和创造性，很多问题都要从说明书中去寻找依据。而专利申请文件的说明书与产品说明书或者论文有很大的不同，没有经验的申请人往往会忽视一些重要内容，披露不到位，导致"地基"不牢固。

　　本节将通过说明书的作用和组成、说明书的充分公开和权利要求以说明书为依据三部分内容对说明书进行介绍。

一、说明书的作用和组成

1. 说明书的作用

说明书是记载发明或实用新型技术内容的法律文件，其主要有以下四方面的作用：❶

（1）充分公开发明，使所属技术领域的技术人员能够实现

《专利法》第26条第3款规定：说明书应当对发明或者实用新型作出清楚、完整的说明，以所属技术领域的技术人员能够实现为准；必要的时候，应当有附图。因此，说明书的首要作用是充分公开发明，使所属技术领域的技术人员能够实现。

（2）公开技术内容，支持权利要求书请求保护的范围

《专利法》第26条第4款规定：权利要求书应当以说明书为依据，清楚、简要地限定专利保护的范围。也就是说，申请人获得的专利保护范围应当与其在说明书中向社会公众披露的技术信息相匹配。因此，说明书的第二个作用是对权利要求提供支撑，要让权利要求这座建筑稳固而宽阔，需要在作为地基的说明书中详细公开足以支撑该建筑的技术内容。

（3）审查程序中修改申请文件的依据

在专利审查程序中，申请人可能出于各种目的而修改申请文件。《专利法》第33条规定：申请人可以对其专利申请文件进行修改，但是，对发明和实用新型专利申请文件的修改不得超出原说明书和权利要求书记载的范围。因此，说明书是修改申请文件的重要依据。实际申请过程中，将说明书中记载的技术内容加入权利要求书中也是克服申请文件不符合相关规定的主要修改方式之一。

（4）用于解释权利要求

《专利法》第64条第1款规定：发明或者实用新型专利权的保护范围以其权利要求的内容为准，说明书及附图可以用于解释权利要求的内容。因此，在审查、侵权诉讼等程序中，说明书及附图是判断权利要求保护范围的辅助手段。

2. 说明书的组成

通常，说明书除了发明名称之外，还包括下列组成部分：

---

❶ 田力普. 发明专利审查基础教程·审查分册［M］. 北京：知识产权出版社，2012.

（1）技术领域

写明要求保护的技术方案所属的技术领域。

（2）背景技术

写明对发明或者实用新型的理解、检索、审查有用的背景技术；有可能的情况下，还需引证反映这些背景技术的文件。说明书中引证的文件可以是专利文件，也可以是非专利文件，例如各种报纸、杂志和书籍等。在背景技术部分中，通常要客观地指出背景技术中存在的问题和缺点，在可能的情况下，说明存在这种问题和缺点的原因以及解决这些问题时曾经遇到的困难。

（3）发明内容

这是说明书的最重要组成部分，需写明发明创造所要解决的技术问题以及解决其技术问题采用的技术方案，一般与权利要求有对应关系，还要对照现有技术写明发明或者实用新型的有益效果。有益效果是确定发明是否具有"显著的进步"、实用新型是否具有"进步"的重要依据。例如，有益效果可以由产率、质量、精度和效率的提高，能耗、原材料、工序的节省，加工、操作、控制、使用的简便，以及有用性能的出现等方面反映出来。需要注意的是，有益效果最好不要只是断言性的，可以通过对发明创造的要素特点进行分析和理论说明，或者通过列出实验数据的方式予以说明，特别是化学领域的发明更是如此。

（4）附图说明

说明书有附图的，对各幅附图表示什么含义作简略说明。

（5）具体实施方式

这也是说明书的重要组成部分，它对于充分公开、理解和实现发明创造，支持和解释权利要求都是极为重要的，一般是详细写明发明创造的优选方式，比如可以对照附图举例说明，在具体实施方式中可以进一步包括多个实施例，或者还可以将实施例与对比例进行比较。包括稀土永磁材料、稀土储氢材料、稀土发光材料、稀土催化材料等在内的化学领域申请容易存在原料或产品结构不清楚、表征不规范、技术效果难预期、能否实现等特点，因此具体实施方式部分的内容，特别是实验数据，显得尤为重要。

（6）说明书附图

作为说明书的组成部分之一，说明书附图的作用在于用图形补充说明书文字部分的描述，使人能够直观地、形象化地理解发明或者实用新型的每个技术特征和整体技术方案。发明专利申请文件中，附图并不是必须有的内容。在稀土功能材料领域中，常见的附图包括装置结构图、工艺流程图和材料性能测试图等。

二、充分公开的立法初衷和具体要求

《专利法》第26条第3款规定：说明书应当对发明或者实用新型作出清楚、完整的说明，以所属技术领域的技术人员能够实现为准；必要的时候，应当有附图。这一条款是《专利法》中对"以公开换取保护"理念的主要体现——专利权与发明创造的公开互为对价，平衡专利权人的利益与公众利益，通过给予专利权人一定垄断性特权鼓励专利权人公开其发明创造，促进科学技术知识的传播，进而推动经济社会进步。

从经济学上来说，垄断是一种效率低下的资源配置方式，不利于社会总福利的增长，世界各国基本都有禁止垄断的相关法律，但专利权却是由政府机关根据申请而颁发的，是受国家强制力保障的垄断权。对于这种矛盾如何解释？理论影响最大的是专利契约论，为各国所普遍接受。专利契约论认为：专利权是国家与申请人之间签订的一项特殊契约。申请人和国家都能从该契约中获得利益，专利权人对其发明享有一定时间内的排他性权利，国家（社会公众）则获得了该发明的内容。这就是常说的"以公开换垄断""以公开换保护"。专利权人从垄断中获得了物质上的利益和精神上的鼓励，社会公众则可以利用专利公开的技术信息，避免重复劳动，可以"站在巨人的肩膀上"进行科研。

另外，利益应当具有平衡性。专利权人获得的潜在收益与其公开专利技术而产生的对社会的贡献应当相匹配。因此，技术方案的公开必须要达到所属技术领域的技术人员能够实现的程度才有意义，如果所属技术领域的技术人员根据公开的发明内容不能实现发明，就等于申请人没有向社会作出足够的贡献，这种情况下，申请人若获得垄断权利，则会造成与公众利益之间的极度不平衡。因此，要求说明书充分公开，就是希望申请文件中记载的技术信息资料能够使得所属技术领域技术人员在已知技术信息的基础上进一步开发研究，实现促进科学技术进步和创新的目的。

也就是说，申请人若想构建其独占的"庇护之所"，那么就必须首先清楚、完整地公开其设计方案，以使社会公众能够准确了解其方案，并判断其方案是否的确对社会作出了足够的贡献；而公开的程度则需要达到社会公众能够重复并实现其方案的要求。

那么，说明书充分公开的具体要求是什么呢？简单来说，就是清楚、完整和能够实现。

所谓清楚，就是说明书应该主题明确、表述准确。应当使用所属技术领域的技术人员能够理解的语言，从现有技术出发，明确地反映出想要做什么和如何去做，使所属技术领域的技术人员能够确切地理解该发明或者实用新型要求保护的主题。换句话说，说明书应当写明发明或者实用新型所要解决的技术问题以及解决其技术问题采用的技术方案，并对照现有技术写明有益效果。

所谓完整，就是包括有关理解、实现发明创造所需的全部技术内容。比如，形式上记载有关所属技术领域、背景技术状况的描述以及说明书有附图时的附图说明；内容上说明发明创造所要解决的技术问题，解决其技术问题采用的技术方案和有益效果，以及具体实施方式。

所谓能够实现，就是指所属技术领域的技术人员按照说明书记载的内容，就能够实现该发明或者实用新型的技术方案，解决其技术问题，并且产生预期的技术效果。能够实现是充分公开的核心，是否清楚、完整归根结底是要看所属技术领域的技术人员根据说明书是否能够实现本发明。

三、高端稀土功能材料领域的说明书易漏写的点

《专利审查指南 2010》中列出了说明书公开不充分的几种情形：

① 说明书中只给出任务和/或设想，或者只表明一种愿望和/或结果，而未给出任何使所属技术领域的技术人员能够实施的技术手段；

② 说明书中给出了技术手段，但对所属技术领域的技术人员来说，该手段是含糊不清的，根据说明书记载的内容无法具体实施；

③ 说明书中给出了技术手段，但所属技术领域的技术人员采用该手段并不能解决发明或者实用新型所要解决的技术问题；

④ 申请的主题为由多个技术手段构成的技术方案，对于其中一个技术手段，所属技术领域的技术人员按照说明书记载的内容并不能实现；

⑤ 说明书中给出了具体的技术方案，但未给出实验证据，而该方案又必须依赖实验结果加以证实才能成立。

在高端稀土功能材料领域，实验证据是专利申请文件中最容易漏掉的内容，也就是上面最后一种情况。很多创新主体认为，自己做出来了，也告诉你怎么做的了，只要照着做就能够做出来，这就是充分公开了。但是，专利法意义上的充分公开，不仅要求披露怎么做，还要让所属技术领域的技术人员阅读申请文件之后，有基本的信服度。对于机械装置之类的技术方案，是否可行基本上在介绍完装置构成之后就能明了，但化学领域的发明创造，比如组合物，

能不能做得出来、到底有什么作用和效果，都需要实验证实。因此，虽然各元素的基本作用为本领域技术人员所熟知，但是各元素形成合金后所带来的技术效果以及技术效果的具体程度都是难以预测的，尤其是还存在某些方案所要达到的技术效果是为了克服某些技术偏见，该技术效果是所属技术的领域技术人员难以预见的情况，因此，稀土功能材料领域专利申请中技术效果的获得通常是需要给出足够的实验数据加以验证的。案例 20 就是典型的说了怎么做，但没有给出必要证明的情况。

案例 20：

某申请要求保护的发明是一种荧光体，其中，被照射所述激发源时，发光色为 CIE 色度坐标上的 (x, y) 值，x、y 满足以下的关系（i）、（ii）：

$$0 \leqslant x \leqslant 0.3 \tag{i}$$

$$0.5 \leqslant y \leqslant 0.83 \tag{ii}$$

在无效宣告过程中，请求人认为，该专利说明书实施例记载以 303nm 激发而发出的光的 CIE 色度为 $x = 0.32$，$y = 0.64$ 的绿色，这个范围并没有在权利要求所限定的保护范围内，说明书未能充分公开该权利要求的技术方案。之后，专利权人将该权利要求删除。

需要说明的是，许多创新主体在披露发明创造时出于各种担心，希望在申请专利时有所保留，比如一些不容易破解的关键点和最优方案，这也是许多知识产权保护意识较强的创新主体在一些情况下会采取的做法。但是，技术秘密的保留程度是一个非常具有技巧性的事情，稍不留神就可能导致申请存在公开不充分或者缺乏新颖性、创造性的问题。如果审查员认定该技术方案无新颖性、创造性，而作为技术秘密保护没有记载在说明书中的技术要点不能加入原技术方案中，则导致整个申请不能被授予专利权，此种情形下保留技术秘密显然是得不偿失的做法。另外，我们还需要考虑这些技术要点作为技术秘密保护是否有实际意义。如果技术要点实际是竞争对手在我方专利文件的基础上通过较为简单的研究就能够搞清楚并获得的，那么这些技术要点作为技术秘密保留便没有实际意义。所以专利申请与技术秘密之间的平衡需要专业地评估，对于不熟悉专利规则的人来讲，最好与专利代理师充分交流沟通，选择最佳的策略。

四、说明书对权利要求的支持

说明书中对技术内容要进行充分公开，其直接目的在于对权利要求的保护范围提供支持，反过来讲，权利要求的保护范围应该来源于说明书充分公开的内容，这是权利要求撰写时第三个需要考虑的问题（前两个问题参见本章第二节和第三节内容，即保护范围不能太小，否则竞争对手很容易"绕开"，又不能太大，否则可能涵盖了现有技术的内容而缺乏新颖性或创造性）。

如图4-3所示，为解决某一技术问题，发明创造提供了三个具体方案A、B和C，这三个方案具有一些共同点，可以从中发现解决该技术问题的共性，在一定条件下，可以基于这些共性将方案A、B、C归纳概括成保护范围D。保护范围D大于单个的方案A、B、C或者其加和，这样就能扩大发明创造的保护范围，防止被"绕过"，当然为了满足新颖性和创造性的条件，保护范围D也不能太大，免得与现有技术存在交集。而上面说的一定条件，就是要求说明书要对该保护范围D涵盖的不同方案提供具体说明，即说明书要对权利要求的保护范围提供支持。

图4-3　权利要求的概括

《专利法》第26条第4款规定：权利要求书应当以说明书为依据，清楚、简要地限定要求专利保护的范围。其中，前半部分就是解决权利要求书与说明书相适应的问题，"权利要求书应当以说明书为依据"的本意是指权利要求具有合理的保护范围，请求保护的权利范围要与说明书公开的内容相适应，体现"以公开换保护"这一立法宗旨。

具体而言，"以说明书为依据"的判断标准是，权利要求能够从说明书充分公开的内容得到或概括得出。"得到"的含义是权利要求的技术方案与说明书记载的内容实质上一致，即权利要求的技术方案在说明书中有一致性的记载。"概括得出"则是指，如果所属技术领域的技术人员可以合理预测说明书给出的实施方式的所有等同替代方式或明显变型方式都具备相同的性能或用途，允许申请人将权利要求的保护范围概括至覆盖其所有的等同替代或明显变型的方式。实践中，哪些属于可以合理预测的等同替代方式或明显变型方式，哪些超出了这一范围，往往成为申请人与审查员之间的争议焦点，因此也是申请文件撰写时的一个难点。常见的概括包括上位概括、并列概括和功能性限定三种方式。

（1）上位概括

判断上位概念概括是否合理有两种方法[1]：①如果权利要求的概括包括申请人推测的内容，而其效果又难以预先确定和评价，应当认为这种概括超出了说明书公开的范围，因而导致权利要求得不到说明书的支持；②如果权利要求的概括使所属技术领域的技术人员有理由怀疑该上位概括包含的一种或多种下位概念不能解决发明所要解决的技术问题，并达到相同的技术效果，则应当认为该权利要求得不到说明书的支持。

在说明书中记载的一个小的数值范围的基础上，权利要求概括了一个大的数值范围的情形也可以理解为特殊形式的上位概念概括，因此其判断方法与上述判断上位概念概括是否合理的方法相同。

案例 21：

权利要求保护的是一种基于铈/锆原子比至少为 1 的氧化铈和氧化锆的组合物，其特征在于它在 900℃下焙烧 6 小时后的比表面积为 35 ~ 58m^2/g，在 400℃下的贮氧能力为 1.5 ~ 2.8mLO_2/g。

在无效宣告过程中，合议组认为：本专利涉及用于内燃机废气处理的多功能催化剂，其是一种基于氧化锆和氧化铈的组合物，根据说明书的记载，本专利的发明目的是提供一种更为有效的催化剂，这些催化剂期望在高温中使用时具有高度稳定的比表面积以及稳定的贮氧能力。首先，本专利说明书的发明内容部分仅采用了描述性语言对本发明组合物的铈/锆原子比及其高温性能进行了与权利要求 1 相同的记载：本发明提供基于铈/锆原子比至少为 1 的氧化铈和氧化锆的组合物，其特征在于它在 900℃下焙烧 6 小时后的比表面积为 35 ~ 58m^2/g，在 400℃下的贮氧能力为 1.5 ~ 2.8mLO_2/g。但是，在本专利说明书的实施例部分，实施例 1 ~ 8、11 所记载的催化剂组合物分别为 $Ce_{0.62}Zr_{0.38}O_2$、$Ce_{0.65}Zr_{0.31}Nd_{0.04}O_2$、$Ce_{0.645}Zr_{0.30}Y_{0.055}O_2$、$Ce_{0.65}Zr_{0.31}La_{0.04}O_2$、$Ce_{0.66}Zr_{0.30}Pr_{0.04}O_2$、$Ce_{0.53}Zr_{0.37}La_{0.10}O_2$、$Ce_{0.525}Zr_{0.315}Pr_{0.16}O_2$、$Ce_{0.535}Zr_{0.373}La_{0.047}Nd_{0.045}O_2$、$Ce_{0.657}Zr_{0.306}Pr_{0.037}O_2$，计算可知，它们的铈/锆原子比分别约为 1.63、2.1、2.15、2.1、2.2、1.43、1.67、1.43、2.15，即实施例 1 ~ 8 及 11 所记载的催化剂组合物其铈/锆原子比的数值在 1.43 ~ 2.2 的较窄范围内。本领域技术人员均知晓，催化剂组合物的性能与其组成、结构和制备方法等密切相关，对于本专利的催化剂组合物的组成和结构，本专利说明书中给出的实施例均为包括 Ce、Zr 以及可选的 Y 或一种除了 Ce 以外的其他稀土元素且各元素具有特定含

---

[1] 田力普. 发明专利审查基础教程·审查分册 [M]. 北京：知识产权出版社，2012.

量原子数的实例，根据本专利说明书实施例记载的内容，本领域技术人员能够概括得出本发明的组合物的铈/锆原子比应当在 1.43～2.2 的范围内或与该范围接近的范围，具有上述范围的铈/锆原子比的催化剂组合物才可能具有所期望的高温性能，但很难合理预测到本专利权利要求 1～19 中所限定的催化剂组合物中，铈/锆原子比在上述范围以外的其他技术方案都能具有所期望的高温性能。其次，虽然铈锆组合物中氧化铈和氧化锆的用量比率可以在一定范围内变化在催化剂领域是公知的，但是，本领域亦公知，不同的铈锆用量比即不同的组成结构会导致组合物具有不同的性能，因此并非所有的公知用量比均会带来本专利所期望的 900℃下焙烧 6 小时后的比表面积为 35～58m²/g、400℃下的贮氧能力为 1.5～2.8mLO₂/g 的高温性能，即尽管本领域技术人员基于本领域公知常识能够确定使铈锆组合物作为催化剂应有的基本催化功能的合理铈/锆原子比范围，但并不能基于本领域公知常识确定使铈锆组合物具有如本专利所限定的特定高温性能的合理铈/锆原子比范围。综上所述，权利要求 1～19 概括的保护范围不能得到说明书的支持，不符合《专利法》第 26 条第 4 款的规定。

（2）并列概括

概括的第二种方式是提供"并列选择"方式，即用"或者"或"和"并列几个必择其一的具体特征。采用并列选择概括时，被并列的具体内容应该是等位价的，例如金或银，不能将上下位概念作并列概括，例如金属或银。

采用并列选择方式概括的权利要求中的所有技术方案都应当在说明书中充分公开到本领域技术人员可以实现的程度，否则，如果仅有部分技术方案满足"充分公开"的要求，而其他的技术方案不满足该要求，则这样的权利要求也得不到说明书的支持。判断并列选择方式概括是否合理的方法与判断上位概念概括是否合理的方法相似。

案例 22：

某专利的权利要求如下：

9. 一种以铈和锆混合氧化物为主要成分的组合物，其特征在于它具有总孔体积至少是 0.6cm³/g。

16. 根据权利要求 9 的组合物，其特征在于它符合通式 $Ce_xZr_{1-x}O_2$，式中 X 可以是 0.4～1，不包括值 1。

17. 根据权利要求 16 的组合物，其特征在于 X 是 0.7～1，不包括值 1。

18. 根据权利要求 16 的组合物，其特征在于 X 是 0.8～1，不包括值 1。

20. 一种权利要求 16～18 中任一权利要求所述组合物尤其在制备处理内

燃机排放气体的催化剂或催化剂载体方面的用途。

在无效过程中，合议组认为：本专利说明书的发明内容部分仅采用了描述性语言对本发明组合物的总孔体积进行了相应记载：第一实施方式的组合物总孔体积是至少 $0.6\,cm^3/g$，更具体地，可以是至少 $0.7\,cm^3/g$，一般是 $0.6\sim$ $1.5\,cm^3/g$；第二实施方式中的组合物总孔体积至少是 $0.3\,cm^3/g$。而在本申请实施例部分，仅有实施例 9 和 10 对总孔体积进行了记载，即实施例 9 记载所得到的产品具有总孔体积为 $0.73\,cm^3/g$，实施例 10 记载所得到的产品具有总孔体积为 $0.35\,cm^3/g$。基于本专利说明书和权利要求书记载的上述事实，合议组认为，本领域技术人员都已知晓，催化剂的总孔体积和比表面积的数值越大，其催化效果总体上也越好，本发明的目的是制备一种总孔体积远大于现有技术的以铈和锆混合氧化物为主要成分的组合物（催化剂）。因此，其对现有技术的改进也就在于制备一种大总孔体积的以铈和锆混合氧化物为主要成分的组合物，从本专利说明书记载的内容本领域技术人员能够概括得出本发明所述组合物的总孔体积应当在 $0.3\sim1.5\,cm^3/g$ 的范围内或与该范围接近的范围，但很难预见到本专利权利要求 $16\sim18$ 中总孔体积远超过 $1.5\,cm^3/g$ 的组合物都能得到说明书的支持。同时，由于独立权利要求 20 是权利要求 $16\sim18$ 所述组合物的用途权利要求，因此，权利要求 $16\sim18$ 和 20 都不符合《专利法》第 26 条第 4 款的规定。

（3）功能性限定

功能性限定就是用功能描述来限定技术特征，比如转动机构、加热装置等。在权利要求中，通常有两种情况会使用功能性限定，一种是使用结构限定无法很好地描述清楚技术特征的本质时，另一种是为了扩大保护范围，涵盖多个实现同一功能的多个技术特征。《专利审查指南2010》中规定，对于权利要求所包含的功能性限定的技术特征，应当理解为覆盖了所有能够实现所述功能的实施方式。例如，某生产工艺中包括了加热装置，其概括了该领域中所有能够实现"加热"这一功能的装置。另外，有的情况下，使用功能或效果性参数来表征技术特征也属于功能性限定，如长余辉高亮度发光材料。如果权利要求中限定的功能是以说明书实施例中记载的特定方式完成的，并且所属技术领域的技术人员不能明了此功能还可以采用说明书中未提到的其他替代方式来完成，或者所属技术领域的技术人员有理由怀疑该功能性限定所包含的一种或几种方式不能解决发明或者实用新型所要解决的技术问题，并达到相同的技术效果，则权利要求中不能采用覆盖了上述其他替代方式或者不能解决发明或实用新型技术问题的方式的功能性限定。

案例 23：

一种催化效率在 95% 以上的催化剂，包括以铈和锆混合氧化物为主要成分的组合物，其特征在于：组合物的通式为 $Ce_xZr_{1-x}O_2$。说明书中提供了该催化剂的制备工艺，制备含有三价铈化合物和锆化合物的液体混合物，让混合物与碳酸盐或碳酸氢盐进行接触，生成一种在反应时具有中性或碱性 pH 的反应介质，回收含有碳酸铈化合物的沉淀，煅烧沉淀物。同时还记载了煅烧温度为 200 ~ 1000℃。

该案例的权利要求中"催化效率在 95% 以上"是效果性参数，是本申请期望达到的效果，也是催化剂所具有的功能。催化剂的比表面积越大，一般催化效率就越高。催化剂高比表面积结构的实现是通过说明书中所记载的组合物成分以及具体的制备工艺得到的。现有技术中以铈和锆混合氧化物作为催化剂时，其煅烧温度要至少在 1000℃ 以上，在这样的煅烧温度下，所得到的产物的比表面积不超过 $10m^2/g$，甚至一般低于 $5m^2/g$，可见权利要求 1 仅记载了组分，但是没有对其具体的制备工艺进行限定，所属技术领域的技术人员并不知晓除说明书限定的具体催化剂的制备工艺以外的其他替代方式也能够使得催化剂的比表面积大于 $10m^2/g$，从而得到催化效率在 95% 以上的催化剂，解决本申请提出的技术问题。可见所属技术领域的技术人员从说明书公开的内容中不能得到或概括得到权利要求所请求保护的技术方案，该权利要求得不到说明书的支持，不符合《专利法》第 26 条第 4 款的规定。

另外，权利要求不允许使用纯功能性特征来限定。所谓纯功能性限定，是指权利要求仅记载了发明所要达到的目的或产生的技术效果，完全没有记载为达到这种目的或技术效果而采用的技术手段。

案例 24：

某权利要求保护的发明是一种稀土功能材料，其特征在于具有催化功能。

该权利要求描述了发明所要产生的技术效果，是纯功能性限定的权利要求，其覆盖了所有能够实现上述效果的技术方案，而本领域技术人员难以将说明书公开的具体技术方案扩展到所有能够实现该功能的技术方案，因此该权利要求得不到说明书的支持，不符合《专利法》第 26 条第 4 款的规定。

本章介绍了创新成果在专利化过程中面临的最主要的几个难点问题，涉及诸多法律条款，这些法律条款在具体实践中还有配套的细则、审查指南、相关司法解释和案例，构成一个庞大的体系，要弄清楚所有内容是非常困难的事情；即使熟悉各项法律条文，在实践操作中也还会面临很多难以界定的争议。而且专利权是技术与法律紧密结合的权利，通过法律语言将技术内容布局成为有效权利，不仅需要专业知识，还需要熟悉流程、能够预判风险，甚至需要懂得企业管理和经济学知识，稀土功能材料领域更是具有一些特殊要求。因此，为了避免考虑不周到而带来后续无法弥补的后果，在创新成果专利化过程中，最好在专业指导下进行专利申请和布局。

第五章 创新保护的专业工种——专利代理

如果把发明人比作"创新之树"的种树人，那么专利代理师就是为"创新之树"建造"庇护之所"的建筑师。关于专利代理师的工作，人们通常存在两种认识误区：一种误区是，认为专利代理师就是在发明人提供的技术交底书基础上重新编排整理文字内容，并提供流程便利；另一种误区是，认为只要把发明创意点大致讲述一下，后面的事情就可全权由专利代理师完成，申请人坐等授权颁证即可。

在前一种认识的人眼里，专利代理师就像房产中介一样——能够帮申请人省点事，但只要稍加用心，看看网上攻略，也能像自己办理"房产过户"一样取得专利授权。而在后一种认识的人眼里，衡量专利代理师的水平高低的标准就是看其能否帮助自己的专利很快获得授权，专利被驳回则说明专利代理师水平不行。

那么，将技术转换为专利的过程中，到底要不要请专利代理师帮忙？自己写出来的专利和请专利代理师写的专利会有区别吗？怎样选择有含金量的专利代理服务？专利获得授权真的是评价专利代理师能力的"金标准"吗？上述问题实际上是各技术行业从业者所共有的。为了消除认识误区，本章将首先普及一些专利代理的基本知识，再以先进稀土功能材料领域的专利代理服务为切入点，介绍专利代理师的工作。相信阅读完本章之后，读者心目中将自然会有以上问题的答案。

第一节 "自己写"还是"请人写"？

就像"种树"与"建房"属于完全不同的社会分工一样，发明创造与专利代理也着实存在很大的专业差异。虽然一些"种树人"自己用木材、砖和水泥等材料也能搭建出外观上看似像那么回事的房屋，但是如果考究房屋是否结实耐用、结构布局是否合理、能否承受风雨或外力撞击，等等，则这些"房屋"往往难以经受考验。

类似的道理，在大量可获取的专利申请模板的指引下，将发明创造撰写成符合格式要求的申请文件并非难事。然而，作为权利与利益的博弈基础，专利申请文件在审查过程中，以及授权之后都极有可能面临由审查机构、利益相关方，甚至社会公众发起的多方挑战。因此，一份申请文件是否能够顺利获得授权，并且更进一步地，能否在授权后发挥其社会经济价值，则绝非"照猫画虎"就能够实现的。

一、中国专利代理制度发展概况

专利事务可能涉及技术、法律、经济、金融、贸易和企业管理等多方面内容，而且申请专利和办理其他专利事务在程序上也有很多繁杂的手续，有时候一个不恰当的处理，比如申请时信息没有披露到位、提交文件时间晚了几天，就会使权利遭受无法挽回的损失。正是由于专利事务的这种复杂性和专业性，使得专利代理成为创新保护体系中不可或缺的一环。

专利代理属于民事法律行为中的委托代理，即专利代理机构接受当事人的委托，以委托人的名义按照《专利法》的规定向国家知识产权局办理专利申请或其他专利事务。专利代理师是获得了专利代理师资格证书，持有专利代理师执业证并在专利代理机构专职从事专利代理工作的人员。世界上实行专利制度的国家都有专门从事专利代理事务的专利代理机构以及一大批从事专利代理工作的专利代理师。我国目前的专利代理率在80%左右，而美国、德国、日本等专利制度起步较早的发达国家，每年90%以上的专利申请都是通过专利代理机构代理的❶，专利代理师在发明人、申请人、专利行政机关、法院和社会公众之间架起沟通的桥梁，为保护权利人的合法权利、保障专利制度正常运转、鼓励创新和技术进步发挥着非常重要的作用。

中国的专利代理制度是与专利制度同步建立和发展起来的。1985年《专利法》颁布实施，标志着中华人民共和国专利制度的正式建立，然而此时我国改革开放刚刚起步，整个经济体制还属于计划经济模式，在绝大多数人意识中"发明技术成果"理所应当贡献给国家，人们对私权属性的专利权非常陌生，申请人连"专利权保护的是什么""保护有什么用""为什么申请专利还要交费"等基本常识都没有认知，更不知道如何申请专利了。因此，尽快建立起一支专业化的专利代理队伍具有十分重要的意义。为此，国务院各部委科

---

❶ 谷丽，洪晨，丁堃，等. 专利代理行业准入制度国内外比较研究 [J]. 专利法研究，2016：142 – 153.

技局或情报所、各省自治区直辖市的科委或情报所、国家教委所属重点高校和一些实力雄厚的企业、科研院所相继成立了专职或兼职的专利代理机构，培养了最早的一批专利代理人。受社会经济、科技创新和人们专利意识等多方面的发展限制，当时的专利申请数量不多，涉外专利更少（当时能够做涉外案件的专利代理机构必须由国务院指定，最早只有三家），专利代理机构的从业人员还都属于国家干部编制。20世纪80年代后期，全国每年的专利申请数量仅2万多件，1989年全国共有代理机构450个，专利代理人4800名。第一代专利代理人奠定了中国专利代理制度和代理精神的基石，也为促进中国专利制度发展、创新成果繁荣和专利代理专业化发展作出了卓越的贡献。

20世纪90年代，随着国内外形势的发展，扩大化学品和药品的专利保护、中国正式加入《专利合作条约》（PCT）、"科教兴国"战略提出等一系列对创新利好的事件发生，人们的知识产权意识慢慢觉醒，国外公司到中国申请专利的积极性也不断增加，1997年，外国企业或个人在中国的专利申请数量第一次突破2万件大关，而这些案件促使专利代理机构在不断发壮大的同时，也探索着新的运营机制，出现了合伙制和股份制形式的专利代理机构。

进入21世纪，以中国加入WTO为契机，国家对法律法规进行了全面整顿，废止不适用的部分，制定或修改新的法律。2000年8月，国家知识产权局向各专利代理机构明确提出了脱钩改制的任务，即不能再挂靠在政府部门及下属单位，必须改成合伙制或有限责任制。这一规定淘汰了一批不能适应市场的专利代理机构，而留下的专利代理机构也被激发出更高的能动性并提供更优质的服务。之后，中国成功加入WTO，按照国际游戏规则，向外国公司开放市场，外国专利申请量每年以20%～30%的幅度增加，越来越多的专利代理机构取得了涉外专利代理资格。

2008年，为了建设创新型国家，国务院颁布《国家知识产权战略纲要》，将知识产权工作上升到国家战略层面，从此中国进入了以专利为代表的知识产权事业高速发展时期，自2011年至2020年，中国专利申请量连续十年居世界首位，这大大促进了专利代理行业的发展。同时，《专利法》第三次修改取消了涉外专利代理事务需要国务院指定的限制，专利代理机构不再区分涉外代理和涉内代理，全国代理机构数量和取得专利代理师资格的人数都呈现快速增长态势。截至2020年年底，全国约5.3万人取得专利代理师资格，执业专利代理师达到2.3万人，专利代理机构达到3253家（不含港澳台地区）❶。2011年

---

❶　国家知识产权局.《全国专利代理行业发展状况（2020年）》显示：我国专利代理行业呈现蓬勃发展态势［微信公众号］（2021－08－26）.

至 2020 年我国专利代理机构及专利代理师数量变化情况如图 5-1 和图 5-2 所示。

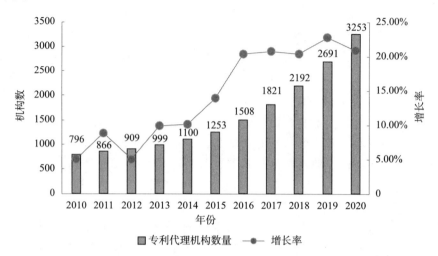

图 5-1　2011 年至 2020 年我国专利代理机构数量变化情况（不含港澳台地区）

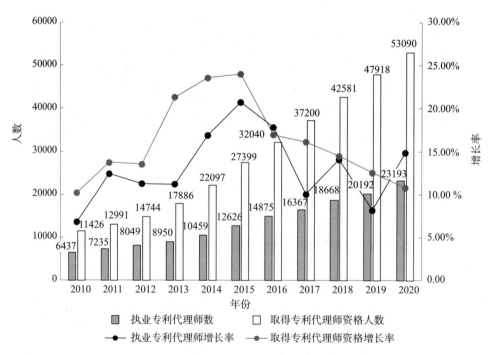

图 5-2　2011 年至 2020 年执业专利代理师及取得 专利代理师资格数量变化情况（不含港澳台地区）

国家知识产权战略的实施促进了创新，驱动社会不断发展进步，随之而来，创新主体对创新成果的保护需求也朝着更加专业化、高端化的方向发展，除了传统的专利挖掘与申请、专利侵权诉讼等传统业务之外，还出现了诸如专利导航、专利布局、自由实施（Freedom to Operate，FTO）分析、专利价值评估、专利融资质押咨询等新兴高端业务。专利代理作为技术和法律相结合的高端专业化服务，在知识产权创造、运用和保护全过程中都扮演着重要角色。

二、专利代理机构的业务范围

按照一件专利申请诞生前后的时间顺序，专利代理机构的业务范围包括以下方面。

1. 申请前阶段：查新检索、专利预警与 FTO 分析和专利挖掘等咨询服务

查新检索：当人们拥有一个技术创意或者想要朝着某个预判有前景的技术方向努力时，比如新产品研发时或销售前，新工艺使用前，为了避免与前人已有的成果重复导致创新资源浪费，一个非常重要且有效的环节是对目标技术方案进行查新检索，即在现有数据库中进行检索，并基于检索结果判断目标技术方案是否符合专利法意义上的新颖性和创造性要求，从而为下一步决策提供支持。数据库、关键词、分类号、时间范围和检索策略直接影响检索结果的准确性，有经验的专利代理师能够帮助人们更客观地了解自己技术的创新水平。

专利预警与 FTO 分析：专利预警与 FTO 分析是近些年较为热门的专利咨询服务种类，与查新检索类似，通常也是在新技术实施前进行的，不过其目的更多是确认自己的技术是否落入他人的专利权保护范围。专利预警与 FTO 分析在概念和工作内容上有一定重叠，但应用情况仍然有一些区别。专利预警一般在技术研发前端未成型时进行，侧重于对已有专利权的规避设计，目的在于为研发方向提供建议；而 FTO 分析则一般在技术成型度较高时进行，如新产品发布前或新技术使用时，侧重于自己自由实施，目的在于证明自己已尽到明显注意义务，以排除故意侵权指控。专利代理师在进行专利预警和 FTO 分析时，除了检索可能侵犯的专利权之外，还会对规避该潜在障碍专利的可能性和应对方法进行分析。例如，提出规避设计方案，或者分析潜在障碍专利的稳定性，提供对其提起无效宣告请求的建议，等等。

专利挖掘：查新检索通常是在人们认为自己的技术有创新性的情况下进行的确认性检索，专利预警与 FTO 分析通常是人们为了避免自己的技术侵犯他

人专利权而进行的分析，而专利挖掘则与它们都不同。由于申请人对自己的技术以及本领域相关技术非常熟悉，导致其往往产生一种错觉，即认为自己日常接触的这些技术都是很常见很普通的，没有什么创新点。实际上，这是一种认识的误区。即使是现有的产品和技术，比如从市面上购买的机器设备、原材料，在按照说明书操作和使用过程中，或多或少还是会发现一些不方便、不好用的地方，或是需要自己摸索设计一些优化方案，如果成功解决了技术问题、优化了技术方案，哪怕是很小的点，也是对现有技术的改进，都可以尝试寻求专利保护。专利代理师能够帮助人们厘清"现有技术"和"自己的发明"，深入挖掘创新点并进行尽可能多的拓展，从法律角度寻求合理且最大化的保护范围。简言之，专利挖掘就是从创新成果中提炼出具有专利申请和保护价值的技术创新点和技术方案。

其他咨询服务：包括专利申请咨询、专利基础知识培训、用户自定义的专利信息数据库搭建与维护，等等。

2. 申请阶段：代为办理从专利申请文件撰写、提交到结案❶的相关事务

申请文件撰写：技术创新通常都是具体的产品或方法，而专利申请文件却是一种以文字或者文字加附图形式呈现的法律文书。这种信息转换看上去简单，照着现成的专利申请文件也能"攒"出来，但实际上真正好的专利申请文件撰写是大有讲究的，每一字句都需要仔细斟酌，写多了或写少了都有可能给后续授权或维权造成影响。比如权利要求保护范围写小了，竞争对手稍加变换就能绕开，相当于把创新成果白白奉送；而权利要求保护范围写得太大，则有可能不能通过审查。再如，技术事实应当披露到什么程度、哪些是实施方案中的关键点而需要构建多维度立体保护策略、哪些可以作为技术秘密保护而不必披露，都不单单是技术披露层面考虑的问题，更是涉及权利、利益以及合规合法性层面的问题。专利代理师的职业专长就是给具象化的技术披上法律的外衣，以帮助申请人争取最优的权利保护。

审查意见的转达与建议：审查员对申请文件进行审查之后，经常会提出各种各样的审查意见。对于实用新型和外观设计，只需进行初步审查，审查意见相对较少，相当多的申请不用发出任何补正通知书即可直接授权；而对于发明专利申请而言，能够直接授权的案件极少，90%以上的案件都会收到审查意见通知书❷，审查员在其中指出申请文件存在的问题，要求申请人修改或者陈述

---

❶ 结案包括授权、驳回和撤回申请三种方式。

❷ 数据来自国家知识产权局内部统计，全局2021年一次授权率平均值约为6%。

意见。专利代理师的一项重要工作就是按照《专利代理委托协议书》中的约定，将这些审查意见转达给申请人，并且向申请人提供针对性的答复意见和申请文件修改的建议。审查意见通知书是审查程序中的听证手段，同时也是审查员与申请人之间的沟通手段。由于技术的复杂性和文字表达的局限性，很多时候审查员对申请文件的理解和合法性判断不能一步到位，其通过审查意见通知书表达对申请文件的理解和认定，经这种方式达到与申请人沟通确认的目的，再作出最终授权还是驳回的审查决定。因此，审查意见通知书答复得是否恰当，对申请能否走向授权、保护范围的大小有非常重要的影响。然而，审查意见通知书中的法律语言具有很强的专业性，对不熟悉法律规定、缺乏实践经验的人来讲，不一定能够正确理解和有效地应对。好的专利代理师熟悉审查和意见答复套路，能够帮助申请人更好地理解审查意见通知书，并通过解释、澄清、举证、反驳、修改等方式应对其中指出的问题，争取申请人合法利益的最大化。

"外向内"或"内向外"专利申请的特殊事务："外向内"专利申请是指将国籍在中国大陆以外的申请人的申请向国家知识产权局递交；而"内向外"专利申请则相反，是指中国大陆申请人向中国大陆以外的国家或地区主管专利的行政机构或者国际知识产权组织（WIPO）提出专利申请。这两种申请代理过程中有很大的区别。由于专利具有地域性，各个国家对于授予专利权的条件和专利申请流程有不一样的要求，而且通常都要求在申请目标国或地区无固定居所的申请人委托该国或地区的代理机构办理相关事务，因此"外向内"的专利申请代理过程除了普通的撰写和审查意见转达建议之外，另一项主要工作是翻译外文申请文本并根据中国《专利法》的规定提供一些修改建议。而"内向外"的专利申请代理过程的特殊性则更多体现在处理申请人与目标申请国或地区的代理机构之间的衔接沟通以及办理该申请在中国的一些手续，例如，约定费用和支付方式、提交保密审查、文本翻译、优先权文件准备，等等。对于在中国以外寻求专利布局的申请人来讲，尽管可以直接委托目标申请国或地区的专利代理机构办理相关手续，但出于语言沟通、法律知识、便利性等方面的考虑，绝大多数都会选择委托中国的代理机构代为办理向外申请的事宜，即由中国的代理机构负责与目标申请国或地区的代理机构进行对接。

流程性事务处理：主要包括文件准备、期限监控、费用缴纳等各种专利申请流程手续。这既包括在普通申请流程中会涉及的通用流程事务，又包括可能视情况不同发生的一些特殊性流程事务，例如，请求保密审查、中止、恢复权利、延期、著录项目变更、更正等。这些事务对于申请人来说没有技术性难度，按照网上可以查到的流程操作指引办理即可，国家知识产权局发出的行政文书通常也会提示下一步应该如何操作。但是，流程性事务都比较琐碎繁杂，稍不留神就容易出错，比如错过了时限、缴费时申请号没有填对、文件不齐全、缺少必要的签字盖章，等等。如果企业专利数量较多，情况就更为复杂。专利代理机构有专业的流程管理团队，不少还有自动化监控提醒系统，在流程方面能够帮助申请人节省不少精力和时间成本。

3. 驳回/授权后阶段：提供复审、无效、诉讼等服务

驳回申请文件的复审：专利申请被驳回后，并不一定意味着申请人丧失了授权机会，根据《专利法》的规定，申请人对驳回决定不服的，可以向国务院专利行政部门❶请求复审。复审程序是对之前审查过程的一种救济和延续，通常由有经验的审查员组成三人合议组对案件进行审查，对于驳回不恰当或者通过修改克服了驳回缺陷的案件，合议组会撤销驳回决定，案件再次回到前一审查程序继续审查。2020 年，对驳回决定提起复审请求的发明专利申请中有约 39% 经过复审程序后被撤销。对于一些重要专利申请、一些明显不恰当的驳回决定以及一些能够通过修改挽回的申请，驳回后请求进入复审程序非常值得一试。专利代理师根据自己的经验，向申请人提供复审成功可能性、利弊和策略的分析意见，帮助申请人作出最适合自己的选择。

专利权无效宣告请求的应对：一件专利授权后，根据《专利法》的规定，任何单位和个人认为其不符合授权规定的，都可以请求宣告该专利无效。被无效专利权被视为自始不存在。因此，无效宣告请求程序就是向国务院专利行政部门提起挑战专利权有效性、确认专利权是否应该存在的程序。一件专利能否经受无效宣告请求程序的"检验"，专利文件的撰写质量是首要决定因素，但很多情况下，专利权人能否在无效宣告程序中恰当地应对也同样十分重要。比如，对无效宣告请求人的证据进行质证、对理由进行反驳、对程序不合法问题提出质疑，以及及时提交反证，向合议组进行演示说明，利用法律规定修改时机对权利要求进行修改，等等。专利代理师的角色类似于民事诉讼中被告的代理律师，能够利用自己的专业知识帮助专利权人尽可能争取最优结果，维护专利权人的合法权益。

提起行政和侵权诉讼：对于专利申请人或专利权人而言，专利行政诉讼通常发生在对国务院专利行政部门作出的复审决定或者无效宣告请求审查决定不服时，权利人应向管辖法院北京知识产权法院提起行政诉讼，国务院专利行政

---

❶ 即国家知识产权局专利局复审和无效审理部，下同。

部门在案件审理中作为被告出庭。专利侵权诉讼通常发生在被控侵权行为发生地或者被告所在地的管辖法院，很多情况下侵权诉讼会伴随发生涉案专利被提起无效宣告请求，两个程序相互影响相互制约。因此，专利权人的对手——无效宣告请求人（很多情况下也是侵权诉讼的被告）也可能提起专利行政诉讼。由于行政诉讼和侵权诉讼中涉及许多非常专业的事项，例如准备立案材料、证据收集和提交、庭审过程中的质证和辩论，侵权诉讼管辖法院的选择、专利稳定性分析等，绝大多数权利人在这个阶段都会委托专利代理师和/或知识产权律师代为办理。

专利权处分、行政维权和权利维持：包括专利授权后的转让、许可、质押融资、海关知识产权备案保护、请求地方知识产权管理职能部门查处假冒专利或专利侵权，等等。还包括授权后专利权的程序性维持，主要是代缴年费和转送文件等。

4. 综合性专利事务

企业专利顾问：对企业来说，在日常经营中建立自己的知识产权管理体系，明确自己现有的权利，构建权利体系，防范与他人发生侵权纠纷并应对可能的风险，最有效且节省成本的方式是搭建自己的专利管理团队。在企业的专利管理团队中，除了负责将企业知识产权战略与技术和法律进行对接的专职IP（知识产权）管理人员以外，通常还会在专利代理机构中聘请一名或多名具有丰富实践经验的专利代理师或具有专利代理师和律师双重身份的人担任专利顾问。此外，企业经营中经常会遇到专利转让、专利技术许可、侵权纠纷、专利技术合同纠纷等事务，也都会向专利顾问寻求建议。专利数量不多的中小企业甚至不设专职IP管理人员，由法务与专利顾问对接。一个好的专利顾问，不仅能够应付企业日常专利管理方面的服务需要，还能着眼于长远，结合企业的经营目标与现实需要，为企业制定切实可行的专利策略，保护和增值企业的无形资产，减少遭遇被控侵权的风险。

专利布局：对于以企业为代表的创新主体而言，专利作为限制竞争、谋求市场利益的工具，关系到企业的发展，申请和保护过程中有许多考虑因素。例如，确定企业需要对哪些技术进行专利保护；申请什么类型的专利，在哪些国家或地区申请专利，申请多项专利还是申请单个专利，什么时间提出申请，什么时间公开为好。这些问题实际上已经不仅仅局限于专利技术本身，更要考虑企业发展和需求。比如，企业在行业中是领先者还是追随者？技术先进性和可替代性如何？竞争对手所拥有的专利情况如何？技术迭代周期长短如何？申请专利主要目的是抢占市场、授权许可、作为谈判筹码还是风险控制？总之，专利布局实际上是关于企业发展战略层面的事务，考虑因素众多，需要企业管理者、技术团队和专利代理师共同商讨谋划。

企业专利托管：通俗地讲，企业专利托管就是企业将自己专利方面的事务，包括前面介绍的所有服务内容中的一项或多项，外包给一个管家进行打理。管家通常是由专门知识产权代理机构中的服务团队组成。根据托管协议的约定，托管服务可以包括专利知识培训、基本制度建设、查新检索、专利挖掘、申请取得、使用、转让许可、质押融资、侵权保护和维权等。专利托管与传统个案委托的最显著区别在于，托管服务团队能更加深入地参与到企业专利管理当中，更能了解企业需求，从而制定更加契合企业实际情况的专利战略。通过专业化的专利托管服务，企业管理和使用自己的专利可以更加省心，也可以更加全面地管理和使用自己的无形资产，实现人才的合理配置。

三、专利代理的价值

按照《专利法》的规定，中国单位或者个人在国内申请专利或办理其他专利事务可以委托专利代理机构办理，也可以自行办理。从前面介绍的专利代理制度的基本情况和专利代理的业务范围可以看出，专利代理机构是随专利制度产生而产生的、提供专业化专利代理服务的机构。但是，实践中也确有一部分人不通过专利代理机构而自行申请专利并获得专利授权。那么，专利代理到底有什么价值？自己写的专利申请和请专利代理师写的有什么不同？

要回答这个问题，首先要弄清申请专利的目的。概括地讲，人们申请专利的目的主要有以下三种：

一是通过专利保护自己的创新技术成果，获得经济利益。专利作为一种无形资产，具有巨大的商业价值，也是企业提升竞争力的重要手段。无论是个人、企业还是科研院所，作为专利权人都可以通过自行实施、许可、转让、质押融资等各种方式获得较长期的利益回报。同时，企业和科研院所申请专利还可以防止因人才流失导致的技术成果流失。

二是在商业竞争中争取主动、限制对手。专利权具有排他性，而先进技术的可替代性是比较小的，如果企业对自己的创新成果不申请专利，则很可能会被竞争对手抢占先机，对企业生产销售安全带来巨大影响。相反，取得了专利权的权利人可以限制竞争对手使用相同的技术，对竞争对手发展形成障碍。另外，当发生被控侵权纠纷时，企业自己拥有专利权可以成为反击工具，还可以通过交叉许可的方式降低或免除许可使用费，这成为现代企业非常有效的谈判筹码。

三是利用专利权的其他附加价值。主要包括宣传、职称或荣誉评审、税费减免、补贴等。

前两点是建立专利制度最根本的目的，如果申请专利的目的是前两点，则专利申请文件的质量就十分重要，它决定了权利范围、稳定性和授权可能性，实践中因一件核心专利被无效而导致企业付出沉重代价甚至整个团队解散的例子比比皆是。如果仅仅出于第三点目的申请专利，则相对来说专利质量的重要性就不那么高了。

现实中，没有系统学习过《专利法》，没有专利申请和实际运用的实践经验的一些发明人照着现成的模板也写出了看上去像那么回事的专利申请文件，其中一部分也获得了授权。但实际上，这些文件可以说只有专利申请文件的形貌而毫无其神韵——仅仅将方案的实施内容分别填放在权利要求书和说明书当中，而没有仔细考究或者真正意识到专利类型、权利要求特征构成、权利要求布局、说明书公开程度等因素对于保护范围、通过审查的可能性、维权难易度和无效风险等的影响。这样撰写的专利申请往往存在很大的隐患，导致通过专利审查的可能性降低，或者即便通过了审查，最终得到授权的专利大多也不能有效地保护发明创造，成为没有太大实际效用的"证书专利"。

以国家知识产权局自1985年以来审结的含稀土金属的磁体材料领域全部3509件中国发明申请进行统计，由专利代理机构递交的专利申请授权率为69%，而没有请代理机构而是申请人自己撰写的专利申请授权率只有51%。授权的共2350件专利申请中，91%的专利申请由专利代理机构代理递交，仅有9%的专利申请由申请人自己撰写。

对于无专利相关专业知识的申请人而言，若出于成本考虑，可以将重要性不高、质量要求也不高的技术自行申请专利，前提是对审查结果具有较高的容忍度。但对于那些重要的创新技术成果，即抱有前面说的第一、二种目的申请专利的，必须重视专利文件撰写质量，优先聘请专业的专利代理团队来代理，以尽可能帮助实现自己的专利目的和专利价值。

聘请专业的专利代理团队的优点归纳起来，有以下四个方面：

第一，从申请前就开始介入，有的放矢地提供专业化服务。

申请专利有许多需要注意的事项，涉及技术、法律、文献检索、权利布局、专利战略等多方面知识，很多问题在申请之前就要"未雨绸缪"。例如，在决定将一项技术成果申请专利前，首先应对通过专利保护该项技术成果的利弊进行分析，包括判断该技术成果有无申请专利的价值，是采取专利保护还是技术秘密保护更优，申请内容是否属于专利制度保护的客体；然后还要对欲保护的技术方案进行查新检索，评估新颖性和创造性，确立申请专利类型、申请策略和申请时机；此外，还可以对竞争对手的专利进行分析，看自己的技术成果是否落入他人的保护范围，是否需要进行规避设计或者改进设计。这些情况如果没有考虑周全往往会对后续的专利申请过程产生很大的影响。

如果申请人不熟悉专利法律法规，也无申请专利的知识经验，又不委托专利代理机构去做这些事情，仅按照自己的理解将技术记载于纸上，很有可能考虑不周到，对后续申请产生不利影响，不能充分有效地维护自己的权利，甚至会丧失本可以获得的权利。专利代理机构专注于这一领域，拥有专业化团队，他们可以在专利申请之前，甚至技术研发早期就提前介入，提供咨询意见，同时他们在文献检索的手段、深度广度、结论判断、后续专利申请策略方面相对于申请人要专业许多，对风险也有预判和应对策略，能够帮助申请人提前谋划，在申请起始阶段就避免一些问题的产生，或者将潜在风险降低，为后续专利申请打牢基础。

第二，熟悉法律要求，申请文件撰写质量好。

在专利代理领域有句话叫"没有授权不了的专利，只有没写好的申请"。这句话虽然有些绝对，但也反映出专利申请文件的撰写质量在整个专利申请过程中起着何其重要的作用。

法律对授予专利权规定了很多限制条款，比如，技术方案本身存在缺陷，不能实施，或者违反国家法律、社会公德或者妨害公共利益的发明创造，不能授予专利权；专利法还专门规定了一些不能授权客体，如科学发现、疾病的诊断和治疗方法。又比如，技术方案没有对现有技术作出实质性贡献，即不具备新颖性或创造性的技术方案，也不能授予专利权。另外，专利申请文件撰写或审查过程中存在严重缺陷也不能获得授权。比如，对技术方案的公开不够充分，或者权利要求保护范围记载不清楚，或者审查过程中修改超出了原申请文件记载范围，等等，都会引起不能授权的法律后果。

要及时正确地完成法律规定的撰写要求，就需要懂得有关专利申请的法律知识，熟悉专利法的规定。专利代理师具备专门从事此类工作的专业素养，对于那些本身存在缺陷的技术方案，在申请之前就可以帮助申请人筛查出来，看看有没有弥补之法；对于缺乏新颖性或创造性的方案，在申请之时可以帮助申请人再次挖掘和完善；而在文件撰写过程中，专业的专利代理师能够尽可能地避免出现导致不能授权的撰写或修改缺陷。

申请阶段的撰写情况还决定了后续审批过程中的可修改性和可澄清性、授权后的无效和维权难度等，专利代理师会综合考虑这些因素，相对于不熟悉这方面知识的申请人而言，专利撰写质量就高得多。

第三，流程事务不操心，省时高效，降低风险。

专利申请过程中，国家知识产权局对申请文件的格式有比较严格的要求，流程比较复杂琐碎，不了解的人往往要花费相当大的精力去学习探索。比如，请求书各种选项填写和勾选代表什么含义、需要附上什么资料、是否有必要的证明和签章、是否在规定时限内提交，等等。如果文件不符合要求，会被要求补正，时间成本增加，更严重的是，有时一个小细节没注意就可能导致无法补救的权利丧失后果。比如，由于没有勾选不丧失新颖性宽限期的声明，导致自己在国际展会上展示的样品破坏了专利申请的新颖性，或者由于没有勾选对同样的发明创造在申请发明同日申请了实用新型专利，导致先授权的实用新型专利影响发明专利申请授权。而且，个人办理比较辛苦，可能会走些冤枉路，费时费力，受理速度也一般不如请代理公司办理，如果算上这些，耗费的综合成本可能比请代理公司还要高。代理公司提供系统专业化的服务，资料准备和流程处理有专门的负责人，确保申请人正确地办理取得和维持专利权的各种法定手续，也为申请人节省了大量的时间成本。

第四，有利于提高专利审查机关的工作效率，加快审批速度。

专利审查机关受理申请、审查、颁布专利等工作效率，不仅与工作人员的业务素质有关，包括申请文件以及各种手续在内的文件质量也常常有很重要的影响。当文件不合乎要求时，可能会给审查工作带来困难，申请人需要修改、补正，拖延审批时间，甚至给以后发生各种纠纷留下隐患。因而专利代理师出色、有效的工作，能够与审查机关配合默契，大大提高专利审批效率。

在第二节中，还将以案例的形式形象地演示聘请了专利代理机构的申请与没有聘请专利代理机构的申请在授权前的审查阶段的差异。

总而言之，专利代理师承担的社会角色与技术创新的发明人有着显著的区别。发明人是技术人，是将技术知识应用于解决实际问题的劳动者，是"创新之树"的种树人；而专利代理师虽然也有一定的技术功底，他能够在发明人介绍的基础上理解背景知识和发明创造内容，但其专长却更偏重于法律，是将发明创造的技术信息加工为合法专有权的"法律人"，是给"创新之树"搭建"庇护之所"的"建筑师"。合适的"庇护之所"能够促进"创新之树"健康地成长，创新成果从其开始萌芽到开花结果，从申请专利到维权运用的整个过程中，专利代理师都发挥着十分重要的作用。美国前总统林肯有句名言："专利制度是给天才之火浇上利益之油"，而这个"利益之油"必须正确地添加，"天才之火"才能越烧越旺，专利代理师就是确保"利益之油"正确添加过程中十分重要的因素，是专利制度有效运转的强有力支撑。

第二节　请什么样的人写

尽管将创新技术成果交由专业的专利代理机构代理有着诸多优点，但实践中却时常听到一些申请人抱怨，请的专利代理师只是在自己提供的技术交底书或者申请文件初稿上简单地作了些文字变换就递交了，例如，把一些参数范围稍加扩展，将原先 2% 的 Cu 含量修改成 1% ~ 3%，将原先 800℃ 的淬火温度修改为 750 ~ 850℃，这些工作完全没有技术含量，专利代理费花得不值。

事实上，专利申请文件撰写绝不仅仅是把技术交底书作文字编排和格式变换那么简单，正如第一节提到的，将技术信息转换为申请文件的过程中，每一字句都需要仔细斟酌。尽责的专利代理师在成稿之前都会向申请人反复确认细节，弄清技术关键点和预期的保护范围，说明不同撰写方式对申请人利益的影响，并提供合理化建议。同样，在审查意见的转达和建议等其他代理服务过程中，专利代理师的专业性也相当重要，而且，不同技术领域的案件对于代理师的专业要求并不一样。没有选择对专利代理师，不仅仅是代理费花得冤枉，更糟糕的是可能导致本来能够获得的权利遭受无法挽回的损失。因此，如何选择合适的专利代理机构和专利代理师对于申请专利而言也是需要慎重考虑的。

一、"自己写"与"请人写"在专利申请阶段的差异

在"技术创新—专利申请—授权保护—权利运用"这一创新保护链条当中，技术创新是源头根本，但只有技术创新是远远不够的，如何将技术创新转化为法律文件，即作为权利基础的专利申请文件写得好不好，决定了技术创新能否得到有效保护，能否发挥其经济和社会价值。实践中，经常有一些很好的发明，因为没有写好而丧失了授权的机会，也有一些已经授权的专利，因为写得保护范围过小而被使用的竞争对手"规避"掉，输掉侵权官司。因此，在申请阶段写好专利申请文件，并在审查过程中恰当地应对审查意见通知书指出的问题，是确保技术创新能够得到授权保护并发挥权利运用功效的基础性工作。

那么，在这至关重要的专利申请阶段，专利代理师应该或者能够发挥怎样

的作用呢？我们来看下面这个案例，这是由发明人自己撰写的一份专利申请文件，全文如下：

说　明　书

一种钇基重稀土铜镍合金及其制备方法

技术领域

本发明属于 CuNi 系合金技术领域，具体涉及一种通过添加钇基重金属改善合金耐腐蚀性能的合金及其制备方法。

背景技术

铜镍合金（B10、B30 等）是以镍为主添加元素的铜基合金，由于拥有优良的导电性、导热性、较好的加工性能以及优异的耐腐蚀性能而被广泛用于海洋工程装备、电厂装备以及造船装备。值得注意的是，铜镍合金在不同服役环境下，仍然存在由于腐蚀缺陷而导致的服役寿命缩短等问题，例如晶界腐蚀、电化学腐蚀、脱镍腐蚀与点蚀等。

RE 元素在铜中的应用已有相关报道，目前文献中报道较多的是利用轻稀土镧（La）和铈（Ce），重稀土在铜合金中的应用和报道较少。重稀土 Y 的活性要略高于轻稀土 La 和 Ce，因此更易与 O、S 结合形成复合夹杂物，而且所形成 YO_xS_y 复合夹杂物较 $La(Ce)O_xS_y$ 在铜液中更易上浮，因此大颗粒夹杂物更易除去，而细小颗粒夹杂物能保留在铜基体中促进非均匀形核，以细化晶粒。同时，重稀土 Y 的添加还可以改善铜合金的层错能，可以有效激活形变或退火过程中的孪晶，从而大幅提高孪晶比例。因此，本专利提出利用钇基重稀土来改善铜镍合金系的腐蚀性能。

发明内容

本发明提供了一种钇基重稀土添加的高耐蚀 CuNi 系合金，通过添加微量的重稀土 Y 从而改善其耐腐蚀性能。

本发明所述的一种钇基重稀土添加的高耐蚀 CuNi 系合金，各组分化学质量百分数如下：Ni：9%～12%；Fe：1%～2%；Mn：0.5%～1.5%；S＜0.01%；P＜0.01%；C＜0.01%；Y（钇）：50～300ppm，其他杂质含量＜0.1%，余量为 Cu。

本发明所述的一种钇基重稀土添加的高耐蚀 CuNi 系合金，其制备技术方案如下：

（1）采用氮气或氩气保护真空感应熔炼，加热至高温液相后保温 3～5 分钟加入钇基重稀土合金，再保温 1 分钟后浇铸成锭；

（2）铸锭高温热锻后再进行热轧。锻坯加热到950℃保温1h，终轧温度不低于750℃；

（3）一次冷轧工艺：在四辊冷轧机上进行冷轧；

（4）中间退火：全程采用氮气保护，加热温度为800～900℃，时间为5～10分钟；

（5）二次冷轧工艺：在四辊冷轧机上进行冷轧；

（6）成品退火：全程采用氮气保护；温度为850～900℃，时间为10～15分钟，且成品退火后采用水冷至室温的工艺。

本发明所公开的CuNi系合金其制备和合金成本较低，加工工艺操作可行，重稀土Y的加入，在不恶化基体力学性能的前提下，能够充分的净化基体，改善基体晶粒尺寸，所得CuNi系合金具备优异的耐腐蚀性能，尤其是适应于含氯离子和钠离子的海水环境。

具体实施方式

具体实施方式一：一种钇基重稀土添加的高耐蚀CuNi系合金，各组分化学质量百分数如下：Ni：9%～12%；Fe：1%～2%；Mn：0.5%～1.5%；S<0.01%；P<0.01%；C<0.01%；Y（钇）：50～300ppm，其他杂质含量<0.1%，余量为Cu。表1为CuNi系合金的晶粒尺寸和耐腐蚀性能试验数据。附图1为该CuNi系合金成品退火后的电子探针照片。

具体实施方式二：本具体实施方式是对具体实施方式一所述的CuNi系合金的制备方法的进一步说明：

（1）采用氮气或氩气保护真空感应熔炼，加热至高温液相后保温3～5分钟加入钇基重稀土合金，再保温1分钟后浇铸成锭；

（2）铸锭高温热锻后再进行热轧。锻坯加热到950℃保温1h，终轧温度不低于750℃；

（3）一次冷轧工艺：在四辊冷轧机上进行冷轧；

（4）中间退火：全程采用氮气保护，加热温度为800～1000℃，时间为5～10分钟；

（5）二次冷轧工艺：在四辊冷轧机上进行冷轧；

（6）成品退火：全程采用氮气保护；温度为800～1000℃，时间为10～15分钟，且成品退火后采用水冷至室温的工艺。

续表

权　利　要　求　书

　　1. 一种钇基重稀土添加的高耐蚀 CuNi 系合金，各组分化学质量百分数如下：Ni：9%～12%；Fe：1%～2%；Mn：0.5%～1.5%；S＜0.01%；P＜0.01%；C＜0.01%；Y（钇）：50～300ppm，其他杂质含量＜0.1%，余量为 Cu。

　　2. 如权利要求 1 所述的一种钇基重稀土添加的高耐蚀 CuNi 系合金的制备方法，其特征在于，所述合金的具体组成参见权利要求 1，制备方法具体包括如下步骤：

　　（1）采用氮气或氩气保护真空感应熔炼，加热至高温液相后保温 3～5 分钟加入钇基重稀土合金，再保温 1 分钟后浇铸成锭；

　　（2）铸锭高温热锻后再进行热轧。锻坯加热到 950℃保温 1h，终轧温度不低于 750℃；

　　（3）一次冷轧工艺：在四辊冷轧机上进行冷轧；

　　（4）中间退火：全程采用氮气保护，加热温度为 800～1000℃，时间为 5～10 分钟；

　　（5）二次冷轧工艺：在四辊冷轧机上进行冷轧；

　　（6）成品退火：全程采用氮气保护；温度为 800～1000℃，时间为 10～15 分钟，且成品退火后采用水冷至室温的工艺。

摘　　要

　　本发明涉及一种通过稀土改性和晶界工程来改善铜镍（CuNi）系合金耐蚀性能的领域，其化学成分特征为（质量分数/%）：Ni：9%～12%；Fe：1.0%～2.0%；Mn：0.5%～1.5%；S＜0.01%；P＜0.01%；C＜0.01%；Y：50～300ppm，其他杂质含量总和小于＜0.1%，余量为铜。合金经真空气体保护熔炼成铸坯，再经锻造→热轧→一次冷轧→中间退火→二次冷轧→成品退火工艺。本发明所公开的 CuNi 系合金制备成本低，工艺简单易操作，可适用于板、带产品，同时具备优异的耐腐蚀性能，特别能适应于对海水耐腐蚀要求较高的服役环境。

　　在实质审查阶段，审查员采用了两篇现有技术文献作为证据，其中对比文件 1 披露了权利要求的绝大多数特征，对比文件 2 披露了对比文件 1 中没有公开的特征——重稀土 Y 引入 CuNi 系合金中能够净化基体，改善基体晶粒尺寸，优化耐腐蚀性能。审查员认为本申请全部权利要求相对于对比文件 1 和 2 的结合不具备《专利法》第 22 条第 3 款规定的创造性，并给予申请人四个月的修改答复期限。申请人答复意见如下：

"1. 本人修改了专利权利要求。在权利要求 3 中添加了内容'一次冷轧变形量不低于 70%，二次冷轧变形量在 7% ~ 14% 之间，总变形量要大于 75%'；并对'说明书'和'说明书摘要'作了相应修改。

2. 对比文件 2 中尽管提到引入重稀土 Y 能够提高铜镍合金的耐腐蚀性能，但没有给出详细的合金组成。附上本人找到的 1 个已授权专利，即使使用传统的轻稀土 La 和 Ce 改善白铜管的腐蚀性能，也并不影响该专利的授权。"

之后，审查员发出第二次审查意见通知书，指出申请人对申请文件的修改超出了原申请文件的记载范围，不符合《专利法》第 33 条的规定。通过电话沟通，申请人弄清楚了审查员指出的修改超范围缺陷无法通过修改克服，放弃答复，此案最后视为撤回。

本申请的发明人显然不太了解《专利法》，虽然提交的申请文件看上去具备基本形式要件，但实质内容却存在严重缺陷，而且面对审查意见指出的问题，不太能够理解其含义和采取有效应对方式。

第一，申请人可能基于技术保密角度考虑，并未将真正发明点的内容"一道次大变形一道次小变形且总变形量大于 75% 的二次冷轧工艺"写入申请文件。而这些内容作为在申请日提交的申请文件中毫无记载的新信息，是不允许事后加入申请文件当中的——如果允许这种行为，则意味着申请人可通过日后不断补充新内容而使得申请文件纳入申请日后完成的发明创造，显然不合理，违背了同样的发明创造以申请日定先后的先申请制原则。

第二，本申请是一种改进型发明，说明书中记载了合金晶粒尺寸、耐腐蚀性优异等内容，但申请文件中并未提供任何证明。也就是说，这些效果仅仅停留在申请人声称的层面，这一点很可能在审查过程中被认为是没有太大说服力的。

第三，权利要求书和说明书具体实施方式记载完全相同，说明书对于权利要求书所要求保护方案的各特征选择、原理、效果等没有任何具体说明，具体实施方式记载的仍然是概括性的实施范围，而不是具体而详细的实际操作"示例"。这样的记载一方面令人怀疑申请人是否实际作出并验证过方案的可行性；另一方面不清楚哪些内容是关乎发明核心的要点，哪些是现有技术，没有给后续修改或者受到诸如创造性质疑时留出足够的争辩或修改空间。

第四，权利要求中一些参数范围很大，一些又小至一个点值。例如"锻坯加热到950℃保温1h""终轧温度不低于750℃""800～1000℃，时间为5～10分钟"。这些参数的选择看上去较为随意：两次退火的温度范围能够在一个非常宽的范围中选择适用，缺乏多层次的优选；而热轧的温度和时间又固定在单一点值，导致保护范围极小，很容易被规避设计，专利即使得到授权也基本无实用价值。

上述四个方面的问题是原始文件自带的致命缺陷，后续基本上没有可修改的余地，导致本申请不能被授权。当然，申请文件还存在其他一些欠考虑之处，例如，说明书中提到了"表1"和"附图1"，而申请文件并没有提交表和附图，权利要求2已经引用权利要求1却又限定"所述合金的具体组成参见权利要求1"造成权利要求的特征重复，等等。虽然这些问题可以通过修改克服，但也显示了申请人自己撰写的文件非常不专业。

此外，在审查员发出第一次审查见通知书之后，申请人并没有完全理解其中认定"技术方案不具备创造性"在专利法中的含义，申请人陈述的两点意见都不是应对创造性审查意见时具有针对性和说服力的答复。第一点意见是申请人修改了申请文件，加入了原始申请文件中没有记载的内容。这反而暴露出申请文件没有充分揭示其发明内容，一旦如此修改则超出原申请文件记载的范围，违反《专利法》第33条的规定，不能允许。第二点意见是虽然现有技术中提到重稀土 Y 引入 CuNi 系合金中能够优化耐腐蚀性能，但没有公开 CuNi 系合金的具体组成，并举出一篇专利文献，意欲说明个别特征被公开不一定影响在后申请的创造性。然而，审查员评价方案的创造性是基于一个完整技术方案作出的，并非单个特征，本案中的审查意见认为两篇现有技术结合能够破坏本申请的创造性，即认为本领域技术人员有动机将对比文件2公开的"重稀土 Y 引入 CuNi 系合金中优化耐腐蚀性能"这一特征结合对比文件1的公开内容从而获得本申请的方案，申请人仅提出对比文件2公开详细度不够并不足以否认这种结合动机。

从上面的案例可以看出，对于专利申请缺乏了解的申请人来说，自己撰写申请文件不是一个明智的选择，很可能在原始申请文件中留下许多隐患，而很多情况下这些隐患是不能通过修改克服或者意见陈述澄清的，加之很多申请人对审查意见的理解和应对能力不足，导致原本很好的创新成果由于申请文件的撰写和审查过程应对的失误而丧失了获得授权的机会。

案件审查过程中可能面临审查员提出的各种质疑，这种质疑不仅取决于技术成果本身的价值，申请文件撰写以及答复阶段的专业性同样重要，许多时候能够影响案件走向结果和权利大小。因此，委托专业的代理机构和代理师申请专利绝不是像买房委托房产中介那样只是图方便获取资讯、加快进度、自己省事那么简单，创新成果以何种方式转化为能够受到法律保护的权益，是专利代理过程中真正具有技术含量的工作内容。

二、专利代理机构的选择

一旦决定将创新成果交给专利代理机构代理，则接下来须面临代理机构选择的问题：是选择行业知名度高的所？代理量大的所？价格实惠的所？还是找认识的朋友推荐一个所？显然，这个问题没有统一的答案，就像要在路边选择一家餐馆吃饭一样，无须一味追求知名度高、代理量大的，价格当然也不是越便宜越好，而是需要根据自身需求综合比较各方面因素来进行选择，适合自己的最好。通常在选择代理机构方面，可以考虑如下因素：

1. 具有正规代理机构资质

这是选择代理机构的基本前提。由于专利代理事务的专业性，《专利代理条例》规定，从事专利代理业务必须经过国务院专利行政部门批准，取得专利代理机构执业许可证。然而，受市场利益的驱动，有许多没有获得代理机构注册证却擅自开展代理业务的无证机构，即我们经常说的"黑代理"。"黑代理"以牟利为目的，一方面为了招揽客户夸大其词，承诺专利申请100%授权等不可能做到的事项；另一方面不注重服务质量，没有规范的服务流程，甚至瞎编乱造专利。这些"黑代理"没有承担相应责任的能力，无法保证申请人的权益，一旦发生纠纷，专利权人可能会受到严重损害，同时扰乱了市场秩序。

因此，申请专利一定要选择正规的代理机构，以获得最基本的权益保障。现实中有一些"黑代理"利用申请人不了解相关规定，以混淆视听的营业执照冒充专利代理机构的证件，比如某某知识产权咨询公司、某专利技术成果转化公司等。

正规的代理机构都有国家知识产权局颁发的"专利代理机构注册证"，证书上有唯一识别的代理组织机构代码，通过国家知识产权局网站（http：//www. cnipa. gov. cn/）或者中华全国专利代理人协会网站（http：//www. acpaa. cn/）可以查询代理机构的资质。查询网页（网址 http：//dlgl. cnipa. cn/txnqueryAgencyOrg. do）界面如图 5-3 所示。

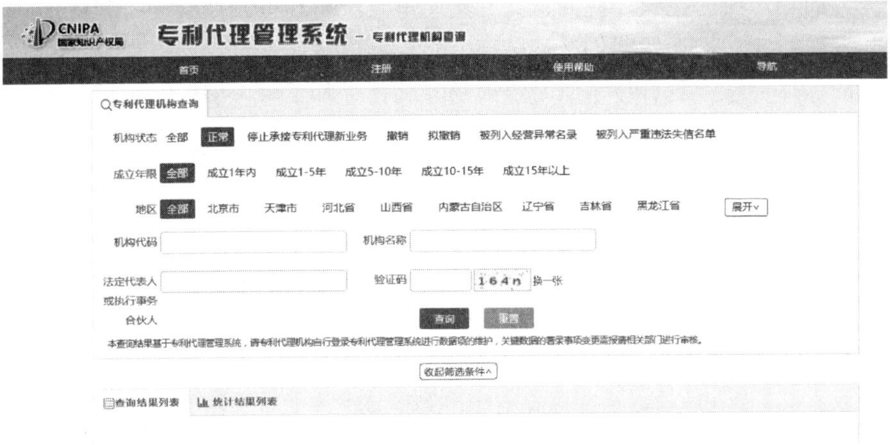

图 5 - 3 专利代理机构查询界面

2. 具有专业且稳定的服务团队

专利代理当中最重要且最有专业技术含量的内容是申请文件的撰写和在相关各种程序当中向申请人、行政机关和司法机关提供专业意见。而这两类服务内容取决于直接为客户提供专利服务的代理师团队，因此，可以说代理服务团队是选择专利代理机构时最为重要的考虑因素。

每个代理机构内部通常会根据合伙人或组长划分为不同的服务团队，每个团队内部人员素质和经验也有所不同。因此即便是同样技术领域的同类案件，由于对接团队的人员不同，提供的质量也有所差别。这就是为什么有时同一家代理机构能给甲公司提供满意的服务，却不能让乙公司满意的原因。只有选对了代理团队，发明人与代理师之间才能默契、高效地配合，在加深技术方案理解基础上，丰富拓展可能的实施方式和技术效果，根据需求有层次地撰写权利要求，以及绘制出便于理解且展示充分的附图，为最终获得高质量的专利奠定基础。

因此，在选择代理机构的时候，最好能够先了解提供服务的人员信息，例如事先请他们提供拟服务团队的成员简历、商定一名经验丰富对接人员，通过与对接人员的充分交流大致了解团队的服务能力，再通过试探性接触加深彼此的了解，然后再作出合作与否的决定。日本索尼（Sony）公司在选择自己的代理机构时就十分慎重，它们先用一些案件对欲考察的几个服务团队进行测试，考察通过后再进行拜访，以自己的标准主导代理机构的选择。

应该了解，具有一些特殊经历和背景的代理服务团队人员可能在某些代理服务方面相对更为擅长。例如，具有实质审查经历和检索经验的专利代理师较擅长查新检索、把握发明创造性高度，对专利申请文件撰写和审查意见答复可能更能抓住关键；具有技术研发经历的专利代理师了解申请人的思维方式，特别是领域接近的代理师对技术方案具有较深刻的理解力和预见性，有利于创新点的交流和启发；具有无效和诉讼经验的专利代理师则更能准确预判专利授权后程序中可能存在的风险，从而在撰写专利申请文件时提前做好规避；具有涉外案件，特别是美日欧韩和 PCT 案件代理经验的专利代理师对相关国家、地区和组织机构的审查实践更为了解，能够在撰写申请文件时兼顾要点，合理布局权利要求和说明书，例如，有些主题虽然在中国属于不能授权的客体，而在美国或者欧洲却可以授权，在说明书中详细记载便于后续拓展海外市场。

此外，专利代理机构本身以及其人员的稳定性也是一个非常重要的考量因素。目前国内代理机构人员流动性较高，例如，一件案件撰写新申请时是 A 代理师，等第一次审查意见通知书下来就换成了 B 代理师，待授权或驳回结案后，无效或复审程序中又换成了 C 代理师，这非常影响技术方案理解和权利布局的连贯性，进而会影响服务质量。因此对于申请人来讲，专利代理机构频繁换人显然是不利的，选择时还是应该通过细致深入的调查，尽可能选择人员流动性相对较小的代理机构。

3. 国内专利申请的代理质量

之所以限定在国内专利申请，是因为涉外专利申请，尤其是"外向内"专利申请，通常还有国外专利代理机构的参与，而国内专利申请从撰写到结案，甚至结案后流程通常完全由代理机构自身负责，可以说是代理能力的试金石。在所有代理服务之中，含金量最高的当属申请文件撰写，申请文件作为法律文件的基础直接影响着发明创造最终能否得到授权、保护范围是否理想、授权后的权利是否稳定，以及整个过程所花费的人力、时间和金钱成本。当然，后续审查过程中的意见答复、修改策略也是相当重要的代理能力。

为了客观衡量和横向比较代理机构的代理质量，业内创设了一些指标，通常由知名媒体或咨询机构发布，下面分别列举部分指标的含义：

发明专利申请授权量：代理机构代理的发明授权数量；

发明专利申请的授权率：代理机构代理的发明授权数量/（发明专利申请的代理总数量 – 在审发明专利数量）×100%；

发明专利申请的驳回率：代理机构代理的发明驳回数量/（发明专利申请的代理总数量 – 在审发明专利数量）×100%；

专利度：专利申请中平均权利要求个数（独立权利要求 + 从属权利要求）；

特征度：专利申请中独立权利要求的平均技术特征个数；

审通答复次数：从专利申请到授权或驳回结案过程中答复审查意见通知书的平均次数；

权项有效答复率：从申请到授权时，权利要求书中减少的权利要求个数；

特征有效答复率：从申请到授权时独立权利要求中增加的特征个数；

专利申请周期：从申请到授权或驳回结案的时间；

被引用次数：一件专利被在后专利的申请人或审查员所引用的次数；

专利维持时间：从申请日或授权日起至专利无效、终止、撤销或期限届满之日的实际时间。

然而，这些指标由于其表征局限性，并不能完全说明问题，比如，对于授权量大、成立时间久的代理机构，其在审专利数量占比基本可以忽略，因此发明授权量与授权率呈正相关；而对于成立时间不久、在审专利数量占比较大的代理机构，发明授权量大的代理机构授权率不一定大。更重要的是，代理机构的发明授权量和授权率更大程度上取决于其案源，即原始技术方案本身的技术含量，这又与代理机构的商业开拓能力相关，另外审查过程的随机性也会造成一定影响。当然，在完全不了解的情况下，其也不失为一种较为量化的撰写质量参考指标。

除了上述量化指标之外，最直接的代理质量评判还是来自于实战案例，例如申请人与代理师之间的交流、文件撰写、提供的代理意见，尤其是代理师对各类情况的解释、风险的预判和相关建议，等等，虽然时间战线较长，但更加真实地反映了对接代理人员或团队的服务水平。申请人可在每次合作后对代理机构进行评估，包括专利申请书撰写质量、权利保护范围、领域技术熟悉度、建议专业度、沟通配合度等，再根据评估结果考虑是否需要进一步沟通、合作，还是需要更换代理机构。

4. 擅长领域是否匹配

大多数专利代理机构通常都声称是全领域覆盖的，内部而言一般分为机械、电学、化学三大领域，但实际上，与机构主要案源领域和合伙人或资深代理人擅长领域分布相关，许多代理机构，特别是中小型代理机构通常会有自己更加擅长的领域，甚至是更为细分的技术分支。例如，有些代理机构特别擅长代理生物医药类案件，有些擅长通信技术类案件，有些则擅长人工智能领域。如果化工类申请人找的代理机构主要致力于机械或电子技术类专利代理，显然遇到对路的代理团队的概率相对较小。因此，在选择代理机构时，还是需要做一些调研，比如询问看看候选代理机构的客户主要有哪些，也可以检索一下这些代理机构曾经代理过的案件，看看是否与自己的技术领域接近，评估一下这些案件的数量和质量。

5. 流程管理是否规范

流程管理的规范性一方面反映了代理机构的管理能力水平，很难想象一个总是交错交漏文件、时限等注意事项常常提醒不到位的机构能够做好申请文件的质量管控；另一方面，专利申请过程中，专业化的流程管理规范本身就是一个极其重要的环节，对于代理机构而言，"时限大于天"，如果不能够保证做到各类时限的零差错监控，避免各类流程事项的延误错漏，轻则导致客户时间延误或经济损失，重则可能导致权利丧失等不可挽回的后果。

例如，专利申请过程中，不仅有专利行政机关的各种要求和注意事项，包括文件提交、补正、提出各类请求、审查意见答复、提交复审与无效、提交海外申请等，还有另一端来自客户的各种指示，包括何时返稿、何时递交文件、是否出具意见和建议、账单如何出具，等等。将全部案件统一起来监管，定期提醒满足各类事项要求是一项非常复杂的工作，现在大部分代理机构都有专业的流程管理软件来进行全部案件的集成精细化管理，同时还有一个团队负责行政机关、客户和专利代理师之间的流程性事务链接。例如，将期限监控结果及时提醒客户、核查提交文件的形式问题、向行政机关递交材料、将客户或行政机关意见转给专利代理师，等等。因此，代理机构的流程团队需要足够专业和负责，精确监控各类时限和流程要求，确认客户知晓相关事项，保证代理师严格遵守作业时间。

6. 服务意识是否到位

专利代理机构是提供技术服务的，因此服务意识是否到位是选择代理机构必须要考虑的因素。服务意识强、以用户为中心的代理机构往往管理水平较高，而且对于客户而言，与这样的代理机构打交道容易比较顺畅地进行需求沟通，方便企业自身的专利技术管理。

专利代理机构的服务意识主要包括以下三个方面：

一是以将心比心的心态从客户需求出发，主动站在客户立场上思考问题，争取客户利益最大化。比如当客户想要尽快获得专利授权保护时，可以根据客户和技术方案情况分析能否走保护中心预审途径或者优先审查途径，或者是否适合同时申请实用新型和发明专利；当客户需要向国外申请专利时，根据需求规划最经济的申请方式；当撰写申请文件时，能否启发客户充分拓展实施方式，提炼概括争取更优的保护范围；当审查员指出申请文件存在的问题时，根据自己的专业知识评估该问题是否的确存在，是否有争辩余地，等等。

二是以专业精神而非"忽悠"留住客户。例如，当发现客户案件存在问题时以有理有据的方式指出，帮助客户作出正确的判断，而非事先拍胸脯作保证，出了问题将责任都推到客户技术方案或者审查员身上；当客户面临复杂情况选择时，对每种选择可能出现的风险和后果进行分析，让客户作出选择时心中有数，而不是让客户糊里糊涂地作决定或者直接代替客户决定；对客户做好沟通解释和专利申请与审查知识的普及，而不是用让人误以为自己有关系有能力的言辞与客户建立委托关系，等等。

三是以积极主动的方式了解客户，以更好地契合客户需求。比如，一些代理机构对于有长期合作意向的客户，在初次合作时以及不定期地会举行面对面沟通、调研技术一线，甚至主动给客户提供定制化服务，如上门挖掘、专利培训等，通过各种形式了解客户技术研发历史、行业水平情况、创新成果与布局方向等，也同时向客户普及自己的工作，以便在代理服务时双方的配合更加默契。

7. 价格是否合理

服务价格是申请人选择代理机构时绕不开的话题，但是，显然代理机构的服务价格并非越低越好。目前市场上有一些代理机构为了争取客户，服务价格低得离谱，但机构服务成本本身是固定的，低竞价的结果只能是通过减少在每个案件上花的时间和精力来降低服务成本，最终损害的是客户的利益。

比如，通常收费 5000 ~ 10000 元/件专利申请的专利代理机构❶，一个专利代理师撰写一个国内案件通常要花费 1 ~ 3 个工作日的时间，因为字句的斟酌再加上与申请人的沟通、反复修改、最终成稿确认要付出很多精力。然而，一些代理机构仅收费 1000 ~ 3000 元，可想而知其服务也会大打折扣。通常其仅仅是在客户提供的技术交底书上进行文字调整，使之形式上符合专利法的要求，而不会去深入理解客户的技术成果，更不用说替客户做方案挖掘和权利扩充了，对于案件的后续走向，他们要么不考虑是否有授权前景，以拿到国家知识产权局下发的"受理通知书"为完成任务，要么单纯追求授权结果而完全不顾权利要求保护范围是否过于狭窄而变成了无用的"证书专利"。这类代理机构所提供的服务实际上就是形式审核与流程"跑腿"，真正具有技术含量的专利文件撰写工作还是客户自己完成的，而结果很可能是专利保护范围过小，甚至是专利无法授权。从这个意义上来讲，低价格反而更不划算。

---

❶ 案件收费依据案件技术领域、技术内容和代理机构地域、代理师级别等有所不同，这里为举例说明而非行业标准。

另外需要注意的是，一些"黑代理"常用"包授权"承诺来吸引客户，正规的专利代理机构都不会承诺包授权，哪怕进行了检索。申请能否获得授权，很大程度上取决于技术方案本身，而且审查过程有一些不确定性，例如对于一些法条的适用存在模糊地带，连专利行政部门内部也存在学术争议，这是专利代理机构不可控的。"包授权"承诺实际上是对申请人的不负责任，或者完全不考虑专利保护内容，胡乱编写无用的技术方案，或者把权利要求从一个保护范围缩小到一个保护点，成为传说中的"垃圾专利"。

专利申请的代理费用（不包含官方收取的费用）与具体案件情况密切相关，影响收费的因素包括技术交底书的完善程度、技术复杂度、在技术交底书基础上的加工程度（要做实质性深加工还是仅规范格式）、是否要提供通知书答辩建议、是否要进行检索、是否后续要申请国外或 PCT 专利、是否有特殊需求（如规避设计、可授权性、防规避性、抗无效性、易维权性）等。总之，对质量要求越高，收费也越高。所以，创新主体不能只以价格成本为导向，应该正视价格背后可能存在的服务质量差异。

8. 其他参考性因素

除了上面列出的主要考虑因素之外，我们在选择代理机构时还应注意到其他一些方面，比如代理机构是否代理与自己有利益冲突的客户，代理机构的成立时间、人员规模、异地还是本地、是否能提供更多类型的服务，等等。这些因素或多或少也会对申请人的选择有一定影响。

（1）存在利益冲突

《专利代理条例》仅限制了针对同一专利申请或专利权发生利益冲突的委托，比如，无效案件当中同一专利代理机构不能同时为专利权人和无效宣告请求人提供代理服务。看上去专利申请阶段很难即刻显现利益对抗，直接利益冲突的可能性较小，但是如果做竞争性产品的两个企业，比如日本新日铁住金公司与我国宝钢集团旗下的钢铁企业，都委托同一代理机构，甚至同一专利代理师对创新成果进行专利撰写，在技术挖掘和方案拓展时相互从对手的技术中获得启发有时候是难以避免的，这应该是双方企业都不愿意看到的事情。

许多大企业会在委托代理机构之前做利益冲突调查，例如三星和 LG 的液晶技术团队，如果存在利益冲突情形，通常会放弃委托或者要求代理机构选边站队。当然，优质的代理机构难得，如果综合其他因素在这方面有所妥协，至少也应当要求代理机构内部有较为完善的利益冲突"防火墙"机制，即将利益冲突客户案件分配到不同的团队，并且严格禁止团队之间的技术交流。但即使如此，一旦发生诸如相似技术同时竞争专利申请权之类的情况，代理机构泄密的嫌疑实际上是很难被排除的。

（2）人员规模

关于代理机构人数的考察可能存在两个误区：一是单纯从机构总人数规模上考察代理机构的代理能力。申请阶段的代理能力"瓶颈"在于撰写申请的能力，而撰写申请的能力则取决于相关领域专利代理师人数以及其带的助手人数，其他诸如流程、诉讼、商标、领域差异较大的代理师的人数影响可以忽略不计。二是认为大型代理机构业务量大、代理质量肯定相较小型代理机构好。无论是公司制还是合伙制的代理机构，实质上都是多个合伙人的聚集体，合伙人底下的团队之间业务相对独立，并不像普通企业那样纵向管控横向联动，因此对于每个案件的质量把控基本上仍是由合伙人负责的，大型代理机构不同合伙人所带领团队的代理质量很有可能有高有低，而不少中小代理机构中的优秀合伙人带出案件质量也相当高。

当然，在某些情况下，代理机构的人员规模也有一定参考意义，例如，年申请量在几百上千件的集团企业，如果选择的代理机构人数太少，处理能力有限，显然是不能胜任的；而对于年申请量只有几件到十几件的创新主体而言，一般代理机构从数量上都能够接收，但选择大型代理机构则有可能在资源分配上会处于较为不利的地位。此外，如果企业具有一定规模的申请量，可以选择不止一家代理机构，科学地加以管理，所谓"把鸡蛋放在不同的篮子里"。

（3）地理位置

我国专利代理机构的数量和专利代理师的人数在地区上的分布非常不均衡，大多数代理机构都位于北京和东部几个大的沿海省市，与经济和科技发展程度呈正相关。2020年，全国3253家专利代理机构中，位于北京、广东、江苏、浙江和上海五省市的总和为2039家，占比达63%，而甘肃、新疆、宁夏、海南、青海、内蒙古和西藏的专利代理机构都不到10家；2.3万执业专利代理师中，北京、广东、江苏和上海四地总和为15065人，占比达65%。在经济活跃、专利服务需求旺盛的地区，代理机构和代理师的实践经验也更丰富，总体上代理能力和代理质量更优。其中，尤以北京为公认的优质代理机构聚集地，老牌知名代理机构最多，这与北京是国家知识产权局、北京知识产权法院和最高人民法院所在地，也是众多国内外500强企业、大量创新主体、科研院所的所在地，代理机构在这里经历了多年实践历练是分不开的。

然而，本地代理机构有利于深入交流。科研人员与专利代理师的思维经常有不在一个"频道"的情况，而技术方案有时又很难用文字或语言准确地表达，如果专利代理师能够方便地与申请人现场交流，例如一线参观、样品演示，或者当面答疑解惑，肯定是比不见面的沟通更为充分，有助于更加深入地理解技术和申请需求，甚至有时邮件来来回回没说清楚的事情，到现场一看或者申请人对着产品演示一下就明白了。特别是技术方案复杂、申请量较大、技术关联性较高的情况下，创新主体的专利管理人员及技术人员与代理机构之间的充分沟通是非常必要的。异地代理机构在这一点上显然不如本地代理机构有优势，但幸好互联网和通信技术的高速发展拉近了人与人之间的距离，方便了异地沟通。在本地代理机构不能够满足创新主体的需要时，也可以考虑委托异地的优质代理机构，通过视频会议、远程演示等方式办公，弥补不能当面交流的弊端。

（4）业务范围

除了专利代理服务之外，许多专利代理机构还能够提供多样化的服务种类，例如有的还从事商标、版权、法律诉讼代理业务，有的拥有从事知识产权许可、转让和运营的团队，有的在海外有良好的合作伙伴，还有的承担了一些政府项目申报和知识产权联盟管理工作。如果申请人有这些方面的需求，可以作为选择代理机构的加分项。例如，实施"走出去"战略的企业可以选择海外合作业务较为成熟、有长期稳定海外合作伙伴的代理机构；面临较高的行政管理或诉讼风险的企业，则可选择那些有专业诉讼团队和争议解决能力的代理机构。

当然，没有任何一个专利代理机构是十全十美的。申请人需要结合自身实际情况综合考虑各种因素来选择，也可以尝试选择具有不同特点的多家代理机构，既可以分担风险，又能够获得差异化服务。

三、专利代理师的基本素养

虽然优质的专利代理机构能够提供规范的流程管理和代理质量控制，但申请文件撰写、审查意见答复等与技术相关的代理服务不是流水线上标准操作，需要专利代理师付出大量的脑力劳动。因此，在技术交底和申请阶段，专利代理师的选择非常关键，好的专利代理师能够较为准确地预判一项技术申请专利过程中的各种风险，提供专业化的建议，帮助申请人尽可能争取最优的结果。

那么，怎样选择合适的专利代理师呢？专利代理是一个综合型的知识工作，合格的专利代理师关键需要具有四个方面的基本素养：一是过硬的专利服务技能；二是良好的沟通能力；三是与时俱进的学习能力；四是客户至上的服务意识和履职尽责的职业操守。

1. 专业服务技能

过硬的专业服务技能是一个合格专利代理师的基本要求，也是赢得客户尊重、获得案源的保障。具体包括以下四个方面：

① 具有基本技术知识。这里所说的基本技术知识，是指能够理解普通技术知识，有相关领域基础知识和逻辑分析推理能力，比如化学领域的代理师要了解基础化学知识，看得懂化学结构式和反应方程，否则，就会很难理解技术方案，甚至犯低级错误。当然，专利代理师的技术门槛要求并不需要非常高，因为其毕竟专业擅长点在于专利法律法规，即便一开始不知晓发明中一些比较专业或前沿的技术知识，也可以通过与发明人的沟通或者自己补充背景知识来弥补，而且，专利申请审批和涉案专利诉讼时，审查员或者法官很多也都不具备深厚的技术功底，专利代理师本身就需要从普通技术人员容易看懂的角度去撰写申请文件或者代理意见，比如在申请文件中作一些专业技术普及的工作。

② 掌握专利相关法律法规。作为专利代理师，至少应当熟悉《专利法》《专利法实施细则》和《专利审查指南2010》，特殊领域的专利代理师还应当熟练掌握相关领域的特殊规定，比如，《专利审查指南2010》第二部分第十章"关于化学领域发明专利申请审查的若干规定"要求说明书中必须记载化学产品的确认（化学名称及结构式或化学式）、化学产品的制备（至少一种制备方法）和化学产品的用途，以满足化学产品发明充分公开的要求。此外，专利代理师还应该了解其他相关知识产权法律法规，如《商标法》《著作权法》《知识产权海关保护条例》《植物新品种保护条例》《计算机软件保护条例》《集成电路布图设计保护条例》等。

③ 严谨的逻辑思维。技术方案的描述、权利要求的概括和整体布局，都需要系统而严谨的逻辑思维。比如，从方案与现有技术的核心区别提炼权利要求保护范围；从产品、制备方法、应用等方面布局独立权利要求；递进式地构建从属权利要求体系；在保护范围和授权前景之间作出合理的评估，等等。

④ 具象与抽象思维的转换能力。专利代理师通常是基于技术交底书来撰写申请文件，但由于很多发明人不熟悉专利申请文件撰写的要求，他们提供的技术交底书通常是非常具体的实现方式，比如直接提供一种产品结构样图、具体到每种原料用量的组合物配方或者像实验流程说明那样详细的步骤描述。还有些交底书又显得过于简单，似乎仅停留在构思阶段，缺乏可操作性。专利代理师通常需要对这些问题进行修正，对具体的实现方式进行归纳概括，去掉非必要技术特征，提炼合适的保护范围，对抽象的方案引导发明人进行细节挖掘，有时还需要进行思维扩展，启发和帮助发明人发现发明实施的更多可

能性。

此外，专利代理师还有一些加分技能，如善于文献检索、能够处理无效和诉讼案件、熟悉涉外专利申请事务、精通多种语言、能够运用软件制图等。

2. 沟通能力

沟通包括倾听、理解和表达。专利代理师是连接申请人和审查员的桥梁，良好的沟通协调能力是确保信息准确传递的基础。

专利语言以技术语言为基础，但又与技术语言有较大区别，专利语言要求具有法律语言的严谨性和专业性。特别重要的是，专利文件撰写时不能仅考虑读者受众是对技术内容心照不宣、一点就透的本领域人员，还要设想文件会被不了解相关技术的审查员、法官甚至社会公众看到和评判。

曾经有一位专利代理师被委托人投诉，委托人认为这位专利代理师在说明书中写了太多和发明创新点无关的内容，权利要求写得不符合技术语言习惯，看上去"怪怪的"，不认可代理师的专业性。这位委托人的案件涉及 1 系铝合金改良工艺，专利代理师在申请文件中花了一定篇幅介绍在申请人眼里非常基础而"毋庸赘述"的知识，如铝合金包括哪些系、这些不同系铝合金组成、制备工艺和性能的区别等。而权利要求书中，又有一些"所述""根据权利要求""其特征在于"这样的"怪怪的"字眼。

稍微了解专利知识的人应该清楚，专利申请文件中撰写的这些内容是非常常见的。说明书中引入相关基础知识用于清楚、完整地说明技术方案，并对权利要求提供必要的技术支撑，有些知识虽然看似简单常见，但对于不太了解技术的行政审查人员和司法审判人员却有具有引导、暗示和启发作用，帮助他们更清楚地理解发明构思，判断不同系铝合金的现有制备工艺之间是否可以相互借鉴，进而影响新颖性或创造性的判断结论。权利要求作为圈定权利保护范围的核心内容，专利代理师会充分考虑通过审查可行性、权利稳定性和后续维权便利性等因素，在记载方式上也有这个行业同样的专用描述方式。

申请人不了解专利知识时，往往对代理师的工作存在一些误解和质疑，进而影响双方沟通的顺畅程度。同时，申请人又是最了解技术的人，如果其提供的技术信息不足以满足专利申请文件合法性的要求，可能对专利申请获得授权和授权后的稳定性产生影响。因此，专利代理师必须在申请阶段充分与申请人沟通，理解申请人的基本技术内容和申请诉求，换位于审查员或法官的角度去发现其中没有说清楚的技术疑问和后续可能的法律风险的点，用申请人能够理解的方式传递给申请人，促使申请人进一步澄清。

另外，在专利审查和授权后的维权过程中，专利代理师又要扮演申请人代言人的角色，还要换位到审查员和法官的角度思考，把复杂难懂的技术用审查员和法官能够理解的方式表达出来，将己方的观点用理论依据和事实证据支撑起来，有时还要借助通俗的比喻形象化。比起不善言辞、多使用固定套话沟通的专利代理师，那些肯在沟通上下功夫，能够换位思考的专利代理师显然更可能帮助申请人获得尽可能多的权益。

所以，专利代理师的沟通理解能力能够在相当大的程度上影响申请文件的撰写质量和获得授权的可能性。当然，沟通是双方的事情，具体沟通什么，本章第三节中将会详细介绍。

3. 学习能力

专利代理师虽然有一定的技术功底，有的还特别精通某一技术领域，但代理行业不可能对技术领域分工特别细，大多数情况下专利代理师面对的都是自己并不熟悉的领域的案件。为了理解所代理的发明创造，专利代理师需要通过检索、查阅文献资料、与申请人沟通等方式迅速、高效地了解发明创造的内容。这就需要专利代理师在技术方面永远具有开放的学习心态和刨根问底的信息收集能力。

同时，专利代理师还需要掌握专利相关法律法规，关注最高人民法院不断更新的司法解释，了解国家知识产权局和地方知识产权局最新出台的文件，通过研究社会热点和典型案例了解官方最新动向和主流观点。专利代理师协会每年都会组织专利代理师学习研讨，要求学习时长是代理师通过年检的一个重要考量因素。

可以说，一旦选择了这个行业，就永远在学习，合格的专业代理师必须具有与时俱进的学习能力。

4. 职业操守和服务意识

作为一名专利代理师，不是说百分之百满足委托人的要求就是优秀，提供合理合法的服务才是对委托人最大的负责。专利代理师应当具有良好的职业操守，严格遵守国家法律法规和国家知识产权局对于专利代理师的管理规章。例如，对于委托人的发明创造，专利代理师首先应判断该内容是否适合于申请专利，对明显违法内容，如涉及赌博、吸毒等违法犯罪行为，不提供代理服务。再如，如果委托人提出"私下委托""以不正当方式损害他人利益"等要求，专利代理师如果照单全收，不仅违反《专利代理条例》《专利代理管理办法》等法规或规章规定，也从侧面反映了专利代理师的职业操守意识淡漠，如果遇到这样的专利代理师，委托人也应该考虑一下，自己的利益是否也同样有被置之于不顾的风险。

在合法的前提下，良好的服务意识当然是选择专利代理师的重要标准，这里所说的服务意识不仅是满足服务对象的需求，还要有尽力使委托人利益最大化的职业态度。例如，提供咨询意见时，全面考虑发明创造的实际情况和委托人的需求，利用自己的专业知识提供周到的分析，在撰写申请文件或者答复审查意见时，能够充分准备，弄清楚技术内容，熟悉法律法规的规定，根据审查意见和委托人的意愿字斟句酌地撰写申请文件或答辩意见，高效处理，在可能的范围内尽力为委托人争取最大的利益。

以一个具体案件为例，一件发明专利申请在实质审查阶段，审查员在第一次审查意见通知书中指出独立权利要求 1 不具备创造性，但认为从属权利要求 2 有授权前景。这就意味着如果申请人将从属权利要求 2 的附加技术特征加入独立权利要求 1，进一步缩小保护范围，则申请有望很快获得授权，专利代理师对本案的服务也就算结束了。但是，专利代理师经分析认为，审查员对案件的事实认定有偏差，可以通过争辩争取不缩小独立权利要求 1 的保护范围。专利代理师在向申请人的建议中详细分析了直接修改和不修改只进行意见陈述的利弊，前者授权快但保护范围将大大限缩，后者有答辩意见不被审查员认可的风险，延长审查程序。申请人权衡后指示专利代理师争取较大的保护范围，案件后续正如专利代理师所预判的那样，审查员第一次没有接受争辩意见，陆续发出了第二次和第三次审查意见通知书，专利代理师在征得申请人同意后，尽力争辩，最终本申请以原始申请时的权利要求获得了授权，取得了申请人所希望的保护范围。

具有良好职业操守和服务意识的专利代理师能够从委托人的角度出发，为委托人提供高品质的服务，将委托人的利益最大化。

四、高端稀土材料领域专利代理的专业化要求

国内的专利代理师通常分为机械、电学和化学三大技术领域，这是因为这三大技术领域的发明创造在共性之外还有一些个性化特点，比如，电学通信领域的案件需要注意实体结构与虚拟模块的相互作用关系阐释，机械领域的案件需要较高的看图解图制图能力，等等。其中，最具特殊性的应属化学领域的发明创造，《专利审查指南 2010》专门有一章针对化学领域发明专利申请的特殊性进行规定，包括哪些客体不能授予专利权、化学产品和方法要记载到什么程度才算充分公开、补交实验数据是否能够纳入审查、组合物权利要求如何限定、仅用结构和/或组成特征不能清楚表征的化学产品如何撰写、如何判断化

合物和组合物的新颖性和创造性、通式化合物单一性判定和马库什权利要求撰写，等等。稀土材料领域的专利申请多数归于化学领域的发明创造，但随着技术的演进和跨领域技术的应用，例如产品成型模具、智能制造、机电一体化加工，等等，也会涉及机械结构，甚至偏电学类的控制加工方法。

因此，对于高端稀土材料领域的专利申请案件而言，选择的专利代理师除了具备基本素养、能够理解通用领域基本技术之外，所学专业或者代理方向与案件技术专业对口，并且在该领域有一定经验当然是最优选的。这样在技术交底时代理师能够更加透彻地理解技术创新点，敏锐地发现原始交底书披露不够细致或者拓展不够充分的点，在撰写申请文件时更加有效地规避被驳回的风险。

例如，高端稀土材料领域的创新技术特别关注材料的使用性能和工艺性能，这是由稀土材料的成分、制备工艺甚至包括组织结构等因素决定的。因此，如何在申请文件中将表征成分、组织结构和工艺先进性的性能指标展现出来，对于技术方案的新创性判断至关重要。通常测试合金材料组织结构的主要手段是利用金相显微镜、扫描电子显微镜、透射电子显微镜、X射线衍射仪、电子微探针分析仪等进行分析；衡量稀土材料机械性能的主要指标有强度、塑性、硬度、冲击韧性、疲劳强度、断裂韧性和耐磨性等；衡量物理性能的主要指标有密度、熔点、电性能、热性能及磁性能等；衡量化学性能的主要指标有耐腐蚀性、高温抗氧化性、催化性能等。

这些参数的获得和解析，需要进行大量试验和检验。由于该领域基础理论知识较为复杂，非相关领域的专利代理师往往不能充分理解技术原理和发明实质，甚至看不懂相关实验数据和图像，因此很可能不能判断技术交底书撰写得是否充分，也识别不到交底书提供的方案和实验结果相互矛盾之处，最终影响申请文件的撰写质量，降低专利授权概率。

案例1：

某方案涉及一种含有氧化镧的光学玻璃、玻璃预制件、光学元件和光学仪器，通过合理的组分设计使得获得的光学玻璃具有较低的热膨胀系数和优异的内在质量。技术交底书中详细记载了光学玻璃的具体成分、制备工艺和最终产品的测试结果，包括折射率与阿贝数、气泡度、密度、热膨胀系数、努氏硬度、耐潮稳定性等，看似详细而充分。然而，仔细分析可知，这些玻璃组分均是现有技术比较常见的组分，虽然能够获得一定的效果但是还达不到现有技术的较高水平，技术交底书中对玻璃组分的选择和效果的对应性也无任何说明，让人阅读后不能把握核心发明点和有益效果。最终该申请方案没有被认可，审查员认为方案总体上并未超出本领域的常规认知，即看不出比现有技术类似产品有何种改进结果，以不具备创造性发出审查意见通知书，之后该申请视为撤回。

如果在撰写时，代理师能够识别到上述问题，要求申请人对增加玻璃组分选择与热膨胀性或抗热冲击性能的对应关系作进一步阐述，强调优于现有技术的效果，比如说明本产品的热膨胀性相对于现有技术产品存在哪些特殊性，为什么要如此选择，现有技术有哪些劣势，有可能案件会有不一样的审查结果。

案例 2：

某方案涉及一种钐钴永磁材料及其制备方法，这类永磁材料要求具有较高的膝点矫顽力（H_k）、磁感矫顽力（H_{cb}）和磁能积（BH）。技术交底书中记载了其创新点在于制备含铜的钐钴永磁材料，并描述了永磁材料的各成分、含量，提供了材料的磁性能数据。在撰写申请文件过程中，代理师经沟通了解到，在钐钴永磁材料中引入铜已经在一些文献中有所涉及，由此建议申请人提供该文献并详细说明与本方案的区别点，在代理师的启发下，申请人挖掘到方案真正创新点在于制备这种永磁材料过程中对制备方法进行改进，通过在时效前对钐钴烧结体进行金属 Cu 扩散处理，使得钐钴磁体的晶界从贫铜状态变为富铜状态，有效提高了磁体晶界中的 Cu 含量并进一步促进 Sm（Co，Cu）$_5$（即 1∶5H）相的形成，有效修复了晶界区域不完整的胞体结构，消除了磁体退磁曲线的小台阶，显著提升了永磁材料的综合磁性能，并补充了本方案与现有技术方案对比实验数据和 Cu 元素的微观分布 EPMA 图以及退磁曲线图。

在此基础上，代理师撰写申请文件时强调了如下三点：①现有技术已有包含 Cu 的钐钴永磁材料以及其不能达到理想效果的事实；②本方案中在时效前对钐钴烧结体进行金属 Cu 扩散处理所得永磁材料微观形态与现有技术微观形态的区别，探究本方案中进行金属 Cu 扩散处理的作用原理；③最终永磁材料与现有技术产品的效果差异，例如通过电子探针显微分析仪检测 Cu 扩散前后主相及晶界中的 Cu 元素分布以及对永磁材料进行磁性能测试。最终，该申请获得授权。

通过上面两件案例不难发现，稀土功能材料领域的发明创造有许多专业性极强的撰写特点和专有表征方式，撰写者不仅需要读懂技术交底书中的关键技术手段，理解有益效果相关的性能参数，必要时甚至要对性能数据的来源、测试条件、理论分析等加以研究，对特殊元素分布和效果数据进行解析，阐明效果与技术手段之间的关联性，分析由微观组织结构区别或者工艺细微差异带来相对于现有技术的技术优势或者克服的技术障碍。

总而言之，要让稀土材料领域的优势创新成果转化为好的专利，专利代理师的专业对口性和相关代理经验是非常重要的助力点，它不仅可以使专利代理师明确理解申请人发明构思和相对现有技术的区别与贡献，更重要的是提高申请文件质量，避免漏掉致命缺陷，同时在审查意见答复和建议阶段，代理师也能够快速发现和解决争议问题，提高专利审查效率，缩短专利审查周期。

第三节 比写好"技术交底书"更重要的事

选择好专利代理机构和专利代理师后，申请人只要将技术交底书交给他就可以万事大吉、坐收权益了吗？答案当然是否定的。专利代理师虽然是以委托人（专利申请人或专利权人）的名义办理专利相关事务，但其毕竟是与委托人相对独立的个体，二者对相同技术事实、利益预期和风险控制的理解很可能不一致，更何况技术交底书存在表达局限性，撰写者和阅读者对同一文字表达的理解也可能相去甚远。专利代理行为的效果归属于委托人，为了避免理解误差造成对委托人权益的损害，专利代理师会想方设法弄清楚委托人的真实意思，但是，如果委托人不愿意配合，存在"既然花了钱就应该由专利代理师全权负责搞定一切事务"的想法，则最后很可能导致自己的权益遭受不可挽回的损失。因此，除了写好技术交底书，在专利申请过程中更重要的是，申请人、发明人与专利代理师做好沟通配合，深度参与到申请文件撰写和审查意见答复当中。

一、巧妇难为无米之炊——技术细节沟通

专利申请撰写的基础是申请人的发明创造成果，技术交底书是记载发明创造成果的信息载体，专利代理师获得技术交底书后，需要理解、消化上面记载的技术内容，再将其转化成专利申请文件。

从作出发明创造成果到形成专利申请文件经过了两次信息加工转换过程，第一次是由申请人将抽象的技术思想以文或图加文的形式表达于技术交底书上，第二次是由专利代理师将技术交底书上体现的技术思想再加工为专利申请文件。这种信息的二次加工过程很容易导致一个问题——信息失真，由于图文表达的局限性、每个人对技术的认知差异、表达和理解习惯不同等原因，这种信息失真几乎是不可避免的。申请人将技术信息记载为书面图文，再由专利代

理师根据书面图文转化为符合法律规定的申请文件，就像"传话游戏"一般，经过二次信息衰减，最后得到的内容可能与原始技术内容有着很大的差异。实践中经常遇到专利审查员因专利申请文件中存在的缺陷与发明人沟通时，得到的答复是："申请文件这个地方写得不对，因为不是我写的，他们搞错了，实际应该是这样的……"造成上述问题的原因就是信息传递和加工过程中导致的失真，有时候这种失真导致的后果是致命的——申请中描述的内容与真正的创新成果相去甚远，由此导致无法获得授权，或者即使授权也没有实际用处。

要尽可能地降低两次信息加工转换过程中的信息衰减，就必须使发明人与专利代理师之间能够进行充分的沟通。技术交底书是发明人与专利代理师之间的正式沟通方式。技术交底书之外的非正式沟通，包括邮件、面谈、电话等各种方式，是技术交底之外的必要补充，可以说其效果有时比技术交底书更好。

1. 关键技术信息未提供

案例 3：

某案，申请人为某大型企业，方案涉及一种添加钇的稀土永磁材料，申请文件记载了稀土永磁材料的各组分的组成含量和制备工艺步骤，也对材料的剩余磁感应强度、内禀矫顽力、最大磁能积、磁通损失等性能进行了测试，看上去申请文件比较完整，方案也有可行性和创新点。然而，审查过程中审查员却找到了与其组成含量类似的现有技术，在剩余磁感应强度、内禀矫顽力、最大磁能积和磁通损失等方面的实验数据也较为接近，因此认为方案不具有创造性。

此时，申请人才提供了一份申请之前企业内部的技术研发总结报告，报告中详细研究了方案中不同稀土元素之间的用量关系、旋转快淬冷却速率、旋淬辊速、热处理条件对稀土永磁材料性能的影响，上述工艺参数应该处于怎样的特殊区间能够具有协同增效作用，使得磁粉平均晶粒尺寸大幅度减小并获得最佳的磁性能，还附上了大量对比试验过程和图片，包括 X 射线衍射图谱、TEM 图像、快淬带 DCS 分析、快淬样品的特征转变温度等。显然，这份报告记载的信息对整个方案的理解、创新点挖掘和创造性判断非常关键，而申请人却在技术交底时有所保留，代理师在撰写申请文件时不能利用这些关键素材充分证明创新点，只能按照技术交底书进行了常规解读，导致最终方案没有获得授权。

2. 在先研究沟通不充分

案例 4：

某案，申请人是某科研院所，发明人是其中一位老师带领的团队。方案涉及一种强化的低 Sc 含量的 Al – Yb – Zr 合金，通过复合微合金化方法得到低 Sc 含量的 Al – Yb – Zr 合金，技术交底书中对样品和对比例的试验合金成分进行了测定，并且比较了等时效硬度曲线和峰值硬度与固溶态硬度的差值，用以证明具有时效强化效果好的优点。其中，峰值硬度和固溶态硬度采用了强度单位 MPa 来表征。

然而，该老师带领的技术团队在与专利代理师进行技术交底时没有告知之前他们曾有过另外一件类似申请，同样涉及强化的 Al – Yb – Zr 合金，通过特定配比的 Yb 和 Zr 符合微合金化，实现强度和耐电化学腐蚀性能的同步提高。其中同样测定了峰值硬度与固溶态硬度，但却采用维氏硬度单位 HV 来表征。

审查过程中，审查员发现了上述在先申请，虽然认可本申请的合金成分与作为现有技术对比文件的该在先申请有一定区别，但不认可该区别能够带来创造性。主要原因是认为两个方案内容过于接近，而由于两者在表征硬度时选取了不同的方式，维氏硬度与强度又不能直接换算，而要限定在特定条件下基于经验公式进行测定，由此不能比较得出本申请的效果就优于在先申请，并且怀疑该本申请是否是为刻意规避在先研究而故意选择不同的表征方式。

3. 信息矛盾未澄清

案件 5：

某案，申请人为某大型企业，方案涉及一种高强度稀土镱耐热钢，主要创新点在于通过添加稀土镱提高了耐热钢中的碳含量，减少了碳的高温偏聚，提高了高温强度，改善了钢的综合性能。其中技术交底书中给出了耐热钢原料成分需满足一定关系，如 $Creq/Nieq \leqslant 1.165$，$Creq = Cr + 1.5Si$，$Nieq = Ni + 30C + 0.5Mn$。然而，专利代理师在核实时发现，以具体实施例中给出的 Cr、Si、Ni、C、Mn 的含量进行计算，$Creq/Nieq$ 均超过了上述边界值 1.165。

专利代理师在撰写申请文件时，将该情况在初稿中高亮标示出，请申请人确认是否有误，然而，申请人企业的知识产权部门负责人员与技术人员之间却因为分工职责不明没有进行很好的衔接，在问题未确认清楚的情况下指示代理人按照技术交底书中的记载提交。结果，在审查过程中审查员果然同样指出上述问题，申请人这才发现记载有误。最终，该案由于该问题导致失去了授权前景。

上面三个案例都是由于申请人与代理人之间沟通不充分导致真实技术信息没很好地转换为具有法律效力的申请文件信息，给专利申请埋下难以补救的隐患。虽然其中作为受过专业训练的信息加工者——专利代理师在阅读技术交底书时没有尽可能地启发、提示申请人披露关键信息的必要性和未尽义务的严重后果，对于沟通不到位的问题存在一定责任，但是，手握信息沟通主动权、掌握技术成果第一手资料的专利申请人一方更具有不可推卸的责任，其主观上没有意识到技术交底的重要性，没有建立完善的专利管理流程和畅通的技术交底渠道，导致信息在两次加工过程中被严重衰减，专利最终被驳回。

目前，一些专利意识较强的企业，已经在有目的地培养专门撰写交底书的专利管理人员，其深入一线甚至参与研发，不仅能够充分掌握和准确理解创新技术成果信息，还具有基本的专利逻辑思维，有的专利代理机构也会帮助专利申请量较大的客户进行相关培训，这些都能够帮助代理师与申请人之间高质量地沟通，敏锐地发现技术交底书与发明人本意之间的差别，补充完善第一次信息加工形成的技术交底书的不足，使整个专利文件的加工过程具有良好开端。

二、需求决定生产——权利预期保护范围的沟通

在弄清楚技术信息之后，专利代理师更进一步地需要了解申请人对申请专利权的预期利益，这些信息对于申请文件的撰写、权利要求的布局有很大的影响。如果出于排除竞争、获得经济利益为目的，那么权利要求保护范围应当尽可能多层次、多角度考虑，不仅包括关键技术成果，还要防止规避设计，从而涵盖较大的保护范围，说明书也要对这些权利要求提供充分的支持；而如果只是追求快速授权的结果，则整个申请文件可能会更加偏向于直指技术核心，权利要求范围相对较小。

我们来看这样一个权利要求：

一种采用凝胶注模成型工艺制作复合多级 Y_2O_3 粉坩埚的方法，其特征在于：复合多级 Y_2O_3 粉坩埚所用的复合多级 Y_2O_3 粉材是指粒径为 0.01 ~ 0.5μm 的第一级 Y_2O_3 粉材、粒径为 0.5 ~ 10μm 的第二级 Y_2O_3 粉材、粒径为 10 ~ 200μm 的第三级 Y_2O_3 粉材、粒径为 200μm ~ 3mm 的第四级 Y_2O_3 粉材和粒径为 3 ~ 5mm 的第五级 Y_2O_3 粉材。

制备时有如下制备步骤：

第一步：配制有机单体溶液

将丙烯酰胺、亚甲基双丙烯酰胺、分散剂溶于去离子水中制得有机单体溶液，待用；所述有机单体溶液的 pH 值为 2 ~ 6。

所述分散剂是质量百分比浓度为 5% ~ 35% 的盐酸，或者是 10mL 的质量百分比浓度为 5% ~ 35% 的盐酸中加入 0.1 ~ 3g 的多聚磷酸钠组成；该分散剂用于调节所述有机单体溶液的 pH 值。

用量：100mL 的去离子水中加入 5~15g 的丙烯酰胺，0.1~0.5g 的亚甲基双丙烯酰胺，0.5~3mL 的分散剂。

第二步：配制复合多级 Y_2O_3 粉材

将按坩埚自重量称取的粒径为 0.01~0.5μm 的第一级 Y_2O_3 粉材、粒径为 0.5~10μm 的第二级 Y_2O_3 粉材、粒径为 10~200μm 的第三级 Y_2O_3 粉材、粒径为 200μm~3mm 的第四级 Y_2O_3 粉材和粒径为 3~5mm 的第五级 Y_2O_3 粉材混合均匀制得复合多级 Y_2O_3 粉材，待用。

所述 100g 的复合多级 Y_2O_3 粉材中加入 20~40g 的第三级 Y_2O_3 粉材，15~20g 的第一级 Y_2O_3 粉材，15~20g 的第二级 Y_2O_3 粉材，15~20g 的第四级 Y_2O_3 粉材，15~20g 的第五级 Y_2O_3 粉材，并且多级粉材之和为 100%。

第三步：搅拌、脱气制坩埚浆料

将第一步配制的有机单体溶液放入搅拌容器中，在搅拌速度 200~800r/min 状态边搅拌边加入第二步配制的复合多级 Y_2O_3 粉材；待所述复合多级 Y_2O_3 粉材加入完成后继续搅拌并脱气 50~200min 后；停止脱气，加入过硫酸铵并搅拌 5~20min 后制得坩埚浆料；

用量：100mL 的坩埚浆料中加入 0.5~2mL 的质量百分比浓度为 5%~30% 的过硫酸铵。

脱气条件：抽气速度为 2~10L/s。

第四步：注模制坩埚坯

将第三步骤制得的坩埚浆料注入坩埚模型腔中形成第一坩埚坯；然后将第一坩埚坯置于恒温箱中，在 120~200℃ 温度下保温 10~30h 后，随恒温箱冷却至室温，取出脱去坩埚模型腔制得坩埚生坯；

第五步：高温烧结制坩埚

将第四步制得的坩埚生坯放入烧结炉中，在烧结条件下保温 20~70h 后，随炉冷却至室温，取出，制得复合多级 Y_2O_3 粉坩埚。

所述烧结条件：烧结压力 10~20MPa，升温速率 5~10℃/min，烧结温度 1400~2000℃。

通过上述方法复合多级 Y_2O_3 粉坩埚能够在使用温度为 1600~2000℃ 的环境下进行熔炼高熔点活性金属或合金。

以上是一个授权专利的独立权利要求，其中几乎像实验说明书一样细致地记载了复合多级 Y_2O_3 粉坩埚的制作方法，但实际上该工艺中有很多步骤、参数并不是发明点内容，如此详细且无层次地撰写申请文件，导致最后授权的权利要求保护范围非常小，还有一些内容是属于可以通过技术秘密保护优化的方案。由于该领域的技术很难通过反向工程破解，但侵权纠纷当中取证却非常困难，这样的专利申请文件就像是把自家大门毫无保留地敞开让人参观，一旦遇到侵权纠纷，专利权人就会处于非常被动的地位，对手对各种参数稍加修改，就能容易地规避落入专利保护范围，而即使对手的确采用了与本专利完全相同的工艺流程，专利权人也很难取得证据。

专利撰写的最终目标在于宣示权利范围，即业内所说的"圈地运动"，在揭示创新成果的基础上，为成果划定一个权利边界，以便排除他人侵犯。因此，从这个意义上讲，权利要求的保护范围是专利文件最核心的组成部分，由于这种权利宣示需要较为深厚的法律功底，通常是由专业的专利代理师来完成的，技术交底书则只需要记载技术创新成果信息，作为专利代理师提炼、概括权利要求的基础支撑。在提炼、概括过程中，"信息失真"问题同样存在，而且由于法律思维和技术思维的差异，可能会加剧"信息失真"的程度。

申请人对发明创造的思维和叙述通常比较具体，故而技术交底书往往专注于描述单个完整的实施方案，例如，使用了什么原材料，各自用量配比如何，工艺温度、处理时间分别是多少，等等。专利代理师则更注重去寻找具体技术中的关键改进点，力求将所有含有该关键改进点的方案都纳入权利边界当中，以划定一个尽可能大的圈，当然，如果圈得过大而纳入了已有技术的内容，又会面临专利权无效的风险。专利代理师为了在这种矛盾中寻求平衡点，特别希望申请人能够确认创新成果与已有技术最显著的区别之处，并力求找到所有具体实施方案的共性特征和可能进一步扩展的方式，从而争取对申请人最有利的结果。

然而，由于申请人与专利代理师的思维和叙述方式之间的差异，他们对同一种技术本身和权利范围的认知和解读往往存在分歧。这些分歧体现在多个方面。一是具体思维与抽象思维的差异。例如，申请人提供的技术方案是一种用于双螺杆压缩机螺杆的稀土合金材料，由于双螺杆压缩机中存在主副齿轮的啮合关系，对于螺杆材质性能要求比较高。申请人的思维是从应用需求出发，针对双螺杆压缩机螺杆强度问题，提供解决方案。而专利代理师则会考虑，这种稀土合金材料是否仅是双螺杆压缩机螺杆专用，可否同样应用于普通的单螺杆空气压缩机，甚至能否扩展到其他需要类似材质的领域。不难看出，申请人容易对事物进行比较具体的描述，是一种"所见即所得"的思维，而专利代理师则通常会从具体中抽象出一般共性，是"类我者皆为我所有"的思维。

二是整体思维与局部思维的差异。例如，申请人提供的技术方案是一种提高稀土钕铁硼永磁材料磁性能的方法，其中，包括破碎永磁材料得到粉料、加入防氧化剂并低温混料、低温钝化、等静压成型、真空分段烧结、回火、冷却，并且涵盖了各步骤的具体工艺参数。申请人希望看到的是一个完整的、可直接实施的工艺流程。而专利代理师则更关注该工艺与现有技术最大的区别点在哪里，或者导致更好效果的步骤是哪些，例如，上述方案与现有技术的主要区别点是粉料在低温下进行混料和钝化，降低粉料活性和磁体内氧含量从而提高磁性能，那么专利代理师就会将低温处理的步骤作为主要特征写在独立权利要求当中，以便获得尽可能大的保护范围，对于其余次要内容，可以布局多层次的从属权利要求。整体思维关注的是实际操作的完成，局部思维关注的是与现有技术的区别。

三是说明书思维与教科书思维的差异。申请人通常专注于描述自己的发明创造是什么，技术交底书对于技术方案本身交代得多，对于该技术的来龙去脉交代得少，如果读者也是深谙此道的申请人，就像阅读说明书一样，一看即懂，一点就透，但对于很可能没有相关背景技术的专利代理师、专利审查员甚至法官而言，却并不能很快抓到方案的核心发明点。因此，专利代理师在"是什么"基础上更需要讲清楚"为什么"和"怎么样"的问题，即像教科书一样，向读者普及背景知识，理解为什么要这么做，以及这样做效果如何，使得"非本领域技术人员"也能看懂。

由于思维方式的这些差异，原始技术交底书记载的内容很可能无法满足一份保护范围适当、实施例拓展充分的专利申请文件的要求，为此，专利代理师通常会通过各种方式向申请人确认问题，比如，方案中最关键的地方在哪里？现有技术是什么样的？某个步骤在方案中起到什么作用？某部件是否还有其他形式？某参数是否能从一个点值拓展为较宽的范围？等等。一些问题看似"技术外行"，但实际上却体现了专利内行的思维和表达方式，因此申请人与专利代理师要在技术交底书基础上充分沟通，确保申请文件撰写能够支持预期的权利保护范围。

三、更上一层楼——企业专利申请策略沟通

对拥有不止一项核心技术，甚至已有许多专利申请的企业而言，专利申请和布局策略是企业管理的一个重要方面，通常需要基于企业自身覆盖或有可能会涉及的技术领域、重点产品和重点项目、核心技术点、竞争对手专利和技术等情况进行专利布局规划。比如，是抢占先机保护核心技术还是通过系列申请层层演进，是构建专利丛林还是以规避设计突破垄断壁垒，是主要供应国内市

场还是拟向海外扩展，等等。这种战略层面的专利规划在实际实施时仍然会体现在每个专利申请文件之中，与撰写技巧密切相关。因而企业在作技术交底时如果能够让专利代理师了解这些申请策略方面的考虑，将非常有利于目标导向地开展专利布局，从而为更好地运用专利制度这一市场竞争的游戏规则奠定基础。

1. 抢占先机式申请

专利申请遵循先申请原则，即两件相同的发明创造，专利权授予最先申请的那一方，因此申请日的抢占是专利申请布局中一个重要的考虑因素。一般来说，创新主体在研发时会预先拟定技术路线，反复尝试、验证、调整、再尝试，以获得最优方案。但对于研发手段相对成熟、技术容易被模仿且技术相似度较高的稀土功能材料领域，如果等最终优化的结果出来再申请专利，很可能会被竞争对手抢占先机。因而对专利制度掌握和运用较好的创新主体会将专利布局在研发路线的各个节点上，不仅保护阶段性成果和最优方案，甚至在创意、构思阶段也尽可能地"圈地划界"，以取得先发制人的优势。

对于以"抢占先机"为目的的专利申请，最好能让专利代理师尽早地加入到研发团队当中，以帮助发现和提炼阶段性成果，尽快提交申请。同时，也要充分沟通技术内容，使权利要求的布局和说明书内容为后续申请做好铺垫。

例如，早期介入的专利代理师可能帮助申请人敏锐地发现提交阶段性成果的时间节点和专利内容，也可能根据技术特点建议优先权、分案、权利要求布局、说明书覆盖内容等申请策略。又例如，在他人已有研发成果基础上进行改进的创新成果对实验数据的要求较高，方案创造性高度往往依赖于实验数据能够证明的更优技术效果，而短时间内进行全面系统的实验来验证这些效果可能不太现实，此时专利代理师会根据具体情况建议将效果记载到说明书中，比如除了已有真实实验验证的效果之外，还有哪些依据经验和理论能够推知的效果，虽然这些与效果相关的实验证据由于一时无法获得而不能记载到申请文件当中，但后续申请或审查过程中也很有可能作为原始效果的支持而派上用场。

2. 丛林战略式申请

专利数量在某种意义代表着企业的创新能力和经济实力，还可能影响以专利为代表的企业无形资产评估价值，因此许多跨国企业每年都会大规模申请专利，哪怕是非常小的改进，也会尽量争取专利保护，形成密集的专利丛林，狙击竞争对手。在中国，虽然专利保护起步较晚，但在激烈的市场竞争中经过历练，大家也逐渐意识到专利拥有量在争夺市场份额、交叉许可、专利诉讼和和解谈判中都是非常重要的筹码，加之国家政策的激励，许多企业不断努力增加专利申请量，采取先堆量再控质的丛林战略，期望争取竞争中的话语权。

对于这类申请，专利代理师考虑的一个重要角度是如何拆分技术改进点，在保证方案完整性的前提下尽可能增加专利申请数量。这种情况下申请人与专利代理师的沟通也非常关键，必须明确哪些是可拆分的，哪些是不可拆分的。比如，若方案当中两个创新点之间有协同作用，拆分就可能影响审查时对创新高度的判断，此时就需要申请人详细介绍单个创新点，从而让专利代理师能够对其创新高度有相对客观的评估，再决定申请策略。此外，通过拆分技术改进点来增加专利数量的专利申请策略，为了满足说明书支持权利要求书的要求，还特别需要针对每一个单独的申请进行说明书的匹配。当然，具有相互关联性的发明点如果被拆分，还可能对相互之间造成影响，专利代理师需要特别注意递交时间，避免出现相互影响新颖性或创造性。

3. 逐步演进式申请

与"丛林战略"不同的是，一些企业为了长期保持某领域领先的优势，延续权利时间，并不急于围绕核心技术大量提交外围申请，反而可能会控制申请专利的节奏。这在一些技术领先的药企中比较常见，第一代新药上市数年之后，甚至于专利保护期快要届满之前，才继续推出效果更好的二代、三代衍生物专利申请，以持续拥有具有竞争力的专利技术，延长自己在该领域的领先地位。

对于这种申请策略，专利代理师在撰写时，会特别注意技术方案的公开程度和前后专利的内容衔接性。因为专利申请文件中必须充分公开保护的技术方案，在先申请公开后很可能对后续申请的新颖性和创造性造成影响，故在先申请既要考虑公开为审查通过必须公开的内容，又要为后续申请留出创造性高度空间。这类案件从权利要求布局、说明书内容到提交时间节点、公开策略等都对技术专业性和法律专业都提出了较高的要求，甚至有可能涉及企业管理，如涉及企业技术秘密和人员管理制度，因此特别需要申请人与专利代理师之间的深度交流。

4. 规避设计

规避设计是指为了避免侵犯他人的专利权，而使自己的相关技术与已有专利保护范围不同。当今世界，很多技术领域都被一些手握大量专利技术的龙头企业占得先机，形成多重技术壁垒，或者一些领域技术解决途径较为单一，一旦竞争对手先申请了专利，留给其他企业的自主空间就很少了，只能千方百计通过规避设计的方式，充分挖掘技术壁垒中的空白点，或者围绕壁垒开发外围专利以增加自己的谈判筹码。

规避设计要求从侵权判定的角度对专利进行分析和方案设计，专业性比较强，因而以此为目的的专利申请特别需要专利代理师尽早地参与到技术研发和专利申请过程中，帮助申请人分析哪些技术属于已有专利权的盲区，权利要求中哪些特征可以减少或替代，可以围绕核心技术开发哪些外围技术，是否能够改变权利要求构成要件的性质，以防止字面侵权和等同侵权。例如，已有专利涉及一种 1 系铝合金圆杆，包含铁、铜、硼三种合金元素及不可避免的杂质元素，说明书提到其主要应用于导线上。经分析，其中硼的作用是与铝中钛、钒、锰等杂质元素反应，降低它们对铝合金导电性的有害影响。虽然在上述方案中，硼是特别重要的改善导电性能的元素，但能否考虑从另一个维度入手来提高含铁、铜二种合金元素铝合金的导电性能，即可等价认为将硼"替换"为稀土，由此设计改进思路，并验证是否会存在不一样的作用原理，是否能够获得同等或更优异的导电性的效果，进一步地，可以探究特定稀土元素改进后的效果是否适合应用在其他导电性能要求更高的领域，如磁悬浮交通用感应板，将组分发明同新的应用领域深度融合来申请外围专利，这样即使在审查过程中，以该已有专利作为发明起点来评价创造性会存在较大障碍和困难。

5. 标准必要专利申请

标准必要专利是包含在国际标准、国家标准或行业标准中，且在实施标准时必须使用的专利技术。由于技术上或商业上没有其他可替代方案，所以标准化组织在制定某些标准时不可避免地要涉及这些标准必要专利。将专利技术纳入标准，不仅彰显了申请人的技术地位，更可在一定程度上掌握市场主动权，降低知识产权风险，获取更多利益。因此将自己的专利技术提升为标准，是许多申请人心之所向。

对于可能纳入标准必要专利的申请，通常是十分重要而核心的技术，为了确保授权、确权和维权可能性，撰写必须非常慎重，不仅要考虑技术术语使用、方案公开程度，权利覆盖范围、防止规避设计和权利无效，还要考虑技术的后续发展、权利行使风险等诸多因素，而且由于标准的作用、制定程序和表述方式都与专利有明显不同，将二者进行融合关联的专业性也非常强。为此，申请人更应当与专利代理师一起，全方位挖掘创新点，充分探讨申请和布局策略，使得申请人的权益得到最大化保障。

6. 海外申请

目前向海外申请专利有三种方式：一是直接向目标国家、地区或相关国际局提交申请；二是先向我国国家知识产权局提交专利申请，再以要求优先权的方式向目标国家、地区或相关国际局提交申请；三是直接向我国国家知识产权局提出国际申请。需要注意，在中国完成的发明创造必须报国家知识产权局进行保密审查后才能向外申请。

对于可能向海外进军的技术，由于不同国家或地区专利法律制度不完全相同，在撰写时应当考虑国内申请与目标国的衔接以及适应目标国的申请策略。例如，有些主题在中国属于不授权客体，但在其他一些国家却可以，如疾病诊断或治疗方法，在说明书中就应该写入这些主题；再如，为了满足优先权的要求，中国在先申请与向外申请应当主题是相同的，但在修改过程中有可能主题名称发生变化，所以作为优先权基础的中国申请的说明书应当考虑周到；再如，一些国家申请的费用较高，比如美国，不仅对超过 3 项独立权利要求和20 项权利要求的申请每多一个权项要收取超项费用，还要对多项从属权利要求收取高达每个 780 美元的费用，因而权利要求的布局还需考虑成本问题。

对于这类专利申请，依靠申请人自身是很难应对的，通常的做法是，委托中国的代理机构代为办理向外申请的事宜，但国内专利代理公司也不能直接向外递交申请，需要与目标申请国家或地区的代理机构进行对接，再由该国家或地区的代理机构代为申请。因此申请人在委托时应当考虑选择海外合作业务较为成熟、有长期稳定海外合作伙伴的代理机构，同时注意国内与向外申请在内容和程序上的衔接。

专利从申请到获权，再到权利运用与维护有着漫长的过程，就像建造大楼一样，虽然外观直接可见，但是选址恰当不恰当、地基牢不牢固、建筑施工质量如何这些深层次的专业问题，一开始并不容易作出回答，也难有直观的感受，只有日子久了，经历了风风雨雨，答案才显现，公道自在人心。然而，如果要等发现选址、用人、施工质量的严重问题才去采取补救措施，为时已晚，一场小小的地震就能轻易将之摧毁，之前所有的付出都付诸东流。因此，一开始就把专业的事情交给专业人去做，让申请人专注于技术，专利代理师潜心于申请，再加上二者通力配合，"创新之树"才能更加枝繁叶茂。

第六章 技术交底——"植树人"与 "建筑师"之间的默契

　　技术交底书是专利申请人记录发明构思的载体，是描述发明创造的文字或者图纸资料。技术交底的过程就像是种树人在向建筑师描绘"创新之树"的样子——树干有多粗多高、有几个主要枝干、枝叶伸展能覆盖多大面积、根系有多深，诸如此类。专利代理师根据技术交底书理解发明的技术贡献，确定合适的权利要求保护范围，使用合乎规范的格式和表达方式进行专利申请文件的撰写，就像是建筑师根据树干、树枝、树叶和树根等形貌特征，设计合适的房屋造型，选择合适的建材，建造能够有效保护"创新之树"的"庇护之所"。

　　如果"庇护之所"体积过大，侵占了公共空间或邻居家的院子，可能引发官司，败诉的结果是改建或者拆除房屋。如果体积过小或者形状不合适，则又可能影响"创新之树"的生长，使其发育不良，不能够结出丰硕的果实。如果结构设计不合理，或者选择了不合适的建筑材料，"庇护之所"也可能倒塌。要修建既经久耐用，又能够有效保护"创新之树"的房屋，"建筑师"不但需了解"创新之树"，而且要了解"植树人"的需求，两人之间需要建立默契的配合关系，申请人与专利代理师之间亦如此。

　　实践中，许多申请人往往不知道怎样填写技术交底书，有的是将自己的技术方案拆分成多个部分，填充到技术交底书模板的空白中，有的干脆摒弃模板，直接发个照片或者画个示意图，加一些简单说明。一份清楚、完整地反映发明内容的技术交底书可以促进专利代理师对发明技术内容的理解和创新性高度的把握，能够让专利申请人与专利代理师之间的沟通更顺畅——减少沟通次数，撰写出更高质量的申请文件，凸显发明创造的可授权性。专利代理师在此基础上概括出符合发明技术贡献的保护范围，帮助技术创新的成果得到最大限度的保护，而且高质量的申请文件也能够加速审查过程。

　　那么，专利代理师到底需要怎样的技术交底书？本章将详细介绍技术交底书每一部分的考虑因素和撰写要求，再结合案例分析技术交底书撰写时容易出现的问题。

第一节　技术交底书概述

　　申请人聘请专利代理机构的代理师代为申请专利时，代理机构通常会提供给申请人一个技术交底书模板，让发明人填写。各代理机构的技术交底书模板组成略有不同，但大体都包括发明名称、背景技术、发明内容、关键改进点和有益效果等部分项目。表6-1是简单版的技术交底书模板，表6-2是内容更丰富、项目划分更细致的技术交底书模板。

表6-1　简单版技术交底书模板

技　术　交　底　书
（1）发明名称和技术领域
（2）背景技术和存在的问题
（3）本发明技术方案
（4）关键改进点和有益效果
（5）具体实施方式

表 6 - 2　复杂版技术交底书模板

技 术 交 底 书
发明名称：＿＿＿＿＿＿＿＿＿＿＿＿＿＿＿＿＿＿＿＿＿＿＿ 申请人：＿＿＿＿＿＿＿＿＿＿＿＿＿＿＿＿＿＿＿＿＿＿＿＿ 发明人：＿＿＿＿＿＿＿＿＿＿＿＿＿＿＿＿＿＿＿＿＿＿＿＿ 技术问题联系人：＿＿＿＿＿＿＿＿＿＿＿＿＿＿＿＿＿＿＿ 电话：＿＿＿＿＿＿　E－mail：＿＿＿＿＿＿　Fax：＿＿＿＿＿＿
1. 技术领域
2. 背景技术
3. 背景技术存在的问题
4. 本发明技术方案的详细说明
5. 本发明的关键改进点
6. 本发明的有益效果
7. 本发明的替代方案
8. 附图及相关说明
9. 其他相关信息

　　没有申请专利或者填写技术交底书经验的申请人拿到上面的模板可能不知如何下笔——尽管对自己的技术十分熟悉，但是要将完整的技术方案分项填写在表 6 - 1 或表 6 - 2 中所示的技术交底书空白处，却不知如何拆分，不能确定每一项应当填写到什么程度才算符合要求。为此，一些申请人专门去找了已有的专利申请文件，按照其中各部分的示例和语言形式"照猫画虎"地把自己的技术方案拆解开，"攒出"一份技术交底书，但此时申请人心中不免又有了另一个疑问：申请文件我都差不多写好了，要专利代理师何用？

一、技术交底的目的和意义

申请人的困扰实际是不了解技术交底的目的所导致的。所谓"技术交底",就是把自己的技术方案和盘托出,交代给专利代理师,让专利代理师把这些技术构思转化成符合专利法律法规要求的申请文件。"技术交底"的目的是让申请人在专利申请过程中主要负责其熟悉的技术内容,不擅长的法律事务则应交由专业的专利代理师去完成。如果申请人不清楚专利申请文件的撰写要求而硬要按照申请文件的形式去"凑"技术交底书,由于申请文件和技术交底的要求并不相同,不仅会大大增加撰写难度,而且很可能做了无用功——写出来的东西不专业,专利代理师还得返工。

在有专利代理的情况下,从作出发明创造成果到形成专利申请文件经过了两次信息加工转换过程,第一次是由申请人将抽象的技术思想以文或图加文的形式表达于技术交底书上,第二次则是由专利代理师将技术交底书上体现的技术思想再加工为专利申请文件。

撰写技术交底书就是进行第一次信息加工转换,将存在于申请人脑海中的技术思想——其既可能以具体产品为载体,也可能以抽象的方法为载体——转换成书面形式的文字或示意图。第一次信息加工转换的目的是帮助专利代理师理解发明构思,掌握发明实质,使得专利代理师撰写出符合专利法要求的申请文件,即完成第二次信息加工转换。

专利代理师在进行第二次信息加工转换过程中,主要有两个方面的工作:一是帮助申请人完善、丰富技术方案的技术内容,并且使技术内容的阐述符合专利申请文件的形式要求。例如,申请人在第一次信息转换过程中,有一些考虑不周到、没说清楚、缺乏证据支撑的地方,专利代理师会充当改稿人的角色,引导申请人丰富、完善技术内容的文字表达。二是启发申请人拓展方案或者挖掘创新点,帮助其争取"尽可能大而稳定"的受法律保护的权利。因为在一些情况下,保护范围越大可能导致权利稳定性越差,而权利稳定性强时可能又导致保护范围较小,所以权利要求的大小和稳定性之间有一个平衡关系,专利代理师就是从法律角度帮助申请人构建一个比较合理的权利要求体系,为申请人尽量争取一个较大的又比较稳定的保护范围。

显然,第一次信息转换是基础,第二次信息转换是法律升华。好比建房子和装修,建房子是基础,装修是附着于基础建筑之上的外在装饰,装修能够发现和掩饰建房时遗留的部分问题,却解决不了诸如地基不牢、侵占了别人家产权等重大缺陷，除非重新修改基础建筑。专利代理师将技术交底书转换为专利申请文件过程中，能够发现技术交底材料中的一些明显缺陷并启发引导申请人完善，但第一次信息转换是否成功直接决定了第二次信息转换的起点和拓展可能性。

因此，技术交底的质量对整个发明创造成果的保护起到决定性意义。技术交底所追求的终极目标是让专利代理师无限趋近于申请人，让专利代理师能够换位到申请人的角度去思考和选择最合适的法律文件呈现形式。

二、技术交底书与专利申请文件的对应关系

向国家知识产权局专利局提交的专利申请文件，主要由五个部分构成：

①请求书：为一张固定格式的表格，记载了发明名称、申请人、发明人、联系方式、相关重要事项、后附文件清单等信息，主要体现申请人请求获得专利权的愿望。

②摘要和摘要附图：文字一般不超过 300 字，附图选择最有代表性的一幅，是对发明内容的概述，在专利申请公布或授权公告时位于首页，便于检索和查阅。

③权利要求书：包含一项或多项权利要求，权利要求的作用是划定请求专利保护的范围，在专利侵权判定中，就是将被控侵权产品或方法与权利要求保护范围进行比对，看是否落入该范围。

④说明书和说明书附图：公开发明创造内容以对权利要求保护范围提供支持的法律文件，通常包含发明名称、技术领域、背景技术、发明内容、附图说明（如有附图）、具体实施方式和说明书附图（非必须）等内容。

⑤其他文件：根据具体情况和相关法律规定提交的文件，例如优先权文件、不丧失新颖性宽限期的证明、生物材料保存及存活证明、专利代理委托书、费用减缓请求书、提前公开声明，等等。

上述所有内容均源于申请人提供的信息。其中，请求书所需的信息比较容易确定，申请人直接指定即可；其他文件一般是一些证明文件或参考资料，根据每份申请的不同情况有相关法律要求和明确的获取路径，在专利代理师的帮助下，申请人比较容易取得，这两部分内容属于流程性文件信息。摘要、摘要附图、权利要求书、说明书和说明书附图是专利申请文件的实体内容，其主要来源是申请人对专利代理师的技术交底书，以及在技术交底书没有记载清楚的情况下，专利代理师通过口头沟通、信函往来、现场调研等各种方式启发申请

人完善和确认的信息。

权利要求书是专利权的基础，其来源于说明书披露的技术，但法律性更重于技术性，这部分内容应该是专利代理师的工作职责，专利申请人在技术交底时可以尝试，但无须过分追求提炼概括出权利要求，不过技术交底书中对关键发明点和替代方案的描述，对专利代理师提炼概括权利要求很有帮助。权利要求书关乎授权后申请人的权利主张，是申请文件的核心，在专利代理师撰写完成后，申请人应该对权利要求书进行逐字逐句审核把关。

不难发现，表6-1和表6-2的技术交底书模板中，许多内容与申请文件的说明书和说明书附图有一定对应关系，如发明名称、技术领域、背景技术、发明内容、具体实施方式、附图及相关说明等。技术交底书是申请人向专利代理师解释清楚该发明创造是怎么回事，而说明书是向读者——案件相关的审查员、法官、行政执法人员和公众——解释清楚该发明创造是怎么回事，以技术公开换取权利保护。可以说，申请文件的说明书就是经过专利代理师修改完善使之更加符合专利申请要求和合法性要件的技术交底书。

摘要和摘要附图是对发明内容的高度概括，在权利要求、说明书和说明书附图确定之后，很容易就能得出。这部分内容在技术交底书撰写时不必考虑。

三、技术交底书填写的总体要求

简单来讲，"讲清楚技术方案的来龙去脉"就是一份合格的技术交底书的总体要求。所谓"来龙去脉"，可以用三个问题来概括：前人怎么做的？我怎么做的？我做得怎么样？所谓"讲清楚"，关键在于解释清楚前面三个问题的原因。

"讲清楚前人怎么做"包括：相关现有技术有哪些？分别是用来做什么的（应用领域）？这些做法原理是什么？存在什么问题？为什么存在这些问题？别人怎么解决的？别人的解决方案有什么优缺点？这些内容就是对现有技术发展脉络的梳理，有助于专利代理师厘清发明创造的来源和背景技术知识。

"讲清楚我怎么做"包括：面对现有技术的问题我是怎么解决的？解决中遇到了什么困难和障碍？我是怎样调整的？做法中的关键点是什么？这样做的原理和依据是什么？具体细节是什么？哪些是可以替换或省略的因素？哪些是最优的方案？这些内容有助于帮助专利代理师充分理解发明创造的实质和细节。

"讲清楚我做得怎么样"包括：我的做法跟别人的做法相比，结果是什么？有什么优点？如何证明存在这些优点？证明的具体手段、过程和结果如何？这些内容是技术交底书中最容易忽视的内容，很多申请人以为只要写清楚怎么做就可以，做的原理和结果无须提供。但专利法意义上对发明创造充分公开的要求不仅仅是要求公开方案怎么做的，还需要使本领域技术人员相信这么做确实可行，达到所声称的效果。因而，特别是对诸如化学领域之类效果可预期性差、依赖实验数据的发明创造而言，使本领域技术人员相信其方案确实能够达到声称效果的证明就成为方案能否授权的决定性因素之一。

第二节　技术交底书各部分填写要求

虽然各个代理机构的技术交底书模板不完全相同，但技术内容方面基本都离不开如下几个部分：发明名称和技术领域、背景技术和存在的问题、本发明技术方案、关键改进点和有益效果、具体实施方式以及其他相关信息。这些内容相互之间有密切的联系，前后呼应，共同组成完整的技术方案。技术交底书中应当围绕一个整体的发明构思来撰写各部分内容。

一、发明名称和技术领域

对于申请文件而言，说明书中的发明名称一般不应超过 25 个字；应当做到主题明确，并尽可能简明地反映发明要求保护的技术主题的名称和类型，申请人在撰写技术交底书的时候也应尽量遵循上述要求。

发明类型一般为产品或者方法，也可以是二者的组合。例如，"一种高比表面积的立方相铈锆基复合氧化物"，或者"一种高比表面积的立方相铈锆基复合氧化物的制备方法"，也可以是"一种高比表面积的立方相铈锆基复合氧化物及其制备方法"。发明名称应采用本技术领域通用的技术名词，最好采用国家专利分类表中的技术术语，不应使用杜撰的非技术名词，不能使用人名、地名、或者商品名称或商业性宣传用语。

技术领域是发明直接所属或者直接应用的技术领域，而不是上位的或者相邻的技术领域，也不是发明本身。最好参照国际专利分类表确定技术交底书的技术方案直接所属的技术领域，这种具体的技术领域往往与发明创造在国际专利分类表中可能分入的最低位置有关。例如发明名称为"一种双稀土元素 La 和 Y 掺杂 TiO_2 光催化剂及其制备方法和应用"，双稀土元素 La 和 Y 掺杂 TiO_2

光催化剂属于二氧化钛光催化材料领域，具体应用于亚甲基蓝染料光催化降解，那么也可以是染料降解领域。通常情况下不宜将技术领域范围概括得过大，例如将本申请技术领域写成材料领域，显然太大了，而写成光催化领域也相对较大，因为申请主要是针对二氧化钛光催化剂进行稀土掺杂改性，在国际专利分类表中含钛的催化剂可能分入的最低位置为 B01J21/06；也不宜将技术领域归纳为发明本身，例如本申请技术领域为一种双稀土元素 La 和 Y 掺杂 TiO_2 光催化剂。

　　以上要求都是《专利法》《专利法实施细则》和《专利审查指南 2010》中对申请文件相关部分的要求，对申请人撰写技术交底书来说可以作为参考，但不了解也不要紧——倘若后面发明内容明确，专利代理师自行撰写完全不成问题。所以如果申请人不清楚这部分内容如何撰写，可以先按自己的理解撰写，专利代理师会根据情况修改使之符合相关规定。

二、背景技术和存在的问题

　　撰写背景技术的主要目的是引出本发明创造所解决的问题。在介绍自己发明的优点之前，先介绍现有的成果或者别人在做的类似工作有什么缺点，"抛砖引玉"，以此衬托本申请解决了本领域存在的问题，取得了更好的效果。

　　背景技术部分主要包括本申请技术方案所涉及的申请日前的现有技术现状、最接近的现有技术，以及现有技术存在的问题或缺陷等内容。1985 年实施的《专利法实施细则》中规定，"写明对发明或实用新型的理解、检索、审查有参考作用的现有技术"，修改后《专利法实施细则》将"现有技术"改为"有用的背景技术"。"背景技术"的范围大于"现有技术"的范围，这样的改变使得申请人可以将与发明密切相关，但尚未公开的有关技术内容写入说明书的背景技术部分。

　　很多申请人对背景技术的撰写不重视，只是简单地罗列一些内容上距离本发明比较远的现有技术内容，甚至常常大而化之地写一些本领域的普遍做法，以此衬托本发明技术方案的创新性。实际上，背景技术无论在技术交底时还是撰写申请文件时都有相当重要的作用，甚至能够对案件的最终走向或者审查进度造成很大的影响。

　　首先，背景技术是让读者，包括案件相关的专利代理师、审查员、法官和公众充分了解到本发明之前的现有技术发展情况，以更加接近本领域技术人员的角度去审视申请的技术方案。背景技术应该是专利申请人作出本发明技术方案的基础，明确现有技术与专利申请人技术方案的界限，有助于专利代理师确定合理的权利要求保护范围，并围绕核心的发明构思进行合理的专利布局。

其次，一些背景技术有可能构成本发明的必要技术内容。比如，本发明利用了在先一些尚未公开的技术资料，在此基础上进行改进。这些尚未公开的技术资料由于公众无法获得，需要在背景技术中细致介绍，它们对于技术内容的清楚完整公开，以及将来权利要求书的撰写都至关重要。

最后，也是最为重要的一点，好的背景技术应该与发明内容、有益效果和具体实施方式相互呼应，从而共同影响读者对本发明创造性的判断。例如，现有技术是铈锆镧、铈锆铝三种金属元素组成的三元储氧材料，本发明为铈锆铝镧四种元素组合的四元储氧材料，那么如果申请文件中点明现有技术中三元储氧材料存在的问题，阐述本发明在现有技术基础上添加铝或镧得到四元金属相对于这些现有技术的有益效果，并且在发明内容和具体实施方式部分给予有理有据的证明，这样的做法比起申请文件中回避现有技术介绍，仅笼统地介绍一些相去甚远的背景知识，授权前景要乐观得多。因为后一种情况下一旦由审查员自行获得以上铈锆镧、铈锆铝现有技术，容易认定本领域技术人员将以上两类现有技术结合获得本发明是显而易见的，而此时申请文件中缺乏相应的支持，申请人要提供反证说明非显而易见性会十分被动。

《专利审查指南2010》中规定，发明或者实用新型说明书的背景技术部分应当写明对发明或者实用新型的理解、检索、审查有用的背景技术，并且尽可能引证反映这些背景技术的文件。对于技术交底书而言，背景技术撰写也应尽量如此。

那么什么是对于"理解、检索、审查有用的背景技术"呢？通常包括三方面的内容：一是解释专业生僻词汇、本领域专有名词和申请人自定义词汇等不为公众熟悉的基本概念，有可能的情况下，包括中英文及其缩写，以帮助专利代理师迅速、准确地理解技术方案，提高技术交底书的可读性。二是说明本发明的改进基础或者申请人已知的最接近的现有技术，在技术发展脉络较为复杂，比如有多种不同工艺路线的情况下，可以对这些不同的现有技术进行梳理，明确区别和联系，尽可能注明引证出处。这部分内容是为后面分析该现有技术的缺点，进而为发明内容部分对比有益效果奠定逻辑基础。三是分析背景技术的缺点，不仅与本发明能够解决的问题和有益效果进行呼应，还使得专利代理师聚焦这些缺点的改进，厘清对应关键技术特征，在撰写权利要求书的时候更易于构建层次。以某脱硝催化剂为例，本发明与申请人提供的背景技术有三点区别技术特征：一是添加有元素A；二是添加有元素B；三是添加有元素

C。倘若申请人认为现有的脱硝催化剂的主要缺点在于现有技术没有元素 A，抗硫性差，那么专利代理师极可能考虑仅将区别特征一添加具有抗硫性的元素 A 写在独立权利要求中，以最大化保护范围，而将另外两个区别技术特征二、三分别写到后续的从属权利要求中。倘若申请人认为背景技术的主要缺点在于没有添加元素 B 会使得催化活性不高，则专利代理师极可能考虑仅将区别特征二添加具有提高催化活性的元素 B 写在独立权利要求中，而将另外两个区别技术特征一、三分别写到后续的从属权利要求中。而如果申请人认为背景技术的主要缺点在于没有添加元素 C 会使得脱硝催化剂缺乏耐水性，则专利代理师极有可能考虑仅将区别三添加元素 C 写在独立权利要求中，而将区别技术特征一、二分别写到后续的从属权利要求中。

在可能的情况下，建议写明引证文件的具体出处。除了有助于理解并且使得背景技术清楚、明确之外，有的情况下还能够避免审查过程中一些不必要的质疑。举个例子，一件申请 A 是以现有技术中 B 作为技术起点，进行技术的改进，在专利申请 A 的技术交底书以及后续申请文件的说明书中，申请人没有将 B 的技术细节完全写明，审查员经判断认为 B 的技术细节对于申请 A 技术方案的实现非常关键，本领域技术人员需要参照方案 B 的具体内容才能实现方案 A。如果申请 A 中没有注明 B 技术的出处，则申请人在面临审查通知书中质疑本申请是否充分公开时将陷于被动，此时提供 B 技术也有可能不被接受；相反，如果申请 A 中已注明了 B 技术的出处，则审查员不会轻易发出公开不充分的审查意见，通常会先自行查证，此时的审查意见将考虑得更为全面。因此，申请人在撰写技术交底书时，也最好将引证文献的具体出处一并指明，如专利公开号、非专利文献的标题和期刊名等。此外，有些现有技术可能还需要简要说明结构、功能或者工作原理（例如装置），可以结合附图作出解释。

需要注意的是，对现有技术的概括应当客观、真实，应当如实描述现有技术解决本申请涉及技术问题的其他解决方案，以及这些方案存在的缺陷、不能解决的技术问题等。在可能的情况下，应进一步分析产生上述缺陷和问题的具体步骤或者技术特征，以及现有技术在解决上述缺陷中存在的技术障碍。需要注意的是，背景技术中现有技术的缺陷一定要结合本申请所能解决的技术问题来写，现有技术不能解决的技术问题，应当在本申请中得到解决；本申请不能解决的技术问题无须写在现有技术的介绍中。

下面，对背景技术和存在的问题部分以一件申请为例说明该部分的撰写方法。

案例 1：

碳酸二甲酯（DMC）分子中含有甲基、甲氧基、羰基官能团，故其为良好的甲基化、羰基化和甲氧基化试剂。采用 DMC 为化工原料，可以合成众多具有高附加值的有机化合物，其有望取代光气（$COCl_2$）、硫酸二甲酯（DMS）等剧毒的有机合成原料，因此是一种重要的有机合成的中间体。同时其具有良好的物理、化学特性并且毒性较低，可应用于诸多领域，是一种"清洁绿色"的化学品。近年来市场上对 DMC 的需求越来越高，DMC 的价格也随之呈上升趋势。

目前 DMC 的合成方法主要有光气法、酯交换法、CO_2 与甲醇直接合成法和尿素醇解法。光气法工艺流程成熟，但由于其所用原料为剧毒的光气，且产物中含有的 HCl 具有腐蚀性，故此法已经被淘汰；酯交换法所制备出的 DMC 收率和选择性较高，但由于其工艺流程较为复杂，原料价格比较昂贵，故此法在工业中应用较少；CO_2 与甲醇直接合成法由于原料 CO_2 活性较低，且产物中有水生成，形成难以分离的甲醇 DMC 水三元体系。因此前三种方法均有其缺点。而尿素醇解法应用的原料为廉价的尿素和甲醇，且工艺简单、产物绿色环保、产物中无水及易于分离等特点一直是研究的热点。

尿素醇解法合成 DMC 反应体系分为两个步骤：第一步是尿素与甲醇反应生成中间产物氨基甲酸甲酯（MC），该步反应在没有催化剂的存在下也可得到较高的 MC 的选择性；第二步是 MC 进一步与甲醇反应生成 DMC，该步反应是尿素醇解法合成 DMC 体系的速控步骤，需要一种性能较优的催化剂的参与。而在第二步反应过程中，体系中也会有较多的副反应发生，例如 MC 的自分解及生成的 DMC 进一步与 MC 反应生成 N－甲基氨基甲酸甲酯（NMMC）等，因此寻找一种性能较优且制备方法简单的催化剂已经受到了广泛的关注。

CN××××××××××.×报道了以 $\gamma-Al_2O_3$ 为载体，并添加表面活性剂以调节活性晶粒的大小的负载型催化剂，其催化尿素醇解合成 DMC 的稳定性较高，且 DMC 的收率较高；CN×××××××××××.×采用活性炭、$\gamma-Al_2O_3$ 等作为载体，通过负载碱金属等活性组分制备出催化剂，并应用于催化精馏反应器中制备 DMC，可进一步提高 DMC 的收率并具有较高的反应活性和稳定性，且副产物较少；CN×××××××××.×公开了一种负载型的尿素和甲醇制备 DMC 的催化剂，其催化尿素与甲醇合成 DMC 具有较高活性及稳定性；CN×××××××××.×采用分子筛负载 Fe_2O_3 催化剂，制备简单且易于从反应体系中分离，无须加入助催化剂或共催化剂，DMC 的收率可达到 36.7%，选择性也可达到 97.4%。

表1 相关催化剂文献及专利

序号	体系	催化剂	收率、选择性（％）	DOI号或申请号
1	甲醇 + MC	$Mg^{2+}：Al^{3+}：La^{3+}=3：1：0.5$	$Y_{DMC}=54.3$ $S_{DMC}=80.9$	https：//doi.org/10.1039/c5cy01712b
2	甲醇 + MC	$ZnO-Al_2O_3$	$Y_{DMC}=73$	https：//doi.org/10.1002/ceat.201200217
3	甲醇 + MC	$ZnO-Fe_2O_3$	$Y_{DMC}=31.48$	https：//doi.org/10.1016/j.jpcs2009.12.005
4	甲醇 + MC	$La（NO_3）_3$	$Y_{DMC}=53.7$	https：//doi.org/10.1016/j.fuproc.2010.03.017
5	甲醇 + MC	$ZnO-ZnFe_2O_4$	$Y_{DMC}=30.7$	https：//doi.org/10.1016/j.catcom.2009.11.016
6	乙醇 + EC	$Zn^{2+}：Al^{3+}：Y^{3+}=3：0.7：0.3$	$Y_{DMC}=63.8$ $S_{DMC}=81.6$	https：//doi.org/10.1016/j.fuproc.2017.07.022
7	尿素 + 甲醇	$\gamma-Al_2O_3$ 载体	$Y_{DMC}=73.6$	CN×××××××××××.×
8	尿素 + 甲醇	活性炭、$\gamma-Al_2O_3$ 载体	$Y_{DMC}=76.88$	CN×××××××××××.×
9	尿素 + 甲醇	负载催化剂	$Y_{DMC}=28.7$	CN×××××××××××.×
10	尿素 + 甲醇	分子筛负载催化剂	$Y_{DMC}=36.7$ $S_{DMC}=97.4$	CN×××××××××××.×

催化剂活性的高低主要与催化剂表面的活性位点的数量及类型有关，以类水滑石化合物（LDHs）为前驱体，通过焙烧得到的复合金属氧化物（LDO）催化剂则可较好地满足该条件。制备出的ZnAlLa-LDO催化剂的催化效果较优，该现象表明Zn、Al及La元素在催化反应过程中存在协同效应，反应过程中由于Zn元素的部分溶解导致催化剂暴露出更多的酸性及碱性活性位点。

表2 ZnAlLa-LDO和ZnAl-LDO催化剂表面的活性位点数量比较

催化剂	碱性位点		酸性位点	
	脱附温度（℃）	数量（mmol/g）	脱附温度（℃）	数量（mmol/g）
ZnAlLa-LDO 催化剂	142.42	0.0678	101.60	0.2618
	295.44	0.7479	397.78	1.1391
	660.50	0.2680	665.48	0.4388
	798.59	0.0981		

续表

催化剂	碱性位点		酸性位点	
	脱附温度（℃）	数量（mmol/g）	脱附温度（℃）	数量（mmol/g）
	106.92	0.1423	113.05	0.1554
ZnAl–LDO 催化剂	260.79	0.3681	263.37	0.5818
			772.35	0.0403

本申请针对解决 MC 与甲醇反应体系中副反应较多的问题，通过合理的设计优化，将稀土金属元素掺杂入具有类水滑石结构的层状复合氢氧化物中，并进一步通过焙烧制备出类水滑石基复合金属氧化物催化剂。在该催化剂的参与下，DMC 的选择性相比于已有报道的催化剂体系更高。由于稀土金属元素含有未充满电子的 4f 轨道，可作为催化反应的电子转移途径。有关研究表明，稀土金属元素掺杂在催化剂中可提高催化活性金属的分散性，易于形成表面空位及缺陷。

案例 1 第一段首先介绍了目标产品碳酸二甲酯（DMC）的结构信息、市场需求等基本情况，然后在第二段介绍了碳酸二甲酯（DMC）目前的光气法、酯交换法、CO_2 与甲醇直接合成法和尿素醇解法四种合成路径，对每种合成路径的优缺点进行简要概括，第三段专门介绍了本技术方案所涉及的尿素醇解法合成 DMC 反应体系的整体情况，以上三段内容属于基本概念的普及。第四段和表 1 则详细介绍了尿素醇解法合成 DMC 所使用的各种催化剂的整体情况，并以列表对比的方式显示了现有技术中尿素醇解法合成 DMC 催化剂的收率、选择性及其文献出处，客观评述了其优缺点。在接下来的第五段和表 2 中，申请人介绍了本申请实际使用的类水滑石（LDHs）为前体制备的复合金属氧化物（LDO）催化剂的基本情况，催化剂活性的高低主要与催化剂表面的活性位点的数量及类型有关，第六段则简要介绍了本技术方案的思路，通过稀土金属元素掺杂在催化剂中可提高催化活性金属的分散性，易于形成表面空位及缺陷，从而解决"中间产物氨基甲酸甲酯 MC 与甲醇反应体系中副反应较多"的技术问题，获得高 DMC 选择性的技术效果。

三、本发明技术方案

技术方案是专利申请文件和技术交底书的核心内容。其开头通常表述为："本发明的目的是提供一种（解决现有技术存在的某些缺陷）的（产品或方法名称)",或者"为克服(现有技术存在的问题),本发明提供一种(技术内容)的(产品或方法名称)"。产品技术方案通常包括产品的组成结构、重要参数、制造或制备方法等内容,方法技术方案通常包括方法实施的步骤、使用的设备或原料、采取的重要参数等。这些内容对应到申请文件的权利要求书当中,被称为技术特征,权利要求所保护的技术方案就是这些技术特征所组合成的整体内容。在专利申请文件的新颖性和创造性审查过程中,审查员会对权利要求限定的每个技术特征是否在现有技术中公开、是否属于公知常识进行逐一分析,在专利侵权判定中,权利要求的每个技术特征会被拿出来逐一与被控侵权技术进行比对。

技术交底书中对技术方案的描述是专利申请文件中发明技术方案的基础,但撰写要求没有专利申请文件中那么高,简单来说,申请人只需要按照自己的技术思路对整个发明作出清楚、完整的描述即可,专利代理师会结合背景技术、具体实施方式、可替代方式等其他内容修改提炼成适合专利申请文件要求的技术方案。

那么怎样算是清楚、完整的描述呢?首先应当说明本申请方案的主要构思、原理;然后描述发明的技术方案的各项技术细节,应当尽可能详细地说明到本领域的技术人员根据所描述的内容就能够实现本发明。所谓"能够实现本发明"是指,本技术领域的技术人员按照记载的内容,就能够实现请求保护的技术方案,解决其技术问题,并且产生预期的技术效果。所以,对于发明内容的阐述,不能只有原理或构思,也不能只作功能介绍,应详细描述如组成部件、形状构造、各部分之间的结构作用关系。类型不同的发明创造对应不同描述方式,如涉及系统、装置类的申请,应写明各个组成部分及各组成部分间的连接关系、位置关系,并写明各个部分的功能,所述连接关系包括物理连接和数据流连接、信号流连接;涉及方法的申请,应清晰地给出处理步骤、参数设置方式等,以及实际使用中的流程、实施条件(如时间、压力、温度、浓度)等;与电路或程序有关的内容应提供电路图、原理框图、流程图或时序图并具体说明;涉及软件的申请,应清楚地给出软件的处理过程、步骤、实现条件、流程图以及实现的功能,若涉及硬件,则应结合硬件部分说明;涉及算法的申请,应清楚给出条件、步骤、计算公式,以及将该算法与具体装置及技术参数相结合的方案。

技术交底书的本发明技术方案部分通常包括针对的技术问题和为解决该技术问题所采用的技术方案。针对的技术问题通常对应背景技术中指出的现有技术存在的缺陷以及不能解决的技术问题,说明解决该问题所采用的基本技术构思、工作原理、具体组成特征（如产品结构和方法步骤）等。注意应避免仅采用过于笼统的说法，如"提高精度""节省能源"等，而要具体分析，例如为什么现有技术精度不高、能源消耗大，从而与本发明技术方案中能够解决这种问题的技术手段相对应。另外，这部分内容要考虑到非本领域的专利代理师的知识背景和理解能力，尽可能详细地描述清楚，必要时附以示意图、照片、流程图等帮助理解，在描述每项技术手段时，尽量说明其在本发明中所起的作用。

申请人手中的技术成果通常都是具体的、最优的系统性解决方案，比如一个产品的具体组成，包括了每一种原料名和精确到点值的用量；或者一个可直接实施的工艺流程，包括了像实验说明那样详细的步骤和具体参数设置。这些内容类似于申请文件当中的具体实施方式的内容。在一些简单的情况下，技术交底时发明内容可以与具体实施方式部分合二为一。但大多数情况下，发明内容比具体实施方式更为上位，多一些重点手段和原理介绍。

技术交底书关于发明内容的最低要求是写清楚这些具体的、最优的方案，同时说明发明的整体思路。以组合物产品发明为例，除了说明组分含量，还要说明为什么选择这几种组分，各组分作用是什么，哪些是关键组分，哪些组分含量和现有技术相同，哪些不一样，不一样的考虑是什么，组分之间相互关系如何，是否存在协同作用，超出含量范围会发生什么后果，等等。如果是方法发明，则说明每一步骤的作用是什么，将得到什么中间产物，对于温度、时间等参数的设定的基本考虑，各步骤之间的顺序是固定的还是可以互换的。总之，就是不仅要让专利代理师知其然，还要知其所以然。这样才能让专利代理师尽可能趋近申请人对技术的了解程度，以方便提炼重点和关键点，并围绕这些重点和关键点布局整个申请文件。

在可能的情况下，申请人还可以按照分层保护思维列出不同范围的技术方案，或者称为"替代方案"，以便将具体的技术方案进行挖掘和拓展。所谓分层保护思维就是在具体的、最优的解决方案基础上，对某些手段进行上位化概括。仍以组合产品发明为例，最优方案的原料是以质量计 50% A + 50% B，因为 A 与 B 具有相同质量时，技术效果会达到最高值；但是从实现发明目的角度来讲，A 和 B 组分在 45% ~ 55% 的取值范围内都是可以接受的，并不会具有明显的改变，改变幅度不超过 1%。然而当 A 或 B 的含量在处于 35% ~ 45% 时技术效果会略微下降，改变幅度不超过 5%，但仍然高于现有技术水平；其中较为优选的范围是 A 和 B 组分含量处于 35% ~ 55% 取值范围，进一步优选 A 和 B 组分含量处于 45% ~ 55% 取值范围，最优选 50%。分层保护思维对于一份专利申请而言非常重要，因为仅仅按照那些具体的、最优化方案划定权利要求的保护范围，竞争对手几乎能够轻而易举地绕过专利权而实现接近的结果，而保留最优的方案是为审查过程中遇到质疑而保留限缩修改的退路。需要注意的是，挖掘和拓展的范围并不是越大越好，否则容易被认为是囊括了现有技术的常规做法，所以当将具体手段进行上位化概括时，应当建立依据，这种依据一是来源于上位概括特征的技术内涵，即边界含义；二是要考虑竞争对手实施发明的必经之路。当然，专利代理师在撰写申请文件时，也会启发申请人去做这样的挖掘和拓展，而且专利代理师将从更专业的角度去上位化概括，但如果申请人具备一定的权利意识和法律思维，在技术交底过程中进行了初步分层，能够更好地与专利代理师配合，提高申请文件的撰写质量。

下面是一份技术交底书中关于技术方案的描述：

案例 2：

本发明的目的在于：解决上述现有技术中的不足，提供一种掺钐、铈的红外吸收低膨胀铝硼酸盐玻璃，实现了对近紫外 350nm 以下截止、对氙灯光谱 900～1600nm 范围的吸收、对红外 2.5μm 以上大量吸收、对红外 3.5μm 以上的截止，以达到减少无用光照射激光工作物质而导致激光工作物质工作效率低的目的，通过设计本发明的玻璃的组分以及其制备工艺，降低玻璃的膨胀系数，同时玻璃的熔炼温度相对较低，便于生产加工。

为了实现上述目的，本发明采用的技术方案为一种掺钐、铈的红外吸收低膨胀铝硼酸盐玻璃，以摩尔百分含量计，包括以下组分：B_2O_3：20～70mol%，Al_2O_3：10～25mol%，BaO：10～25mol%，CeO_2：0～3mol%，Sm_2O_3：1～5mol%。

进一步的，以摩尔百分含量计，还包括以下组分：SiO_2：不超过 40mol%，ZnO：不超过 15mol%，稀土氧化物：不超过 15mol%，TiO_2：0～10mol%，ZrO_2：不超过 5mol%。

进一步的，所述稀土氧化物为 La_2O_3、Gd_2O_3、Y_2O_3、Nb_2O_5 中的一种或多种的混合。

在本发明中，铝硼酸盐系统中添加 1～5mol% 的 Sm_2O_3，用于调控玻璃可透过光谱，吸收和截止有害光。在本发明中，还可以添加不超过 3mol% 的 CeO_2，用于调节玻璃可透过的短波范围，Sm_2O_3、CeO_2 共同作用，用于实现对有害光的吸收和截止。

在本发明的实施例中可以不含有 SiO_2，但含有 SiO_2 能改善玻璃析晶性能，小于 40mol% 的 SiO_2 加入到本申请的玻璃组分中，可以调节玻璃的黏度性能，有利于最终制品的成型。在本发明的实施例中，TiO_2 作为紫外区的光谱调节剂而存在，用于调节紫外区的截止范围和吸收强度，大量引入会影响玻璃的透过率和反射损失。在本发明的实施例中，ZrO_2 作为玻璃的析晶性能调节剂而存在，大量引入会导致熔化困难。

在本发明的实施例中，由于铝硼酸盐系统可以大量地引入 La_2O_3、Gd_2O_3、Y_2O_3、Nb_2O_5 等稀土氧化物，对玻璃的膨胀系数、析晶稳定性、化学稳定性也是有益的，但上述氧化物的原料价格来来说是不经济的。因此，在本发明的实施例中，将 La_2O_3、Gd_2O_3、Y_2O_3、Nb_2O_5 的总量控制在小于 15mol%，在控制成本的同时，又能适度降低玻璃的膨胀系数、改善析晶稳定性、提高化学稳定性等性能，但当 La_2O_3、Gd_2O_3、Y_2O_3、Nb_2O_5 的总量超过 15mol% 时，由于稀土氧化物价格高昂，玻璃的成本会快速提高，而且进一步增加 La_2O_3、Gd_2O_3、Y_2O_3、Nb_2O_5 的总量会导致玻璃失透。

在本发明的实施例中，BaO 是必须的组成，可以部分被 MgO、CaO、SrO 取代而对玻璃的性能不造成关键的影响，但 MgO、SrO 的含量超过 5mol% 将导致玻璃的析晶性能恶化。

当组分中的 BaO 含量较高导致玻璃的膨胀系数较大时，可通过添加一定量的上述稀土氧化物，降低玻璃的膨胀系数。上述稀土氧化物与 BaO 共同作用，调节玻璃的膨胀系数。

进一步地，在本发明的实施例中，以摩尔百分含量计，$(B_2O_3 + SiO_2)$ ∶ $Al_2O_3 = 1.6 \sim 4$。优选 $(B_2O_3 + SiO_2)$ ∶ $Al_2O_3 = 2 \sim 3.5$，进一步优选 $(B_2O_3 + SiO_2)$ ∶ $Al_2O_3 = 2.4 \sim 3.0$，当 $(B_2O_3 + SiO_2)$ ∶ $Al_2O_3 < 1.6$，玻璃会因为 Al_2O_3 含量过高而析晶或者难于熔化；当 $(B_2O_3 + SiO_2)$ ∶ $Al_2O_3 > 4$，玻璃的膨胀系数会迅速升高。

进一步地，在本发明的实施例中，以摩尔百分含量计，BaO ∶ $Al_2O_3 = 0.7 \sim 1.3$，优选 BaO ∶ $Al_2O_3 = 0.8 \sim 1.2$，进一步优选 BaO ∶ $Al_2O_3 = 1$。如果 BaO ∶ $Al_2O_3 > 1.3$，玻璃的成玻璃性能会变好，但膨胀系数会迅速提高；如果 BaO ∶ $Al_2O_3 < 0.7$，玻璃更容易析晶。

掺钐、铈的红外吸收低膨胀铝硼酸盐玻璃在 $25 \sim 100℃$ 范围内线膨胀系数小于 5.5×10^{-6}，具有优良的抗热冲击性能；掺钐、铈的红外吸收低膨胀铝硼酸盐玻璃具有对近紫外 350nm 以下截止、对氙灯光谱 $900 \sim 1600$nm 范围的吸收，以及对红外 $3.5\mu m$ 以上的截止，可以减少无用光照射激光工作物质，降低激光工作物质温度。在相同的工作频率下，相对于常用的高档 JGS1 石英玻璃滤光管，激光器输出的能量提高了 $70\% \sim 90\%$，并拓宽了激光器的可使用频率，光束质量和激光器的运行稳定性也得到了大幅提高；本发明的低膨胀铝硼酸盐玻璃适用于需要长时间稳定使用的、对光束质量要求高的、高重频高能量固体激光器。

案例 2 是申请人描述技术方案常见的展现形式。首先介绍了本发明的技术目标，然后给出了技术方案的核心内容，掺钐、铈的红外吸收低膨胀铝硼酸盐玻璃的各组成部分及其百分含量，并以进一步优选的方式给出还可以添加其他组分 SiO_2、ZnO、稀土氧化物、TiO_2、ZrO_2 及其百分含量，方案中明确记载了添加各组分的作用，以多层次的参数范围限定出优选、进一步优选和最优的方案，还写明了参数选取超出此范围对玻璃性能的影响。最后写明了本申请技术方案相对于现有技术取得了哪些进步，解决了哪些问题。该技术方案的撰写属于一篇较高质量的撰写示范，即使专利代理师不具有玻璃领域的技术背景，在阅读完上述撰写材料后，也能够清楚明白获悉本申请的技术方案，并将结合自身具备的专业法律知识，写出一份高质量的专利申请文件，构建出不同维度和层次的权利要求主张。

需要注意，一些申请人为了保护技术秘密，防止泄密，对技术方案的描述会有所保留，某些关键技术细节很模糊，故意隐藏一些重点技术特征。虽然专利申请文件撰写时的确有一些技巧，甚至可以隐藏一些技术秘密，但是如果不经专利代理师的专业评估而自行隐藏，很可能造成技术方案不完整或者不清楚，使得据此撰写的专利申请文件存在较大的不能授权风险。因此，技术交底时申请人应当将自己的考虑与专利代理师充分沟通，听从专业建议。正规专利代理机构会与申请人签订保密协议，不用担心泄密风险；而清楚、全面的技术交底书可以使专利代理师能够对技术方案和申请人的需求进行充分理解，将申请人的利益尽可能最大化。

四、具体实施方式

具体实施方式也称为实施例，是发明技术方案部分的细化和解释，它对于充分公开、理解和再现发明起着非常重要的作用，是专利代理师后期撰写专利申请说明书和权利要求书的重要依据。

一些技术交底书模板中，并不明确区分本发明的技术方案部分和具体实施方式部分，因为对于一些简单的发明而言，两个部分是约等于的关系，如课桌、闹铃、水壶等简单机械结构产品，申请人只需要提供一个具体实施的例子，甚至一个略带说明的示意图，就能够支撑其整个发明的技术方案。专利代理师在此基础上很容易撰写出申请文件权利要求、发明内容部分和具体实施方式，有时甚至能够帮助申请人拓展可能的替代方案，在申请文件中加入更多的具体实施方式。但对于较复杂的发明，尤其是化学领域的发明而言，由于发明内容往往比具体实施方式要抽象和概括，更重要的是，技术方案的结果通常需要具体试验过程和结果的验证，因此，具体实施方式部分比发明内容的撰写更加重要，也需要申请人在技术交底书中提供更多的信息。

单个的具体实施方式对于申请人而言是比较容易撰写的，只要申请人像写操作说明一样把方案实施细节描述清楚即可，必要情况下可对照附图进行说明或证明。对于产品发明，一般就是描述产品的具体结构组成、各部分的连接关系或作用关系，或者化学产品的化学名称、结构式、微观结构、必要的物性参数及其检测方法等；对于方法发明，一般是描述操作步骤、使用原料或工具、工艺参数及有关条件等，对于一些不易获得的原料或专用工具还应提供来源。

专利申请文件中的具体实施方式有三个重要作用：一是说明发明最为优选的方案细节；二是对权利要求请求保护的范围提供必要的支撑；三是对发明有益效果提供令人信服的证明。如果考虑这些因素，技术交底书中的具体实施方式作为一个整体的撰写结构也应该尽可能达到优选、支撑和丰富的目的。"优选"是对于技术方案有多个或者呈非点值的范围来说的，具体实施方式部分应包括申请人认为其中最佳的实施方式，目的是在申请文件撰写时多层次地保护发明，为审查时可能需要进行的限缩性修改留有余地。如果申请人只有唯一的技术方案，那么该技术方案就是最佳的实施方式。"支撑"是指为发明要解决的技术问题和能实现的有益效果提供证明，比如提供具体的实施例和对比例，并比较二者的效果差异。"丰富"是指设计和提供具体实施方式时应尽可能多地列举不同的具体实施方式，或者每个实施方式中列举可选择的多种手段，以覆盖更大的范围，例如某参数存在较宽的取值范围时，建议给出取两个端点和一些中间点的具体实施方式。

具体实施方式描述的具体程度应能够使所属领域技术人员根据上述描述重现发明，而不必再进行创造性劳动。例如，对于一个涉及高热稳定性陶瓷材料及其制备方法的发明创造，总体方案是基于高熵陶瓷的熵稳定效应，在$LaMgAl_{11}O_{19}$中引入与La半径差异较大的重稀土元素（Tb、Dy、Ho和Er），可以进一步增大晶格畸变程度，在实现陶瓷高熵化得到最大构型熵的基础上，进一步提高体系的熵值，使体系热稳定性最大化，从而得到高热稳定性陶瓷材料。通过两段升温并且每段升温速率逐渐减慢以及两段降温并且每段降温速率逐渐加快的方式进行烧结，所制备的陶瓷材料物相纯净，而且在高温下进行长时间热处理后相结构仍保持稳定，无第二相产生，表面无微裂纹。那么，在具体实施方式中，就要详细记载使用具体的重稀土元素类型及引入量，两段升温的温度区间及升温速率、降温速率等具体的技术细节。而对已知的技术特征，比如升温煅烧所用的煅烧装置、用于测试热稳定性的仪器等，都是现有的，不必再详细展开说明，但对于本发明特殊的细节，则记载得越详细越好。

在发明的技术方案比较简单的情况下，如果技术交底书涉及技术方案的部分已经能够对本申请所要申请的技术主题作出清楚完整的说明时，就不必在具体实施方式中再作重复说明。当一个具体实施方式足以清楚完整地说明技术方案时，可以只给出一个具体实施方式。但大多数情况下，建议申请人提出尽可能丰富的具体实施方式，其目的是使最终形成的专利权涵盖尽可能大的保护范围，至少涵盖竞争对手可能受本发明创造启发而作出的合理变形方式。对于产品发明，不同的具体实施方式通常涉及具有同一构思的具体结构，例如某催化剂最佳实施方式是通过添加碱金属锂作为助剂实现选择性提升的，那么其他实施方式可以考虑同属碱金属的钠、钾、铷是否同样能够实现选择性提升。对于方法发明，在允许的工艺条件或者参数选择范围内，尽可能提供涵盖不同方面的具体实施方式来证明这些范围是合理可行的，例如发明内容中记载炭化温度在 $400 \sim 800℃$ 都可行时，可以提供 $400℃$、$600℃$、$800℃$ 这样适应不同情况的具体实施方式。

特别需要注意的是，对于化学产品的发明，具体实施方式部分除了说清楚产品是什么，还要说清楚它如何得到、有什么作用或使用效果，因为化学领域的产品就算知道是什么也不一定做得出来，就算做得出来，如果没有任何作用或效果，也不能寻求专利保护。说清楚产品是什么，包括产品的名称、结构式或分子式、取代基种类、与发明要解决问题相关的化学、物理性能参数（比如各种定性或定量数据和谱图）等，高分子化合物还要说清楚分子量及分子量分布、重复单元排列状态（如均聚、共聚、嵌段、接枝等）、必要时还要说清楚其结晶度、密度、二次转变点等性能参数。总之，目标是使得本领域人员能够清楚确认该产品是什么物质。说清楚产品如何得到，就是产品制备方法，包括原料物质、工艺步骤和条件、专用设备等，目标是使本领域人员能够按照所记载的方法获得目标产品。说清楚什么作用和使用效果，实际上就对应于产品发明的有益效果。

此外，多个具体实施方式之间或者实施例与对比例之间若有重复内容，可以采用简写的方式，特别推荐以列表的方式显示出实施例之间的变量，变量可以包含单变量或多变量。

下面是一份涉及具有高显色指数的发光材料及其制备方法的技术交底书中关于具体实施方式的描述。

案例3：

实施例1

按具有高显色指数的发光材料的化学式 $A_XB_YC_Z(DE_L)_M : QF^{T+}$ 的摩尔比分别称取碳酸钙0.4003g、氧化铈0.0018g、氧化锌0.0407g、氧化铽0.0916g和磷酸二氢铵0.4026g作为原料，并转入玛瑙研钵进行均匀混合。将原料研磨5分钟后加入分散剂无水乙醇，继续均匀研磨5分钟后放入烘箱烘干，烘干温度为70℃，直至原料被烘干。将烘干后的原料粉体研磨倒入刚玉坩埚，在空气中以5℃/min升温速率于1400℃焙烧6小时后自然冷却至室温得到烧结物。将烧结物在玛瑙研钵中研磨均匀，得到具有高显色指数的发光材料。

实施例2至11是具有高显色指数的发光材料的制备。下表中的参数相应地替换实施例1中的参数，并按实施例1的方法制备具有高显色指数的发光材料。

		实施例2	实施例3	实施例4	实施例5	实施例6	实施例7	实施例8	实施例9	实施例10	实施例11
称取原料	碳酸钙（g）	0.4003	0.4003	0.4003	0.4003	0.4003	0.4003	0.4003	0.4003	0.4003	0.4003
	氧化铈（g）	0.0044	0.0088	0.0132	0.0176	0.0440	0.0704	0.0440	0.0440	0.0044	0.0044
	氧化锌（g）	0.0407	0.0407	0.0407	0.0407	0.0407	0.0407	0.0407	0.0407	0.0407	0.0407
	氧化铽（g）	0.0888	0.0842	0.0795	0.0748	0.0468	0.0187	0.0468	0.0468	0.0888	0.0888
	磷酸二氢铵（g）	0.4026	0.4026	0.4026	0.4026	0.4026	0.4026	0.4026	0.4026	0.4026	0.4026
研磨	研钵材料	玛瑙	玛瑙	玛瑙	玛瑙	玛瑙	玛瑙	玛瑙	玛瑙	玛瑙	玛瑙
	分散剂	无水乙醇	无水乙醇	无水乙醇	无水乙醇	无水乙醇	无水乙醇	无水乙醇	无水乙醇	无水乙醇	无水乙醇
	加入分散剂前的研磨时间（min）	5	5	5	5	5	5	5	5	5	5
	加入分散剂后的研磨时间（min）	5	5	5	5	5	5	5	5	5	5

		实施例 2	实施例 3	实施例 4	实施例 5	实施例 6	实施例 7	实施例 8	实施例 9	实施例 10	实施例 11
烘干原料粉末	烘干温度（℃）	70	70	70	70	70	70	70	70	65	75
	烘干时间（min）	8	8	8	8	8	8	8	8	8	8
焙烧过程	升温速率（℃/min）	5	5	5	5	5	5	5	5	3	5
	烧结温度（℃）	1400	1400	1400	1400	1400	1400	1350	1400	1300	1500
	烧结时间（h）	6	6	6	6	6	6	7	8	10	10

该技术方案省略了在后的实施例 2 至 11 与在前实施例 1 相同的部分，能够直观地让读者聚焦于变量部分，便于比较。当然，具体实施方式的撰写并无固定格式，以交代清楚为准则。

五、关键改进点和有益效果

专利申请文件并没有要求专门列出关键改进点，一些申请在撰写时出于各种考虑倾向于将多个关键改进点隐藏于说明书当中，需要仔细阅读才能发现。但是，技术交底时对关键改进点的交代是专利代理师非常重视的内容，许多专利代理师喜欢先看这部分内容，再带着重点去阅读其他部分，有助于理解发明的实质，更好地围绕关键点布局申请文件。因此，技术交底书中应当清楚、明确地提炼关键点，至于如何体现在申请文件当中，专利代理师与申请人充分沟通需求之后，将会给出适合的建议。

关键改进点应当是发明区别于现有技术最核心之处的提炼概括，比如工艺中增加了哪个步骤或者改变了什么参数，产品中改变了什么成分，等等。一项发明可以不止有一个关键改进点，如果有多个，应该按照主次顺序列清楚。比如，在最基本的方案当中，添加新原料 A 能够提高材料的强度；在更优选方案当中，同时添加 A 和 B 能够进一步提高强度和韧性；在更优选的方案中，控制热压温度在 C 范围能够使得晶粒细化，机械性能更佳。

有益效果是对于发明目的和作用的总结，体现的是发明对现有技术的贡献，是判断发明创新性的重要依据。通过有益效果的描述，读者能够把背景技术存在的问题、本发明的技术方案的关键改进点、具体实施方式串联成有机的整体，起到画龙点睛的作用。

首先，有益效果应当与关键改进点相对应或者相融合，介绍每个关键改进点在技术方案解决相关技术问题时所起到的作用。有益效果可以笼统地叙述，例如，效率或者精度的提高、成本的下降、步骤的简化、产品质量或性能的提高、结构的紧凑，等等。但除此之外，还应该包括与关键改进点相对应的具体效果，如通过将某物质的含量控制在一定范围而增强了材料强度或弹性，通过精确调控煅烧温度和升温速率提高了材料均一性，等等。

其次，有益效果还与发明对背景技术存在的问题相呼应，并且能够从原理或者实验数据找到依据。例如，改进了加工工艺的某项指标，提高了稀土的掺杂量，因此达到了发光强度和时间增加的有益效果，发光材料的发光时间从现有技术的2h增加到了15h。

最后，有益效果还应得到具体实施方式的支持。比如，声称的有益效果需要实验数据证明时，在具体实施方式中对这些实验数据如何获得提供具有说服力的资料，包括相应的实验原料、操作步骤、设备、参数选择和实验结果，必要时提供实施例与对比例之间的对照实验数据、图表、图片、图谱等。一些申请人在技术交底书中只有断言性的文字表述有益效果，而忽略了具体实施例部分对这些文字的实验过程和数据支持，在后续实审过程中可能会面临因缺乏证据支持而不被认可的风险。尤其是对于化学领域的发明创造来说，有益效果的可预期性低，由于技术效果是发明的一个重要组成部分，对于那些不能通过技术方案直接推断出来的技术效果或者没有可靠实验数据支撑的技术效果，一般是不允许在申请日后再补入申请文件中的，只能作为参考资料提交给审查员，这与直接记载在申请文件中的效果有天壤之别，有可能不被审查员接受。

下面是一份关于关键改进点和有益效果的描述示例。

案例4：

本发明提供了一种利用前驱体的结构优势通过短时间不完全钙还原反应制备出具有特殊结构的Co/SmCo复合磁性材料的制备方法，即以Co软磁相为核心，以SmCo硬磁相为壳层，硬磁相均匀地分布在软磁相周围。这一技术解决了上述已有技术中出现的团聚和氧化现象以及软硬磁相分布不均匀的问题，制备的复合颗粒中的软硬磁相分布均匀，有利于交换耦合作用。且钙还原反应时间短，极大地减少反应时间，实现了复合磁性颗粒的快速制备。

通过上述撰写的内容，可以清楚地获得案例4的关键改进点为"短时间不完全钙还原反应"，该短时间不完全钙还原反应制备出的 Co/SmCo 复合磁性材料具有特殊结构，对应于有益效果中的"软硬磁相分布均匀"。高质量的关键改进点和有益效果的描述非常利于专利代理师理解发明和抓住重点。

六、附图和其他相关信息

附图的作用在于补充说明技术交底书的文字信息，如果仅使用文字描述就能清楚、完整地说明发明创造的技术方案，无须使用附图；但很多情况下，附图对于清楚、直观、简洁地表达信息有着文字无法替代的作用，如复杂设备中各部件的连接、空间位置关系，金属材料的微观形貌，计算机系统架构、网络拓扑图、系统流程图、用户界面图，等等。技术交底书中也推荐这种图文结合的表达方式，但注意文字与附图应当信息清楚、一致，避免矛盾。

虽然一些专利代理机构有专业制图人员可以提供绘图服务，但不了解技术的人员绘制图片很可能丢失或弄错一些信息，而绝大多数专利代理师对于附图的绘制和修改能力有限，还有一些类型的图片，如试验结果图，无法绘制只能依靠申请人提供，因此附图最好还是由申请人提供更为保险。对于机械结构，可以提供正视图、侧视图、俯视图、剖视图等，根据需要还可以提供局部放大图、分解图、使用示意图等；对于方法程序，可以提供流程图、逻辑框图等；在生化领域，除了化学式、反应式、基因序列图谱等必要图示，还应特别注意提供证明结果或效果的实验数据或表征图，如质谱图、X 射线衍射图、红外图、电镜图、机理图、参比实验结果图、样品实物图等。

技术交底书中附不下附图的，可以另附页。说明书附图应当使用包括计算机在内的制图工具和黑色墨水绘制，线条应当均匀清晰、足够深，不能着色和涂改，也不能使用工程蓝图。附图周围不要有与图无关的框线。技术交底书中应当对附图表达的含义进行说明和解释。

《专利审查指南2010》中对说明书附图的形式有较为明确的规定。说明书文字部分未提及的附图标记不得在附图中出现，附图中未出现的附图标记不得在文字部分中提及。申请文件中表示同一组成部分的附图标记应当一致。

附图的大小及清晰度，应当保证在该图缩小到2/3时仍能清晰分辨出图的各个细节，以能满足复印、扫描的要求为准。

同一附图中应当采用相同的比例绘制，为使其中某一组成部分清楚显示，可以另外增加一幅局部放大图。附图中除必需的词语外，不得含有其他注释。

附图中的词语应当使用中文，必要时，可在其后括号内标注原文。

流程图、框图应当作为附图，并在其框内给出必要的文字或者符号（图6-1），一般不能用照片作为附图（图6-2），但是特殊情况下，例如样品经过处理前后宏观形貌出现变化时，可以使用照片贴在图纸上作为附图（图6-3）。

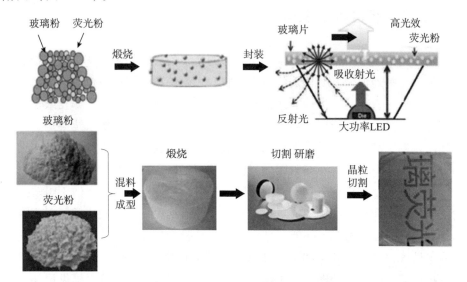

图6-1　流程图

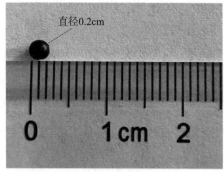

图6-2　照片　　　　　　图6-3　照片贴在图纸上作为附图

其他相关信息包括所有申请人觉得需要和专利代理师交代的信息，比如在先申请的情况，自己已经获得的相关技术资料，对理解发明创造有帮助的文件，竞争对手相关专利情况等。

第三节　技术交底时的常见问题

巧妇难为无米之炊，专利代理师并不是技术专家，要想专利代理师能够理解发明内容并加工成具有法律属性的申请文件形式，发明内容的技术交底就需要文字表述准确、内容完整、重点突出、逻辑严谨。而且，虽然专利代理师能够看出一些明显的错误，但总不如申请人对技术的熟悉程度，万一有细节错误或者遗漏没有审核发现，可能造成严重后果。因此技术交底时申请人应当对技术内容充分负责，以严谨的态度撰写每一个细节。如果有不确定之处，也应注明，提示专利代理师斟酌。本节将举例说明申请人在技术交底时一些常见的问题。

一、过于简单

从字面上看，"技术交底书"包括三个要素："技术""交底"和"书"。"技术"意味着其记载内容的性质是技术性的，"交底"意味着其记载内容应当是充分的，"书"意味着其应当由书面形式承载。因此，技术交底书是一份承载了技术内容的文件。实践中有申请人认为花钱请了专利代理公司和专利代理师，自己就可以撒手不管了，于是只简单地口头交代一些技术要点，没有任何文字材料，希望全权由代理师代劳。还有的申请人虽然给了文字材料，但只有目标或者设想，或者技术方案的简单交代，希望代理师扩展成一份完整的申请文件。上述行为都是不可取的，专利申请文件不是格式合同，而是依赖于具体技术内容的文件，专利代理师虽然可以帮助创新主体挖掘技术内容，但也是在主干上添枝加叶的工作，而不能无中生有、闭门造车。完全由专利代理师"编"出的发明，在专业的审查员眼里基本上一眼即可识别，可以说毫无市场价值。

案例5：

某申请，涉及一种稀土掺杂氧化钛的光催化剂，申请人在技术交底书中仅注明该稀土掺杂的催化剂使用的掺杂稀土为铕，用于提高该催化剂的光催化活性。该技术交底书中并未给出该催化剂的具体制备方法，具体的光催化反应的应用对象以及应用条件，而本领域技术人员知晓，不同制备方法制备出的稀土掺杂催化剂具有不同的结构和性质，在不同的光催化反应中具有不同的光催化活性。因此，该技术交底书仅给出了核心特征和泛泛的技术效果显然是不够的，缺乏对现有技术发展状况以及存在问题的背景技术描述，具体技术方案的实施过程以及最终技术效果的认证。

二、夸夸其谈

有的申请人为了凸显本申请技术方案的优越性，有时会在背景技术或者有益效果部分刻意夸大自身方案的技术效果或者重要性，动辄使用"首次""全新"等词汇，或者将现有技术贬低得一文不值，这类描述通常让人有夸大其词的感受，从而对真正的技术内容和技术效果也产生怀疑。技术交底书的重点是技术内容，应当避免写大话、空话和与技术内容不相关的商业性宣传用语、政治性话语。

案例 6：

某发明，涉及一种热泵型闭式污泥干化系统及其控制方法，背景技术描述如下：

随着"十二五"期间对污水处理的重视，我国污水处理的主体市场基本完成，在"十三五"规划中，将进一步推进和扩张污水处理市场，提高污水处理效率和行业平均技术水平。作为污水的衍生品，近年来污泥产量也在不断上升，2015 年生活污泥产量已经达到 3500 万吨，同比增长 16%。据估计，市政污泥方面，大约 1 万吨污水产生 5 万～8 万吨污泥。根据专家测算，我国每年产生 3000 万～4000 万吨含水率在 80% 左右的市政污泥。在"十三五"期间，污泥量继续会增加，预计到 2020 年，我国的市政污泥产量将达到 6000 万～9000 万吨。与污泥产量连年递增趋势相背的是我国污泥有效处理率偏低。大量污水处理企业采取直接倾倒或者简单填埋处理手段处理污泥，不但威胁土壤环境和居民健康也造成资源的浪费。2015 年年底，北京人大常委会法律检查组表明，北京污泥无害化处理率仅为 23%，而全国有效处理率也远远低于 30%。

案例 6 的背景技术描述更像是课题申报书或者研究论文的一部分，主要是在阐明行业背景和政策背景，以论证污泥处理技术创新的必要性。专利申请的背景对技术研究的必要性可以有一定着墨，但更应将重心放在"技术"上，即说明现有技术发展到什么水平，分别采用什么关键手段，存在什么问题，原因是什么，等等。

此外，在撰写技术交底书时尽量使用专有技术名词和通用表达，减少使用发明人自己的习惯用语和公司、课题组自定义的名称、牌号等，若使用非标准或自定义的技术词汇、英文单词，专利申请人在撰写技术交底书时，应在背景技术部分对含义作出解释、注释、翻译。概念、术语前后表述应统一，语言表述应当尽量不产生歧义和逻辑矛盾。

三、关键点失焦

关键点失焦是指技术交底书的描述没有抓住发明的关键点，并围绕这些关键点组织背景技术、技术方案、有益效果、具体实施方式等各部分内容，比如，没有根据现有技术缺陷和本申请所要解决的技术问题进行有针对性的介绍，对所有的技术特征使用相同的笔墨进行描述。专利代理师阅读时抓不住重点，对本申请所要解决的技术问题和方案的关键点理解出现偏差。

案例 7：

某发明，涉及一种光学玻璃及制备方法。在背景技术中仅作如下介绍：

光学玻璃主要用作光学系统中的透镜和棱镜，用于像的传递，是光学仪器的核心部分。近年来在光学系统设计中，人们通常用高折射率玻璃来推动数码相机、摄像机、手机相机向小型化、超薄化的发展和广角化的实现。

具体方案记载光学玻璃包含以重量份计的以下组分：

B_2O_3 25～35 份；La_2O_3 20～30 份；CaO 5～15 份；SiO_2 8～10 份；Y_2O_3 5～10 份；ZnO 5～10 份；ZrO_2 2～8 份；Li_2O 4～6 份；SrO 0.5～1.5 份；WO_3 0.2～1 份；Gd_2O_3 0.5～1 份；SnO_2 0.5～2 份；Sb_2O_3 0.001～0.05 份。

此外，技术交底书还介绍了各组分的作用：

SrO 以硝酸盐 Sr（NO_3）$_2$ 形式引入，硝酸锶高温分解时释放出氧气，配合澄清剂 Sb_2O_3 有帮助澄清作用；ZrO_2 是中间氧化物，能提高玻璃的黏度、硬度、弹性、折射率、化学稳定性，降低玻璃的热膨胀系数；SiO_2 是玻璃形成氧化物，以硅－氧四面体的结构组元形成不规则的连续网络，成为玻璃的骨架，玻璃中的 SiO_2 能降低玻璃的热膨胀系数，提高玻璃的热稳定性、化学稳定性、耐热性、硬度、机械强度；B_2O_3 也是玻璃的形成氧化物，以硼－氧四面体为结构组元，与硅－氧四面体共同组成结构网络。玻璃中引入 B_2O_3 能降低玻璃的热膨胀系数，提高玻璃的热稳定性、化学稳定性，提高玻璃的机械性能。CaO 作为网络外体在玻璃中的主要作用是稳定剂，即增加玻璃的化学稳定性和机械强度。La_2O_3 增加玻璃的抗水性，能提高玻璃的折射率，降低玻璃色散，Y_2O_3、SrO、WO_3、Gd_2O_3、SnO_2 等作为中间体氧化物提高玻璃的折射率和化学稳定性，同时降低玻璃的软化温度。

案例7背景技术仅简单且上位化地描写光学玻璃的用途和设计制造的需求，没有具体给出光学玻璃和/或其制备方法存在的技术问题，也没有给出现有技术中光学玻璃的组成情况。更重要的是，技术方案部分看似完整，写明了每种成分的作用，但对于不了解专业技术的专利代理师来说，阅读这样的技术交底书很可能抓不住关键改进点，从而无法在申请文件中围绕关键改进点铺陈语言和提供证据。

事实上本发明的发明点在于同时使用了稀土氧化钇和二氧化锡，能够降低材料的软化温度，增加玻璃稳定性。在实质审查过程中，审查员通过检索得到了两篇关于光学玻璃的现有技术。其中含有最接近的现有技术的对比文件1与本申请相比，区别在于不含有二氧化锡以及各组分用量存在一定差异，对比文件2公开了二氧化锡可以作为光学玻璃的成分，可以降低玻璃的软化温度。以对比文件1和2结合评述了权利要求1不具备创造性。尽管申请人后续在意见陈述书中陈述了本申请的技术方案必须同时存在氧化钇和二氧化锡，才能具有良好的折射率和化学稳定性，以及降低玻璃的软化温度。但由于申请文件中未能围绕本发明的关键点——同时使用氧化钇和二氧化锡来组织语言，例如在背景技术中说明不含这两者的现有技术缺陷，本发明通过试验发现两者同时使用有什么有益效果，并提供具体对比实验数据（例如具体的折射率数据、软化温度降低的具体数值），导致原始申请文件并没有记载足够有说服力的证据。最终审查员没有认可申请人意见陈述中提出的观点，以不具备创造性为由驳回了申请。如果申请人和专利代理师在撰写技术交底书的过程中能够更充分地沟通，提供更接近发明起点的技术文件，使得专利代理师撰写时能更准确地把握发明的关键点，并围绕关键点撰写技术方案、有益效果、具体实施方式等各部分内容，尤其是提供准确的实施例、对比例及实验数据，案例7则有较大可能性走向授权。

四、重要技术信息错误

关键信息错误指的是未仔细核实导致技术交底时有一些实质性的技术缺陷。特别是一些专业生僻的技术信息，一旦出错，专利代理师又不能及时识别出来，可能导致非常严重的后果。

案例8：

某发明，涉及一种液相色谱柱填料的制备方法，技术交底书中记载使用键合的固定相十八烷基二甲基硅胺烷，然而"十八烷基二甲基硅胺烷"并非本领域技术人员已知的物质，申请人后续陈述该申请中的"十八烷基二甲基硅胺烷"系笔误，实际上是十八烷基二甲胺基二甲基硅烷，然而，审查员对于申请人陈述的笔误并没有接受，最终以公开不充分为由驳回了该申请。

五、缺乏试验证明

新材料领域的发明创造往往结果可预期性低，很大程度上依赖于试验证明，专利申请文件的说明书不是普通意义上的操作说明书，而是需要让本领域技术人员阅读后能够充分知晓并信任方案可实施性的法律性文件，因此这些证明方案可以实施并达到预期效果的试验数据是申请文件非常重要的组成。实践中许多申请人对此缺乏认识，以为只要如实记载操作过程即可，重具体技术方案描述，轻试验数据效果证明，或者仅仅有断言性、较上位性的文字说明，如性能好、强度高、反应时间短等泛泛之言，缺乏可信证据支撑。

案例9：

某发明，涉及一种耐高温耐腐蚀单晶磁粉及其制备方法与应用。有益效果记载：

相对于传统粉末冶金法所制备的钐铁氮磁粉，本申请制备所得的耐高温、耐腐蚀单晶磁粉颗粒尺寸较大，外形较规则，不易团聚，流动性好，易于进行Zn包覆；磁粉具有良好的抗氧化、耐腐蚀能力；所制造的粘结磁体具有更高的填充率；镀锌后含Zn表层所占的体积比例更低，因而镀锌引起的剩磁损失更低，可以兼顾磁粉的矫顽力、剩磁和工艺性能。

具体的实验数据和测试方法如下：磁粉平均粒度使用电子显微镜观察。测量并统计视野内的200个磁粉颗粒，使用算术平均值表征粒度。将磁粉和热石蜡按比例混合，经磁场取向后，取向样品使用振动磁强计（VSM）测试。加载磁场方向与样品的易磁化轴平行。抗氧化、耐腐蚀能力测试方法是：将磁粉在相对湿度为95%的空气中加热到120℃并保持2h。磁粉样品磁性能如表1～表2所示。

表1 4.1μm 镀锌磁粉的磁性能

Zn 粉含量（wt%）	磁粉粒度（μm）	B_r（T）	H_{cJ}（kOe）	$(BH)_{max}$（MGOe）
0	4.1	1.38	8.4	31.5
3.0	4.1	1.34	10.5	29.3
5.0	4.1	1.29	11.7	28.2
7.0	4.1	1.25	13.3	26.8
9.0	4.1	1.22	14.5	26.1
11.0	4.1	1.19	15.3	24.3
13.0	4.1	1.16	16.2	22.1
15.0	4.1	1.12	17.1	21.9

表2 不同锌含量的 4.1μm 镀锌磁粉抗氧化、耐腐蚀测试前后的磁性能

Zn 含量	原始样品			经过空气中 120℃×2h 处理		
（wt%）	B_r（T）	H_{cJ}（kOe）	$(BH)_{max}$（MGOe）	B_r（T）	H_{cJ}（kOe）	$(BH)_{max}$（MGOe）
0	1.38	8.4	31.5	1.24	6.5	16.3
3.0	1.34	10.5	29.3	1.32	10.2	28.9
5.0	1.29	11.7	28.2	1.27	11.5	27.7
15.0	1.12	17.1	21.9	1.11	17.0	21.5

案例9给出了有效试验数据的示例。技术交底书中针对磁粉抗氧化、耐腐蚀等性能，提供了磁粉颗粒尺寸与这些性能之间的测试结果，还给出了磁粉粒径统计方式，抗氧化、耐腐蚀能力测试的具体方法，很好地支撑了本发明技术方案制备的磁粉具有良好的抗氧化、耐腐蚀能力的技术效果，证明力强。

六、原理性分析不足

机械结构类发明创造背后的科学原理往往一看就明，而新材料领域的发明创造主要是对微观组织结构的改变，其背后的科学原理很多来自已有经验的推断或需要实验验证，而且有时人们认可还不能确切地知晓其背后的原理，正所谓知其然不知其所以然。但是，在申请专利过程中尽可能地提供一定的技术原理分析非常重要，不仅有助于专利代理师理解发明，从而有的放矢地构建申请文件，而且还可能对审查过程中面临的质疑提供关键的技术性支撑。例如，乙二醇在 A 方案中作为溶剂使用，在 B 方案中作为还原剂使用，如果在申请文件中对此有所交代，B 方案就有可能会被排除在用于否定本申请方案创造性的

文件当中。提供技术原理分析并不是要求对所有反应机理研究透彻后才能提交专利申请，只要能够从构成发明创造的各个要素可能的作用效果方面进行一定合理推断分析，也都非常有益。

案例10：

某发明，涉及一种脱汞吸附剂的制备方法，权利要求1的技术方案包括如下步骤：将高碱燃料与废旧塑料混合，进行水热反应；将水热反应后的固液混合产物进行固液分离，将固体水洗干燥后，即得卤素改性的脱汞吸附剂；所述废旧塑料为卤素塑料与低密度的聚乙烯（LDPE）、高密度的聚乙烯（HDPE）、聚丙烯（PP）、聚苯乙烯（PS）、聚酯类（PET）中的一种或几种的混合物。该申请的申请文件中仅记载了废旧塑料为碳源，通过水热炭化制得水热炭用作脱汞吸附剂，能够实现资源化利用。

在审查过程中，审查员检索到一篇同样公开了将含卤废弃物作为碳源制备水热炭用作脱汞吸附剂的对比文件，认为权利要求1不具备创造性。对于其中废弃物的选择，审查员认为卤素塑料与LDPE、HDPE、PP、PS、PET均是本领域常规的废弃物，也可作为碳源，可以按需选用其中的一种或几种的混合物。

申请人在答复过程补充了同时选用卤素塑料与低密度的聚乙烯（LDPE）、高密度的聚乙烯（HDPE）、聚丙烯（PP）、聚苯乙烯（PS）、聚酯类（PET）的原理为：①废旧塑料中含有较多的氢元素，水热过程中的交互作用可以提升水热油的品质，如氢含量增加、热值增加，同时含卤素塑料中的氢含量与普通塑料相比较低，因此向含卤素塑料中掺杂普通塑料更有利于提高联产的水热油的品质；②水热反应过程中，会使得含卤废旧塑料中的有机卤素发生热水解，一部分卤素转移到其他不含卤素的废弃物生成的水热炭中生成 C－X 物质（X为卤素），C－X 的生成可以促进汞脱除，该过程可将对环境有害的卤素转化为对脱汞有利的活性位，同时降低含卤素塑料热处理过程中有害气体的释放，降低环境污染。

显然，该案说明书对卤素塑料与LDPE、HDPE、PP、PS、PET混合反应的原理分析不足，审查过程中面临质疑后申请人才进一步提供了与现有技术相比具有区别的原理。这种情况可能面临补充说明不被认可的风险，非常被动。如果在技术交底阶段就能够提供必要的原理说明，甚至围绕这一原理构建一些试验数据提供支撑，在审查过程中将更加主动。

七、隐瞒关键信息

有些申请人在撰写技术交底书时，并不想把所有技术细节和盘托出，希望有所保留。例如不写一些关键技术细节，或者为关键技术细节设置"烟雾弹"，如设置多种并列选择，鱼目混珠，将可行的和不可行的杂糅在一起，等等。这两种方式在实践中的确有人用作申请策略，但应该知道的是，这并不是一种常态化的做法，如果操作不当，在后续审查过程一旦被关注到，可能面临非常严重的后果，比如被认定为技术方案公开不充分，或者不认可其对现有技术作出了创造性贡献。

案例 11：

某发明，涉及一种光催化膜及利用气相沉积法制备该光催化膜的方法，技术交底书中描述的技术方案为：

虽然石墨相氮化碳具有优良的热稳定性、化学稳定性及可见光光催化活性，但由于其聚合物的特性，在光催化应用中，存在比表面积小、可见光响应范围窄、光生载流子分离效率低等问题，这些问题直接影响其光催化活性，并制约了石墨相氮化碳在光催化领域的应用。对此，本发明人从构建高效异质结体系入手，通过对形貌与结构进行合理的设计以实现拓展促进光催化过程中的传质及提高光催化量子效率的目的。

技术交底书中记载的方案是一种光催化膜，所述光催化膜包括基底膜材料以及沉积在基底膜材料上的光催化剂，所述基底膜材料为具有多孔结构的无机膜，包括陶瓷膜、二氧化硅膜、氧化铝、氧化镁、氧化钡、不锈钢网、碳纤维布、碳布、碳纸中的一种，光催化剂为石墨相氮化碳。

该案例中，针对的是石墨相氮化碳存在的比表面积小、可见光响应范围窄、光生载流子分离效率低的问题，制成了一种包含基底材料的光催化膜，其发明构思是构建高效异质结体系，即光催化剂和基底材料要形成异质结。但是，本领域人员知道，二氧化硅膜、不锈钢网是明显的惰性材料，其不能和石墨相氮化碳形成异质结结构，而氧化铝、氧化镁和氧化钡本身也不是半导体材料，并不能和石墨相氮化碳形成异质结。实际上，只有碳纤维布、碳布和碳纸才是发明的重点，它们可以与氮化碳形成异质结，提高光催化活性，申请人试图将能够形成异质结的碳纤维布、碳布、碳纸基底膜隐藏在其他类型的基底膜中，增加竞争对手仿制的难度和成本。但这样的专业技术问题专利代理师不一定能够识别，一旦提交申请，可能在审查过程中面临公开不充分（能否形成异质结）的质疑，或者审查员对发明的创造性高度存在误判，认为只是常规基底材料的拓展，不足以授权。

申请人不想把所有技术细节完全公之于众，保留一定的技术秘密，增加他人仿制难度是一种普遍的心理，然而专利法的本质就是"公开换保护"，为了避免不能授权或者被无效的风险，还是应当谨慎细致，与专利代理师充分沟通，听从专业建议。

以上介绍了技术交底书撰写中经常出现的一些问题，有些问题属于文字撰写方面的，通过阅读能够发现，有些问题则是需要结合技术方案和本领域的专业知识才能发现，还有些问题则是需要充分检索并了解相关技术领域的现有技术后才能确定。每个出现问题的案件都有各自不同的具体情况，但是都导致了非常严重的后果，非常可惜。可见，申请人绝不应该忽视技术交底书的严谨性和充分性，好的申请文件来自申请人与专利代理师的密切配合。

第四节　稀土功能材料领域技术交底书的特殊注意事项

稀土功能材料领域的基础性理论知识较为专业晦涩且稀土类型多样，稀土元素包括钪、钇和镧系元素共 17 种。非本领域的专利代理师往往不能充分理解技术原理和发明实质，这就对发明人撰写的技术交底书提出了较高要求。

与其他领域相比，稀土功能材料技术领域的发明创造具有两个显著特点：一是产品中稀土含量相对较低，并非主体材料，但起到了"小而精，四两拨千斤"的作用；二是产品表征微观化、多样化和复杂化。其他领域的发明，例如机械装置，可能只需要说明机械装置的部件以及各部件的连接关系就可以说清楚产品结构特征。而一种新的稀土功能材料有可能组成元素及百分比含量与已有的产品完全相同，但由于制备工艺差异，微观形貌完全不同，物化参数、用途功效有很大差异。因此，有时候需要联合组成含量、微观结构、制备方法或性能参数进行说明，而且还需要充分的试验数据和表征图谱支持。因此，申请人在撰写技术交底书时，内容应尽量详细、多维度，方便专利代理师理解和选择合适的保护范围以及表征方式。

一、发明名称

常见发明名称例如"一种原位合成赝二元复相稀土铌酸盐陶瓷及其制备

方法""镧锆共掺稀土倍半氧化物透明陶瓷及其制备方法""一种激发光调控的红绿色发光稀土上转换纳米颗粒及其制备方法""一种稀土掺杂钛酸钡纳米粉光催化剂、制备方法及其应用""一种用于可见光波长转换的高透光玻璃""一种稀土–镍基 AB_2 型储氢合金材料及制备方法"，等等。注意名称中不能写入产品型号、人名、地名、商品名称等。

二、背景技术和存在的问题

前面介绍过，技术交底书中背景技术和存在的问题部分通常包括三方面内容：该技术领域的发展、与本申请最接近的现有技术以及现有技术存在的问题和缺陷。通过三个部分完整、清楚、重点突出的介绍，能够使专利代理师充分了解背景技术的状况及其缺陷，以及本申请的发明构思和关键点。

案例 12：

某案，涉及一种高熵稳定稀土钽酸盐/铌酸盐陶瓷及其制备方法，在背景技术中介绍了以下内容：

热障涂层和环境障涂层的应用环境要求其陶瓷具有高熔点、优异的高温稳定性、高硬度、高断裂韧性、低热导率、优异的抗热辐射和高热膨胀系数等特点，满足上述各种不同条件的情况下材料制备成本低、制备工艺简单和原料来源广等优势将促进材料的大规模应用。A_3BO_7 型稀土钽/铌酸盐和 $A_2B_2O_7$ 型的稀土锆/钛/锡/铪酸盐陶瓷（A 位均为稀土元素）均具有热导率低、高温相稳定性好和高硬度等优点，但是也存在着热膨胀系数低、断裂韧性差和抗热辐射性能不足等问题。面对以上问题，需要提高材料中的晶格点缺陷浓度以进一步降低热导率，利用晶格松弛原理提高热膨胀系数，同时解决其断裂韧性差和抗热辐射性能不足等问题。

该案例的背景技术部分仅记载了热障涂层和环境障涂层的应用环境对陶瓷性能特点的要求，以及当前陶瓷存在的热膨胀系数低、断裂韧性差和抗热辐射性能不足等问题。没有阐述陶瓷热膨胀系数低、断裂韧性差和抗热辐射性能是由于哪些原因导致的，可以通过哪些方面的改进克服上述缺陷，没有给出为解决陶瓷热膨胀系数低、断裂韧性差和抗热辐射性能不足进行相关研究的现有技术，特别是涉及本申请采用的"通过提高材料中的晶格点缺陷浓度"方向的现有技术。显然，该技术交底书的背景技术交代是不完整的，仅仅记载了"该技术领域的发展要求"和"现有技术存在的问题和缺陷"两个部分，而漏掉了"与本申请最接近的现有技术"的介绍。使得专利代理师阅读后无法比较现有技术与本申请技术方案之间的差别，无法确定本申请的发明点及其所产生的技术效果，进而导致"关键点失焦"的问题。这不利于专利代理师理解发明实质，围绕对现有技术作出技术贡献的发明构思构建合理的权利要求保护范围，不利于快速授权及授权后权利要求的稳定。

案例 13：

某案，涉及一种具有特殊结构的 Co/SmCo 复合磁性材料的快速制备方法。背景技术中记载：

现今社会，永磁材料在能源、交通、航空航天、医疗、计算机等领域应用广泛，具有广阔的应用前景。随着社会的进步，对永磁材料的需求也逐渐增加。SmCo 永磁材料因其磁晶各向异性强，居里温度高得到广泛关注，特别是在汽车发动机、火箭发射等领域是首选材料。但 SmCo 的饱和磁化强度低限制了其发展。近年来，人们为了弥补这一劣势，将其与饱和磁化强度较高的 Fe、Co 等软磁材料结合，形成双相复合材料，提高其磁性能。目前，双相复合磁性材料制备方法主要有物理法和化学法。将块体材料使用物理工艺制备纳米颗粒的方法是"自上而下"的方法；通过化学工艺将原子重新组合，制备纳米颗粒的方法为"自下而上"的方法。机械球磨法是物理法制备双相复合磁性材料的主要方法，是将铸锭破碎后，对软硬磁相的粉进行球磨，再烧结成型以获得双相磁性复合材料。该方法虽然可以大规模制备，但颗粒容易出现团聚和氧化，对磁性能造成影响。化学包覆法是化学法制备双相复合磁性材料的主要方法，具体流程为先制备出硬磁材料，以硬磁材料为核心，然后使用化学法在其表面包覆一层软磁相。该方法虽然可以控制颗粒的微观结构，但容易出现软磁相与硬磁相分布不均匀的现象，影响磁性能。北京航空航天大学在专利"CN107799252A"中提到一种微波钙热还原制备 SmCo/Co 纳米复合磁性材料的方法，该方法虽然一定程度上解决了上述问题，但制备时间较长。因此，需要一种短时间制备 Co/SmCo 纳米复合磁性材料的方法。

由此，本发明提出一种解决方案：

一种具有特殊结构的 Co/SmCo 复合磁性材料的快速制备方法，利用 Co/Sm (OH)$_3$ 前驱体的特殊结构，该结构在本课题组 2018 年 6 月于 *Journal of Materials Chemistry C* 期刊发表文章 A novel strategy to synthesize anisotropic SmCo$_5$ particles from Co/Sm (OH)$_3$ composites with special morphology 中提到，文章中利用 Co 海胆团簇的枝权上分布着 Sm (OH)$_3$ 这一结构优势，通过钙还原反应制备出成分分布均匀的 SmCo$_5$ 单相颗粒。本发明利用这一特殊的结构优势通过超短时间的钙还原反应，将表面全部的 Sm (OH)$_3$ 还原成 Sm，并与部分 Co

核结合形成 $SmCo_5$ 和 Sm_2Co_{17} 等硬磁相，保留一部分 Co 核，制备出以 Co 软磁相为核心，SmCo 硬磁相为壳层的复合磁性颗粒，这种硬磁相包覆软磁相的特殊结构使软硬磁相分布更均匀，有利于交换耦合作用，提高磁性能，且此发明在很大程度上缩短了反应时间。

相对于案例 12 的撰写方式，案例 13 的结构就较为完整。其中阐述了目前制备双相复合磁性材料主要有物理法和化学法，简述了物理法和化学法的工艺流程以及各自存在的优势和缺陷，并进一步给出了本申请所涉及的化学法制备双相复合磁性材料的最接近的现有技术，最接近的现有技术 CN107799252A 中已经使用了钙热还原法制备 SmCo/Co 纳米复合磁性材料，解决了化学包覆法制备双相复合磁性材料出现的"软磁相与硬磁相分布不均匀的现象，影响磁性能"的技术问题。但还存在制备时间较长的缺陷。而针对该缺陷，发明人依靠所在课题组之前制备单相 $SmCo_5$ 颗粒的研究成果，即利用 Co 海胆团簇的枝杈上分布着 $Sm(OH)_3$ 这一前驱体结构优势，通过超短时间钙还原反应制备出成分分布均匀的 $SmCo_5$ 单相颗粒，将其由单相颗粒材料转用到制备纳米复合磁性材料。这一技术转用不仅解决了现有技术中出现的团聚和氧化现象以及软硬磁相分布不均匀的问题，且钙还原反应时间短，极大地减少反应时间，实现了复合磁性颗粒的快速制备。这就是本申请对现有技术作出的贡献，也是撰写说明书时的着墨重点。

该案的新创性直接获得了审查员的认可，一通仅发出形式缺陷的通知书，修改一通指出的形式缺陷后即获得了授权。可见，在说明书中引用与本申请最接近的现有技术并不会导致对本申请技术方案新创性的低估。相反，在本案中如果不引入最接近的现有技术，没有指出相对于最接近的现有技术还解决了反应时间长的问题，而是审查员自行检索到该篇最接近的现有技术，审查员有可能会将本申请实际解决的技术问题认定为：避免软磁相与硬磁相分布不均匀，提高磁性能，进而采用该最接近的现有技术进行创造性评述。这就会导致该申请结案方向的不确定性以及审查周期的延长。

三、技术方案和具体实施方式

技术方案与具体实施方式（实施例）的区别在于，一个具体实施方式就是本申请的一种实现方式，而技术方案部分则是各个实施例的总和，是多个实施方式的概括。某些申请的技术方案只有一个具体实施方式，这样的技术方案与具体实施方式实质上是一样的。由于技术方案与具体实施方式的联系过于紧密，有时并不能很清楚地将二者分割开来，因此将两个部分放在一起进行说明。

从撰写主题来看，稀土功能材料领域的专利申请涵盖了稀土产品、专用设备、制备方法、应用等，其中，稀土产品权利要求是最具有领域特点，也是最不容易写好的类型。实践中，不同国家的申请人对于稀土产品发明表述方式存在明显差异。大部分中国申请人喜欢采用单一稀土组成限定，这也是最简单的表述方式。稀土组成和制备工艺决定着产品的组织结构，而组织结构是决定其使用性能的重要指标。在进行科学研究时，研究者往往是通过稀土组成调控、工艺参数调整来设计性能符合要求的产品。可见，稀土组成和制备工艺是最基础、最根本、最直接的研究手段。

然而，尽管稀土类型多样，在具体到某一细分的应用领域时，通常还是集中在某一种或某几种元素上，因此，稀土领域许多产品与现有技术相比组成含量差异较小，制备工艺的大流程步骤很多也都是常规手段，创新点不容易凸显，所以单纯用稀土组成和/或制备工艺来表述，在审查过程中容易导致被质疑新颖性或创造性的风险。在实践中，一些申请人将产品性能或结构限定至产品权利要求中，以突出与现有技术的差异和效果，增加获得授权的可能性。尤其是日本、韩国等外国企业深谙其道，采用"组成＋性能和/或组织和/或公式"等多种形式来限定产品权利要求，许多性能参数或是公式还是申请人自己创设的，很难在现有技术中找到相同或类似的表征方式，从而提高了稀土产品权利要求的授权率。

事实上，稀土功能材料领域经过长期的发展积累，除元素新用途的发明外，开拓性的发明相对较少，更多的是在现有产品的基础上进行迭代改进，而这些技术改进通常表现为多种组成元素的共同作用、工艺方法调整、组织控制等。因此，单纯以组成来限定产品的方式很难有效地表征这类创新成果的技术贡献点。

我们通过下面的案例对上述内容进行具体的解释说明。

案例 14：

发明内容如下：

一种铒掺杂的二氧化钛/硅藻土复合催化剂，其特征在于：该催化剂包含 Er 掺杂的 TiO_2 和硅藻土两种组分，其中 Er 掺杂的 TiO_2 的分子式为 $Er_x Ti_{1-x} O_{2-0.5x}$；Er 掺杂的 TiO_2 是硅藻土质量的 10%～80%。

本发明的铒掺杂的二氧化钛/硅藻土复合催化剂的制备方法，其特征在于，包含以下步骤：

（1）首先，将钛酸四丁酯加入到适量的水中进行充分水解，形成白色沉淀，对沉淀物进行离心和洗涤，往沉淀物中加入浓 HNO_3，使沉淀溶解掉进而得到透明的钛盐溶液；随后向澄清溶液中加入一定量的尿素、聚乙二醇和适量的水，充分混合后，按照含量加入醋酸铒，使其形成澄清透明溶液；最后加入所需要的硅藻土；

（2）将溶液转入瓷坩埚并置于已经预热的马弗炉中加热，发生剧烈的燃烧反应，燃烧结束后得到催化剂。

步骤（1）中尿素与 HNO_3 的摩尔比例为 0.25~1。

步骤（1）中聚乙二醇的加入量为 0~1%（按混合溶液质量）。

步骤（1）中醋酸铒与钛盐摩尔比例为 0~2：98。

步骤（1）中 Er 掺杂的 TiO_2 是硅藻土质量的 10%~80%。

步骤（2）中的预烧温度是 400~700℃。

与现有技术相比，本发明具有以下优点：①得到的催化剂稳定性高，在本发明中，硅藻土作为载体，TiO_2 作为活性物质负载在硅藻土表面；硅藻土的结构稳定性高，有效地阻止了 TiO_2 在使用过程中的颗粒长大，从而保证了催化剂的稳定性。②稀土元素掺杂到 TiO_2 催化剂中，改变可见光谱的响应范围，同时重复利用性好。③液相燃烧法制备过程简单，生产的周期短。

具体实施方式如下：

实施例1：

$Er_{0.01}Ti_{0.99}O_{1.995}$/硅藻土复合催化剂的制备：称取 10g 钛酸四丁酯加入到适量的水中进行充分水解，形成白色沉淀，对沉淀物进行离心和洗涤，往沉淀物中加入 7.5mL 浓 HNO_3，使沉淀溶解进而得到透明的钛盐溶液。随后向澄清溶液中加入 5.325g 的尿素、适量的水和 0.5% 分子量为 2000 的聚乙二醇（按混合溶液质量），充分混合后，加入 0.0945g 的醋酸铒，使其形成 250mL 的澄清透明溶液，最后加入 9.378g 的硅藻土。将溶液转入瓷坩埚并置于已经预热到 600℃ 的马弗炉中加热，发生剧烈的燃烧反应，燃烧结束后得到催化剂。得到的催化剂中，TiO_2 质量占硅藻土质量的 20%，Er 是 TiO_2 的摩尔数的 1%，得到粉体的 SEM 如图1所示。

1g/L 催化剂样品加入到 50mL 浓度 20mg/L 的亚甲基蓝溶液中形成悬浮体系，然后将混合溶液置于太阳光下继续搅拌进行光催化反应，每隔一定时间后取样 4mL，取上层清液，用 722N 型分光光度计测定亚甲基蓝溶液在 66nm 处的吸光度值，进而计数算亚甲基蓝的残余浓度。结果显示，铒掺杂的二氧化钛/硅藻土复合催化剂加入亚甲基蓝在太阳光照射下 6h 降解率达到 60.12%。

案例14的技术交底书中记载了铒掺杂的二氧化钛/硅藻土复合催化剂的组成及制备方法，给出了本申请相对于现有技术的优势在于载体选取，稀土元素掺杂。该技术交底书存在如下缺陷：①案例14仅提供了一个具体的实施例，即铒掺杂量为1%的催化剂及其光催化性能。也就是说，申请人仅提供了其研究过后得到的最优解，这会导致专利代理师难以对具体实施方式进行合理概括进而得到权利要求书。而考虑到尽量构建更大的保护范围同时保证有修改的退路，如果还有其他元素组成含量的实施例或者其他工艺条件的制备方法，最好也将之写入技术交底书中。②缺少对比例，导致相关内容不能对本案的具体实现原理，尤其是关键点给予直接的验证，使得专利代理师及社会公众无法准确确定本案的关键点，且容易导致包括审查员在内的其他人对本案实现的原理产生质疑或产生有偏差的理解。事实上，本领域技术人员熟知，硅藻土作为催化剂载体和稀土元素掺杂二氧化钛均是已经报道过的现有技术，因此，按照以上述技术交底书内容作为技术方案进行申请大概率会被质疑产品不具备创造性，进而导致审查程序无谓的延长甚至影响结案走向。

经过专利工程师和申请人的沟通后，确定本申请对现有技术的改进实际是由于稀土元素铒具有特殊的能级结构，能吸收紫外光和可见光。因此，利用稀土铒掺杂TiO_2来扩大其光响应范围，从而提高其光催化活性，且铒的掺杂量必须控制在一定的范围内才具有更优异的活性表现，当偏离该范围时，活性损失较大。

为了体现本申请的上述改进，申请人在技术交底书中增加一部分关于稀土金属元素铒具体能级结构的描述，并且补充了铒掺杂二氧化钛前后的紫外–可见光吸收谱图，在技术交底书中还补充了如下实施例和对比例。

实施例2：

$Er_{0.005}Ti_{0.98}O_{1.99}$/硅藻土复合光催化剂的制备：称取10g钛酸四丁酯加入到适量的水中进行充分水解，形成白色沉淀，对沉淀物进行离心和洗涤，往沉淀物中加入7.5mL浓HNO_3，使沉淀溶解进而得到透明的钛盐溶液。随后向澄清溶液中加入5.325g的尿素、适量的水和1%分子量为2000的聚乙二醇（按混合溶液质量），充分混合后，加入0.0473g的醋酸铒，使其形成250mL的澄清透明溶液，最后加入9.378g的硅藻土。将溶液转入瓷坩埚并置于已经预热到600℃的马弗炉中加热，发生剧烈的燃烧反应，燃烧结束后得到催化剂。得到的催化剂中，TiO_2质量占硅藻土质量的20%，Er是TiO_2的摩尔数的0.5%。

1g/L催化剂样品加入到50mL浓度20mg/L的亚甲基蓝溶液中形成悬浮体系，然后将混合溶液置于太阳光下继续搅拌进行光催化反应，每隔一定时间后取样4mL，取上层清液，用722N型分光光度计测定亚甲基蓝溶液在66nm处的吸光度值，进而计数算亚甲基蓝的残余浓度。结果显示，铒掺杂的二氧化钛/硅藻土复合催化剂加入亚甲基蓝在太阳光照射下6h降解率达到54.08%。

实施例3：

$Er_{0.02}Ti_{0.98}O_{1.99}$/硅藻土复合光催化剂的制备：称取10g钛酸四丁酯加入到适量的水中进行充分水解，形成白色沉淀，对沉淀物进行离心和洗涤，往沉淀物中加入7.5mL浓HNO_3，使沉淀溶解进而得到透明的钛盐溶液。随后向澄清溶液中加入5.325g的尿素、适量的水和1%分子量为2000的聚乙二醇（按混合溶液质量），充分混合后，加入0.189g的醋酸铒，使其形成250mL的澄清透明溶液，最后加入9.378g的硅藻土。将溶液转入瓷坩埚并置于已经预热到600℃的马弗炉中加热，发生剧烈的燃烧反应，燃烧结束后得到催化剂。得到的催化剂中，TiO_2质量占硅藻土质量的20%，Er是TiO_2的摩尔数的2%。

1g/L催化剂样品加入到50mL浓度20mg/L的亚甲基蓝溶液中形成悬浮体系，然后将混合溶液置于太阳光下继续搅拌进行光催化反应，每隔一定时间后取样4mL，取上层清液，用722N型分光光度计测定亚甲基蓝溶液在66nm处的吸光度值，进而计数算亚甲基蓝的残余浓度。结果显示，铒掺杂的二氧化钛/硅藻土复合催化剂加入亚甲基蓝在太阳光照射下6h降解率达到58.35%。

实施例4：

$Er_{0.03}Ti_{0.97}O_{1.985}$/硅藻土复合光催化剂的制备：称取10g钛酸四丁酯加入到适量的水中进行充分水解，形成白色沉淀，对沉淀物进行离心和洗涤，往沉淀物中加入7.5mL浓HNO_3，使沉淀溶解进而得到透明的钛盐溶液。随后向澄清溶液中加入5.325g的尿素、适量的水和1%分子量为2000的聚乙二醇（按混合溶液质量），充分混合后，加入0.2835g的醋酸铒，使其形成250mL的澄清透明溶液，最后加入9.378g的硅藻土。将溶液转入瓷坩埚并置于已经预热到600℃的马弗炉中加热，发生剧烈的燃烧反应，燃烧结束后得到催化剂。得到的催化剂中，TiO_2质量占硅藻土质量的20%，Er是TiO_2的摩尔数的3%。

1g/L催化剂样品加入到50mL浓度20mg/L的亚甲基蓝溶液中形成悬浮体系，然后将混合溶液置于太阳光下继续搅拌进行光催化反应，每隔一定时间后取样4mL，取上层清液，用722N型分光光度计测定亚甲基蓝溶液在66nm处的吸光度值，进而计数算亚甲基蓝的残余浓度。结果显示，铒掺杂的二氧化钛/硅藻土复合催化剂加入亚甲基蓝在太阳光照射下6h降解率达到48.72%。

实施例5：

将实施例1使用后的$Er_{0.01}Ti_{0.99}O_{1.995}$/硅藻土复合催化剂进行过滤回收，洗涤，烘干，获得使用后的催化剂。再次加入到 50mL 浓度 20mg/L 的亚甲基蓝溶液中形成悬浮体系，催化剂浓度仍为 1g/L，由于回收过程催化剂有部分损失，回收的催化剂用量不足 1g/L 以新鲜催化剂补充至 1g/L，然后将混合溶液置于太阳光下继续搅拌进行光催化降解亚甲基蓝反应，每隔一定时间后取样 4mL，取上层清液，用 722N 型分光光度计测定亚甲基蓝溶液在 66nm 处的吸光度值，进而计数算亚甲基蓝的残余浓度。结果显示，回收利用的铒掺杂的二氧化钛/硅藻土复合催化剂加入亚甲基蓝在太阳光照射下 6h 降解率仍可达到 59.16%。

对比例 1：

TiO_2/硅藻土复合光催化剂的制备：称取 10g 钛酸四丁酯加入到适量的水中进行充分水解，形成白色沉淀，对沉淀物进行离心和洗涤，往沉淀物中加入 7.5mL 浓 HNO_3，使沉淀溶解进而得到透明的钛盐溶液。随后向澄清溶液中加入 5.325g 的尿素、适量的水和 0.5% 分子量为 2000 的聚乙二醇（按混合溶液质量），充分混合后，使其形成 250mL 的澄清透明溶液，最后加入 9.378g 的硅藻土。将溶液转入瓷坩埚并置于已经预热到 600℃ 的马弗炉中加热，发生剧烈的燃烧反应，燃烧结束后得到催化剂。得到的催化剂中，TiO_2 质量占硅藻土质量的 20%。

对比例 2：

$Er_{0.01}Ti_{0.99}O_{1.995}$ 复合光催化剂的制备：称取 10g 钛酸四丁酯加入到适量的水中进行充分水解，形成白色沉淀，对沉淀物进行离心和洗涤，往沉淀物中加入 7.5mL 浓 HNO_3，使沉淀溶解进而得到透明的钛盐溶液。随后向澄清溶液中加入 5.325g 的尿素、适量的水和 0.5% 分子量为 2000 的聚乙二醇（按混合溶液质量），充分混合后，加入 0.0945g 的醋酸铒，使其形成 250mL 的澄清透明溶液。将溶液转入瓷坩埚并置于已经预热到 600℃ 的马弗炉中加热，发生剧烈的燃烧反应，燃烧结束后得到催化剂。得到的催化剂中，Er 占 TiO_2 摩尔分数的 1%。

对比例 3~5：

$Er_{0.01}Ti_{0.99}O_{1.995}$/膨润土（氧化硅/活性炭）复合催化剂的制备：称取 10g 钛酸四丁酯加入到适量的水中进行充分水解，形成白色沉淀，对沉淀物进行离心和洗涤，往沉淀物中加入 7.5mL 浓 HNO_3，使沉淀溶解进而得到透明的钛盐溶液。随后向澄清溶液中加入 5.325g 的尿素、适量的水和 0.5% 分子量为 2000 的聚乙二醇（按混合溶液质量），充分混合后，加入 0.0945g 的醋酸铒，使其形成 250mL 的澄清透明溶液，最后加入 9.378g 的膨润土（氧化硅、活性炭）。将溶液转入瓷坩埚并置于已经预热到 600℃ 的马弗炉中加热，发生剧烈的燃烧反应，燃烧结束后得到催化剂。得到的催化剂中，TiO_2 质量占硅藻土质量的 20%，Er 是 TiO_2 的摩尔数的 1%。

对比例 6~8：

La（Ho/Tm）$_{0.01}$Ti$_{0.99}$O$_{1.995}$/硅藻土复合催化剂的制备：称取 10g 钛酸四丁酯加入到适量的水中进行充分水解，形成白色沉淀，对沉淀物进行离心和洗涤，往沉淀物中加入 7.5mL 浓 HNO_3，使沉淀溶解进而得到透明的钛盐溶液。随后向澄清溶液中加入 5.325g 的尿素、适量的水和 0.5% 分子量为 2000 的聚乙二醇（按混合溶液质量），充分混合后，加入 0.1g（0.114g/0.110g）的醋酸镧（醋酸钬、醋酸铥），使其形成 250mL 的澄清透明溶液，最后加入 9.378g 的硅藻土。将溶液转入瓷坩埚并置于已经预热到 600℃ 的马弗炉中加热，发生剧烈的燃烧反应，燃烧结束后得到催化剂。得到的催化剂中，TiO_2 质量占硅藻土质量的 20%，La(Ho/Tm) 是 TiO_2 的摩尔数的 1%。

通过上述补充的实施例和对比例，可以对本申请记载的技术效果进行有效支撑。其中，实施例 1 和对比例 1、2 的比较可以证明有无载体和有无稀土金属的掺杂对光催化活性的影响，实施例 1 和对比例 3~5 的比较则说明了硅藻土相对于其他本领域的常规载体如膨润土、氧化硅、活性炭具备优势，实施例 1 和对比例 6~8 的对比表明了不同类型的稀土元素掺杂会导致不同的性能表现。从实施例 1~4 的横向对比表明铒的掺杂量在一定的范围内 0.5%~2% 时具有较好的降解性能，而掺杂量为 3% 时，降解率有较为明显的下降。实施例 5 的重复利用试验表明回收后的催化剂仍然具有良好的亚甲基蓝降解效率，证明了催化剂稳定性高。进一步，发明人还补充了回收催化剂的 SEM 图，和新鲜制备的催化剂 SEM 图进行对比，发现催化剂的形貌没有明显改变，使用后二氧化钛的粒径没有团聚长大。通过上述补充和丰富说明了本申请相比于现有技术取得的进步，又证明了本申请所要解决的技术问题。

案例 14 中修改后的技术交底书中的实施例主要是针对铒的掺杂量、载体类型和稀土元素类型展开的，但事实上，技术方案中还涉及一些其他参数的范围选取，如尿素与 HNO_3 的摩尔比例、聚乙二醇的加入量、Er 掺杂的 TiO_2 与硅藻土质量比以及煅烧温度等，上述参数在实施例 1~4 中完全是一致的，当上述参数与本申请的技术方案的效果影响不大时，可以不设置上述参数调变的实施例，然而大多数情况下，制备过程中的参数都会与最终的产品结构或性能有一定关联或产生一定影响，通常建议设置几个相应的实施例。

对于多数技术交底书来说，一般应撰写多个实施例，这样既可以通过具体实施方式和比较例之间纵向比较，也可以通过不同具体实施方式之间横向比较，得到技术效果最好、最优的技术方案，同时也便于专利代理师撰写权利要求书。实施例数量的选择需要综合考虑发明要解决的技术问题和需要达到的技术效果，结合具体的技术方案来确定。实施例除了考虑能够实现的因素之外，还要符合专利申请解决实际问题的逻辑。对于包括了某个数值范围的发明内容来说，如果该数值范围是发明构思的核心内容，对发明能否解决相应技术问题及技术效果有着显著的影响，则实施例相对应的数值范围通常应选择数值范围的两端值附近（最好是两端值），当数值范围较宽时，还应当给出至少一个中间值的实施例。对于记载了多个实施例的技术方案来说，发明内容要求能够对所有的实施例进行总的概括，实施例的参数、步骤或者组织结构等通常应当在发明内容部分技术方案或后续权利要求技术方案的范围之内。

四、关键改进点和有益效果

对于关键改进点和有益效果的描述，最常见的问题就是缺乏针对性的泛泛而谈，无法与背景技术存在的缺陷、本申请所要解决的技术问题以及本申请相对现有技术作出的技术贡献相对应，技术效果没有体现出与现有技术效果相比的改进或提高，也没有与本申请发明构思相关的技术特征对应。这样的描述不能突出本申请的发明点，也不利于专利代理师对发明的理解。相反，如果申请人在撰写技术交底书时，能够对已有实验结果进行深度挖掘，对内在规律进行探究，进而将组成及含量的调整、方法工艺的控制、组织的影响等关键内容与发明如何解决其技术问题之间的关系予以说明和解释，这将有利于专利代理师理解发明，进而撰写申请文件，案件也会朝较好的结案方向发展。

案例15：

某申请涉及一种频那酮合成催化剂的制备方法，解决实际生产中原料转化率低的问题。具体是以稀土氧化物负载于氧化铝氧化钛复合载体上作催化剂，稀土金属的负载量为3%~20%，氧化铝氧化钛复合载体中钛铝元素的摩尔比为0.2~0.5，称取一定量稀土金属的硝酸盐配成均匀溶液，再将一定量的氧化铝氧化钛复合载体加入到上述溶液中，浸渍，浸渍方式为等体积多次浸渍，然后每次浸渍后进行抽真空干燥，然后在马弗炉中焙烧，得到频那酮合成催化剂。所述的稀土金属，包括镧、铈、镨、钕。

该案例仅简单叙述了频那酮合成催化剂的制备工艺，没有详细说明工艺步骤、工艺参数、物料选择等与材料转化率之间的关系，不清楚本申请技术方案提高原料转化率的主要贡献是什么，导致专利代理师无法确定本申请相对现有技术的改进点，这样形成的申请文件在面临审查过程中的质疑时，不容易找到支撑论点的依据。

案例16：

某申请涉及一种高熵同时稳定 A 位和 B 位阳离子的稀土锆酸盐陶瓷及其制备方法，目的是提供一种高熵同时稳定 A 位和 B 位阳离子的稀土锆酸盐陶瓷及其制备方法，制备具有热导率低、硬度高、断裂韧性优异、物相纯度高和致密度高等特点的稀土锆酸盐陶瓷。

一种高熵同时稳定 A 位和 B 位阳离子的稀土锆酸盐陶瓷，所述稀土锆酸盐陶瓷包括化学式为 $A_2B_2O_7$ 的物质；其中 A 位阳离子为 Sc、Y、La、Nd、Sm、Eu、Gd、Dy、Ho、Er、Tm、Yb 和 Lu 中的四种或四种以上金属阳离子的混合，A 位内不同金属阳离子具有相同摩尔含量；B 位阳离子为 Ti、Hf、Sn、Th 和 Ce 中的三种或三种以上金属阳离子与 Zr 离子的混合，B 位内不同金属阳离子具有相同摩尔含量。

一种高熵同时稳定 A 位和 B 位阳离子的稀土锆酸盐陶瓷的制备方法，包括以下步骤：

（1）按照 $A_2B_2O_7$ 的化学式分别计量称取 A_2O_3 和 BO_2 氧化物，然后升温去除有机杂质并降低原料粉末的反应活性，冷却降温后得到粉末 C；

（2）将粉末 C 球磨混料、干燥、过筛，得到粉末 D；

（3）将粉末 D 进行放电等离子烧结，得到烧结后的块体陶瓷；

（4）将烧结后的块体陶瓷进行升温除碳处理，得到所述稀土锆酸盐陶瓷。

所述步骤（1）中，将原料粉末置于 600～1200℃ 温度下保温 2～10 小时，去除有机杂质并降低原料粉末的反应活性；

所述步骤（3）中，放电等离子烧结的温度为 1200～1600℃，压力 100～200MPa，时间为 5～15min；

所述步骤（4）中，将烧结后的块体陶瓷在 1000～1500℃ 温度下保温 2～5 小时进行升温除碳处理。

本发明的有益效果：

1. 针对当前萤石型和焦绿石型结构的 $A_2B_2O_7$ 稀土锆酸盐陶瓷材料存在的高温稳定性差、高温热导率高、热膨胀系数不足、断裂韧性差等问题，本发明以熵稳定晶格作为理论基础，提供了高熵同时稳定 A 位和 B 位阳离子的稀土锆酸盐陶瓷及其制备方法，在 A 位和 B 位同时引入不同类型的金属阳离子，并且同一阳离子位置处的不同金属阳离子具有相同摩尔含量，将晶格的构型熵最大化，从而最大发挥熵稳定晶格的作用，将构型熵最大化能够有效降低材料烧结所需温度，并结合快速高温高压烧结抑制晶粒长大，利用晶粒细化和固溶强化机制提高材料断裂韧性。

2. 本发明在 A 位和 B 位阳离子处同时进行高熵稳定处理，利用阳离子位置处的原子尺寸和原子质量无序性提高声子散射降低材料热导率，利用晶格松弛提高材料热膨胀系数。

3. 本发明所制备的稀土锆酸盐陶瓷具有热导率低、硬度高、断裂韧性优异、物相纯度高和致密度高等特点，可应用于热障涂层、环境障涂层、固态氧化物燃料电池和核废料储存器等领域。

案例 16 不仅说明了本申请与现有技术在制备萤石型和焦绿石型结构的 $A_2B_2O_7$ 稀土锆酸盐陶瓷材料制备工艺上的不同以及参评结构的差异，同时也详细叙述了这些差异调整所带来的有益效果，并给出了相应的原理，即将晶格的构型熵最大化能够有效降低材料烧结所需的温度，利用阳离子位置处的原子尺寸和原子质量无序性提高声子散射降低材料热导率，结合快速高温高压烧结抑制晶粒长大，利用晶粒细化和固溶强化机制提高材料断裂韧性，利用晶格松弛提高材料热膨胀系数。使专利代理师很容易了解技术方案的发明构思和发明的关键点（在 A 位和 B 位同时引入不同类型的金属阳离子，并且同一阳离子位置处的不同金属阳离子具有相同摩尔含量），有利于申请文件的撰写和后续审查。

五、实验数据证明

在化学领域，对于发明技术效果的可预期性较低，因此对于稀土功能材料专利申请而言，实验数据作为证明技术效果的关键内容，在申请文件中具有极为重要的地位，与《专利法》第 26 条第 3 款规定的公开充分、《专利法》第 26 条第 4 款规定的权利要求书以说明书为依据、《专利法》第 22 条第 3 款规定的创造性等授予专利权的实质性条件都密切相关。因此，技术交底时这部分内容也应当是重中之重。通常，实验数据内容上属于具体实施方式的一部分，也是具体实施方式的结果和效果证明，可以说是最核心的内容，在很多情况下，对于案件的走向以及可能授权的保护范围起着决定性的影响。

在实践中，许多撰写得不好的技术交底书或者申请文件问题就恰恰出在实验数据方面，常见问题包括如下几种类型：

① 缺少与技术效果对应的实验数据：实验数据表征的性能与发明要解决

的技术问题/要实现的技术效果不对应。

② 实验数据明显错误：例如实验数据明显超出本领域常规认知的范围。

③ 实验数据互相矛盾：不同实施例的实验数据表达的结果互相矛盾，如同一参数在一个实施例中与某效果成正比，而在另一个实施例中则成反比。

④ 实验数据单一：例如仅有一个技术效果所对应的实验数据，不能全面反映产品或方法取得的效果，在审查过程中当所述效果被现有技术公开或被认为可以预期时，由于没有其他技术效果的实验数据，可争辩空间小。

⑤ 实验数据不真实：有的申请人为了提高授权率会改编实验数据，使其看上去完美但却偏离了本领域常规认知的可信度。然而，这样做并不可取，作为本领域技术人员的审查员，可能因实验数据不真实而怀疑整个方案的可信度，即使获得了授权，在后续产业化的过程中，由于真实的数据达不到申请文件记载的数据可能引起合同纠纷，或者存在专利无效风险。

⑥ 实验数据无层次：存在多层次的优选技术方案时，需要有对应的实验数据，例如，基础实施例相比现有技术能提高 10%，进一步优选地实施例能提高 20%，最优选的实施例能提高 30%，这样即便基础技术方案被认定为不具备授权前景，申请人也有进一步修改和争辩的空间。

⑦ 实验数据不具有证明力：实验数据不足以证明待证事实，例如实验数据证明不了协同作用。

下面结合案例对实验数据的技术交底进行详细说明。

案例 17：

某发明涉及一种掺杂稀土离子的二氧化钛光催化剂的制备方法。在背景技术部分，首先指出二氧化钛光催化剂具有很高的光催化反应活性，但其光催化反应的量子效率还很低，绝大部分光子在反应中不能够被利用。由于，半导体能带由充满电子的价带（valanceband，VB）和空的导带（conduetionband，CB）构成，价带和导带间存在禁带，而二氧化钛晶体的禁带宽度较高（其中锐钛矿相为 3.2eV，金红石相为 3.0eV），只能吸收波长小于 387nm 的紫外光，在可见光照射下没有光催化活性，而太阳光中只有不足 4% 的紫外光。基于这些原因，掺杂或改性二氧化钛光催化剂以达到对可见光的利用和提高其活性很有必要。由此，本发明想解决二氧化钛光催化剂光催化反应的催化活性低的技术问题。

该发明的基础技术方案为：

一种掺杂稀土离子的二氧化钛光催化剂的制备方法，包括：步骤1）将稀土化合物加入聚四氟乙烯溶液中，得到第一混合溶液；步骤2）将二氧化钛粉末、异丙醇和去离子水加入第一混合溶液中混合，得到第二混合溶液；步骤3）将第二混合溶液升温至160~220℃，保温4~8小时后冷却，分离沉淀物；步骤4）将沉淀物洗涤，在75~80℃下烘干，得到掺杂稀土离子的二氧化钛光催化剂。所述稀土化合物为选自钐源化合物、铕源化合物，稀土化合物总摩尔量：二氧化钛粉末的摩尔量＝（2~8）：100。

紧接着，又提出了进一步优选的三个技术方案，分别涉及"优选稀土化合物总摩尔量：二氧化钛粉末的摩尔量＝（4~6）：100""优选稀土化合物同时含有钐源化合物和铕源化合物，Sm和Eu的摩尔比为（0.5~2）：1"和"最优选钐源化合物和铕源化合物的摩尔比为Sm：Eu＝1：1"。

具体实施方式部分详细介绍了各元素的作用，其中Eu^{3+}掺杂后进入二氧化钛晶格中引起晶格膨胀，可抑制其晶相转变和粒径增大，同时，Eu^{3+}能捕获光生电子，减缓电子和空穴的复合速率。Sm^{3+}掺杂会引起二氧化钛晶格膨胀及光吸收带边的红移，提高可见光的利用率及二氧化钛的光催化效率。也就是说Eu元素和Sm元素的加入是本案的发明点。

技术交底书提供了如下14个实施例：

实施例1：

室温下按体积比1：6将钛酸丁酯缓慢滴加到30mL异丙醇溶剂中，搅拌均匀，得到透明溶液。再取30mL异丙醇溶剂及等量的去离子水，用滴管取9滴10mol/L的HNO_3加入其中，混合均匀，得到酸性混液。将酸性混液缓慢滴加入透明溶液中，滴加过程加速搅拌，获得乳白色悬浊液，继续搅拌后形成半透明态溶胶，静置20小时后，抽滤得到白色膏体，将其放入75℃的干燥箱5小时，烘干，碾细，得到无定型二氧化钛粉末。

实施例2：

按稀土硝酸盐与无定型二氧化钛粉末用量按照原子比at%（Eu：Ti）＝2%称取一定量的硝酸铕，加入聚四氟乙烯有机溶剂中，搅拌均匀，得到第一混合溶液。取一定量实施例1制得的无定型二氧化钛粉末、异丙醇和去离子水，添加到得到的第一混合溶液中，搅拌均匀，得到第二混合溶液，其中，二氧化钛粉末、异丙醇和去离子水的摩尔比为1：5：5。将装有第二混合溶液的烧杯装入高压釜，置于马弗炉中，以10℃/min的速率持续升温至200℃，并保温6小时，取出，冷却至室温，进行离心分离。将沉淀物用去离子水洗涤，放入干燥箱中设置75℃，烘干，碾成细粉，即得到掺杂量为2%的Eu^{3+}掺杂的二氧化钛光催化剂粉体。

实施例 3：

仅将实施例 2 中硝酸铕换成同等摩尔量的硝酸钐，其他实验条件以及物质的用量都不改变，制备得到掺杂量为 2% 的 Sm^{3+} 掺杂的二氧化钛光催化剂粉体。

实施例 4：

仅将实施例 2 中硝酸铕与无定型二氧化钛粉末用量的原子比由 2% 替换为 4%，其他实验条件以及物质的用量都不改变，制备得到掺杂量为 4% 的 Eu^{3+} 掺杂的二氧化钛光催化剂粉体。

实施例 5：

仅将实施例 2 中硝酸铕与无定型二氧化钛粉末用量的原子比由 2% 替换为 6%，其他实验条件以及物质的用量都不改变，制备得到掺杂量为 6% 的 Eu^{3+} 掺杂的二氧化钛光催化剂粉体。

实施例 6：

仅将实施例 2 中硝酸铕与无定型二氧化钛粉末用量的原子比由 2% 替换为 8%，其他实验条件以及物质的用量都不改变，制备得到掺杂量为 8% 的 Eu^{3+} 掺杂的二氧化钛光催化剂粉体。

实施例 7：

仅将实施例 2 中硝酸铕与无定型二氧化钛粉末用量的原子比由 2% 替换为 10%，其他实验条件以及物质的用量都不改变，制备得到掺杂量为 10% 的 Eu^{3+} 掺杂的二氧化钛光催化剂粉体。

实施例 8：

仅将实施例 3 中硝酸钐与无定型二氧化钛粉末用量的原子比由 2% 替换为 6%，其他实验条件以及物质的用量都不改变，制备得到掺杂量为 6% 的 Sm^{3+} 掺杂的二氧化钛光催化剂粉体。

实施例 9：

在实施例 2 的基础上，添加 0.5 倍硝酸铕摩尔量的硝酸钐，其他实验条件以及物质的用量都不改变，制备得到 2% Eu^{3+} 和 1% Sm^{3+} 共掺杂的二氧化钛光催化剂粉体。

实施例 10：

在实施例 2 的基础上，添加与硝酸铕摩尔量相同的硝酸钐，其他实验条件以及物质的用量都不改变，制备得到 2% Eu^{3+} 和 2% Sm^{3+} 共掺杂的二氧化钛光催化剂粉体。

实施例 11：

在实施例 2 的基础上，添加 2 倍硝酸铕摩尔量的硝酸钐，其他实验条件以及物质的用量都不改变，制备得到 2% Eu^{3+} 和 4% Sm^{3+} 共掺杂的二氧化钛光催化剂粉体。

实施例 12：

在实施例 2 的基础上，按稀土硝酸盐与无定型二氧化钛粉末用量按照原子比 at%（Re：Ti）= 6% 称取一定量的稀土硝酸盐，其中铕和钐的摩尔比为 Sm：Eu = 2：1，其他实验条件以及物质的用量都不改变，制备得到 4% Eu^{3+} 和 2% Sm^{3+} 共掺杂的二氧化钛光催化剂粉体。

实施例 13：

在实施例 2 的基础上，按稀土硝酸盐与无定型二氧化钛粉末用量按照原子比 at%（Re：Ti）= 6% 称取一定量的稀土硝酸盐，其中铕和钐的摩尔比为 Sm：Eu = 1：1，其他实验条件以及物质的用量都不改变，制备得到 3% Eu^{3+} 和 3% Sm^{3+} 共掺杂的二氧化钛光催化剂粉体。

实施例 14：

在实施例 2 的基础上，按稀土硝酸盐与无定型二氧化钛粉末用量按照原子比 at%（Re：Ti）= 5% 称取一定量的稀土硝酸盐，其中铕和钐的摩尔比为 Sm：Eu = 1：1，其他实验条件以及物质的用量都不改变，制备得到 2.5% Eu^{3+} 和 2.5% Sm^{3+} 共掺杂的二氧化钛光催化剂粉体。

由于本案要解决催化剂活性低的技术问题，故申请文件提供了将所制备的催化剂用于光催化降解染料的实验数据，同时完整描述了其测试方法，具体如下：

应用例 1～14

将实施例 1～14 的催化剂进行光催化剂活性对比测试，分别选择紫外光光源和可见光光源通过滤色片滤去 387nm 以下紫外光作为实验光源，被降解物选用染料活性黄（XRG），初始浓度为 100mg/L，光催化剂投入量为 1g/L，光照前先经预吸附，以达到吸附平衡。反应过程中，定时取样，经过滤后用分光光度计在 387nm 处测染料的吸光度，计算其脱色率，实验结果如表 1。

表 1　XRG 光降解的实验结果对照

样品	稀土元素含量	紫外光下 XRG 降解效率	可见光下 XRG 降解效率
实施例 1（无定型二氧化钛）	0	53.54%	4.35%
实施例 2（铕掺杂）	2% Eu	57.81%	17.63%
实施例 3（钐掺杂）	2% Sm	58.67%	18.38%

续表

样品	稀土元素含量	紫外光下 XRG 降解效率	可见光下 XRG 降解效率
实施例 4（铕掺杂）	4% Eu	59.26%	20.41%
实施例 5（铕掺杂）	6% Eu	60.79%	20.91%
实施例 6（铕掺杂）	8% Eu	57.96%	19.52%
实施例 7（铕掺杂）	10% Eu	53.33%	16.90%
实施例 8（钐掺杂）	6% Sm	61.57%	21.43%
实施例 9（钐铕共掺杂）	2% Eu + 1% Sm	63.35%	21.54%
实施例 10（钐铕共掺杂）	2% Eu + 2% Sm	67.32%	23.28%
实施例 11（钐铕共掺杂）	2% Eu + 4% Sm	65.43%	22.96%
实施例 12（钐铕共掺杂）	4% Eu + 2% Sm	64.19%	21.62%
实施例 13（钐铕共掺杂）	3% Eu + 3% Sm	68.86%	24.67%
实施例 14（钐铕共掺杂）	2.5% Eu + 2.5% Sm	70.51%	26.02%

可以看到，上述 14 个实施例不仅支撑了基础技术方案，即实施例 2～6、8 与实施例 1 的光催化性能数据对比可以证明单独的稀土掺杂，掺杂摩尔比在 2%～8% 时，可以提高二氧化钛光催化剂的活性和光吸收范围，而铕掺杂摩尔量达到 10% 时，尽管在可见光下的降解效率有了提高，但是紫外光下 XRG 降解效率已经略低于实施例 1 了。而实施例 4、5、8 与实施例 2、3、6 的光催化性能数据对比可以支撑优选"稀土化合物总摩尔量：二氧化钛粉末的摩尔量 = (4～6)：100"的技术方案；实施例 9～14 与实施例 2～8 的光催化性能数据对比可以支撑优选"稀土化合物同时含有钐源化合物和铕源化合物，Sm 和 Eu 的摩尔比为（0.5～2）：1"的技术方案；而实施例 13、14 与实施例 9～12 的光催化性能数据对比可以支撑最优选"钐源化合物和铕源化合物的摩尔比为 Sm：Eu = 1：1"的技术方案。上述实施例的设置以及相应的实验数据相对来说证明力较强，充分地体现了本案所声称的技术效果。这样的实验数据能够支撑设置多层次的权利要求。在后续审查过程中，即使基础权利要求不具备授权前景，申请人也可以保留优选权利要求并以实验数据为支撑争辩其更优的技术效果。

另外，案例 17 分别记载了铕和钐元素掺杂二氧化钛的作用，其中，Eu^{3+} 掺杂后进入二氧化钛晶格中引起晶格膨胀，可抑制其晶相转变和粒径增大，同时，Eu^{3+} 能捕获光生电子，减缓电子和空穴的复合速率。Sm^{3+} 掺杂会引起二氧化钛晶格膨胀及光吸收带边的红移，提高可见光的利用率及二氧化钛的光催化效率。上述表述虽然没有记载铕和钐元素同时掺杂具有协同作用，然而，核对实施例的实验数据，还可以发现"两种元素组合使用具有协同作用"。预料不到的技术效果是指发明同现有技术相比，其技术效果产生"质"的变化，具有新的性能；或者产生"量"的变化，超出人们预期的想象。这种"质"的或者"量"的变化，对所属技术领域的技术人员来说，事先无法预测或者推理出来。简言之，预料不到的技术效果就是"1＋1＞2"的技术效果。这种技术效果对于证明化学领域发明的创造性非常有利。

案例17中实施例10（2% Eu＋2% Sm）总稀土掺杂量为4%，紫外光和可见光降解率均高于同样掺杂量为4%的单独稀土铕掺杂的实施例4，实施例13（3% Eu＋3% Sm）总稀土掺杂量为6%，紫外光和可见光降解率均高于同样掺杂量为6%的单独稀土铕或钐掺杂的实施例5和8。即在稀土元素掺杂用量相等的情况下，Sm和Eu的组合使用明显超过了单独Eu掺杂的技术效果；进一步地，实施例9（2% Eu＋1% Sm）总稀土掺杂量为3%，其紫外光和可见光降解率反而高于掺杂量更高为4%的单独稀土铕掺杂的实施例4，实施例14（2.5% Eu＋2.5% Sm）总稀土掺杂量为5%，然而其紫外光和可见光降解率反而高于掺杂量更高为6%的单独稀土铕或钐掺杂的实施例5和8，即在稀土元素掺杂用量明显降低的情况下，Sm和Eu的组合使用也高于更高用量情况下各自单独使用的技术效果。因此，上述实施例实验数据之间的对比可以证明案例17的两种元素掺杂具有协同效应，产生了预料不到的技术效果。即使在申请文件中没有明确记载，在案件的实质审查过程中，基于上述试验数据，通过对比说理的方式提出"协同作用"也是会被审查员接受的。

反之，参见表1，单独加入2%的Eu（实施例2）、2%的Sm（实施例3）均能够相比空白样（实施例1不掺杂的二氧化钛）提升可见光和紫外光下的活性黄降解率，而实施例10同时加入了2%的Eu和2%的Sm，其紫外光和可见光降解率相对于不掺杂的实施例1有更大的提高——高于单独掺杂2%铕或钐的实施例2、3。但这种情况并不能证明铕和钐具有协同效果，因为单独的铕和钐掺杂提高光催化效率，本领域技术人员可以合理预期将上述两种元素依旧各自按照上述用量组合添加至二氧化钛时，其会比仅使用一种元素时具有更好的技术效果，但这应属于效果的简单叠加，是掺杂量的提升导致的，该对比不能证明铕和钐两种元素的组合使用产生了预料不到的技术效果。

总而言之，高质量的技术交底是高质量专利申请的基础，申请人与专利代理师之间配合越默契，给"创新之树"搭建的"庇护之所"越可靠。一份清楚、完整反映发明内容的技术交底书能够帮助专利代理师迅速理解技术创新内容和核心发明点，撰写技术内容完整、权利要求保护范围恰当的专利申请文件，尽可能地减少后续审查和维权过程中的风险。

第七章　技术交底书撰写实操

　　本章将以两个技术交底案例逐步修改完善过程演示高端稀土材料领域技术交底书容易出现的问题和推荐的撰写方式，解析专利代理师在撰写申请文件时希望了解的内容和可能考虑的维度，期望提升申请人与专利代理师沟通的有效性，为撰写相对完备的技术交底书提供借鉴和参考。需要说明的是，本章所选取的案例均来源于真实案例，出于编写需要进行了一定程度的改编，以期更好地体现和聚焦知识点。

第一节　案例一：一种含稀土高硅 Y 型沸石及其制备方法

一、首次提供的技术交底书

一种含稀土高硅 Y 型沸石及其制备方法
1. 发明名称和技术领域 　　本发明涉及一种 Y 型沸石及其制备方法，更具体地说，是一种结构优化的含稀土高硅 Y 型沸石及其制备方法。
2. 背景技术和存在的问题 　　由于催化裂化反应的操作条件苛刻，存在高温和高水蒸气的环境，因此要求裂化催化剂尤其催化剂的活性组分（例如 Y 分子筛）具有很高的热稳定性和水热稳定性。 　　为了改善催化裂化催化剂的活性组元——Y 型沸石的活性及结构稳定性，研究者们致力于在高硅 Y 型沸石中引入稀土制备出含稀土的高硅 Y 型沸石。

3. 本发明技术方案

本发明提供了一种稀土高硅 Y 型沸石的制备方法，包括如下步骤：

将含稀土的 Y 型沸石进行干燥处理，然后通入干燥空气携带的 $SiCl_4$ 气体反应得到气相超稳 Y 型沸石；再将得到的气相超稳 Y 型沸石和稀土盐溶液混合搅拌，得到含稀土的高硅 Y 型沸石。

4. 关键的改进点和有益效果

本发明制备方法得到的稀土高硅 Y 型沸石的结构更优化，显著提高了沸石的热稳定性、水热稳定性、裂化活性及降烯烃性能。该沸石适用于作为重油催化裂化催化剂的活性组分，以该沸石作为活性组元制备的重油催化裂化催化剂，经过 800℃，17h，100% 水蒸气苛刻条件老化后，与现有高硅沸石相比，其轻油微反微活指数显著提升，重油微反产物分布中未转化的重油收率显著降低，重油转化能力显著增强。

5. 具体实施方式

将含稀土的 Y 型沸石进行干燥处理，然后通入干燥空气携带的 $SiCl_4$ 气体反应得到气相超稳 Y 型沸石；再将得到的气相超稳 Y 型沸石和稀土盐溶液混合搅拌，得到含稀土的高硅 Y 型沸石。

二、首次提供的技术交底书分析

技术交底书是申请人向专利代理师呈现发明构思的载体，申请人将发明创造成果表达于技术交底书中，专利代理师经再加工将其转化为专利申请文件。想要撰写出一份技术逻辑清楚的专利申请，专利代理师至少需要弄清以下基本技术问题：该发明应用在什么技术领域？该技术领域发展现状如何，存在哪些缺陷？该发明是如何克服这些缺陷的？该发明技术效果如何？申请人首次提供的技术交底书看似涵盖了"技术领域""背景技术""发明内容"和"具体实施方式"等内容，但是，整体内容过于简化，对于沸石催化裂化领域不太了解的专利代理师而言，信息量还远远不够。

1. 背景技术对发明意图的支撑不够

《专利审查指南 2010》第二部分第二章第 2.2.3 节规定："发明或者实用

新型说明书的背景技术部分应当写明对发明或者实用新型的理解、检索、审查有用的背景技术，并且尽可能引证反映这些背景技术的文件。尤其要引证包含发明或者实用新型权利要求书中的独立权利要求前序部分技术特征的现有技术文件，即引证与发明或者实用新型专利申请最接近的现有技术文件。"

首次提供的技术交底书的背景技术中，申请人仅简单介绍了 Y 型沸石的特点以及在催化裂化领域应用时活性和结构稳定性不足的缺陷，而这些内容均属于该领域的普通技术知识或者所面临的普遍技术问题。首次提交的技术交底书的背景技术中缺少与本发明所要改进的核心技术有关的技术现状描述，比如，高硅 Y 型沸石有什么特点，目前该领域最关注的技术问题是什么，前人对于稀土高硅 Y 型沸石做了哪些研究，还存在哪些不足之处需要进一步改进。由于缺少更加详细的技术现状描述，专利代理师在阅读完首次提供的技术交底书之后，仅能知晓该发明是一种用在催化裂化领域、与提高活性和结构稳定性有关的 Y 型沸石的高硅化和稀土改性技术，但对该发明的 Y 型沸石具体针对什么技术问题进行改进这一关键背景知识无从得知。

专利代理师在撰写申请文件时需要讲清楚发明"为什么""如何做""效果如何"，如若没有对技术现状了解透彻则难以讲清楚以上几点。仅基于上述背景技术的介绍，专利代理师很难确认本发明的实际发明起点是什么以及基于什么样的技术问题作出改进，从而在阅读完技术交底书全部内容后无法准确理解发明意图、聚焦发明重点。

2. 技术方案介绍过于简单

专利代理师在撰写专利申请文件时需以说明书公开的内容为依据，而说明书公开的内容又依赖于技术交底书。因而只有专利代理师详细了解发明创造的具体内容，充分把握发明实质，才更有助于撰写高质量的专利申请文件。技术交底书中的技术方案介绍目的是让专利代理师清楚地理解该发明是如何实施的，这里所说的"如何实施"不仅是"知其然"，而且要让专利代理师"知其所以然"。对于产品，除了要交代有哪些组分、存在比例，或者有哪些部件，相互之间如何连接，对于方法，除了要交代采用什么原料或设备、每一步怎么做，更重要的是，还应当让专利代理师清楚为什么要这样做，即涉及技术改进的关键技术特征在方案中的作用和原理。此外，如果在特征的选择上有这样或那样的考虑，甚至在尝试过程中曾遇到这样或那样的困难，也建议告知专利代理师。有一些内容甚至可能属于申请人不愿意披露的技术秘密点，这些内容不一定会在最终的专利申请文件中写出来，但能够帮助专利代理师理解、选择更合适的申请文件呈现方式。说清楚该发明"来龙去脉"的目的在于让专利代理师无限趋近于申请人，让他能够换位到申请人的角度去思考和选择最合适的法律文件呈现形式。可以说，专利代理师对技术的理解越趋近于申请人，越能够用自己的专业知识将发明难点、重点和创新之处提炼出来，附以最合适的法律外衣。

首次技术交底书的技术方案部分，仅笼统记载了含稀土的高硅 Y 型沸石的制备方法。由于技术方案的描述过于简单，专利代理师阅读后可获取的知识非常有限，难以确定本发明的创新点在于产品还是制备方法，抑或是两者的结合。如果创新点在于沸石材料组成，硅含量的确定和稀土元素的引入具体依据何种原理？对所得 Y 型沸石结构和组成具有何种影响？如果创新点在于制备方法，本发明的制备方法是现有制备方法的改进还是申请人首次提出的全新技术？如果是全新技术又依据何种原理设计？如果是对现有制备方法的改进，具体改进点在哪里？是否采用了特定的工艺参数条件？如果创新点在于材料组成和制备方法的共同结合，单独一项改进会有哪些不足？两者结合具有什么协同增效作用？以上内容如果在技术交底书中没有全面的记载都可能使得专利代理师产生种种疑惑。如果专利代理师无法对本发明的技术方案有一个准确的理解，则难以将发明难点、重点和创新之处提炼出来形成高质量的申请文件，进而也会影响专利实审过程中审查员的判断（如权利要求的保护范围、新颖性和创造性等）。

3. 有益效果记载缺乏说服力

有益效果是指由构成发明的技术特征直接带来的，或者是由技术特征必然产生的技术效果，它是确定发明是否具有"显著的进步"的重要依据。对于化学这类实验性较强的学科领域发明而言，有益效果通常是由一些性能、效果参数呈现的，不进行试验验证无法让人信服。所以仅断言式的有益效果说明通常被认为没有太大说服力，需要理论分析与试验验证的结果相结合来予以确认。

首次提供的技术交底书仅描述了稀土高硅 Y 型沸石结构更优化，稳定性和裂化活性相比现有高硅沸石得到明显提升，虽然体现了本发明技术方案能够带来一定的有益效果，但沸石材料的稳定性和裂化性能是该领域的普遍关注点，这种原理性有益效果的撰写方式说服力远远不够。一方面，对本发明的关键发明点及其带来的有益效果缺乏理论分析，没有明晰到底是哪种关键组分还是制备方法抑或者制备方法中的某些工艺参数带来稀土高硅 Y 型沸石性能的提升。如果仅仅是稀土元素的引入带来的结构改善和性能提升，则采用何种制备方法制得该稀土高硅 Y 型沸石则不是发明的关键。而如果是特定的制备方法带来的上述有益效果，则方法的步骤和/或工艺参数也属于关键发明点。这些考虑关乎申请文件撰写时权利要求的保护范围，也关乎说明书的重点说明方向。

另一方面，本发明的有益效果缺乏数据支撑。在催化裂化过程中，沸石材料的稳定性和裂化性能好坏往往需要沸石的表征数据和反应评价效果数据来证明，比如证明材料晶相的 XRD 衍射谱图、微观形貌图、催化裂化产物组成和分布数据等。本发明仅笼统记载了所述稀土高硅 Y 型沸石带来了性能的显著提升，缺少支撑该技术效果的相关证据。如果没有充分的实验数据支撑，本发明的技术效果则仅仅停留在断言层面，很可能在实际审查中被认为证明力不够。

4. 具体实施方式不具体

有些人认为具体实施方式与发明内容部分的技术方案实质上相同，因此认为在发明内容部分已经有技术方案介绍的情况下可以不写或者简写具体实施方式。实际上，两者是存在一定区别的。具体实施方式是专利申请文件的说明书的重要组成部分，是对发明优选的具体实施方式进行举例说明。它对于充分公开、理解和实现发明，支持和解释权利要求都极为重要。说明书应当详细描述申请人认为实现发明的优选实施方式，通常这部分内容就是申请人最熟悉的具体技术内容交代。例如，机械产品类发明通常会结合附图详细阐明装置的组成部件和各部分连接关系，通式化合物类产品要给出取代基明确的具体化合物名称或结构式，组合物类产品通常会给出每一种具体组分、含量以及制备的工艺参数条件，方法类发明则类似实验说明那样描述清楚详细的操作步骤并将采用的不同参数和参数范围记载清楚。当可能要求较宽的保护范围时，比如，组分含量是一个较大的范围，或者某些组分可能来自一些不同种类的成分时，还应提供多个具体实施方式，以支持要求保护的范围。此外，要注意呼应前面提到的有益效果，比如，需要具体描述对比试验条件和结果。在专利审查过程中，为证明有益效果所设计的试验是否科学合理，采取了怎样的试验条件和试验手段，最后呈现的试验结果如何，都是审查员会考虑的因素。

首次提供的技术交底书的实施方式部分只是简单重复了前面的发明内容，没有任何具体实施过程的细节，比如，制备原料、工艺参数、产品表征及反应性能评价、试验证明，等等。可以说，这部分内容只是填写在了"具体实施方式"一栏中，但根本不是专利法意义上的"具体实施方式"，如此笼统地描述可能会让人质疑方案能否实际实施并达到申请人所声称的技术效果。在专利审查过程中，申请文件的说明书存在该问题可能会被质疑是否符合《专利法》

第 26 条第 3 款关于说明书要清楚、完整地公开发明内容，以达到本领域技术人员能够实现的标准。

总而言之，申请人首次提供的技术交底书过于简单，远远达不到充分公开发明的要求，专利代理师甚至不能够深入理解方案是怎么回事，就更谈不上准确确定本发明相对于现有技术的改进点，并对方案进行充分挖掘和提炼，撰写出高质量的专利申请文件了。

三、第二次提供的技术交底书

专利代理师与申请人沟通了上述问题后，申请人对技术交底书进行了补充，再次提供如下内容：

一种含稀土高硅 Y 型沸石及其制备方法

1. 发明名称和技术领域

本发明是关于一种 Y 型沸石及其制备方法，更具体地说，是一种结构优化的含稀土高硅 Y 型沸石及其制备方法。

2. 背景技术和存在的问题

Y 型分子筛具有空旷的骨架结构，比表面积大、结构稳定性好，且生产成本低廉，目前主要用作石油加工催化裂化催化剂的活性组分。

由于催化裂化反应的操作条件苛刻，存在高温和高水蒸气的环境，因此要求裂化催化剂尤其催化剂的活性组分（例如 Y 分子筛）具有很高的热稳定性和水热稳定性。高硅 Y 型沸石因其高硅铝比带来的稳定性更高的优势而被工业上广泛使用。

目前，工业上制取高硅 Y 型沸石主要采用水热法。将 NaY 沸石进行多次稀土离子交换和多次高温焙烧，可以制备出含稀土的高硅 Y 型沸石，这也是制备高硅 Y 型沸石最为常规的方法，但是水热法制备稀土高硅 Y 型沸石的不足之处在于：由于过于苛刻的水热处理条件会破坏沸石的结构，不能得到硅铝比很高的 Y 型沸石；骨架外铝的产生虽对提高沸石的稳定性和形成新的酸中心有益，但过多的骨架外铝降低了沸石的选择性；另外，沸石中的许多脱铝空穴不能及时被骨架上迁移出的硅补上，往往造成沸石的晶格缺陷，沸石的结晶保留度较低，制备出的含稀土高硅 Y 型沸石的水热稳定性差，表现在初始晶胞不易收缩，而平衡晶胞常数较低（平衡晶胞常数与初始晶胞常数的比值低于 0.984）。这里，初始晶胞常数指新鲜含稀土的高硅 Y 型沸石的晶胞常数，平衡晶胞常数指经 800℃，100% 水蒸气老化 17 小时后含稀土的高硅 Y 型沸石的晶胞常数。

气相化学法制备高硅沸石是 Beyer 和 Mankui 在 1980 年首先报道的。气相化学法一般采用氮气保护下的 $SiCl_4$ 与无水 NaY 沸石在一定温度下进行反应。整个反应过程充分利用 $SiCl_4$ 提供的外来 Si 源，通过同晶取代一次完成脱铝和补硅反应。因此，可以有效地避免 NaY 沸石在水蒸气存在的条件下进行脱铝补硅反应时产生羟基空穴，发生晶格塌陷，破坏结构的缺陷，从而能制备出高结晶保留度，高热稳定性的沸石。

现有技术 1 （USP×××××××）、现有技术 2 （EP×××××××A2）中公开了一种方法，将经过干燥的 NaY 沸石隔绝水汽与气态卤化硅在 150 ～ 450℃下进行脱铝补硅反应，所得产品骨架空位少，副产物为容易洗涤回收的 NaCl、$AlCl_3$ 等物质，无明显环境污染问题。但是由于卤化硅与 NaY 分子筛的反应比较剧烈，在较高温度下反应时，分子筛的结构崩塌较严重，产品的结晶度下降较多，而且产品 Na 含量较高，需要进一步进行离子交换后才能使用。

为了解决卤化硅气相法制备的高硅 Y 型沸石反应条件比较剧烈，结晶保留度不够高的问题，现有技术 3 （CN×××××××A）公开了一种含稀土高硅 Y 型分子筛的制备方法。该方法是将 NaY 沸石与研细的固体 $RECl_3$ 趁热混合后与干燥空气携带的 $SiCl_4$ 进行反应，一步实现 NaY 的超稳化和稀土离子交换，但作为原料的固体 $RECl_3$ 在反应前需经高温焙烧、烘干，不仅耗费能源，而且易造成污染。

现有技术 4 （CN××××××××A）公开了一种反应条件更缓和、节省能源且无污染的含稀土高硅 Y 型沸石的制备方法。该方法是用含稀土的 Y 型沸石为原料（原料为 REHY、REY 或用稀土交换过的 NaY），经过干燥后，直接与干燥空气携带的 $SiCl_4$ 在较低的温度下进行反应，所制备的稀土高硅 Y 型沸石具有较高的稀土含量和较好的晶胞收缩。

但是，在现有技术 4 中公开的稀土高硅 Y 型沸石的制备方法，在 $SiCl_4$ 脱铝补硅的过程中，在脱钠的同时也造成了稀土离子的大量流失，为了使产物保持较高的稀土含量，必须要在原料中引入很高含量的稀土，这样一来造成了稀土的严重浪费。此外，现有技术中经过气相超稳后由于部分稀土离子在气相超稳过程中被脱除，由此造成了沸石的晶内超笼中有大量的可以容纳稀土离子的空位，因而降低了沸石的结构稳定性及裂化活性。

3. 本发明技术方案

本发明的目的是提供一种结构优化的稀土高硅 Y 型沸石的制备方法，所得高硅 Y 型沸石具有较高的硅铝比、较高的稀土含量并使稀土离子在沸石晶内笼中的分布更合理。

本发明提供了上述稀土超稳 Y 型沸石的制备方法，该方法包括以下步骤：

（1）将含稀土的 Y 型沸石进行干燥处理，使其水含量低于 1 重%，然后按照 $SiCl_4$：Y 型沸石 =0.1 ~ 0.9：1 的重量比，通入干燥空气携带的 $SiCl_4$ 气体，在温度为 150 ~ 600℃的条件下，反应 10 分钟至 6 小时，得到气相超稳 Y 型沸石；

（2）对步骤（1）得到的气相超稳 Y 型沸石任选洗涤，再和稀土盐溶液混合搅拌，在温度为 15 ~ 95℃的条件下交换 30 ~ 120 分钟，得到含稀土的高硅 Y 型沸石。

本发明提供的方法中，所述的含稀土的 Y 型沸石选自 REY、REHY 的工业产品或 NaY 沸石经稀土交换后经或不经干燥所得的产物。

本发明提供的方法中，所述的洗涤方法为用脱阳离子水洗涤，目的是除去沸石中残存的 Na^+、Cl^- 及 Al^{3+} 等可溶性副产物，在此基础上，再进行稀土交换改性。稀土交换可以采用带式滤机或罐交换或者在线进行。

本发明提供的方法中，步骤（2）中按气相超稳 Y 型沸石：稀土盐：H_2O =1：0.05 ~ 0.20：5 ~ 20 的重量比将沸石、稀土盐和水混合搅拌，交换稀土离子。其中，所述的稀土盐为氯化稀土或者硝酸稀土。

利用本发明提供的沸石作为活性组元制备出一系列催化剂，并通过固定流化床等评价其催化性能。

4. 关键的改进点和有益效果

本发明提供的方法具有如下优点：

本发明提供的方法采用较低稀土含量的 Y 型沸石为原料，经气相超稳的方法制备稀土高硅 Y 型沸石，然后对其进行稀土离子交换改性，一方面可以使超稳过程中流失的稀土尽可能恢复，提高其晶内笼中有效的稀土含量，第一步气相超稳制备的高硅 Y 型沸石经稀土离子再改性后，其稀土含量可以提高 2 重% ~ 4 重%；另一方面，稀土离子在 Y 型沸石的晶内笼中的位置更合理，使沸石的结构得到优化，从而显著提高了沸石的热稳定性、水热稳定性；在使高硅 Y 型沸石达到一定稀土含量的情况下，本发明提供的方法提高了稀土的利用率，降低了稀土的使用量。

本发明制备的稀土高硅 Y 型沸石具有如下优点：

本发明制备的稀土高硅 Y 型沸石的结构更优化，从而显著提高了沸石的热稳定性、水热稳定性、裂化活性及降烯烃性能。该沸石适用于作为重油催化裂化催化剂的活性组分，以该沸石作为活性组元制备的重油催化裂化催化剂，经过 800℃，17h，100% 水蒸气苛刻条件老化后，与现有高硅沸石相比，其轻油微反微活指数提高了 10～18 个单位，重油微反产物分布中未转化的重油收率降低 4.1～4.2 个百分点，重油转化能力显著增强。

5. 具体实施方式

对比例 1

取经过干燥的 750 克（干基）REY 装入反应器中，按沸石：$SiCl_4$ = 1：0.7，通入 $SiCl_4$ 进行反应，温度 400℃，反应 4 小时，然后，用干燥空气吹扫 60 分钟，反应后产物用脱阳离子水洗涤，过滤，样品在 120℃烘箱中烘干，样品记为 DZ-1。

将 DZ-1 在裸露状态经 800℃，17 小时 100% 水蒸气老化后，用 XRD 的方法分析计算了老化后 DZ-1 沸石的晶胞常数及相对结晶保留度，结果见表 1，其中：相对结晶保留度 = $\dfrac{老化样品的相对结晶度}{新鲜样品的相对结晶度} \times 100\%$。

实施例 1

取对比例 1 中的样品 DZ-1 进行稀土交换改性，按 DZ-1：$RECl_3$：H_2O = 1：0.06：10 的比例交换 $RECl_3$，在温度为 90℃的条件下进行稀土交换 30 分钟，然后，过滤、洗涤、烘干，样品记为 SZ-1。

将 SZ-1 在裸露状态经 800℃，17 小时 100% 水蒸气老化后，用 XRD 的方法分析计算了老化后 SZ-1 沸石的晶胞常数及相对结晶保留度，结果见表 1。

对比例2

取经过干燥的 750 克（干基）REY 装入反应器中，按沸石：$SiCl_4$ = 1：0.5，通入 $SiCl_4$ 进行反应，温度 300℃，反应 4 小时，然后，用干燥空气吹扫 60 分钟，反应后产物用脱阳离子水洗涤，过滤，样品在 120℃烘箱中烘干，样品记为 DZ-2。

将 DZ-2 在裸露状态经 800℃，17 小时 100% 水蒸气老化后，用 XRD 的方法分析计算了老化后 DZ-2 沸石的晶胞常数及相对结晶保留度，结果见表1。

实施例2

取对比例2中的样品 DZ-2 进行稀土交换改性，按 DZ-2：$RECl_3$：H_2O =1：0.08：10 的比例交换 $RECl_3$，在 90℃条件下进行稀土交换 30 分钟，然后，过滤、洗涤、烘干，样品记为 SZ-2。

将 SZ-2 在裸露状态经 800℃，17 小时 100% 水蒸气老化后，用 XRD 的方法分析计算了老化后 SZ-2 沸石的晶胞常数及相对结晶保留度，结果见表1。

对比例3

取经过干燥的 750 克（干基）REY 装入反应器中，按沸石：$SiCl_4$ = 1：0.4，通入 $SiCl_4$ 进行反应，温度 200℃，反应 4 小时，然后，用干燥空气吹扫 60 分钟，反应后产物用脱阳离子水洗涤，过滤，样品在 120℃烘箱中烘干，样品记为 DZ-3。

将 DZ-3 在裸露状态经 800℃，17 小时 100% 水蒸气老化后，用 XRD 的方法分析计算了老化后 DZ-3 沸石的晶胞常数及相对结晶保留度，结果见表1。

实施例3

取对比例3中的样品 DZ-3 进行稀土交换改性，按 DZ-3：$RECl_3$：H_2O =1：0.08：10 的比例交换 $RECl_3$，在 90℃条件下进行稀土交换 30 分钟，然后，过滤、洗涤、烘干，样品记为 SZ-3。

将 SZ-3 在裸露状态经 800℃，17 小时 100% 水蒸气老化后，用 XRD 的方法分析计算了老化后 SZ-3 沸石的晶胞常数及相对结晶保留度，结果见表1。

对比例4

取经过干燥的650克（干基）REY装入反应釜中，按沸石：$SiCl_4$＝1：0.4，通入$SiCl_4$进行反应，温度250℃，反应4小时，然后，用干燥空气吹扫60分钟，反应后产物用脱阳离子水洗涤，过滤，样品在120℃烘箱中烘干，样品记为DZ－4。

将DZ－4在裸露状态经800℃，17小时100%水蒸气老化后，用XRD的方法分析计算了老化后DZ－4沸石的晶胞常数及相对结晶保留度，结果见表1。

实施例4

取对比例4中的样品DZ－4进行稀土交换改性，按HRY：$RECl_3$：H_2O＝1：0.06：10的比例交换$RECl_3$，在90℃条件下进行稀土交换30分钟，然后，过滤、洗涤、烘干，样品记为SZ－4。

将SZ－4在裸露状态经800℃，17小时100%水蒸气老化后，用XRD的方法分析计算了老化后SZ－4沸石的晶胞常数及相对结晶保留度，结果见表1。

对比例5

取经过干燥的650克（干基）REY装入反应釜中，按沸石：$SiCl_4$＝1：0.5，通入$SiCl_4$进行反应，温度300℃，反应4小时，然后，用干燥空气吹扫60分钟，反应后产物用脱阳离子水洗涤，过滤，样品在120℃烘箱中烘干，样品记为DZ－5。

将DZ－5在裸露状态经800℃，17小时100%水蒸气老化后，用XRD的方法分析计算了老化后DZ－5沸石的晶胞常数及相对结晶保留度，结果见表1。

实施例5

取对比例5中的样品DZ－5进行稀土交换改性，按HRY：$RECl_3$：H_2O＝1：0.05：10的比例交换$RECl_3$，在90℃条件下进行稀土交换30分钟，然后，过滤、洗涤、烘干，样品记为SZ－5。

将SZ－5在裸露状态经800℃，17小时100%水蒸气老化后，用XRD的方法分析计算了老化后SZ－5沸石的晶胞常数及相对结晶保留度，结果见表1。

表1 热稳定性测试数据

样品	新鲜样品晶胞常数 (a_0)/nm	老化样品晶胞常数 (a_1)/nm	a_1/a_0 比值	相对结晶保留度/ (%)
DZ-1	2.455	2.428	0.989	22.42
SZ-1	2.455	2.435	0.991	40.85
DZ-2	1.457	2.430	0.989	14.36
SZ-2	2.458	2.435	0.990	32.90
DZ-3	2.459	—		0
SZ-3	2.456	2.435	0.99	6.51
DZ-4	2.456	2.425	0.987	9.26
SZ-4	2.457	2.434	0.991	16.96
DZ-5	2.454	2.426	0.989	18.40
SZ-5	2.454	2.435	0.993	31.41

由表1可见：本发明提供的稀土高硅Y型沸石在裸露情况下，经800℃，17小时100%水蒸气老化后，其晶胞常数基本上维持在2.434～2.435nm水平，而在相同老化条件下，气相超稳制备的稀土高硅Y型沸石样品的晶胞常数为2.425～2.428nm，与之相比，本发明的沸石相对结晶保留度提高了一倍。可见，本发明提供的稀土高硅Y型沸石的水热稳定性显著提高。

与现有高硅沸石相比，本发明提供的稀土高硅Y型沸石的轻油微反微活指数提高了11～18个单位，重油微反产物分布中未转化的重油收率降低4.1～4.2个百分点，重油转化能力显著增强。

四、第二次提供的技术交底书分析

第二次提供的技术交底书的内容已经丰富了许多。背景技术部分对现有技术进行了详细介绍并指出了现有技术存在的缺陷，明确了发明目的。技术方案部分较为清楚、完整地描述了发明的实现方式，明晰了发明重点在于：以较低稀土含量的Y型沸石为原料，经气相超稳法得到稀土高硅沸石后再进行稀土离子交换改性，以完善沸石的结构和性能。有益效果部分介绍了制备方法能够优化产品结构并带来催化剂稳定性和催化性能的提升。具体实施部分也结合对比实验对本发明的具体实施方式进行了完整描述，证实了本发明制备方法带来的有益效果。整体来说，基于第二次提供的技术交底书，专利代理师基本能够理解本发明的实质内容，可以围绕发明改进点去组织语言和构建权利要求。

那么，这份技术交底书是否可以称为一份完美的技术交底书了呢？还有没有可以进一步完善的空间呢？其实，对于一名专业的专利代理师而言，这份技术交底书还存在一些不足，距离高质量的技术交底书还有一定距离，主要是对产品及其应用细节和实验数据的披露还不够。

权利要求的基本类型包括产品权利要求和方法权利要求。产品权利要求通常是指由结构和组成来定义具体物质、机器、系统等的权利要求，方法权利要求通常是指由方法步骤的组合和执行顺序等组成的权利要求，例如应用方法、制造方法或安装方法等。本案技术交底书对制备方法细节的披露非常全面，但对产品和应用细节的披露还仍有欠缺，可能会带来以下问题：

第一，在发明构思阐释方面，发明构思是发明的核心思想，申请文件的撰写依赖专利代理师对于发明人的发明构思的把握。发明人如果仅从制备方法角度撰写技术交底书，专利代理师也仅能理解制备方法的重要性，但对该方法所制得的产品以及产品在具体应用时与现有技术其他产品相比获得的技术效果均无法准确判断，因而不利于全面充分地理解发明构思，进而可能影响专利申请文件的撰写质量。

第二，在专利权效力方面，不同类型的权利要求对应不同的专利权保护范围，其中以产品权利要求的保护最为严格。在我国，方法发明专利权只保护专利方法的使用，其专利权效力不及用该方法制造的产品。虽然不经专利权人同意用其方法制造产品属于侵犯专利权，但是从侵权取证的角度而言，方法的取证过程相比产品的取证困难得多。在稀土材料领域，产品权利要求大都以材料的具体结构和组成来进行限定。虽然目前也存在采用方法定义产品的权利要求，但大多适用于复杂化学产品结构无法准确界定的情形。

第三，在专利布局方面，一份高质量的专利申请文件，权利要求布局时应尽可能包含必要的产品、制备方法、应用、系统、关键部件等的独立权利要求，如此才能形成有层次和梯度的专利保护体系，给专利权人全面、有效的保护。如果仅仅具有方法权利要求很难对发明进行全方位保护。对于企业而言，专利保护的目的主要在于授权后的使用，从产业链的角度考虑，也应将权利要求的保护范围尽可能扩大，涵盖必要的产品、制备方法、应用等，从而让专利价值最大化。技术交底书是申请人和专利代理师进行有效沟通的重要文件，也是专利代理师撰写高质量的专利申请文件，帮助申请人进行合理、有效的权利要求布局，对专利权人权利进行全面、有效保护的重要基础。权利要求书的撰写对专利代理师而言十分重要，需要其对本发明涉及的技术知识深入了解，才能分析出所申请专利可能得到的最大保护范围。同时，权利要求书作为侵权判定的重要依据，如何撰写确保授权后的稳定性也是专利代理师需要考虑的内容。

具体到本案，第二次技术交底书虽然明确了发明的改进点在于沸石的制备方法，也给出了表征沸石材料稳定性的相关数据并对其催化性能进行了说明，专利代理师基于上述内容能够较容易概括出以沸石的制备方法为主题的方法权利要求。但是，第二次技术交底书对于制得的含稀土高硅 Y 型沸石的结构和组成并没有进行深入分析，也没有针对所得的稀土高硅 Y 型沸石进一步的具体催化应用给出更加翔实的评价过程细节和实验数据。专利代理师对所制得的是何种催化剂以及催化剂的应用效果是否显著优于现有技术的相关产品均无法作出准确判断。专利代理师在进行技术方案提炼时，也仅能对制备方法的技术方案进行有效提炼，而对产品本身及其应用的技术方案的提炼则会受到限制。即使可以采用方法定义的产品权利要求方式撰写产品权利要求，但由于无法对产品的结构和组成进行准确界定，在实质审查过程中，也可能由于撰写不当面临方法特征是否对产品本身具有实际限定作用的争议。

实际上，在稀土催化剂技术领域，方法权利要求与产品权利要求并非是完全对立的，如果根据方法制得的产品相比于现有技术的产品在技术效果上有提升，则说明方法的改进获得了全新的产品，那么申请人可以对产品的结构、组成进行分析以及对用于催化反应评价的具体细节进行描述并写进技术交底书中，方便专利代理师在撰写专利申请文件时更加深入地理解发明构思，概括合适保护范围的产品权利要求和方法权利要求，从而获得更大、更有效的权利保护范围。对于本案的沸石材料而言，不同的制备方法通常会使得沸石在元素组成和微观结构上产生差异，进而催化性能也会随之发生变化。因此，从发明构思的阐释、专利权效力和专利布局三个方面综合考虑，申请人应在上述内容基础上，进一步挖掘方法制得的产品的结构和组成特征，并补充实际催化应用的技术细节，以供专利代理师充分理解发明并以此为基础概括合适保护范围的权利要求，争取专利保护的最大化。

第二次提供的技术交底书中记载了"本发明提供的稀土高硅 Y 型沸石的结构更优化""稀土离子交换改性可以使超稳过程中流失的稀土尽可能恢复，提高其晶内笼中有效的稀土含量"，结合前述分析，本发明的改进点虽然在制备方法，但所述制备方法制得的 Y 型沸石已经与现有技术的 Y 型沸石在结构和/组成上有了明显区别。为了提升专利的价值，从权利要求的覆盖对象和覆盖范围考虑，可以进一步构建合理保护范围的主题涉及稀土高硅 Y 型沸石的产品权利要求。出于该目的，专利代理师想更加清晰了解的是，本发明的制备方法所制得的产品与现有技术的产品在结构和/或组成上的具体区别。

稀土 Y 型沸石中稀土主要分布在 Y 型沸石的超笼（又称八面沸石笼）和 β 笼（又称方钠石笼）内，而只有超笼内的稀土才能实际发挥催化作用。第二次技术交底书中提及了本发明制备的稀土高硅 Y 型沸石的结构更优化，但这种优化体现在哪些方面并未展开介绍，沸石中各组分含量以及稀土在超笼和 β 笼内的分布情况如何也未知。而以上内容恰恰是使得本发明所制得的产品与现有技术产品不同的关键所在。因此，技术交底书的完善方向之一就是分析对比本发明的制备方法相对于现有技术制备方法所制得的产品在结构和/或组成上的不同之处并提供有说服力的证明，具体包括所得 Y 型沸石的稀土含量、钠含量、相对结晶度、晶胞常数、XRD 衍射图谱等。还有非常重要的一点，第二次提供的技术交底书中提及"晶笼内有效的稀土含量"这一概念，申请人也可以进一步对稀土在 Y 型沸石晶笼内的具体分布进行分析对比。

此外，第二次技术交底书中记载了"本发明提供的稀土高硅 Y 型沸石的轻油微反微活指数提高了 11～18 个单位，重油微反产物分布中未转化的重油收率降低 4.1～4.2 个百分点，重油转化能力显著增强"。可以看出，本发明制得的稀土高硅 Y 型沸石在应用过程中确实取得了一定的效果。然而，沸石材料的催化性能好坏不仅与沸石本身有关，还与催化反应的具体评价方法有关，同一种沸石材料在不同的评价体系下性能也会千差万别。第二次技术交底书仅提及所制备的稀土高硅 Y 型沸石比现有高硅沸石在轻油和重油微反中活性提升的程度，虽然能够让人产生一定的数据感知，但由于缺乏具体的评价结果数据，难以让人产生准确的数据认知，甚至有可能让人对本发明的技术效果是否真实和合理产生疑问。专利代理师仅基于第二次技术交底书的内容难以提炼出保护范围清晰且合适的应用权利要求。审查员在审查过程中对本发明的创造性高度判断也容易与申请人产生分歧，即使后续可以通过提交意见陈述和/或补充实验数据的方式弥补，但无疑也会延长审查流程。因此，技术交底书的完善方向之二就是对实施例和对比例制得的以 Y 型沸石为活性元的催化剂的制备方法以及后续的轻油微反活性评价、重油微反活性评价实验数据和对比数据等详细记载。这些内容会大大增加技术方案的真实性和可信度。

五、完善后的技术交底书

一种含稀土高硅 Y 型沸石及其制备方法

1. 发明名称和技术领域

本发明是关于一种 Y 型沸石及其制备方法，更具体地说，是一种结构优化的含稀土高硅 Y 型沸石及其制备方法。

2. 背景技术和存在的问题

Y 型分子筛具有空旷的骨架结构，比表面积大、结构稳定性好，且生产成本低廉，目前主要用作石油加工催化裂化催化剂的活性组分。

由于催化裂化反应的操作条件苛刻，存在高温和高水蒸气的环境，因此要求裂化催化剂尤其催化剂的活性组分（例如 Y 分子筛）具有很高的热稳定性和水热稳定性。高硅 Y 型沸石因其高硅铝比带来的稳定性更高的优势而被工业上广泛使用。

目前，工业上制取高硅 Y 型沸石主要采用水热法。将 NaY 沸石进行多次稀土离子交换和多次高温焙烧，可以制备出含稀土的高硅 Y 型沸石，这也是制备高硅 Y 型沸石最为常规的方法，但是水热法制备稀土高硅 Y 型沸石的不足之处在于：由于过于苛刻的水热处理条件会破坏沸石的结构，不能得到硅铝比很高的 Y 型沸石；骨架外铝的产生虽对提高沸石的稳定性和形成新的酸中心有益，但过多的骨架外铝降低了沸石的选择性；另外，沸石中的许多脱铝空穴不能及时被骨架上迁移出的硅补上，往往造成沸石的晶格缺陷，沸石的结晶保留度较低，制备出的含稀土高硅 Y 型沸石的水热稳定性差，表现在初始晶胞不易收缩，而平衡晶胞常数较低（平衡晶胞常数与初始晶胞常数的比值低于 0.984）。这里，初始晶胞常数指新鲜含稀土的高硅 Y 型沸石的晶胞常数，平衡晶胞常数指经 800℃，100% 水蒸气老化 17 小时后含稀土的高硅 Y 型沸石的晶胞常数。

气相化学法制备高硅沸石是 Beyer 和 Mankui 在 1980 年首先报道的。气相化学法一般采用氮气保护下的 $SiCl_4$ 与无水 NaY 沸石在一定温度下进行反应。整个反应过程充分利用 $SiCl_4$ 提供的外来 Si 源，通过同晶取代一次完成脱铝和补硅反应。因此，可以有效地避免 NaY 沸石在水蒸气存在的条件下进行脱铝补硅反应时产生羟基空穴，发生晶格塌陷，破坏结构的缺陷，从而能制备出高结晶保留度，高热稳定性的沸石。

现有技术 1（USP××××××）、现有技术 2（EP×××××A2）中公开了一种方法，将经过干燥的 NaY 沸石隔绝水汽与气态卤化硅在 150～450℃下进行脱铝补硅反应，所得产品骨架空位少，副产物为容易洗涤回收的 NaCl、$AlCl_3$ 等物质，无明显环境污染问题。但是由于卤化硅与 NaY 分子筛的反应比较剧烈，在较高温度下反应时，分子筛的结构崩塌较严重，产品的结晶度下降较多，而且产品 Na 含量较高，需要进一步进行离子交换后才能使用。

为了解决卤化硅气相法制备的高硅 Y 型沸石反应条件比较剧烈，结晶保留度不够高的问题，现有技术 3（CN×××××××A）公开了一种含稀土高硅 Y 型分子筛的制备方法。该方法是将 NaY 沸石与研细的固体 $RECl_3$ 趁热混合后与干燥空气携带的 $SiCl_4$ 进行反应，一步实现 NaY 的超稳化和稀土离子交换，但作为原料的固体 $RECl_3$ 在反应前需经高温焙烧、烘干，不仅耗费能源，而且易造成污染。

现有技术 4（CN×××××××A）公开了一种反应条件更缓和、节省能源且无污染的含稀土高硅 Y 型沸石的制备方法。该方法是用含稀土的 Y 型沸石为原料（原料为 REHY、REY 或用稀土交换过的 NaY），经过干燥后，直接与干燥空气携带的 $SiCl_4$ 在较低的温度下进行反应，所制备的稀土高硅 Y 型沸石具有较高的稀土含量和较好的晶胞收缩。

但是，在现有技术 4 中公开的稀土高硅 Y 型沸石的制备方法，在 $SiCl_4$ 脱铝补硅的过程中，在脱钠的同时也造成了稀土离子的大量流失，为了使产物保持较高的稀土含量，必须要在原料中引入很高含量的稀土，这样一来造成了稀土的严重浪费。此外，现有技术中经过气相超稳后由于部分稀土离子在气相超稳过程中被脱除，由此造成了沸石的晶内超笼中有大量的可以容纳稀土离子的空位，因而降低了沸石的结构稳定性及裂化活性。

3. 本发明技术方案

本发明的第一目的是提供一种结构优化的稀土高硅 Y 型沸石，该高硅 Y 型沸石具有较高的硅铝比、较高的稀土含量并使稀土离子在沸石晶内笼中的分布更合理。

发明人采用 X 射线粉末衍射法（XRD）对用气相超稳的方法制备的稀土高硅 Y 型沸石进行了研究，发现不同制备阶段稀土离子在 Y 型沸石 β 笼和超笼中的分布情况不同。原料和不同稀土含量的气相超稳高硅 Y 型沸石的 XRD 图谱如附图 1 所示，其中在 2θ 为 $12.43° \pm 0.06°$ 和 $11.87° \pm 0.06°$ 的两个衍射峰的强度可以分别表征稀土离子在 Y 型沸石超笼和 β 笼中的相对含量，衍射峰强度比值 I_1/I_2 可以表征稀土离子在沸石的超笼中与在 β 笼中的分布比例。由附图 1 可见，经计算可知含稀土的 Y 型沸石的 I_1/I_2 的比值约为 1，经气相超稳后的沸石 I_1/I_2 的比值相对于原料显著减小，均小于 0.5。由此可见：在现有技术的气相超稳过程中，分布在原料 Y 型沸石超笼中的稀土离子被部分脱除，而且，在一定程度上也仅是超笼中的稀土离子被脱除，β 笼中的稀土离子仍可完整地保留下来。随着气相超稳后的高硅 Y 型沸石所含稀土含量的升高，$12.43° \pm 0.06°$ 的衍射峰的强度逐渐增强，即保留在超笼中的稀土离子逐渐增多。

本发明提供的稀土超稳 Y 型沸石，该沸石的硅铝比为 5～30，优选 6～20，初始晶胞常数为 2.430～2.460nm，优选 2.445～2.458nm，稀土含量为 10 重%～20 重%，优选 11 重%～15 重%，平衡晶胞常数与初始晶胞常数的比值至少为 0.985，优选大于 0.99，X 射线衍射分析其在 2θ 为 $12.43° \pm 0.06°$ 和 $11.87° \pm 0.06°$ 的两个衍射峰强度比 I_1/I_2 大于 1，优选 1.5～2.5。

本发明提供的稀土超稳 Y 型沸石，所述的 Na_2O 含量小于 1 重%，优选小于 0.5 重%。

本发明提供的稀土超稳 Y 型沸石，所述的稀土为富镧混合稀土金属、富铈混合稀土金属、镧或铈。

本发明的第二目的是提供一种上述稀土超稳 Y 型沸石的制备方法，该方法包括以下步骤：

（1）将含稀土的 Y 型沸石进行干燥处理，使其水含量低于 1 重%，然后按照 $SiCl_4$：Y 型沸石 = 0.1～0.9：1 的重量比，通入干燥空气携带的 $SiCl_4$ 气体，在温度为 150～600℃的条件下，反应 10 分钟至 6 小时，得到气相超稳 Y 型沸石；

（2）对步骤（1）得到的气相超稳 Y 型沸石任选洗涤，再和稀土盐溶液混合搅拌，在温度为 15～95℃的条件下交换 30～120 分钟，得到含稀土的高硅 Y 型沸石。

本发明提供的方法中，所述的含稀土的 Y 型沸石选自 REY、REHY 的工业产品或 NaY 沸石经稀土交换后经或不经干燥所得的产物。

本发明提供的方法中，所述的洗涤方法为用脱阳离子水洗涤，目的是除去沸石中残存的 Na^+、Cl^- 及 Al^{3+} 等可溶性副产物，在此基础上，再进行稀土交换改性。稀土交换可以采用带式滤机或罐交换或者在线进行。

本发明提供的方法中，步骤（2）中按气相超稳 Y 型沸石：稀土盐：$H_2O = 1 : 0.05 \sim 0.20 : 5 \sim 20$ 的重量比将沸石、稀土盐和水混合搅拌，交换稀土离子。其中，所述的稀土盐为氯化稀土或者硝酸稀土。

利用本发明提供的沸石作为活性组元制备出一系列催化剂，并通过固定流化床等评价其催化性能，结果表明催化剂重油裂化能力增强，汽油选择性好，汽油中烯烃的含量大幅度降低。

4. 关键的改进点和有益效果

本发明提供的制备方法具有如下优点：

本发明提供的制备方法采用较低稀土含量的 Y 型沸石为原料，经气相超稳的方法制备稀土高硅 Y 型沸石，然后对其进行稀土离子交换改性，一方面可以使超稳过程中流失的稀土尽可能恢复，提高其晶内笼中有效的稀土含量，第一步气相超稳制备的高硅 Y 型沸石经稀土离子再改性后，其稀土含量可以提高 2 重% ~4 重%；另一方面，稀土离子在 Y 型沸石的晶内笼中的位置更合理，使沸石的结构得到优化，从而显著提高了沸石的热稳定性、水热稳定性；在使高硅 Y 型沸石达到一定稀土含量的情况下，本发明提供的方法提高了稀土的利用率，降低了稀土的使用量。

本发明制备的稀土高硅 Y 型沸石具有如下优点：

本发明制备的稀土高硅 Y 型沸石的结构更优化，从而显著提高了沸石的热稳定性、水热稳定性、裂化活性及降烯烃性能。该沸石适用于作为重油催化裂化催化剂的活性组分，以该沸石作为活性组元制备的重油催化裂化催化剂，经过 800℃，17h，100% 水蒸气苛刻条件老化后，与现有高硅沸石相比，其轻油微反微活指数提高了 10 ~18 个单位，重油微反产物分布中未转化的重油收率降低 4.1 ~4.2 个百分点，重油转化能力显著增强。

5. 具体实施方式

实施例中和对比例中，工业上的 REY 沸石为中国石化催化剂齐鲁分公司提供，稀土含量为 15 重%，固含量 >99 重%；氯化稀土和硝酸稀土为北京化工厂生产的化学纯试剂。拟薄水铝石为山东铝厂生产的工业产品，固含量为 60 重%；高岭土为苏州高岭土公司生产的裂化催化剂专用高岭土，固含量为 78 重%。

分析方法：在各对比例和实施例中，沸石的晶胞常数、相对结晶度由 X 射线粉末衍射法（XRD）采用 RIPP145－90 标准方法［见《石油化工分析方法：RIPP 试验方法》，杨翠定等编，科学出版社，1990 年出版］测定；元素含量由 X 射线荧光光谱法测定。晶体结构崩塌温度由差热分析法（DTA）测定。

对比例和实施例中所用化学试剂未特别注明的，其规格为化学纯。

对比例 1

取经过干燥的 750 克（干基）REY 装入反应器中，按沸石：$SiCl_4$ = 1：0.7，通入 $SiCl_4$ 进行反应，温度 400℃，反应 4 小时，然后，用干燥空气吹扫 60 分钟，反应后产物用脱阳离子水洗涤，过滤，样品在 120℃烘箱中烘干，样品记为 DZ－1。其物化性质列于表 1 中，其 XRD 衍射图见图 1。

将 DZ－1 在裸露状态经 800℃，17 小时 100% 水蒸气老化后，用 XRD 的方法分析计算了老化后 DZ－1 沸石的晶胞常数及相对结晶保留度，结果见表 2，其中：相对结晶保留度 = $\dfrac{老化样品的相对结晶度}{新鲜样品的相对结晶度} \times 100\%$。

实施例 1

取对比例 1 中的样品 DZ－1 进行稀土交换改性，按 DZ－1：$RECl_3$：H_2O = 1：0.06：10 的比例交换 $RECl_3$，在温度为 90℃的条件下进行稀土交换 30 分钟，然后，过滤、洗涤、烘干，样品记为 SZ－1。其物化性质列于表 1 中，其 XRD 衍射图见图 2。

将 SZ－1 在裸露状态经 800℃，17 小时 100% 水蒸气老化后，用 XRD 的方法分析计算了老化后 SZ－1 沸石的晶胞常数及相对结晶保留度，结果见表 2。

对比例 2

取经过干燥的 750 克（干基）REY 装入反应器中，按沸石：$SiCl_4$ = 1：0.5，通入 $SiCl_4$ 进行反应，温度 300℃，反应 4 小时，然后，用干燥空气吹扫 60 分钟，反应后产物用脱阳离子水洗涤，过滤，样品在 120℃烘箱中烘干，样品记为 DZ－2。其物化性质列于表 1 中，其 XRD 衍射图见图 1。

将 DZ－2 在裸露状态经 800℃，17 小时 100% 水蒸气老化后，用 XRD 的方法分析计算了老化后 DZ－2 沸石的晶胞常数及相对结晶保留度，结果见表 2。

实施例 2

取对比例 2 中的样品 DZ－2 进行稀土交换改性，按 DZ－2：RECl₃：H₂O＝1：0.08：10 的比例交换 RECl₃，在 90℃条件下进行稀土交换 30 分钟，然后，过滤、洗涤、烘干，样品记为 SZ－2。其物化性质列于表 1 中，其 XRD 衍射图见图 2。

将 SZ－2 在裸露状态经 800℃，17 小时 100%水蒸气老化后，用 XRD 的方法分析计算了老化后 SZ－2 沸石的晶胞常数及相对结晶保留度，结果见表 2。

对比例 3

取经过干燥的 750 克（干基）REY 装入反应器中，按沸石：SiCl₄＝1：0.4，通入 SiCl₄ 进行反应，温度 200℃，反应 4 小时，然后，用干燥空气吹扫 60 分钟，反应后产物用脱阳离子水洗涤，过滤，样品在 120℃烘箱中烘干，样品记为 DZ－3。其物化性质列于表 1 中，其 XRD 衍射图见图 1。

将 DZ－3 在裸露状态经 800℃，17 小时 100%水蒸气老化后，用 XRD 的方法分析计算了老化后 DZ－3 沸石的晶胞常数及相对结晶保留度，结果见表 2。

实施例 3

取对比例 3 中的样品 DZ－3 进行稀土交换改性，按 DZ－3：RECl₃：H₂O＝1：0.08：10 的比例交换 RECl₃，在 90℃条件下进行稀土交换 30 分钟，然后，过滤、洗涤、烘干，样品记为 SZ－3。其物化性质列于表 1 中，其 XRD 衍射图见图 2。

将 SZ－3 在裸露状态经 800℃，17 小时 100%水蒸气老化后，用 XRD 的方法分析计算了老化后 SZ－3 沸石的晶胞常数及相对结晶保留度，结果见表 2。

对比例 4

取经过干燥的 650 克（干基）REY 装入反应釜中，按沸石：SiCl₄＝1：0.4，通入 SiCl₄ 进行反应，温度 250℃，反应 4 小时，然后，用干燥空气吹扫 60 分钟，反应后产物用脱阳离子水洗涤，过滤，样品在 120℃烘箱中烘干，样品记为 DZ－4。其物化性质列于表 1 中。

将 DZ－4 在裸露状态经 800℃，17 小时 100%水蒸气老化后，用 XRD 的方法分析计算了老化后 DZ－4 沸石的晶胞常数及相对结晶保留度，结果见表 2。

实施例 4

取对比例 4 中的样品 DZ-4 进行稀土交换改性，按 HRY：$RECl_3$：H_2O = 1：0.06：10 的比例交换 $RECl_3$，在 90℃ 条件下进行稀土交换 30 分钟，然后，过滤、洗涤、烘干，样品记为 SZ-4。样品的物化性质列于表 1 中。

将 SZ-4 在裸露状态经 800℃，17 小时 100% 水蒸气老化后，用 XRD 的方法分析计算了老化后 SZ-4 沸石的晶胞常数及相对结晶保留度，结果见表 2。

对比例 5

取经过干燥的 650 克（干基）REY 装入反应釜中，按沸石：$SiCl_4$ = 1：0.5，通入 $SiCl_4$ 进行反应，温度 300℃，反应 4 小时，然后，用干燥空气吹扫 60 分钟，反应后产物用脱阳离子水洗涤，过滤，样品在 120℃ 烘箱中烘干，样品记为 DZ-5。样品的物化性质列于表 1 中。

将 DZ-5 在裸露状态经 800℃，17 小时 100% 水蒸气老化后，用 XRD 的方法分析计算了老化后 DZ-5 沸石的晶胞常数及相对结晶保留度，结果见表 2。

实施例 5

取对比例 5 中的样品 DZ-5 进行稀土交换改性，按 HRY：$RECl_3$：H_2O = 1：0.05：10 的比例交换 $RECl_3$，在 90℃ 条件下进行稀土交换 30 分钟，然后，过滤、洗涤、烘干，样品记为 SZ-5。样品的物化性质列于表 1 中。

将 SZ-5 在裸露状态经 800℃，17 小时 100% 水蒸气老化后，用 XRD 的方法分析计算了老化后 SZ-5 沸石的晶胞常数及相对结晶保留度，结果见表 2。

表 1　Y 型沸石的物化性质

实例编号	原料	实施例 1	对比例 1	实施例 2	对比例 2	实施例 3	对比例 3	实施例 4	对比例 4	实施例 5	对比例 5
样品	REY	SZ-1	DZ-1	SZ-2	DZ-2	SZ-3	DZ-3	SZ-4	DZ-4	SZ-5	DZ-5
RE_2O_3/（重%）	16.6	10.9	8.1	13.8	10.4	15.8	11.8	14.2	11.0	13.3	10.5
Na_2O/（重%）	2..2	0.12	0.35	0.035	0.047	0.65	0.87	0.37	0.58	0.44	0.61

续表

实例编号	原料	实施例1	对比例1	实施例2	对比例2	实施例3	对比例3	实施例4	对比例4	实施例5	对比例5
相对结晶度/(%)	46.5	32.8	33.9	38.3	41.1	43	47.2	44.8	49.7	43.3	46.2
晶胞常数/nm	2.464	2.455	2.455	2.458	2.457	2.46	2.459	2.457	2.456	2.454	2.454
I_1/I_2	1.0	2.22	0.42	1.37	0.40	1.60	0.48	2.10	0.43	2.5	0.41
结构崩塌温度/℃	972	1020	1013	1008	1001	1001	988	1018	1006	1025	1015

由表1可见，气相超稳方法制备的稀土高硅Y型沸石表征稀土离子在沸石晶内笼中分布的$12.43°\pm0.06°$和$11.87°\pm0.06°$的两个衍射峰强度的I_1/I_2值均小于0.5，本发明提供的稀土高硅Y型沸石I_1/I_2值均大于1.3；与气相超稳方法制备的稀土高硅Y型沸石相比，处理同样的原料，本发明提供的方法得到稀土高硅Y型沸石的稀土含量进一步提高2.8重%~4重%，Na_2O含量更低，相对结晶度保留度更高；在晶胞常数相当的情况下，沸石的差热崩塌温度提高7~13℃，可见本发明提供的稀土高硅Y型沸石的热稳定性更高。

表2 热稳定性测试数据

样品	新鲜样品晶胞常数（a_0）/nm	老化样品晶胞常数（a_1）/nm	a_1/a_0比值	相对结晶保留度/(%)
DZ-1	2.455	2.428	0.989	22.42
SZ-1	2.455	2.435	0.991	40.85
DZ-2	1.457	2.430	0.989	14.36
SZ-2	2.458	2.435	0.990	32.90
DZ-3	2.459	—		0
SZ-3	2.456	2.435	0.99	6.51
DZ-4	2.456	2.425	0.987	9.26
SZ-4	2.457	2.434	0.991	16.96
DZ-5	2.454	2.426	0.989	18.40
SZ-5	2.454	2.435	0.993	31.41

由表2可见：本发明提供的稀土高硅Y型沸石在裸露情况下，经800℃，17小时100%水蒸气老化后，其晶胞常数基本上维持在2.434～2.435nm的水平，而在相同老化条件下，气相超稳制备的稀土高硅Y型沸石样品的晶胞常数为2.425～2.428nm，与之相比，本发明的沸石相对结晶保留度提高了一倍。可见，本发明提供的稀土高硅Y型沸石的水热稳定性显著提高。

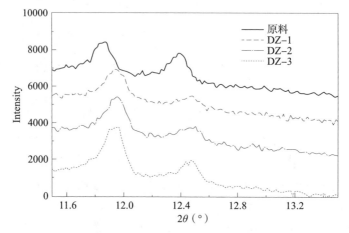

图1 现有技术4提供的气相超稳高硅Y型沸石的XRD衍射谱图

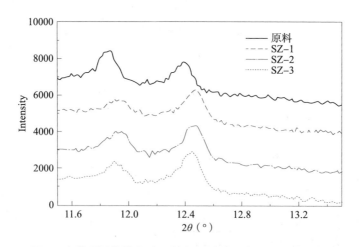

图2 本发明提供的含稀土高硅Y型沸石的XRD衍射谱图

由图 1 和图 2 可见，XRD 在 2θ 为 12.43°±0.06°和 11.87°±0.06°的两个衍射峰的强度比 I_1/I_2 可以表征稀土离子在 Y 沸石超笼和 β 笼中的分布情况。由图 1 可见，经气相超稳后，分布在原料 RENaY 超笼中的稀土离子被部分脱除。由图 2 可见，本发明提供的稀土超稳 Y 型沸石样品在 2θ 为 12.43°±0.06°的衍射峰的强度至少恢复到原料 RENaY 的水平，经计算可知原料 RENaY 沸石的 I_1/I_2 的值约为 1，经过气相超稳制备的稀土超稳 Y 沸石 I_1/I_2 的比值相对于原料显著减小，均小于 0.5，本发明提供的稀土超稳 Y 型沸石 SZ-1~SZ-5 的 I_1/I_2 的比值均大于 1.3。

实施例 6~8

实施例 6~8 用于说明本发明提供的 Y 型沸石的轻油和重油催化性能。

分别将实施例 1~3 制备的含稀土高硅 Y 型沸石 SZ-1、SZ-2、SZ-3 制备成催化剂。经 800℃，17 小时 100% 水蒸气老化后，在小型固定床反应器上分别评价催化剂的轻油微反活性和重油微反活性。原料性质见表 3，评价结果列于表 4、表 5 中。

催化剂制备方法：

按照沸石 30 重%、高岭土 42 重%、拟薄水铝石 25 重%、铝溶胶 3 重% 的重量比将稀土高硅 Y 型沸石和高岭土、拟薄水铝石粘合剂按常规的催化裂化催化剂的喷雾干燥制备方法制备成微球催化剂。其中，拟薄水铝石、铝溶胶均为山东铝厂生产的工业品。

轻油微反活性评价方法：

采用 RIPP92-90 的标准方法 [见《石油化工分析方法：RIPP 试验方法》，杨翠定等编，科学出版社，1990 年出版] 评价轻油微反活性，催化剂装量为 5.0g，反应原料为初馏点为 239℃、干点为 351℃ 的直馏轻柴油，反应条件为反应温度 460℃，剂油重量比为 3.2，重时空速为 16h^{-1}。裂化气和产品油分别收集由气相色谱分析，以沸点为 216℃ 的正十二烷的保留时间作为分界点，在分界点前为汽油，之后为柴油。根据汽油和柴油的馏分积分，按下式计算微反活性 (MAT)：

$$MAT = \frac{W_1\left(100 - \frac{A_1}{A_1 + A_2} \times 100\right)}{W}$$

式中：W_1 = 液收油重，g

W = 进料油重，g

A_1 = 汽油馏分积分面积

A_2 = 柴油馏分积分面积

重油微反评价方法：

在小型固定床反应器上评价老化后的催化剂的重油微反转化率，催化剂装量为4g，反应温度482℃，重时空速为16h^{-1}，剂油重量比为4。裂化气和产品油分别收集由气相色谱分析。

其中，重油微反转化率 =（C$_5$以下气体产量 + C$_5$~221℃汽油产量 + 焦炭产量)/进料总量×100%。

对比例 6~8

对比例 6~8用于说明经气相超稳的方法现有技术4制备的稀土高硅Y型沸石的轻油和重油催化性能。

按照实施例6的催化剂制备方法分别将对比例1~3制备的稀土高硅Y型沸石DZ-1、DZ-2、DZ-3和拟薄水铝石、高岭土及铝溶胶混合，喷雾干燥制备成微球催化剂，催化剂中分子筛的含量均为30重%。将催化剂经800℃，17小时100%水蒸气老化后，在小型固定床反应器上分别评价其轻油微反活性和重油微反转化率。评价方法见实施例6，原料油性质见表3，评价结果列于表4、表5中。

实施例9~10和对比例9~10从对比相近重油转化率对应的剂油比数据的角度说明本发明提供的稀土高硅Y型沸石的催化性能。

实施例 9~10

按照实施例6的催化剂制备方法分别将实施例4~5制备的稀土高硅Y型沸石SZ-4、SZ-5和拟薄水铝石、高岭土及铝溶胶混合，喷雾干燥制备成微球催化剂，催化剂中分子筛的含量均为30重%。将催化剂经800℃，17小时100%水蒸气老化后，在小型固定床反应器上评价其轻油微反活性，并在小型固定流化床反应器（ACE）上评价其重油微反活性，裂化气和产品油分别收集由气相色谱分析。催化剂装量为9g，反应温度500℃，重时空速为16h^{-1}，ACE实验的原料性质见表3，评价结果见表5。

对比例 9~10

按照实施例6的催化剂制备方法分别将对比例4~5制备的稀土高硅Y型沸石DZ-4、DZ-5和拟薄水铝石、高岭土及铝溶胶混合，喷雾干燥制备成微球催化剂。催化剂中分子筛的含量均为 30 重%。将催化剂经 800℃，17 小时 100%水蒸气老化后，在小型固定床反应器上评价其轻油微反活性，并在 ACE 装置上评价其重油微反活性。评价方法见实施例 6，ACE 实验的原料性质见表 3，评价结果见表 5。

表 3　微反原料性质

原料油	ACE 实验原料	重油微反原料
密度（20℃）/（g/cm³）	0.9154	0.9044
折光（70℃）	1.4926	1.5217（20℃）
黏度（100℃）/（mm²/s）	6.962	9.96
四组分/（m%）		
饱和烃	64.0	—
芳烃	32.0	—
胶质	4.0	—
沥青质	0.0	—
凝固点/℃	35	40
苯胺点/℃	82.0	95.8
C/（m%）	85.38	85.98
H/（m%）	12.03	12.86
S/（m%）	2.0	0.55
N/（m%）	0.16	0.18
残炭/（m%）	0.18	3.0
馏程/℃		
初馏点	329	243
5%	363	294
10%	378	316
30%	410	395
50%	436	429
70%	462	473
90%	501	—

续表

表 4　微反活性评价结果 1

编号	实施例 6	对比例 6	实施例 7	对比例 7	实施例 8	对比例 8
沸石样品	SZ－1	DZ－1	SZ－2	DZ－2	SZ－3	DZ－3
MAT	62	51	69	59	67	49
产品分布/（重%）						
气体	9.5	9	12.3	9.6	11.6	8.3
汽油	56.9	51.6	59.2	55.5	56.8	54.1
柴油	20.1	21.9	18.2	20.8	18.6	20.8
重油	11.8	15.9	8.3	12.5	11.2	15.3
焦炭	1.7	1.6	2	1.6	1.8	1.5
轻质油收率/（重%）	77	73.5	77.4	76.3	75.4	74.9
焦炭选择性/（重%）	0.022	0.026	0.026	0.021	0.024	0.020
重油转化率/（重%）	68.1	62.2	73.5	66.7	70.2	63.9
汽油烃组成/（重%）						
正构烷	4.44	3.47	4.27	3.74	4.28	3.43
异构烷	40.67	35.27	42.58	37.88	39.99	35.12
烯烃	20.41	27.38	15.83	23.88	18.60	28.26
烷烃	9.49	9.27	9.45	9.55	9.47	9.89
芳烃	24.89	24.58	27.88	24.87	27.58	23.25

＊催化剂老化条件：800℃，17 小时 100%水蒸气老化

　　由表 4 中数据可见：本发明提供的稀土高硅 Y 型沸石制备成催化剂后，和常规气相超稳得到的稀土高硅 Y 型沸石相比，催化剂的轻油微活指数提高了 10～18 个单位，重油微反结果表明，催化剂的重油转化率提高 5.9～6.8 个百分点，汽油收率提高 2.7～5.3 个百分点；汽油的烯烃含量降低 7～9.6 个百分点。

表 5　微反活性评价结果 2

编号	对比例 9	实施例 9	对比例 10	实施例 10
沸石样品	DZ－4	SZ－4	DZ－5	SZ－5
MAT	52	65	62	67
ACE 重油微反活性：				
剂油重量比	7.03	5.92	7.03	5.92

续表

编号	对比例 9	实施例 9	对比例 10	实施例 10
产品分布/（重%）				
液化气	14.54	15.44	17.43	15.37
焦炭	5.88	6.60	6.21	6.44
汽油	45.46	49.00	48.94	50.34
柴油	19.08	16.69	16.93	16.50
重油	13.63	10.76	8.96	9.87
轻质油收率/（重%）	64.54	65.69	65.87	66.84
重质油收率/（重%）	67.28	72.55	74.11	73.63
汽油烃组成/（重%）				
正构烷	3.41	3.79	3.34	3.81
异构烷	30.77	33.55	31.63	33.7
烯烃	28.61	17.81	24.8	17.71
烷烃	8.41	8.65	8.47	8.48
芳烃	28.66	36.15	31.52	36.19

＊催化剂老化条件：800℃，17 小时 100%水蒸气老化

由表 5 中数据可见，本发明提供的稀土高硅 Y 型沸石制备的催化剂在剂油比为 5.92 时的重油转化率与由气相超稳得到的稀土高硅 Y 型沸石制备的催化剂在剂油比为 7.03 时的重油转化率相当，但是同时汽油的烯烃含量大幅度降低，降低 7.1~10.8 个百分点。

六、小结

案例一主要涉及技术改进型发明的技术交底书撰写，通过两次修改和补充的过程，展示了申请人在向专利代理师作技术交底时的考虑因素和注意事项。

① 深度聚焦待改进的现有技术发展状况，尽可能挖掘和展示一致的最接近的现有技术，分析其客观存在的技术问题，突出本发明与这些现有技术的区别和主要创新点。

② 对于看似较小的创新点，应尽可能通过多种手段来展示发明相对于现

有技术的智慧贡献，包括理论依据、考虑因素、所克服的困难、效果的差异，等等。

③ 对于效果可预期性较差的化学方向的发明，应尽可能提供充分的产品表征数据和实验效果数据作为证据支撑，以增加技术方案的真实性和授权的概率。

④ 一份好的技术交底书是申请人获得高质量专利文件的重要基础。从专利布局角度，应尽可能包含必要的多种不同主题，如本案从涉及创新点相关的制备方法扩展至所制得的产品及产品的应用。通过对所有主题深入分析，详细展现发明的实质内容，以便获得更加全面、有效的保护。

第二节　案例二：R－T－B 系烧结磁体

一、首次提供的技术交底书

R－T－B 系烧结磁体

1. 发明名称和技术领域

本发明属于稀土永磁材料领域，具体而言，涉及一种 R－T－B 系烧结磁体。

---

2. 背景技术和存在的问题

作为永久磁体中性能最高的磁体，已知有以 $Nd_2Fe_{14}B$ 型化合物作为主相的 R－T－B 系烧结磁体（R 为稀土元素中的至少一种，且一定包含 Nd；T 为过渡金属元素，且一定包含 Fe），其被用于混合汽车用途、电动汽车用途、家电产品用途的各种发电机等。

但是，在高温条件下，R－T－B 系烧结磁体的矫顽力 H_{cJ}（下文有时将其简记作 "H_{cJ}"）降低，产生不可逆热减磁。因此，特别是将其用于混合汽车用、电动汽车用发电机时，要求在高温下也能保持较高的 H_{cJ}。

一直以来，为了提高 H_{cJ}，在 R－T－B 系烧结磁体中大量添加重稀土元素（主要是 Dy），然而存在着残留磁通密度 B_r 降低的问题。因此，近年来采用的方法是：使重稀土元素由 R－T－B 系烧结磁体的表面扩散至内部，从而使重稀土元素在主相结晶粒的外壳部高浓度化，抑制 B_r 的降低，同时获得较高的 H_{cJ}。

基于 Dy 受到出产地的限制等理由，存在供给不稳定、价格浮动等问题。因此，亟需尽可能不使用 Dy 等重稀土元素，且可使 R－T－B 系烧结磁体的 H_{cJ} 得到提高的技术。

现有技术 A（WO××××/×××××××A1）中记载：通过降低常规的 R－T－B 系合金的 B 浓度，同时包含选自 Al、Ga 和 Cu 中的 1 种以上的金属元素 M 以生成 R_2T_{17} 相，可通过充分确保以该 R_2T_{17} 相为原料生成的富过渡金属相（$R_6T_{13}M$）的体积率，获得抑制 Dy 的含量且矫顽力较高的 R－T－B 系稀土类烧结磁体。然而，现有技术 A 中大幅降低了 B 浓度，主相的存在比例变低，造成 B_r 大幅降低的问题。此外，尽管 H_{cJ} 得到了提高，仍然不能满足近年来的要求。

3. 本发明技术方案

本发明的目的在于提供一种不使用 Dy，且具有较高的 B_r 和较高的 H_{cJ} 的 R－T－B 系烧结磁体。

[R－T－B 系烧结磁体的组成]

为实现上述目的，本发明提供一种 R－T－B 系烧结磁体，其特征在于，所述 R－T－B 系烧结磁体以 $Nd_2Fe_{14}B$ 型化合物作为主相。

R：13.0 原子%以上且 15 原子%以下，R 为 Nd 和/或 Pr；

B：5.2 原子%以上且 5.6 原子%以下；

Ga：0.2 原子%以上且 1.0 原子%以下；

Al：0.69 原子%以下并包含 0 原子%；

余量由 T 和不可避免的杂质构成，T 为过渡金属元素，且一定包含 Fe。

进一步地，所述烧结磁体中还包含 0.01 原子%以上且 1.0 原子%以下的 Cu。

进一步地，所述烧结磁体中还包含 Al，含量为 0.3 原子%以下并包含 0 原子%。

本发明还提供了一种具有较高的 B_r 和较高的 H_{cJ} 的 R－T－B 系烧结磁体的制备方法。

续表

［R－T－B系烧结磁体的制造方法］

R－T－B系烧结磁体的制造方法具有：得到合金粉末的工序、成形工序、烧结工序、热处理工序。以下对各工序进行说明。

（1）得到合金粉末的工序

按照形成上述组成的方式准备各元素的金属或合金，使用带铸法等将其制成薄片状的合金。将得到的薄片状合金进行加氢粉碎，粗粉碎粉末的大小控制在例如1.0mm以下。接着，利用喷射研磨机等将粗粉碎粉末进行微粉碎，得到例如粒径D50［按照使用了气流分散法的激光衍射法得到的数值（中值径）］为$3\sim7\mu m$的微粉碎粉末（合金粉末）。需要说明的是，可在喷射研磨机粉碎前的粗粉碎粉末、喷射研磨机粉碎中以及喷射研磨机粉碎后的合金粉末中使用作为助剂而公知的润滑剂。

（2）成形工序

使用得到的合金粉末在磁场中成形，得到成形体。磁场中成形可以使用包含如下成形法的公知的任意磁场中成形方法：将干燥后的合金粉末插入模具的空腔内，边施加磁场边成形的干式成形法；向模具的空腔内注入分散有该合金粉末的浆料，边排出浆料的分散媒介边成形的湿式成形法。

（3）烧结工序

对成形体进行烧结从而得到烧结磁体。成形体的烧结可使用公知的方法。需要说明的是，为了防止烧结时的气氛导致的氧化，优选在真空气氛中或气体气氛中进行烧结。气体气氛优选使用氦气、氩气等不活泼气体。

（4）热处理工序

对获得的烧结磁体进行以提高磁特性为目的的热处理。热处理温度、热处理时间等可采用公知的条件。为了调整磁体尺寸，可以对得到的烧结磁体实施研磨等机械加工。在此情况下，热处理可在机械加工前，也可在机械加工后进行。也可对得到的烧结磁体进一步实施表面处理。关于表面处理，可实施公知的表面处理，例如，Al蒸镀、电镀敷Ni、树脂封装等表面处理。

4. 关键的改进点和有益效果

本发明通过将R、B、Ga的含量调整至最佳化，实现了对磁体微观结构调整。即使不使用Dy，也可获得具有较高的B_r和较高的H_{cJ}的R－T－B系烧结磁体。

本发明 R – T – B 系烧结磁体 B_r 可实现 B_r1.30T 以上，H_{cJ}1.53MA/m 以上，具有较高的耐热性和优良的磁性，能够满足汽车、家电产品等领域磁体的应用需求。

5. 具体实施方式

使用纯度 99.5 质量% 以上的 Nd、电解铁、电解 Co、Al、Cu、Ga 以及硼铁合金，烧结磁体的组成按照表 1 所示的各组分的方式进行配方，将上述原料熔炼，并按照带铸法进行铸造，得到厚度为 0.2 ~ 0.4mm 的薄片状合金。在氢加压气氛下，使得到的薄片状合金发生氢脆化以后，实施在真空中加热至 550℃、冷却的脱氢处理，得到粗粉碎粉末。接着，向得到的粗粉碎粉末中添加相对于粗粉碎粉末 100 质量% 为 0.04 质量% 的作为润滑剂的硬脂酸锌，混合后，使用气流式粉碎机（喷射研磨机装置），在氮气流中进行干式粉碎，得到粒径 D50（中值径）为 4μm 的微粉碎粉末（合金粉末）。需要说明的是，将粉碎时的氮气中的氧浓度控制在 50ppm 以下。此外，粒径 D50 是按照使用了气流分散法的激光衍射法得到的数值。

将得到的合金粉末与分散媒介混合，制作浆料。溶剂使用正十二烷，并混合作为润滑剂的辛酸甲酯。浆料的浓度如下：合金粉末 70 质量%、分散媒介 30 质量%，润滑剂相对于合金粉末 100 质量% 为 0.16 质量%。将上述浆料在磁场中成形，得到成形体。成形时的磁场为 0.8MA/m 的静磁场，加压力为 5MPa。需要说明的是，成形装置使用施加磁场方向与加压方向正交的、所谓直角磁场成形装置（横磁场成形装置）。将得到的成形体在真空中、1020℃烧结 4 小时，得到烧结磁体。烧结磁体的密度为 7.5Mg/m³ 以上。对得到的烧结体实施如下热处理：在 800℃保持 2 小时后，冷却至室温，接着在 500℃保持 2 小时后，冷却至室温，制作试样 No. 1 ~ No. 4 的 R – T – B 系烧结磁体。

试样 No. 1 ~ No. 4 的烧结磁体的成分分析结果（质量% 与原子%）示于表 1 中。此外，忽略氧、氮、碳以外的杂质，将按照整体为 100 质量% 的方式调整 Fe 量时的原子百分率示于表 1 中。

表1　R－T－B系烧结磁体组成

试样 No.	百分比/ (%)	烧结磁体的组成/（质量%）										
		Nd	Pr	Fe	B	Co	Ga	Cu	Al	O	N	C
1	质量	31.00	0.00	bal.	0.90	0.50	0.50	0.10	0.28	0.10	0.05	0.10
	原子	14.01	0.00	bal.	5.43	0.55	0.47	0.10	0.68	0.41	0.23	0.54
2	质量	32.40	0.00	bal.	0.89	0.50	0.60	0.00	0.28	0.10	0.05	0.10
	质量	14.80	0.00	bal.	5.42	0.56	0.57	0.04	0.68	0.41	0.24	0.55
3	原子	32.40	0.00	bal.	0.89	0.50	0.50	0.00	0.28	0.10	0.05	0.10
	原子	14.80	0.00	bal.	5.42	0.56	0.47	0.04	0.68	0.41	0.24	0.55
4	质量	23.20	7.80	bal.	0.90	1.00	0.55	0.00	0.28	0.10	0.05	0.10
	原子	10.48	3.61	bal.	5.42	1.11	0.51	0.00	0.68	0.41	0.23	0.54

如表1所示，本发明所制得的R－T－B系烧结磁体具有B_r可实现B_r 1.30T以上，H_{cJ}1.53MA/m以上，具有较高的耐热性和优良的磁性。

二、首次提交的技术交底书分析

相比于案例一，案例二首次提交的技术交底书撰写得相对完善。背景技术分析了现有技术中R－T－B系烧结磁体面临的普遍问题，列举了解决所述普遍问题的最接近的现有技术的做法并分析了存在的不足之处，由此引出本发明要解决的技术问题，即提供一种不使用Dy且能够获得较高的B_r和H_{cJ}的烧结磁体。发明内容部分对R－T－B系烧结磁体的产品组成和制备工艺进行了较为清楚、完整的描述，指出了解决上述技术问题的关键技术手段在于：对磁体组成元素含量进行优化选择，并结合具体实施部分展示了产品的组成和磁体性能。

可以说，案例二首次提供的技术交底书基本满足了撰写出及格水平的申请文件的需要。基于本次技术交底书，专利代理师基本可以围绕发明改进点去组织语言和构建权利要求。然而，如果要考虑专利审查程序和后续侵权判定中可能存在的潜在风险——主要来自对组成方案的技术特征的解读，则这份技术交底书离高质量仍有一定的改善空间。

1. 创新点挖掘不够深入

稀土永磁材料相关研究已经比较成熟，很多元素的作用和效果已经为本领域技术人员所熟知，很多制备方法在本领域也已经广泛应用。在技术交底时，如果申请人仅仅平铺直叙地把一些虽然有考虑但看似普通的手段组合到一起，而专利代理师又因为专业所限没法提供更好的意见时，所形成的申请文件也仅仅是局限在技术交底书的框架内。这样的申请文件在后期审查实践中，审查员也相对容易检索到相关现有技术证据，并基于这些证据得出本发明的技术方案不具备创造性的结论。

在稀土材料领域，现有的产品权利要求比较常见的撰写方式包括成分含量型、成分含量＋公式型、成分含量＋微观组织型。成分含量型权利要求仅涉及成分和含量，保护范围最大，但审查员在进行创造性评价时检索的效率也最高，其稳定性和授权的概率相对较小；成分含量＋公式型权利要求往往涉及成分含量之间具有某种特定关系，保护范围相比成分含量型变小，审查员在进行创造性评价时需要采用现有技术中的实施例点值代入公式中判断是否满足公式的限定，因而审查的难度增加，权利要求授权的概率也随之增大；成分含量＋微观组织型权利要求通常涉及材料的特定微观组织结构，即发明的实质不仅与成分含量有关，还对材料微观组织有所改进。虽然这种撰写方式保护范围大大减小，但检索的难度也大大增加，权利要求的稳定性和授权的可能性也大大增加。因此，从有利于申请文件的撰写以及权利要求的稳定性和授权前景来看，申请人在撰写技术交底书时应该尽可能参考后两种产品权利要求撰写方式，挖掘成分含量之间的特定关系和/或材料的微观组织结构，围绕这些特征说明其理论价值和证明意义，使得这些特征与发明所解决技术问题高度关联。

具体到本案，首次提交的技术交底书对于产品的描述采用的仍然是该领域较为常规的"成分含量型"撰写思路，结合产品的制备方法，将磁体的元素组成、含量以及制备方法作为技术方案的主要限定内容。如前所述，虽然这种撰写方式的保护范围较大，但其稳定性和授权的概率却相对较小。即使申请人在技术交底书中指出本发明的创新点在于对磁体组成元素含量进行优化选择实现对磁体微观结构的调整，但限定的各组成元素均是本领域常用的添加元素，且元素的含量相对于最接近的现有技术也未有较大幅度的变化。对于微观结构也仅记载了以 $Nd_2Fe_{14}B$ 型化合物作为主相，并未对磁体的具体晶相结构以及支撑发明构思的技术原理深入挖掘。阅读完之后，首次提交的技术交底书呈现出来的信息容易给人一种"夸大其词"的感觉。

本案的专利代理师在探究技术细节过程中通过与申请人进一步沟通逐渐了

解到，在 R-T-B 系烧结磁体中，两个主相之间存在第一晶界，第一晶界的组成和厚度会对 R-T-B 系烧结磁体的磁化反转行为产生巨大影响。首先，第一晶界的厚度较薄，无法充分地切断晶粒之间的磁性结合，容易造成磁化反转，难以获得较高的 H_{cJ}。其次，如果第一晶界中存在大量的 Fe，容易形成大量的 R_2T_{17} 相，也不利于第一晶界的厚度的充分增加。再次，在磁体中引入 Ga 有利于形成 R-T-Ga 相而替代 R_2T_{17} 相，但 R-T-Ga 相本身具有的磁性也可能妨碍第一晶界的厚度变大。目前，现有技术中 R-T-B 系烧结磁体第一晶界的厚度至多不超过 10nm，难以将其增加至 10nm 以上的厚度。

本案首次提交的技术交底书中所声称的通过对 R-T-B 系烧结磁体的元素组成及含量尤其是将 R、B、Ga 的含量调整至最佳化实现对磁体晶相结构调整，实际上是通过对元素组成及含量的优选实现了对晶界中晶相结构调整进而对第一晶界厚度进行改善。具体地，通过将 R 量和 B 量控制在适当的范围来调整 R_2T_{17} 相的析出量，同时，通过将 Ga 量控制在与 R_2T_{17} 相的析出量相适应的最佳范围内，可以尽可能地抑制 R-T-Ga 相的生成，且能够生成 R 相、R-Ga 相，或者 R 相、R-Ga 相以及 R-Ga-Cu 相，从而可避免对第一晶界厚度的增大造成妨碍，且可抑制主相的存在比例降低，因此，可更加可靠地得到具有较高的 B_r 和较高的 H_{cJ} 的 R-T-B 系烧结磁体。

基于上述内容，专利代理师经过进一步梳理，确定了本发明的创新点实际是通过对 R-T-B 系烧结磁体组成尤其是 R、B、Ga 的含量调整至最佳化，调整了 $R_{12}T_{17}$ 相的析出，尽可能地抑制 R-T-Ga 相的生成，并尽可能生成 R 相、R-Ga 相或者 R 相、R-Ga 相以及 R-Ga-Cu 相，以充分增大第一晶界厚度，最终实现获得具有较高的 B_r 和较高的 H_{cJ} 的 R-T-B 系烧结磁体的目的。

可以看出，由于本案申请人在撰写技术交底书时对技术细节的呈现不够详细，专利代理师也是"巧妇难为无米之炊"，导致核心技术创新点未能得到深入挖掘，而专利代理师与申请人的直接沟通又及时弥补了信息传递的缺失。然而并非所有专利代理师针对类似案件都能做到及时有效的沟通。从提高技术交底书撰写质量的角度，申请人在撰写技术交底书时，应该打破传统的对产品和制备工艺平铺直叙的撰写方式，深入挖掘发明的核心技术创新点，对组成和/或工艺过程进行系统性研究，发现产品微观结构上的变化，以及这种变化对于性能的影响。这样，这类申请对现有技术的贡献点就不单单限于单个元素选择或者含量等工艺参数优化，而是对更微观的科学规律的抽象概括。这样做的好处是，由于参数表现形式多样、技术含义复杂，审查中对相关事实的认定、分析推理和检索都存在较大的难度，从而增加授权可能性。

2. 具体实施方式的证明力需加强

申请人在首次提供的技术交底书的具体实施方式中给出了所述元素含量范围内的多个实施例，并对实施例样品的磁体性能进行了测试，形式上能够支撑在前技术内容部分概括的范围。但是，结合第1点的分析，本发明元素组成及用量的选择对磁体的晶界结构和磁体性能非常关键，首次提供的技术交底书的具体实施方式虽然在形式上能够支撑在前技术内容部分概括的范围，但不足之处在于，对于关键组成元素和用量的选择以及对于与第一晶界厚度有关的参数信息，所提供的具体实施方式的证明力仍有待进一步完善，需要更充分的具体实施方式去呼应前述的有益效果和支持要求的保护范围。

目前的具体实施方式中，只展现了落在技术方案限定数值范围内的实施例的技术效果，而对未落在技术方案限定的数值范围内的情况以及落在技术方案限定的数值范围内的其他情况缺乏证明，这样有可能让人对这些范围的概括是否合理和必要产生疑问。譬如，专利代理师阅读后可能需要更进一步了解上述数值范围是否合理、是否可以再扩大，而审查员可能怀疑上述数值范围是否直接影响技术问题解决和技术效果实现。如果审查过程中审查员在发明贡献高度把握上与申请人产生分歧，缺乏这些内容将对于特定元素及含量选择、结合启示等方面的判断造成影响，低估发明对现有技术的贡献高度。即使上述疑虑一部分可以通过申请人的意见陈述消除，但也会延长审查流程。并且，既然申请人在与专利代理师沟通时已经明晰了本发明的实际创新点在于元素及含量的优化选择带来了第一晶界厚度的明显提升，具体实施部分也应提供更完善的磁体的第一晶界厚度相关数据。因此，建议申请人补充更多的实施例和对比例的相关内容以及效果数据，以充分展现本申请的技术贡献且让本领域的普通技术人员能够按照所展现的内容重复出来。

三、首次提供的技术交底书的完善方向

基于前述分析，申请人可以从以下几个方面进一步完善技术交底书的内容。

1. 从原理上阐明关键元素及含量的选择与产品微观结构之间的关系

在稀土永磁材料领域，许多元素的作用已经为本领域技术人员所熟知。例如，Ga 具有提高矫顽磁力 iHc 的作用，但如果添加量过多则会造成残留磁体密度 B_r 降低，以至得不到希望的高磁能级 $(BH)_{max}$。Nb 和 V 具有抑制烧结时

晶粒粗化的作用，得到细微化的晶粒，进而有利于提高磁体的耐热性。但是，对于不同的稀土永磁材料，即使是作用相似的一类元素，不同元素之间的组合也可能造成材料的永磁性能产生明显差异。而且，即使是相同的元素组合搭配，受控于元素含量和工艺参数不同，生产的稀土永磁材料性能也会各不相同。这种不同往往是元素组成或工艺带来的材料微观结构发生变化所致。

申请人在研发过程中，可以借鉴材料基因工程的新理念和新方法，尝试挖掘组成和/或工艺参数对组织结构的影响规律，探究是否存在一类特定的组织结构（晶相结构、析出相分布、晶粒尺寸、晶粒偏差等），以匹配所期望达到的性能，能够增加专利获得授权的可能性。当然，这也对申请人的理论知识水平和研发能力提出了更高的要求。

对于本案，申请人最好能够在技术交底书中对稀土永磁材料中涉及技术改进的关键元素及其含量与材料微观组织如晶相结构之间的影响关系进行说明，将发明的创新点归结到成分含量带来的微观组织改进。具体可采用如下撰写方式："通过将 R 量和 B 量控制在适当的范围来调整 R_2T_{17} 相的析出量，同时，通过将 Ga 量控制在与 R_2T_{17} 相的析出量相适应的最佳范围内，可以尽可能地抑制 R－T－Ga 相的生成，且能够生成 R 相、R－Ga 相，或者 R 相、R－Ga 相以及 R－Ga－Cu 相，从而可避免对第一晶界厚度的增大造成妨碍，且可抑制主相的存在比例降低。"

需要注意的是，如果不同的元素之间存在相互影响的特定关系，则推荐通过例如公式、算法等对这些元素的含量范围作出进一步限定，并对这些关系的意义进行说明。例如："若不包含与 B 量的减少量（$1/17 \times 100 - \langle B \rangle$）（$\langle B \rangle$ 以原子% 表示的 B 量）相对应的范围的 Ga、Cu，则除了 R－T－Ga 相，还会生成 R_2T_{17} 相，结果使 H_{cJ} 降低。另一方面，若过量存在 Ga、Cu，则主相（$R_2T_{14}B$ 相）的比例降低，其结果，无法获得较高的 B_r。因此，优选与 B 量的减少量（$1/17 \times 100 - \langle B \rangle$）相对应地来确定 Ga、Cu 的添加量。"

2. 阐明微观结构与性能之间的关系并提供更多的实验数据和表征结果

在稀土永磁材料技术领域，研发人员通常采用晶相组成、晶界组成及厚度、晶粒尺寸、晶粒偏差等表征磁体的组织结构，用磁感应强度、矫顽力、残留磁通密度等表征永磁材料的磁性能。从理论研究角度来讲，材料组织结构是决定产品性能的重要因素——相同组织结构的永磁材料一定具备相同的性能。当然，不同组织结构的永磁体材料也可能获得相同的性能。因此，如果能在技术交底书中将微观组织与性能的关联性写清楚，将技术问题的解决归因于发现了一类不同于现有技术的特定组织结构，将有利于凸显发明的创造性。

对于本案，申请人在技术交底时最好能够阐明晶相的调整与第一晶界厚度的关系，以及第一晶界厚度的选择范围对磁体性能的影响，并在具体实施方式中用对比试验加以举证，即证明组织结构差异对性能的影响，从而得出落入本发明的组织结构参数范围才能解决技术问题，达到相应的技术效果的结论。例如，可采用如下撰写方式："本发明通过一定程度上尽可能抑制 R－T－Ga 相的生成，且能够生成 R 相、R－Ga 相，或者 R 相、R－Ga 相以及 R－Ga－Cu 相，可获得厚度为 10nm 以上且 30nm 以下的第一晶界，从而获得具有较高的 B_r 和较高的 H_{cJ} 的 R－T－B 系烧结磁体。若第一晶界的厚度低于 10nm，则无法充分地切断结晶粒之间的磁性结合，无法获得较高的 H_{cJ}。若其厚度超过 30nm，尽管可以获得较高的 H_{cJ}，但主相的存在比例降低，无法获得较高的 B_r。"

四、完善后的技术交底书

R－T－B 系烧结磁体

1. 发明名称和技术领域

　　本发明属于稀土永磁材料领域，具体而言，涉及一种 R－T－B 系烧结磁体。

---

2. 背景技术和存在的问题

　　作为永久磁体中性能最高的磁体，已知有以 $Nd_2Fe_{14}B$ 型化合物作为主相的 R－T－B 系烧结磁体（R 为稀土元素中的至少一种，且一定包含 Nd；T 为过渡金属元素，且一定包含 Fe），其被用于混合汽车用途、电动汽车用途、家电产品用途的各种发电机等。

　　但是，在高温条件下，R－T－B 系烧结磁体的矫顽力 H_{cJ}（下文有时将其简记作 "H_{cJ}"）降低，产生不可逆热减磁。因此，特别是将其用于混合汽车用、电动汽车用发电机时，要求在高温下也能保持较高的 H_{cJ}。

　　一直以来，为了提高 H_{cJ}，在 R－T－B 系烧结磁体中大量添加重稀土元素（主要是 Dy），然而存在着残留磁通密度 B_r 降低的问题。因此，近年来采用的方法是：使重稀土元素由 R－T－B 系烧结磁体的表面扩散至内部，从而使重稀土元素在主相结晶粒的外壳部高浓度化，抑制 B_r 的降低，同时获得较高的 H_{cJ}。

基于 Dy 受到出产地的限制等理由，存在供给不稳定、价格浮动等问题。因此，亟须尽可能不使用 Dy 等重稀土元素，且可使 R－T－B 系烧结磁体的 H_{cJ} 得到提高的技术。

现有技术 A（WO×××/×××××A1）中记载：通过降低常规的 R－T－B 系合金的 B 浓度，同时包含选自 Al、Ga 和 Cu 中的 1 种以上的金属元素 M 以生成 R_2T_{17} 相，可通过充分确保以该 R_2T_{17} 相为原料生成的富过渡金属相（$R_6T_{13}M$）的体积率，获得抑制 Dy 的含量且矫顽力较高的 R－T－B 系稀土类烧结磁体。然而，现有技术 A 中大幅降低了 B 浓度，主相的存在比例变低，造成 B_r 大幅降低的问题。此外，尽管 H_{cJ} 得到了提高，仍然不能满足近年来的要求。

3. 本发明技术方案

本发明的目的在于提供一种不使用 Dy，且具有较高的 B_r 和较高的 H_{cJ} 的 R－T－B 系烧结磁体。

[R－T－B 系烧结磁体的组成]

为实现上述目的，本发明提供一种 R－T－B 系烧结磁体，所述 R－T－B 系烧结磁体以 $Nd_2Fe_{14}B$ 型化合物作为主相，具有所述主相、存在于两个主相之间的第一晶界以及存在于三个以上主相间的第二晶界，所述第一晶界的厚度为 5nm 以上且 30nm 以下。

所述 R－T－B 系烧结磁体的元素组成如下：

R：13.0 原子% 以上且 15 原子% 以下，R 为 Nd 和/或 Pr；

B：5.2 原子% 以上且 5.6 原子% 以下；

Ga：0.2 原子% 以上且 1.0 原子% 以下；

Al：0.69 原子% 以下并包含 0 原子%；

余量由 T 和不可避免的杂质构成，T 为过渡金属元素，且一定包含 Fe。

进一步地，所述烧结磁体中还包含 0.01 原子% 以上且 1.0 原子% 以下的 Cu。

进一步地，所述烧结磁体中还包含 Al，Al 为 0.3 原子% 以下并包含 0 原子%。

通过以上述范围分别组合 R 量、B 量、Ga 量，可以获得较高的 B_r 和较高的 H_{cJ}。若 R 量、B 量、Ga 量的任意者脱离上述范围，则 R－T－Ga 相的生成过少，在 R－T－B 系烧结磁体整体中，未生成 R 相、R－Ga 相，或者 R 相、R－Ga 相以及 R－Ga－Cu 相的第一晶界变多，无法增大第一晶界的厚度。另一方面，若在粒子晶界中过多地生成 R－T－Ga 相，则在 R－T－B 系烧结磁体整体中，因 R－T－Ga 相的磁性而会妨碍结晶粒之间的磁性切断，或者妨碍第一晶界的厚度增大。

本发明还提供了一种具有较高的 B_r 和较高的 H_{cJ} 的 R－T－B 系烧结磁体的制备方法，

［R－T－B 系烧结磁体的制造方法］

R－T－B 系烧结磁体的制造方法具有：得到合金粉末的工序、成形工序、烧结工序、热处理工序。以下对各工序进行说明。

（1）得到合金粉末的工序

按照形成上述组成的方式准备各元素的金属或合金，使用带铸法等将其制成薄片状的合金。将得到的薄片状合金进行加氢粉碎，粗粉碎粉末的大小控制在例如 1.0mm 以下。接着，利用喷射研磨机等将粗粉碎粉末进行微粉碎，得到例如粒径 D50 ［按照使用了气流分散法的激光衍射法得到的数值（中值径）］ 为 3~7μm 的微粉碎粉末（合金粉末）。需要说明的是，可在喷射研磨机粉碎前的粗粉碎粉末、喷射研磨机粉碎中以及喷射研磨机粉碎后的合金粉末中使用作为助剂而公知的润滑剂。

（2）成形工序

使用得到的合金粉末在磁场中成形，得到成形体。磁场中成形可以使用包含如下成形法的公知的任意磁场中成形方法：将干燥后的合金粉末插入模具的空腔内，边施加磁场边成形的干式成形法；向模具的空腔内注入分散有该合金粉末的浆料，边排出浆料的分散媒介边成形的湿式成形法。

（3）烧结工序

对成形体进行烧结从而得到烧结磁体。成形体的烧结可使用公知的方法。需要说明的是，为了防止烧结时的气氛导致的氧化，优选在真空气氛中或气体气氛中进行烧结。气体气氛优选使用氦气、氩气等不活泼气体。

（4）热处理工序

对获得的烧结磁体进行以提高磁特性为目的的热处理。热处理温度、热处理时间等可采用公知的条件。为了调整磁体尺寸，可以对得到的烧结磁体实施研磨等机械加工。在此情况下，热处理可在机械加工前，也可在机械加工后进行。也可对得到的烧结磁体进一步实施表面处理。关于表面处理，可实施公知的表面处理，例如，Al 蒸镀、电镀敷 Ni、树脂封装等表面处理。

4. 关键的改进点和有益效果

本发明人等为了解决上述问题进行了深入研究，结果发现：通过使 R－T－B 系烧结磁体中存在厚度为 10nm 以上且 30nm 以下的第一晶界，可获得即使不使用 Dy，也具有较高的 B_r 和较高的 H_{cJ} 的 R－T－B 系烧结磁体。

首先，对发明人所理解的机理进行说明。

R－T－B 系烧结磁体中的第一晶界的组成、厚度会对 R－T－B 系烧结磁体的磁化反转行为产生巨大影响。例如，若第一晶界的厚度较薄，无法充分地切断晶粒之间的磁性结合，因此，可以预测到容易超过晶粒而传导磁化反转，难以获得较高的 H_{cJ}。作为增大 H_{cJ} 第一晶界的手段，可以考虑在烧结、热处理中确保液相（晶界）的量。但是，例如在作为 R－T－B 系烧结磁体通常所采用的 $Nd_{14}Fe_{80}B_6$ 合金中，为了增加液相量，即使单纯地增加了 R 量，在利用 TEM（透射型电子显微镜）等手段所测定的第一晶界的厚度至多也不超过 10nm，难以将其增加至 10nm 以上的厚度。

而且，本发明人等着眼于近年来所认识到的在第一晶界中存在大量 Fe ［例如，文献名：H. Sepehri－Amin. et. al，Acta Materialia 60，P819（2012）中记载］这一事实，且基于此认为，大量存在上述 Fe 的第一晶界的物性，会是无法充分增大第一晶界的厚度的一个原因。本发明人等进行了深入研究，结果发现：通过使 R－T－B 系烧结磁体中的 B 量降低至低于化学当量比、同时使其含有 Ga，在晶界中生成 R－T－Ga 相而替代 R_2T_{17} 相，由此可降低第一晶界中的 Fe 的含量，并且，在不含有 Cu 的情况下在第一晶界中生成 R 相、R－Ga 相；在含有 Cu 的情况下在第一晶界中生成 R 相、R－Ga 相以及 R－Ga－Cu 相，从而增大第一晶界的厚度。

但是，R－T－Ga 相有时具有若干磁性，特别是，在担载有 H_{cJ} 的第一晶界中过多地存在 R－T－Ga 相时，R－T－Ga 相的磁性有可能妨碍第一晶界的厚度变大。此外，为了生成 R – T – Ga 相，B 量过低时，主相的存在比例降低，有可能无法获得较高的 B_r。因此，在第一晶界中，若在尽量地抑制 R – T – Ga 相的生成的同时，能够生成 R 相、R – Ga 相，或者 R 相、R – Ga 相以及 R – Ga – Cu 相，就能够进一步增厚第一晶界的厚度，能够提高 H_{cJ}。然而，若过度抑制 R – T – Ga 相的生成，则无法充分生成 R 相、R – Ga 相，或者 R 相、R – Ga 相以及 R – Ga – Cu 相。

因而，通过将 R 量和 B 量控制在适当的范围来调整 R_2T_{17} 相的析出量，同时，通过将 Ga 量控制在与 R_2T_{17} 相的析出量相适应的最佳范围内，可以尽可能地抑制 R – T – Ga 相的生成，且能够生成 R 相、R – Ga 相，或者 R 相、R – Ga 相以及 R – Ga – Cu 相，从而可避免对第一晶界厚度的增大造成妨碍，且可抑制主相的存在比例降低。

其次，对元素含量的选择进一步说明。

在本发明中，关于 R – T – Ga 相，可以包含 R：15 质量% 以上且 65 质量% 以下（优选 R：40 质量% 以上且 65 质量% 以下）、T：20 质量% 以上且 80 质量% 以下、Ga：2 质量% 以上且 20 质量% 以下（R：40 质量% 以上且 65 质量% 以下的情况下，T 可以是 20 质量% 以上且 55 质量% 以下，Ga 可以是 2 质量% 以上且 15 质量% 以下），例如，可以列举具有 $La_6Co_{11}Ga_3$ 型结晶结构的 $R_6Fe_{13}Ga_1$ 化合物。需要说明的是，R – T – Ga 相也可以包含上述 R、T 与 Ga 以外的其他元素。作为所述其他元素，可以包含选自例如 Al 和 Cu 等的 1 种以上的元素。此外，关于 R 相，可以包含 95 质量% 以上的 R，可以列举例如具有 dhcp 结构的 Nd 金属。关于 R – Ga 相，可以包含 70 质量% 以上且 95 质量% 以下的 R、5 质量% 以上且 30 质量% 以下的 Ga、20 质量% 以（包含 0）的 Fe，可以列举例如 R_3Ga_1 化合物。进一步地，关于 R – Ga – Cu 相，可以是用 Cu 置换上述 R – Ga 相中的 Ga 的一部分得到的化合物，可以列举例如 $R_3(Ga，Cu)_1$ 化合物。此外，R – Ga 相有时形成具有无定型等其他结构的贫 Fe 组成的相。

进一步地，本发明中的 B 量低于 $R_2T_{14}B$ 相的化学当量组成所规定的 B 量 [$1/17 \times 100（= 5.88$ 原子%）]，因此，若不包含与 B 量的减少量 ($1/17 \times 100 - \langle B \rangle$)（$\langle B \rangle$ 为以原子% 表示的 B 量）相对应的范围的 Ga、Cu，则除了 R – T – Ga 相，还会生成 R_2T_{17} 相，结果使 H_{cJ} 降低。另一方面，

若过量存在 Ga、Cu，则主相（$R_2T_{14}B$ 相）的比例降低，其结果，无法获得较高的 B_r。因此，优选与 B 量的减少量（$1/17 \times 100 - \langle B \rangle$）相对应地来确定 Ga、Cu 的添加量。具体而言，在上述组成中，在不含有 Cu 的情况下，Ga 的含量优选在下述式（1）的范围内：

$$0.8 \leqslant \langle Ga \rangle / (1/17 \times 100 - \langle B \rangle) \leqslant 3.0 \qquad \text{式（1）}$$

式中，$\langle Ga \rangle$ 为以原子%表示的 Ga 量，$\langle B \rangle$ 为以原子%表示的 B 量。

此外，在含有 Cu 的情况下，Ga 与 Cu 的含量优选为下述式（2）的范围内：

$$1.0 \leqslant \langle Ga + Cu \rangle / (1/17 \times 100 - \langle B \rangle) \leqslant 3.0 \qquad \text{式（2）}$$

式中，$\langle Ga + Cu \rangle$ 为以原子%表示的 Ga 与 Cu 的总量，$\langle B \rangle$ 为以原子%表示的 B 量。

进一步地，R 量、B 量的原子之比优选为下述式（3）的范围。

$$0.37 \leqslant \langle B \rangle / \langle R \rangle \leqslant 0.42 \qquad \text{式（3）}$$

式中，$\langle R \rangle$ 为以原子%表示的 R 量，$\langle B \rangle$ 为以原子%表示的 B 量。

在任意情况下，通过设定在优选的范围内，可进一步抑制 B_r 的降低，同时进一步提高 H_{cJ}。

再次，对第一晶界的厚度的测量进行说明。

本发明中的"第一晶界的厚度"是指存在于两个主相之间的第一晶界的厚度，更具体而言，是指在测定该晶界中厚度最大的区域时的厚度的最大值。"第一晶界的厚度"按照下述顺序进行评价。

1）通过扫描电子显微镜（SEM）观察，随机选择观察截面中包含长度为 3μm 以上的第一晶界的视野中的 5 个以上视野。

2）对于上述各个视野，通过使用了聚焦离子束（FIB）的微观采样法对试样进行加工，使其包含上述第一晶界相，然后再对其进行薄片加工，使其厚度方向为 80nm 以下。

3）用透射电子显微镜（TEM）观察得到的薄片试样，求出各个第一晶界中的最大值。当然，在确定了选择的上述第一晶界中厚度最大的区域之后，在测定该区域的厚度的最大值时，为了高精度地进行测定，也可以提高 TEM 的倍率。

4）求出按照 1）~3）的顺序观察的全部第一晶界的平均值。

图 1（a）是示意性地表示第一晶界的例子的图，图 1（b）是图 1（a）中虚线包围部分的放大图。

如图1（b）所示，第一晶界22存在厚度较大的区域24与厚度较小的区域26混合存在的情形，在此情形之下，将厚度较大的区域24的厚度最大值作为第一晶界22的厚度。此外，如图1（b）所示，存在第一晶界22与存在于三个以上主相42之间的第二晶界32连接的情形。在这种情形之下，对于"第一晶界的厚度"而言，在待测定厚度的磁体截面上，不测定由第一晶界22转变至第二晶界32的交界附近（第一晶界22和第二晶界32的交界35A、35B起算，距离0.5μm左右的区域）的厚度。其原因在于，认为所述交界可能会受到第二晶界32的厚度的影响。在此，图1（b）中带有符号22的大括号所表示的范围，是表示第一晶界22延续存在的范围，需要注意的是，并不一定是表示第一晶界22的厚度的测定范围（即，是除去了从交界35A、35B起算，距离0.5μm左右的区域的范围）。

本发明可通过使厚度为10nm以上且30nm以下的第一晶界存在而获得较高的 B_r 和 H_{cJ}。若第一晶界的厚度低于10nm，则无法充分地切断结晶粒之间的磁性结合，无法获得较高的 H_{cJ}。若其厚度超过30nm，尽管可以获得较高的 H_{cJ}，但主相的存在比例降低，无法获得较高的 B_r。

本发明通过将R、B、Ga的含量调整至最佳化，实现了对材料晶相结构的调整。即使不使用Dy，也可获得具有较高的 B_r 和较高的 H_{cJ} 的 R－T－B 系烧结磁体。

本发明 R－T－B 系烧结磁体 B_r 可实现 B_r 1.30T 以上，H_{cJ} 1.53MA/m 以上，具有较高的耐热性和优良的磁性，能够满足汽车、家电产品等领域磁体的应用需求。

5. 具体实施方式

使用纯度99.5质量%以上的Nd、电解铁、电解Co、Al、Cu、Ga以及硼铁合金，烧结磁体的组成按照表1和表2所示的各组分的方式进行配方，将上述原料熔炼，并按照带铸法进行铸造，得到厚度为0.2~0.4mm的薄片状合金。在氢加压气氛下，使得到的薄片状合金发生氢脆化以后，实施在真空中加热至550℃、冷却的脱氢处理，得到粗粉碎粉末。接着，向得到的粗粉碎粉末中添加相对于粗粉碎粉末100质量%为0.04质量%的作为润滑剂的硬脂酸锌，混合后，使用气流式粉碎机（喷射研磨机装置），在氮气流中进行干式粉碎，得到粒径D50（中值径）为4μm的微粉碎粉末（合金粉末）。需要说明的是，将粉碎时的氮气中的氧浓度控制在50ppm以下。此外，粒径D50是按照使用了气流分散法的激光衍射法得到的数值。

　　将得到的合金粉末与分散媒介混合，制作浆料。溶剂使用正十二烷，并混合作为润滑剂的辛酸甲酯。浆料的浓度如下：合金粉末 70 质量%、分散媒介 30 质量%，润滑剂相对于合金粉末 100 质量%为 0.16 质量%。将上述浆料在磁场中成形，得到成形体。成形时的磁场为 0.8MA/m 的静磁场，加压力为 5MPa。需要说明的是，成形装置使用施加磁场方向与加压方向正交的、所谓直角磁场成形装置（横磁场成形装置）。将得到的成形体在真空中、1020℃烧结 4 小时，得到烧结磁体。烧结磁体的密度为 7.5Mg/m³ 以上。对得到的烧结体实施如下热处理：在 800℃保持 2 小时后，冷却至室温，接着在 500℃保持 2 小时后，冷却至室温，制作试样 No.1～No.7 的 R-T-B 系烧结磁体。

　　试样 No.1～No.7 的烧结磁体的成分分析结果（质量%与原子%）示于表 1 中。此外，忽略氧、氮、碳以外的杂质，将按照整体为 100 质量%的方式调整 Fe 量时的原子百分率和由上述结果求出的 $\langle Ga\rangle/(1/17\times100-\langle B\rangle)$、$\langle Ga+Cu\rangle/(1/17\times100-\langle B\rangle)$ 以及 $\langle B\rangle/\langle R\rangle$ 的值（均为原子比）示于表 1 中。

表1　R-T-B系烧结磁体组成

试样 No.	百分比/(%)	Nd	Pr	Fe	B	Co	Ga	Cu	Al	O	N	C	$\langle Ga\rangle/(1/17\times100-\langle B\rangle)$	$\langle Ga+Cu\rangle/(1/17\times100-\langle B\rangle)$	$\langle B\rangle/\langle R\rangle$	备注
1	质量	31.00		bal.	0.90	0.50	0.50	0.10	0.28	0.10	0.05	0.10	—	—	—	本发明例
1	原子	14.01		bal.	5.43	0.55	0.47	0.10	0.68	0.41	0.23	0.54	1.03	1.25	0.39	本发明例
2	质量	32.40	0.00	bal.	0.89	0.50	0.60	0.10	0.28	0.10	0.05	0.10	—	—	—	本发明例
2	质量	14.80	0.00	bal.	5.42	0.56	0.57	0.10	0.68	0.41	0.24	0.55	1.24	1.24	0.37	本发明例
3	质量	32.40	0.00	bal.	0.89	0.50	0.50	0.10	0.28	0.10	0.05	0.10	—	—	—	本发明例
3	质量	14.80	0.00	bal.	5.42	0.56	0.47	0.10	0.68	0.41	0.24	0.55	1.03	1.26	0.37	本发明例
4	原子	23.20	7.80	bal.	0.90	1.00	0.55	0.10	0.28	0.10	0.05	0.10	—	—	—	本发明例
4	原子	10.48	3.61	bal.	5.42	1.11	0.51	0.10	0.68	0.41	0.23	0.54	1.12	1.12	0.39	本发明例
5	原子	31.00	0.00	bal.	0.85	0.50	0.50	0.10	0.28	0.10	0.05	0.10	—	—	—	比较例
5	原子	14.07	0.00	bal.	5.02	0.56	0.47	0.10	0.68	0.41	0.24	0.55	0.55	0.67	0.36	比较例
6	质量	31.00	0.00	bal.	0.88	0.50	0.10	0.10	0.28	0.10	0.05	0.10	—	—	—	比较例
6	原子	14.01	0.00	bal.	5.31	0.55	0.09	0.10	0.68	0.41	0.23	0.54	0.16	0.34	0.38	比较例
7	质量	28.9	0.00	bal.	0.90	0.50	0.25	0.10	0.28	0.10	0.05	0.10	—	—	—	比较例
7	原子	12.86	0.00	bal.	5.34	0.55	0.23	0.10	0.67	0.40	0.23	0.54	0.43	0.61	0.42	比较例

接着，通过机械加工对试样 No.1～No.7 的烧结磁体进行切割，将截面研磨后，进行 SEM 观察，随机选择观察截面中的长度为 3μm 以上的、存在于两个主相间的第一晶界的 5 个视野。对于各个视野，通过使用聚焦离子束（FIB）的微观采样法对试样进行加工，使其包含选择的第一晶界，且在 SEM 的观察面内呈现厚 5μm×宽 20μm、高为 15μm 左右的柱状，然后再对其进行薄片加工，使其厚度方向直至为 80nm 以下，制作透射电子显微镜（TEM）用的试样。

用透射电子显微镜（TEM）观察得到的试样，测定第一晶界的厚度。在确认试样中的第一晶界的长度为 3μm 以上时，评价除去了距离存在于三个以上主相间的第二晶界的交界附近 0.5μm 左右区域的区域（长 2μm 以上）的晶界厚度，将其最大值作为该晶界相的厚度。确定了第一晶界的厚度为最大的区域后，在测定第一晶界的厚度的最大值时，为了高精度地测定厚度，可以提高 TEM 的倍率进行测定。对采样的全部 5 个试样的第一晶界相进行同样的分析，求出其平均值，示于表 2 中。

表 2　R-T-B 系烧结磁体第一晶界厚度及磁性能

试样 No.	第一晶界的厚度 （$n=5$ 的平均）/nm	B_r/T	H_{cJ}/（MA/m）	备注
1	15.2	1.36	1.55	本发明例
2	18.9	1.30	1.57	本发明例
3	24.8	1.30	1.60	本发明例
4	16.7	1.35	1.53	本发明例
5	4.1	1.29	1.16	比较例
6	3.9	1.32	1.03	比较例
7	3.3	1.33	1.00	比较例

如表 2 所示，第一晶界的厚度为 10nm 以上且 30nm 以下的本发明的试样试样 No.1～No.4，均获得了较高的 B_r 和较高的 H_{cJ}。例如，将 B 量以外的组成几乎相同的第一晶界厚度为 15.2nm 的试样 No.1（本发明例）与第一晶界厚度为 4.1nm 的试样 No.5（比较例）进行比较后发现，试样 No.1（本发明例）获得了较高的 B_r 和较高的 H_{cJ}。

续表

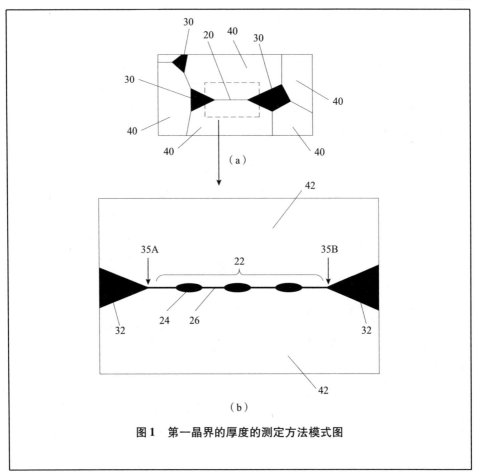

图1　第一晶界的厚度的测定方法模式图

五、小结

案例二展示了如何挖掘和完善涉及稀土永磁材料组分和工艺细节的技术交底书。相较于其他化学领域，稀土永磁材料较为特殊，专业性强，元素组成、方法、组织结构和性能四位一体，专利代理师往往无法深刻理解技术内容。因此，除了清楚、完整地撰写出技术方案的关键点和具体实施方式之外，从凸显创造性高度、提高授权可能性角度，推荐从以下维度进一步丰富技术交底书的内容：

① 对于组成含量和工艺参数特征，建议能够系统性介绍特征参数的选择

依据和原因，帮助专利代理师和审查员理解技术方案，也便于后续遇到创造性审查意见时作为修改和意见陈述的依据。

② 注意挖掘组织结构方面的规律并提供尽可能完善的性能评价结果，可以以稀土永磁材料组成和制备方法为切入点，借鉴材料基因工程的新理念和新方法，探究组成、工艺变量背后晶相、形貌、元素分布等特征，并辅以实施例和对比例对组织结构的规律和性能变化规律进行说明，突破传统专利申请的思维定式。

③ 利用文字说明、口头交流、产品演示、图示、参观等各种方式，尽可能全面地向专利代理师清楚地交代发明的具体细节，帮助专利代理师充分理解发明的实质。

采用上述撰写策略，不仅有助于提高申请文件的撰写质量，也与稀土材料领域当前的技术发展趋势和专利申请方向相吻合。

附件 技术交底书模板

专利申请技术交底书
发明名称：＿＿＿＿＿＿＿＿＿＿＿＿＿＿＿ 技术问题联系人：＿＿＿＿＿＿＿＿＿＿＿ 联系人电话：＿＿＿＿＿＿＿＿＿ E－mail：＿＿＿＿＿＿＿＿ 术语解释：＿＿＿＿＿＿＿＿＿＿＿＿＿＿＿
1. 技术领域
2. 背景技术和存在的问题 2.1 该技术领域的发展 2.2 与本发明最接近的现有技术情况 2.3 现有技术存在的问题和缺陷
3. 本发明技术方案 3.1 本发明所要解决的技术问题 3.2 为解决该技术问题所采用的技术方案 3.3 本发明具体的实施方式以及相应的技术效果
4. 关键的改进点和有益效果
5. 其他相关信息